Christian Immler

Windows 10
Reparaturhandbuch

Christian Immler

Windows 10
Reparaturhandbuch

Ihr Windows 10 läuft nicht mehr?
Hier finden Sie die Lösung!

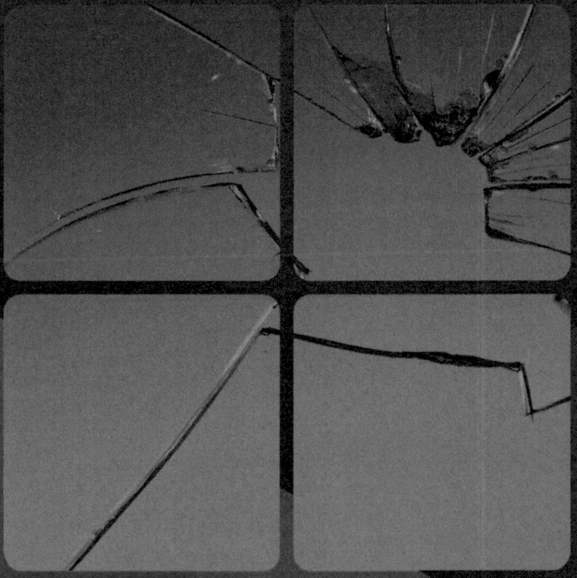

2. Auflage inklusive Update 2018

- Windows 10 Schritt für Schritt optimieren, absichern und reparieren
- Betriebssystemfehler beseitigen und umgehen
- Windows 10 vor Viren und Hackern schützen

Die Windows-Selbsthilfe mit 275 Anleitungen

FRANZIS

Bibliografische Information der Deutschen Bibliothek

Die Deutsche Bibliothek verzeichnet diese Publikation in der Deutschen Nationalbibliografie; detaillierte Daten sind im Internet über *http://dnb.ddb.de* abrufbar.

2. überarbeitete und aktualisierte Auflage

Autor: Christian Immler
Lektorat: Walter Saumweber
Programmleitung: Benjamin Hartlmaier
art & design: www.ideehoch2.de
Satz: DTP-Satz A. Kugge, München
Druck: CPI-Books, Printed in Germany

ISBN 978-3-645-60630-1

Windows 10 funktioniert nicht — und nun?

Windows 10 funktioniert gut – meistens ... Wenn aber etwas nicht wie erwartet funktioniert, steht man oft da „wie der Ochs vor dem Berg", weil sich das neue Betriebssystem an vielen Stellen doch deutlich anders verhält als seine Vorgänger.

Dieses Buch zeigt, wie sich gängige Windows-Probleme mit Bordmitteln oder Freeware-Tools beheben lassen, wie ein System gerettet werden kann, das gar nicht mehr startet, wie sich lieb gewonnene Features, die beim Upgrade verloren gegangen sind, wiederherstellen lassen und wie Sie auch Ihre älteren gewohnten Programme unter der neuen Oberfläche weiter benutzen können.

Der Name Windows 10 blieb seit der ersten Version vom Juli 2015, aber in den vergangenen Jahren sind jede Menge Funktionen dazugekommen, die Oberfläche und die vorinstallierten Apps wurden verbessert, sodass Windows 10 heute nicht mehr so aussieht wie beim offiziellen Produktstart. Jede neue Version bekommt nur noch einen Zusatznamen sowie eine Versionsnummer.

Version	*Veröffentlichungsdatum*	*Name*
1507	29.07.2015	Originalversion
1511	12.11.2015	Herbstupdate 2015
1607	02.08.2016	Anniversary Update
1703	06.04.2017	Creators Update
1709	17.10.2017	Fall Creators Update
1803	30.04.2018	April-Update 2018

Das Buch berücksichtigt bereits die neuen Funktionen des Windows-10-April-Updates 2018, auch als Version 1803 bezeichnet, das jeder Windows-10-Nutzer seit dem 30. April 2018 kostenlos herunterladen kann und im Laufe der darauffolgenden Wochen auch automatisch installiert bekam.

Der Startbildschirm des April-Updates im Edge-Browser

Download-Tipps
Die bei einigen Tipps erwähnten *.reg*-Dateien für den Registry-Editor müssen Sie nicht abtippen, sondern Sie können sie auf *www.buch.cd* herunterladen. Geben Sie dort den Code 60630-1 ein.
An einigen Stellen wird im Buch auf externe Softwaretools verwiesen. Da sich solche Links oft ändern, sind sie nicht im Buch abgedruckt. Sie finden alle Downloadlinks für erwähnte Programme bei *www.softwarehandbuch.de/reparaturhandbuch*.

Inhalt

Programme installieren, Apps und Microsoft Store 210

Festplattenprobleme und Datensicherung 242

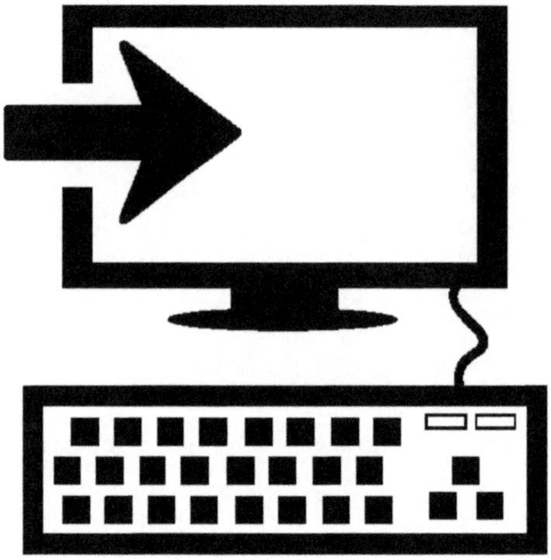

Installation, Aktivierung, Lizenz

1 Windows 10 aktivieren

Wenn Windows nicht aktiviert ist, erscheint normalerweise eine Aufforderung zur Aktivierung, der man einfach nur folgen und im angezeigten Eingabefeld den richtigen Product Key (Microsofts Wortschöpfung für Lizenzschlüssel) eingeben muss.

Dieses Eingabefeld erreicht man auch über den Link *Windows aktivieren* in der Systemsteuerung unter *System*. Es ist auch mit der Tastenkombination [Win] + [Pause] erreichbar. Bei einem bereits aktivierten Windows erscheint an dieser Stelle ein Link *Product Key ändern*, um z. B. auf eine andere Windows-Edition umzusteigen.

Leider funktioniert diese Tastenkombination nicht immer. Es kommt immer wieder vor, dass ein nicht aktiviertes Windows nicht einmal mehr die Möglichkeit bietet, in die Systemsteuerung zu gelangen. In diesen Fällen kann der Product Key auch über einen Kommandozeilenbefehl eingegeben werden:

```
slmgr -ipk NEUERPRODUCTKEY
```

Ersetzen Sie dabei das Wort `NEUERPRODUCTKEY` durch den Product Key Ihrer Windows-Lizenz.

2 Windows 10 deaktivieren

Jede Windows-Lizenz ist nur auf einem PC nutzbar. Möchten Sie Ihre Windows-Lizenz auf einem neuen PC weiterverwenden, muss sie auf dem alten zuvor deaktiviert werden. Sie können Ihre Windows-Lizenz auch behalten, wenn Sie einen PC verkaufen, indem Sie sie auf diesem deaktivieren. Sie brauchen das Windows auf dem zu verkaufenden PC nicht zu deinstallieren. Der Käufer kann es mit einem eigenen Product Key jederzeit wieder aktivieren.

Klicken Sie mit der rechten Maustaste auf das Windows-Logo in der Taskleiste und wählen Sie im Kontextmenü *Eingabeaufforderung (Administrator)*. Geben Sie dort folgenden Kommandozeilenbefehl ein:

```
slmgr /upk
```

Jetzt erscheint eine Meldung *Der Product Key wurde erfolgreich deinstalliert.* Dieser Product Key kann nun auf einem anderen PC zur Aktivierung der gleichen Windows-Version verwendet werden.

3 Product Key auslesen

So lange Windows noch läuft, sollte man sich für den Fall der Fälle den Product Key, Microsofts Bezeichnung für Lizenzschlüssel, speichern. Windows 10 versteckt den Product Key und zeigt ihn im Klartext nicht an. Der *Windows 10 Product Key Viewer* zeigt den Product Key an und bietet auch die Möglichkeit, die Aktivierungsinformationen in einer Datei zu sichern.

Sie finden dieses Tool in diversen Downloadarchiven, siehe Download-Tipps, Seite 6.

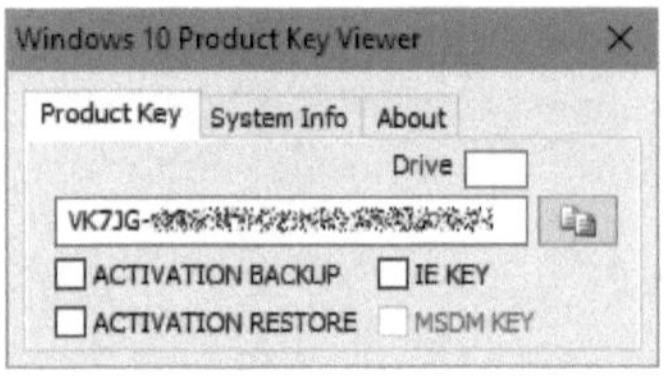

Der Windows Product Key Viewer

Einige Virenscanner schätzen den Zugriff auf die Registrierungsinformationen als gefährlich ein. Diese Warnungen können Sie ignorieren, das Tool ist harmlos.

4 Fehler 0xC004C008 beim Versuch, Windows 10 zu aktivieren

Dieser Fehler erscheint, wenn die gleiche Windows-Lizenz bereits auf einem anderen PC aktiviert ist. Deaktivieren Sie Windows 10 dort, wie weiter oben beschrieben, bevor Sie die gleiche Lizenz auf einem neuen PC wieder aktivieren.

5 Fehler 0xC004F061 beim Versuch, Windows 10 zu aktivieren

Dieser Fehler erscheint, wenn Windows 10 als Upgrade installiert wurde, ohne dass eine berechtigte frühere Windows-Version installiert war. Installieren Sie auf dem PC zunächst Windows 7 oder Windows 8.1 und aktivieren Sie dies mit einem gültigen Product Key. Installieren Sie dann Windows 10 als Upgrade über das aktivierte Betriebssystem.

6 Windows 10 ist nach Neuinstallation nicht mehr aktiviert

Beim Upgrade von Windows 7 oder 8.1 auf Windows 10 wird automatisch anhand der Hardware eine sogenannte Machine-ID ermittelt und bei Microsoft hinterlegt. Damit wird Windows 10 aktiviert.

Bei einer Neuinstallation überspringen Sie zunächst die Eingabe des Product Keys und setzen die Installation ohne Aktivierung fort. Warten Sie nach Abschluss der Installation eine Weile – das kann auch ein paar Stunden dauern. Der Microsoft-Aktivierungsserver erkennt die Machine-ID und findet die frühere Aktivierung. Damit wird Windows 10 automatisch im Hintergrund wieder aktiviert. Natürlich muss der PC dazu eine Internetverbindung haben.

7 Windows 10 bei Problemen telefonisch aktivieren

Windows 10 kann, wie frühere Windows-Versionen, immer noch per Telefon aktiviert werden, wenn die Online-Aktivierung fehlschlägt – nur sind die Telefonnummer und das Aktivierungsformular nicht mehr so leicht auffindbar.

Geben Sie in einem Eingabeaufforderungsfenster auf dem nicht aktivierten Windows folgenden Kommandozeilenbefehl ein:

```
slui 4
```

Wählen Sie *Deutschland*, danach werden eine kostenlose und eine kostenpflichtige Telefonnummer angezeigt. Die kostenlose Nummer funktioniert nicht vom Handy aus. Steht Ihnen kein Festnetztelefon zur Verfügung, müssen Sie die kostenpflichtige Telefonnummer verwenden.

Geben Sie jetzt nach Aufforderung die angezeigte Installations-ID über die Telefontastatur ein. Danach erhalten Sie am Telefon eine Bestätigungs-ID, die Sie auf dem PC eingeben, um Windows 10 zu aktivieren.

8 Wo ist die Systemsteuerung?

Mit einem der letzten Updates hat Microsoft den Menüpunkt zum Aufruf der Systemsteuerung aus dem Systemmenü, das beim Rechtsklick auf das Windows-Logo in der Taskleiste erscheint, entfernt. Viele in diesem Buch erwähnte Einstellungen benötigen aber die Systemsteuerung.

Langjährige Windows-Anwender kennen und nutzen seit historischen Zeiten ein paar Standardsymbole auf dem Desktop: *Computer*, *Benutzerdateien*, *Netzwerk*, *Papierkorb* und *Systemsteuerung*. Bereits in Windows XP waren diese außer dem Papierkorb bei Neuinstallationen nicht mehr standardmäßig aktiv, wurden aber trotzdem noch viel genutzt. Selbst in Windows 10 sind diese Symbole gut versteckt noch vorhanden.

Klicken Sie in den Einstellungen unter *Personalisierung / Designs* rechts auf den Link *Desktopsymboleinstellungen*. Hier legen Sie fest, welche der Windows-Standardsymbole auf dem Desktop angezeigt werden sollen.

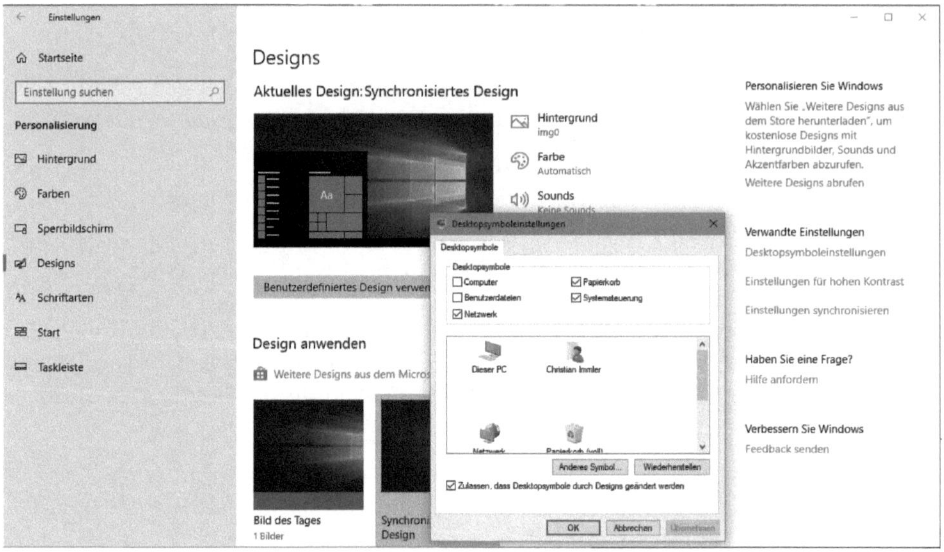

Systemsteuerung und andere Standard-Desktopsymbole anzeigen

Seit im Systemmenü der Link zur Systemsteuerung verschwunden ist, ist das Desktopsymbol ein komfortabler Weg, einen schnellen Zugriff zur klassischen Systemsteuerung zu behalten.

In diesem Dialog können Sie über die Schaltfläche *Anderes Symbol* andere Bildchen für die Standard-Desktopsymbole wählen. Nur wenn das Kontrollkästchen *Zulassen, dass Desktopsymbole durch Designs geändert werden* eingeschaltet ist, können spezielle Windows-Designs die Standard-Desktopsymbole verändern. Ist dieser Schalter deaktiviert, werden immer die Standardsymbole angezeigt und die Designvorgaben ignoriert.

Standard-Desktopsymbole ändern

9 Registry bearbeiten

Nicht alles lässt sich in Windows über die Systemsteuerung und andere Konfigurationsoptionen einstellen. Einige versteckte Funktionen können nur manuell in der Registrierung (auch Registry genannt) geändert werden. Dies ist die zentrale Datenbank mit wichtigen Systeminformationen zur verwendeten Hardware, zu installierten Softwareprogrammen und Benutzereinstellungen.

Windows liefert für den direkten Zugriff auf die Registry das Tool *Regedit* mit. Damit können Sie unmittelbar Einträge in der Registrierungsdatenbank bearbeiten, löschen und hinzufügen. Zum Schutz vor unsachgemäßer Anwendung taucht der Registrierungseditor nicht direkt im Startmenü von Windows auf. Er kann über das Cortana-Suchfeld oder über das Programm *Systemkonfiguration* im Startmenü unter *Windows-Verwaltungsprogramme* aufgerufen werden. Dort ist der Registrierungseditor auf der Registerkarte *Tools* verlinkt.

Achtung:
Änderungen in der Registry können Windows in einen instabilen oder nicht mehr lauffähigen Zustand versetzen. Überlegen Sie sich genau, was Sie tun. Im Registry-Editor gibt es keine Zurück-Funktion!

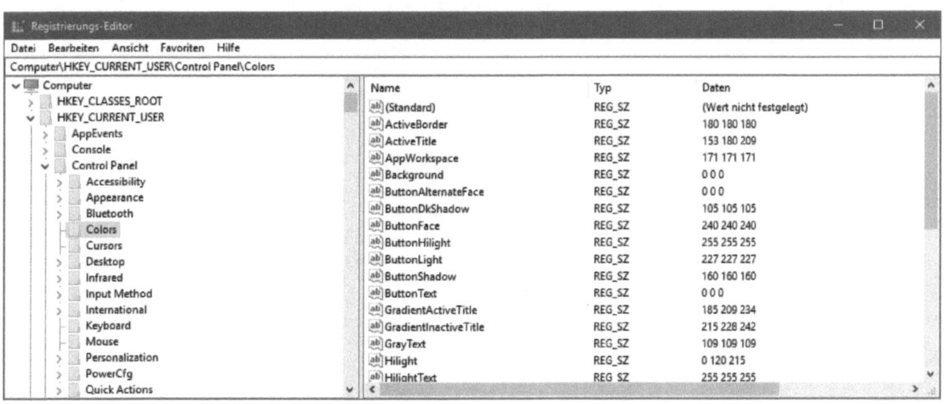

Der Registry-Editor in Windows 10 verfügt seit dem Creators Update oben über eine Eingabezeile, um Registry-Schlüssel per Zwischenablage einzufügen.

Probleme beim Booten

10 Windows-10-Wiederherstellungslaufwerk rechtzeitig anlegen

Sollte der Computer überhaupt nicht mehr starten, weil der Bootmanager oder die Partitionstabelle beschädigt sind oder entscheidende Systemdateien fehlen, um das Bootmenü und die Reparaturoptionen zu starten, lässt sich Windows 10 mit einer Original-DVD reparieren, die allerdings den wenigsten Computern heute noch beiliegt. Das sogenannte Windows-10-Wiederherstellungslaufwerk erfüllt die gleiche Funktion.

1. Wählen Sie in der Systemsteuerung die Option *System und Sicherheit / Sicherheit und Wartung / Wiederherstellung / Wiederherstellungslaufwerk erstellen*. Es startet ein einfacher Assistent, mit dem Sie einen bootfähigen USB-Stick erstellen können.
2. Lassen Sie im ersten Schritt den Schalter *Sichert die Systemdateien auf dem Wiederherstellungslaufwerk* eingeschaltet. Damit werden alle zur Neuinstallation von Windows notwendigen Dateien auf das Wiederherstellungslaufwerk gesichert.
3. Schließen Sie einen mindestens 8 GB großen USB-Stick an. Dieser wird als Wiederherstellungslaufwerk neu formatiert, alle vorher darauf befindlichen Daten gehen verloren. Tatsächlich werden aber nur etwas mehr als 4 GB auf dem USB-Stick belegt.

Das Windows-Wiederherstellungslaufwerk bietet im Notfall die Möglichkeit, von dort aus zu booten und Windows neu zu installieren. Zusätzlich sind alle Reparaturtools wie auf einer Original-DVD enthalten.

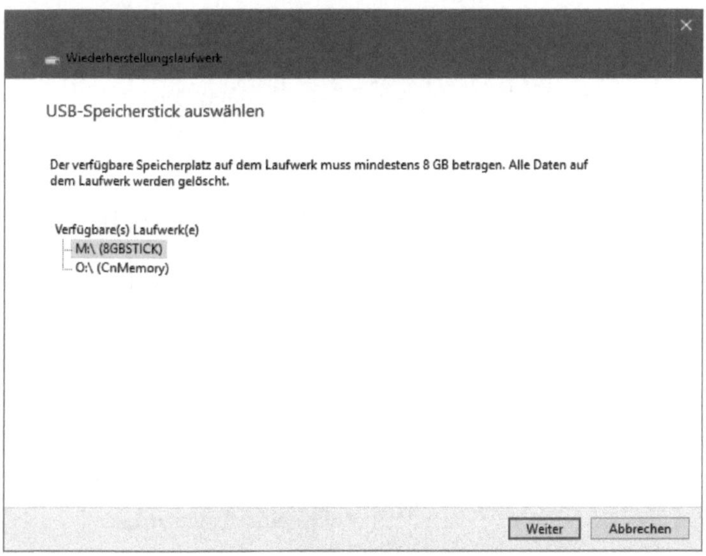

Ein bootfähiger USB-Stick ermöglicht es, im Notfall Windows zu reparieren oder komplett neu zu installieren.

11 Standardbetriebssystem im Dual-Boot-Modus ändern

Der Bootmanager von Windows 10 legt natürlich – wie sollte es anders sein – das neue Betriebssystem als Standardbetriebssystem fest. Das bedeutet, wenn Sie nach dem Start nicht innerhalb von 30 Sekunden ein anderes auf dem Computer installiertes Betriebssystem auswählen, wird Windows 10 gestartet.

Möchten Sie Windows 10 nur ausprobieren, im Alltag aber weiterhin die gewohnte Vorgängerversion nutzen, können Sie – vorausgesetzt, Sie haben beide Versionen parallel installiert – diese Standardeinstellung später wieder ändern. Rufen Sie dazu über das Startmenü im Bereich *Windows-Verwaltungsprogramme* die *Systemkonfiguration* auf.

Auf der Registerkarte *Start* wählen Sie das gewünschte Standardbetriebssystem aus und klicken auf *Als Standard*. Anschließend können Sie auch noch die *Timeout*-Zeit einstellen, nach der automatisch das Standardbetriebssystem gestartet wird.

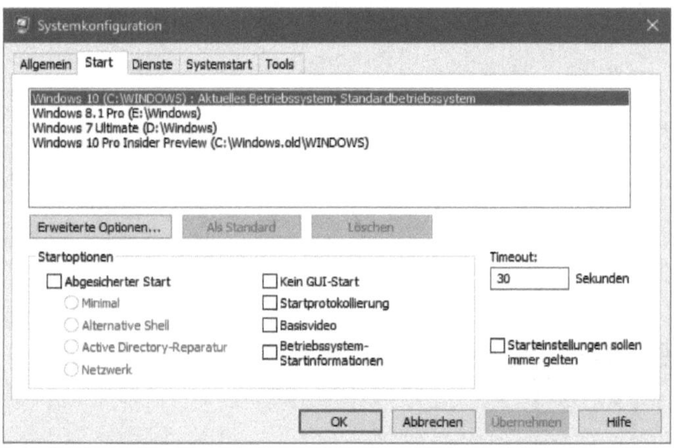

Auswahl eines Standardbetriebssystems für den Bootmanager

12 Ständige Datenträgerüberprüfung im Dual-Boot-Modus

Windows 10 lagert beim Herunterfahren Teile des Arbeitsspeichers in die Datei *hiberfil.sys* aus, um beim nächsten Mal schneller zu starten. Windows 7 verwendet eine gleichnamige Datei zum Speichern des kompletten Speicherinhalts für den Ruhezustand.

Sind auf einem PC beide Windows-Versionen im Dual-Boot-Modus installiert, kommt es beim Start von Windows 7 immer wieder zu Fehlermeldungen, da die Windows-10-Version der Datei *hiberfil.sys* als fehlerhaft erkannt wird. Windows führt daraufhin eine sehr zeitaufwendige Datenträgerüberprüfung durch.

Schalten Sie in diesem Fall in Windows 10 den Hybridmodus mit folgendem Kommandozeilenbefehl in einem Eingabeaufforderungsfenster aus:

```
powercfg /hibernate off
```

Damit dauert der Neustart von Windows 10 zwar länger, bei Windows 7 gibt es dafür keine Probleme mehr. Umgekehrt schaltet folgender Kommandozeilenbefehl den Hybridmodus von Windows 10 wieder ein:

```
powercfg /hibernate on
```

13 Windows 10 fährt nicht herunter

Wenn sich Windows 10 über das Symbol im Startmenü nicht herunterfahren lässt, liegt dies häufig an einem abgestürzten Explorer-Prozess oder einem Subprozess des Explorers. Viel einfacher – und das funktioniert immer – fahren Sie den PC durch kurzes Drücken des Ausschalters herunter. In neueren PCs (etwa der letzten 10 Jahre) schaltet dieser Schalter nicht mehr einfach das Netzteil ab, sondern fährt den PC kontrolliert herunter.

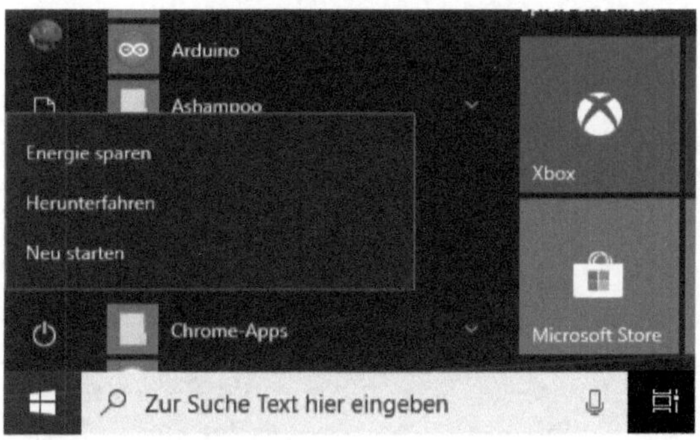

Herunterfahren im Startmenü

14 PC bootet sehr langsam

In vielen Fällen sind Hintergrunddienste, die gar nicht immer wirklich nötig sind, die Ursache für verzögertes Booten und träges Verhalten des PCs.

Starten Sie im Startmenü unter *Windows-Verwaltungsprogramme* das Programm *Systemkonfiguration*. Aktivieren Sie dort auf der Registerkarte *Dienste* den Schalter *Alle Microsoft-Dienste ausblenden*.

Prüfen Sie jetzt unter den angezeigten Diensten, welche Sie wirklich benötigen. Schalten Sie im Zweifelsfall alle Dienste ab, starten Sie den PC neu und aktivieren Sie dann einen Dienst nach dem anderen wieder, wobei Sie jedes Mal neu starten müssen, um festzustellen, welcher Dienst problematisch ist.

Handelt es sich dabei um einen Dienst, der mit einer Hardwarekomponente zusammenhängt, aktualisieren Sie die jeweiligen Treiber und sonstige zugehörige Software. Bei Diensten, die zu bestimmten Programmen gehören, installieren Sie diese Programme in der aktuellen Version neu.

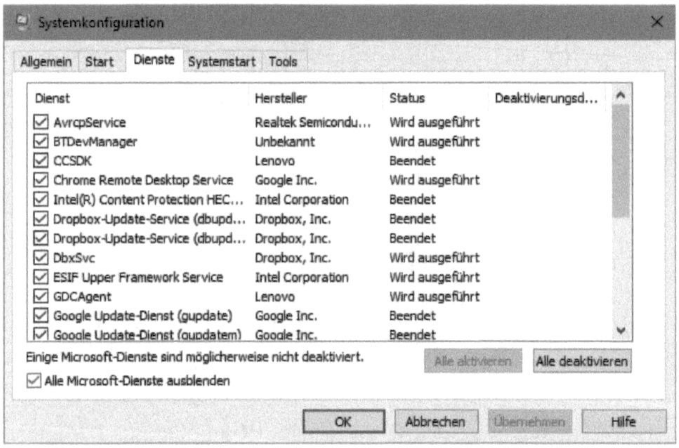

Gestartete Dienste in der Systemkonfiguration

15 Automatisch startende Programme finden und abschalten

Extrem langsames Booten kann auch auf automatisch gestartete Programme zurückzuführen sein. In Windows 10 ist es einfach, den automatischen Start von Programmen beim Systemstart zu unterbinden, ohne in die Registry eingreifen zu müssen. Wählen Sie in den Einstellungen *Apps / Autostart*. Hier finden Sie alle automatisch startenden Programme. Bei Programmen, die diese Funktion unterstützen, wird angezeigt, inwieweit diese das Startverhalten von Windows beeinflussen. Bis jetzt sind das allerdings sehr wenige Programme. Schalten Sie bei Programmen, die nicht automatisch starten sollen, den Schalter aus. Das Programm bleibt in der Liste und kann später jederzeit wieder zum Autostart aktiviert werden.

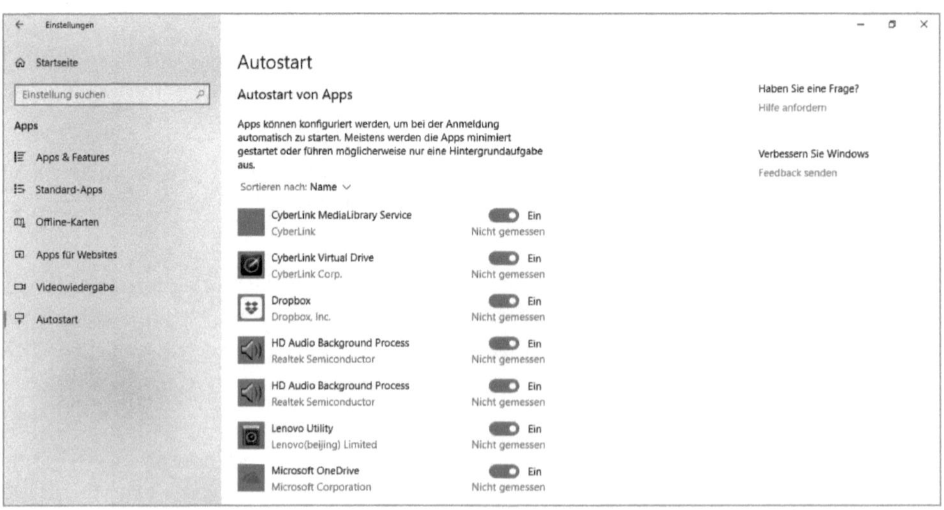

In den Einstellungen lässt sich das automatische Starten eines Programms deaktivieren.

16 Unwichtige Aufgaben bremsen den Systemstart

Außer Autostart-Programmen können auch geplante Aufgaben den Systemstart deutlich ausbremsen. Viele Programme legen unbemerkt solche Aufgaben für eigene Updates an.

1. Starten Sie die *Aufgabenplanung* im Startmenü unter *Windows-Verwaltungsprogramme* und springen Sie im Navigationsbereich links auf *Aufgabenplanungsbibliothek*.
2. Im mittleren Teilfenster oben werden alle Aufgaben dieses Bereichs angezeigt. Prüfen Sie hier kritisch, welche wirklich nötig sind. Deaktivieren Sie alle unnötigen Aufgaben, indem Sie sie einzeln markieren und unten rechts auf *Deaktivieren* klicken. Die Aufgaben im Unterordner *Microsoft / Windows* sollten nicht verändert werden.
3. Starten Sie Windows mit deaktivierten Aufgaben und stellen Sie fest, ob alles zuverlässig läuft. Bei Bedarf können Sie einzelne Aufgaben wieder aktivieren.

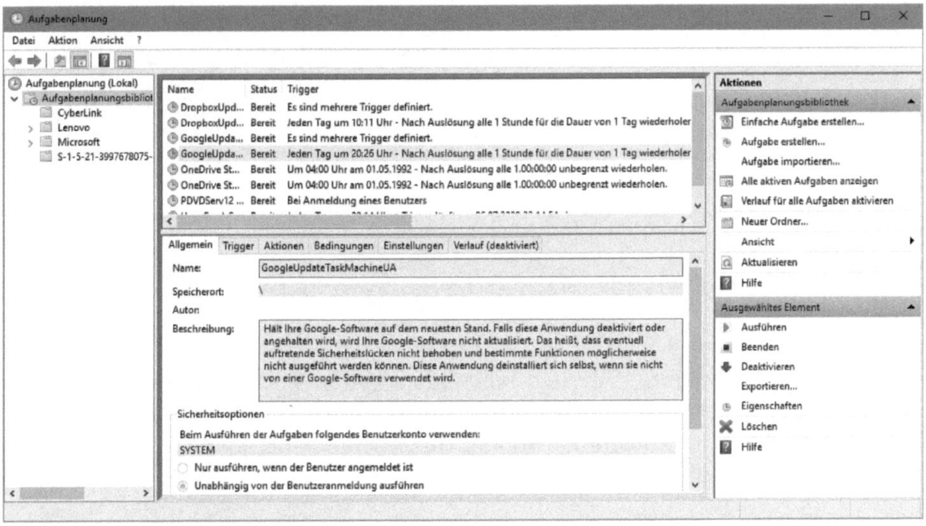

Aufgaben in der Aufgabenplanung

17 Nicht alle Autostart-Programme werden gefunden

Der Task-Manager und die Einstellungen finden bei Weitem nicht alle Komponenten, die beim Windows-Start automatisch gestartet werden.

Microsoft bietet das kostenlose Werkzeug *AutoRuns* an, siehe Download-Tipps, Seite 6. *AutoRuns* liefert eine sehr ausführliche Übersicht aller automatisch startenden Prozesse, d. h. nicht nur Programme, sondern auch Treiber, Plug-ins und Windows-Komponenten.

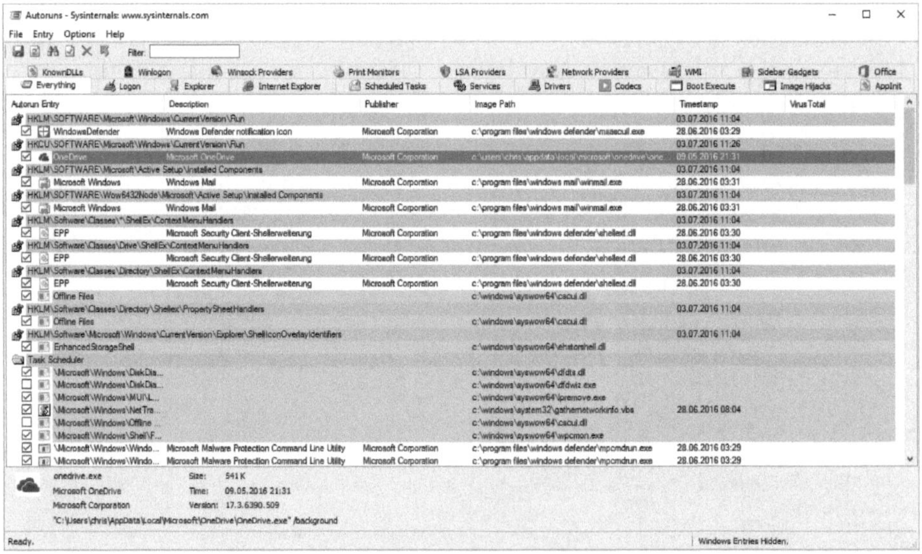

AutoRuns zeigt die automatisch startenden Komponenten an.

18 Erweiterte Startoptionen zur Systemreparatur

Wenn die Windows-Installation so beschädigt ist, dass der PC nicht mehr sauber läuft, kommt man auf normalem Wege auch an die verschiedenen Reparaturtools nicht mehr heran. Der Bootmanager von Windows 10 enthält für solche Fälle erweiterte Startoptionen, die eine Reparatur des Betriebssystems oder eine Rettung der Daten ermöglichen.

1. Starten Sie den Computer neu und klicken Sie auf der Startseite des Bootmanagers auf *Standardeinstellungen ändern oder andere Optionen auswählen.*

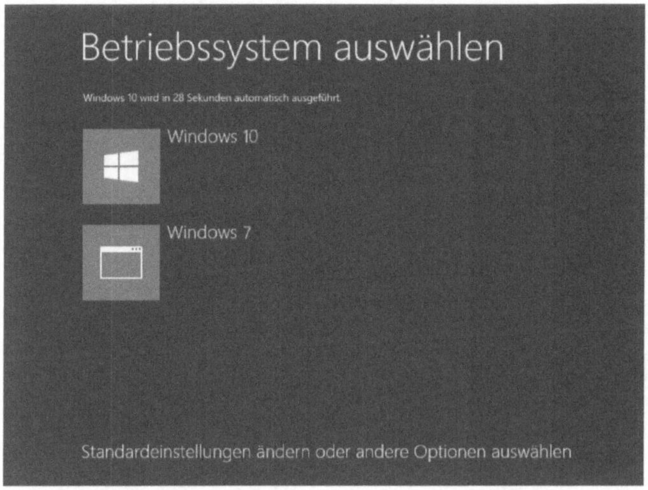

Der Bootmanager von Windows 10

❷ Auf dem nächsten Bildschirm *Optionen* können Sie die Konfiguration des Bootmanagers verändern, die Wartezeit bis zum Booten und das Standardbetriebssystem festlegen, das nach Ablauf der Wartezeit automatisch gebootet wird. Wählen Sie hier *Weitere Optionen auswählen*.

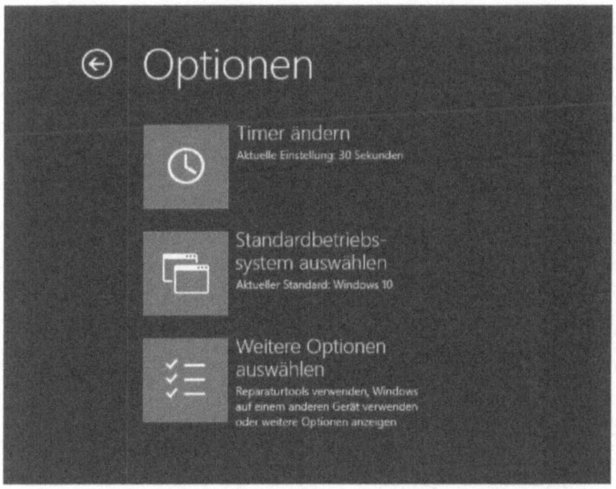

Optionen für den Bootmanager

❸ Auf dem nächsten Bildschirm erklären sich die beiden Auswahloptionen *Fortsetzen* und *PC ausschalten* von selbst. Mit *Anderes Betriebssystem* können Sie eine andere auf dem PC installierte Windows-Version starten. Klicken Sie hier auf *Problembehandlung*.

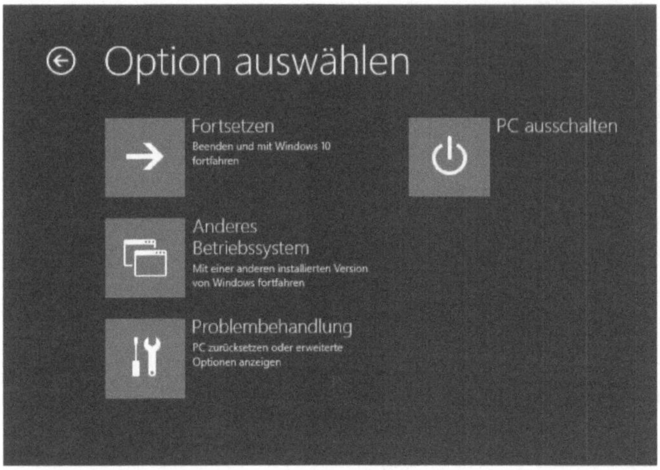

Weitere Optionen auswählen

4 Diese Option führt zu einem weiteren Auswahlbildschirm, auf dem Sie den PC auf die Originaleinstellung zurücksetzen können. Das ist nur dann nötig, wenn alle anderen Reparaturmethoden nicht weiterhelfen oder wenn Sie den PC an eine andere Person weitergeben und ihn deshalb auf den Werkszustand zurücksetzen möchten.

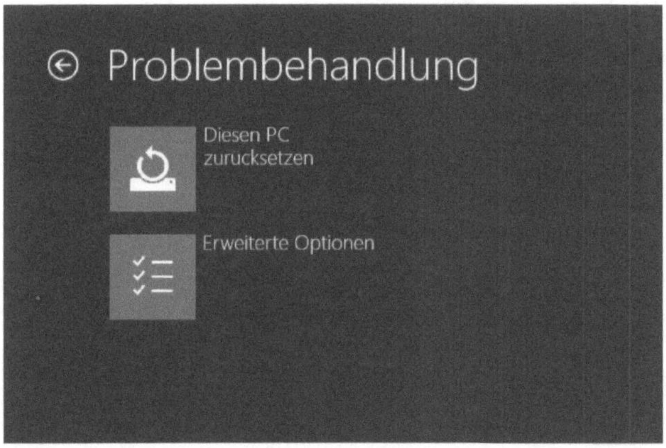

Start der Problembehandlung

5 Über *Erweiterte Optionen* erreichen Sie weitere Funktionen zur Systemreparatur, mit denen Sie ein beschädigtes Windows-System in vielen Fällen wieder zum Laufen bringen.

Erweiterte Optionen zur Systemreparatur

System wiederherstellen stellt einen früheren Zustand wieder her. Dazu kann ein Systemwiederherstellungspunkt ausgewählt werden, der bereits mit der Windows-Systemwiederherstellung auf dem PC angelegt wurde. Auf diese Weise lassen sich Probleme lösen, die durch kürzlich installierte inkompatible Software oder Treiber verursacht wurden.

Systemimagewiederherstellung stellt ebenfalls einen früheren Zustand wieder her. Hierfür wird eine Systemabbildsicherung benötigt, die mithilfe des Windows-Datensicherungsprogramms angelegt wurde.

Sollte der Bootblock auf der Festplatte die Ursache dafür sein, dass Windows nicht startet – übrigens eine sehr häufig vorkommende Ursache –, hilft die *Starthilfe* weiter. Wenn diese das Problem nicht beheben kann, können Sie wieder zu diesem Bildschirm zurückspringen.

Eingabeaufforderung öffnet ein Kommandozeilenfenster, mit dessen Hilfe Sie z. B. wichtige Daten von der Festplatte retten oder auch erweiterte Reparatur- und Diagnosetools starten können. Allerdings stehen an dieser Stelle nicht alle Kommandozeilenbefehle zur Verfügung.

Starteinstellungen bootet den Computer mit einem speziellen Auswahlbildschirm, auf dem Sie bestimmte Voreinstellungen vornehmen können, um ein beschädigtes System mit eingeschränkten Funktionen zu starten. Wählen Sie diese Option und klicken Sie auf *Neu starten*.

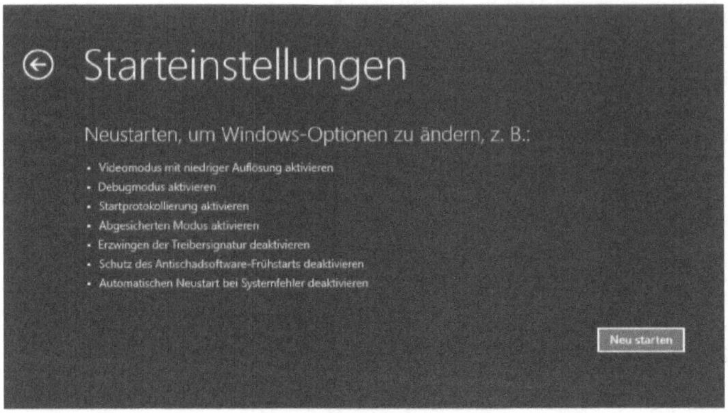

Ein Klick auf *Neu starten* startet das erweiterte Startmenü.

❻ Der Computer bootet mit erweiterten Starteinstellungen. Drücken Sie hier eine Nummerntaste oder eine Funktionstaste, um die entsprechende Auswahl zu wählen. Mit den Tasten [4], [5] und [6] starten Sie den abgesicherten Modus.

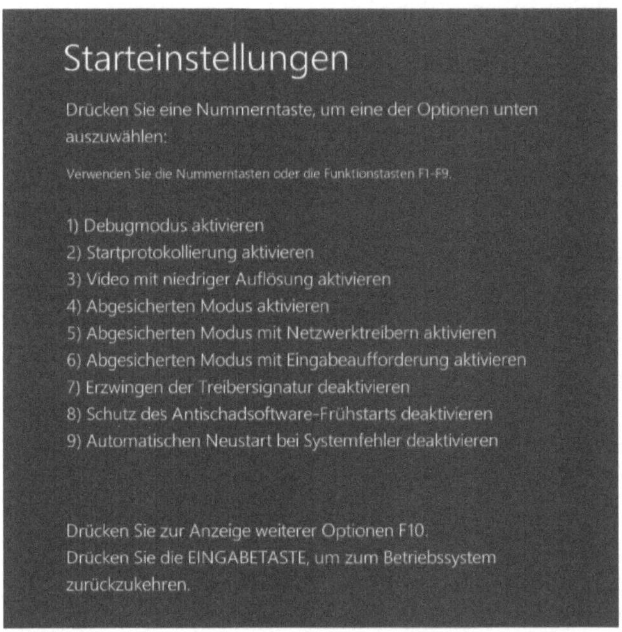

Das Menü *Starteinstellungen*

19 Problembehandlung ohne Bootmanager aufrufen

Haben Sie nur Windows 10 und kein anderes Betriebssystem installiert, erscheint auch kein Bootmanager und Sie haben keine Möglichkeit, die Funktionen zur Problembehandlung auf diesem Wege aufzurufen.

Starten Sie Windows 10 neu, melden Sie sich aber nicht an. Klicken Sie stattdessen auf dem Anmeldebildschirm mit gedrückter [Umschalt]-Taste auf das Ausschaltsymbol. Halten Sie die [Umschalt]-Taste weiterhin gedrückt und klicken Sie auf *Neu starten*. Jetzt startet direkt der Bildschirm *Problembehandlung*.

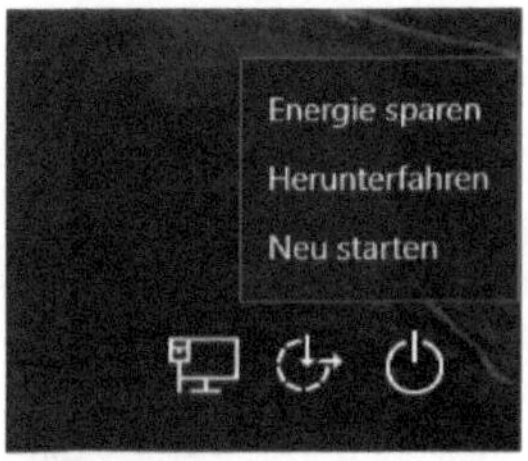

Bootmenü auf dem Ausschaltsymbol des Anmeldebildschirms

20 Funktionierendes Windows im Reparaturmodus starten

Wenn sich Windows 10 normal starten lässt, Sie sich auch anmelden können und nun die Reparaturoptionen nutzen möchten, klicken Sie auf das Windows-Logo unten links auf der Taskleiste und dann mit gedrückter [Umschalt]-Taste auf das Ausschaltsymbol direkt darüber. Halten Sie die [Umschalt]-Taste weiterhin gedrückt und klicken Sie auf *Neu starten*. Jetzt startet direkt der Bildschirm *Problembehandlung*.

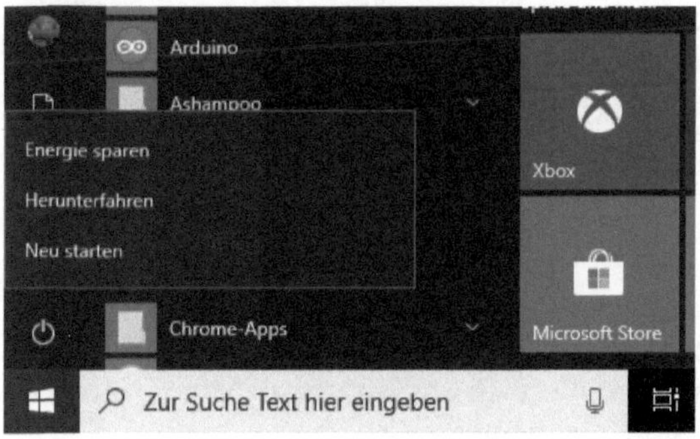

Bootmenü auf dem Ausschaltsymbol im Startmenü

21 Im abgesicherten Modus starten

Wenn Windows 10 wegen Problemen mit Hardwarekomponenten nicht richtig startet, starten Sie das System im abgesicherten Modus. Dabei werden nur die allernötigsten Treiber geladen und Sie können problematische Geräte deinstallieren oder Treiber aktualisieren. Oftmals hilft es auch, zusätzliche Software, die mit bestimmten Geräten mitgeliefert wurde, zunächst zu deinstallieren und diese nach erfolgreichem Neustart und Aktualisierung der Treiber wieder in der aktuellen Version neu zu installieren.

Da auch der Grafiktreiber nicht installiert wird, läuft Windows im abgesicherten Modus mit einer geringeren Bildschirmauflösung. Im Geräte-Manager sehen Sie deutlich weniger Geräte. Einige Geräte werden auch nur in vereinfachter Version angezeigt, und falls erweiterte Treiber zusätzliche virtuelle Geräte anlegen, fehlen diese ebenfalls.

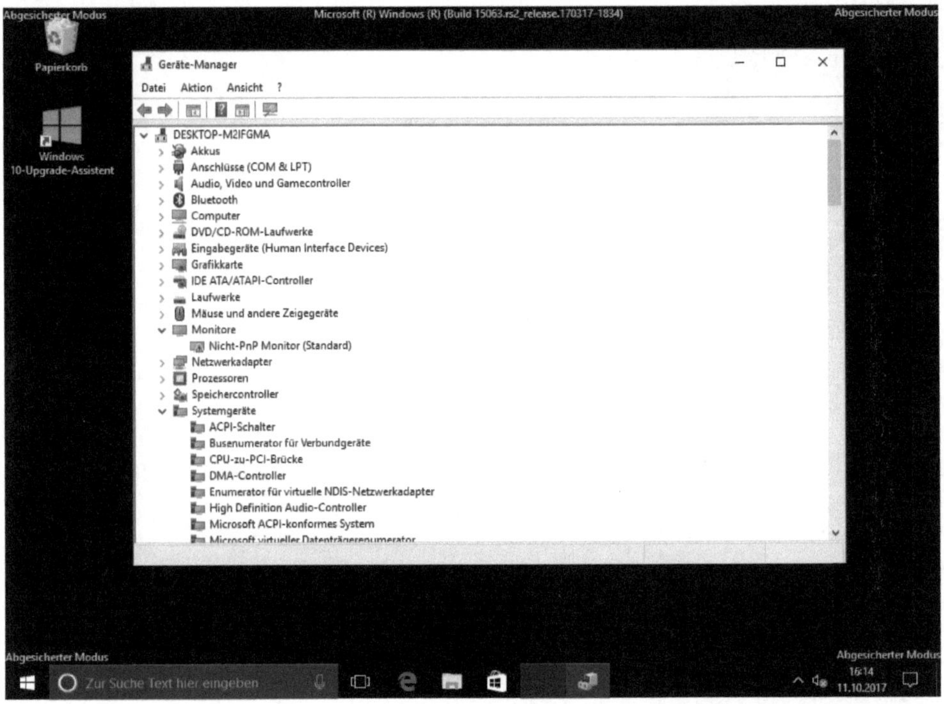

Windows 10 im abgesicherten Modus

Zur deutlichen Kennzeichnung des abgesicherten Modus fehlt das Hintergrundbild und in allen vier Bildschirmecken erscheint der Schriftzug *Abgesicherter Modus*. Die Symbole für Netzwerk und Audio im Infobereich der Taskleiste zeigen ein rotes Warnsymbol, da die notwendigen Treiber nicht geladen wurden.

Sollten Sie z. B. für den Download neuer Treiber oder für eine Datensicherung eine Netzwerkverbindung brauchen, können Sie in den Starteinstellungen den abgesicherten Modus auch mit Netzwerktreibern aktivieren – für den Fall, dass nicht diese die Ursache der Startprobleme sind.

22 Abgesicherten Modus per Tastenkombination starten

In früheren Windows-Versionen konnte man beim Booten die Taste F8 drücken und gelangte damit in den abgesicherten Modus. Diese Tastenkombination wurde auf Strg + F8 geändert. Leider wurde auch das Zeitfenster, in dem diese Tastenkombination gedrückt werden kann, deutlich verkürzt. Daher ist es erheblich schwieriger geworden, zwischen dem Ende der BIOS-Meldungen und dem Erscheinen des blauen Windows-Logos rechtzeitig über die Tastenkombination in den abgesicherten Modus zu gelangen. Es funktioniert aber, zumindest theoretisch, weiterhin.

23 Abgesicherten Modus in das Bootmenü einbauen

Wenn Sie beim Experimentieren am System den abgesicherten Modus öfter brauchen, können Sie ihn direkt ins Bootmenü einbauen.

1. Klicken Sie dazu mit der rechten Maustaste auf das Windows-Logo, öffnen Sie über das Systemmenü ein Eingabeaufforderungsfenster mit Administratorberechtigung und geben Sie dort ein:

```
bcdedit /enum /v
```

2. Jetzt werden alle Einträge des Bootmanagers aufgelistet.

Die Einträge des Bootmanagers

3. Für den nächsten Schritt brauchen Sie den Eintrag bei `Bezeichner` im Bereich `Windows-Startladeprogramm` der Windows-10-Installation. Solange nur ein Betriebssystem installiert ist, existiert auch nur ein Block `Windows-Startladeprogramm`.

4. Geben Sie jetzt im gleichen Fenster ein:

```
bcdedit /copy {Bezeichner} /d "Windows 10 (Abgesicherter Modus)"
```

5. Für `{Bezeichner}` setzen Sie die entsprechende Zeichenfolge aus Ihrer Liste ein. Sie können die Zeichenfolge einschließlich der Klammern markieren und in die Befehlszeile kopieren. Die dafür notwendigen Funktionen der Zwischenablage finden Sie mit einem Klick auf das Fensterlogo oben links im Eingabeaufforderungsfenster.

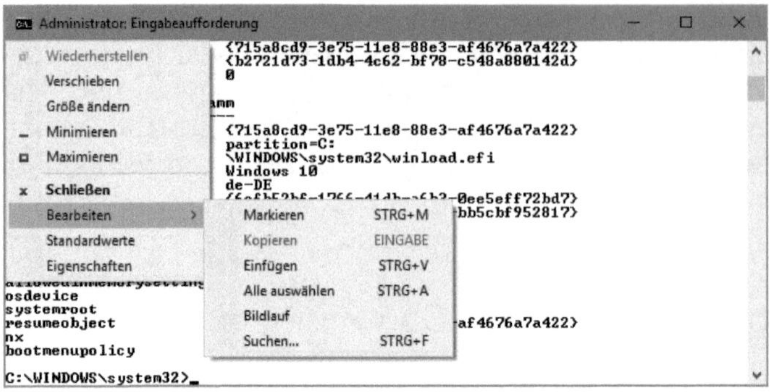

Funktionen zum Markieren und Kopieren im Eingabeaufforderungsfenster

❻ Nachdem der Eintrag erfolgreich kopiert wurde, starten Sie im Startmenü unter *Windows-Verwaltungsprogramme* das Programm *Systemkonfiguration*.

❼ Wählen Sie die neue Konfiguration und schalten Sie den Schalter *Abgesicherter Start* ein.

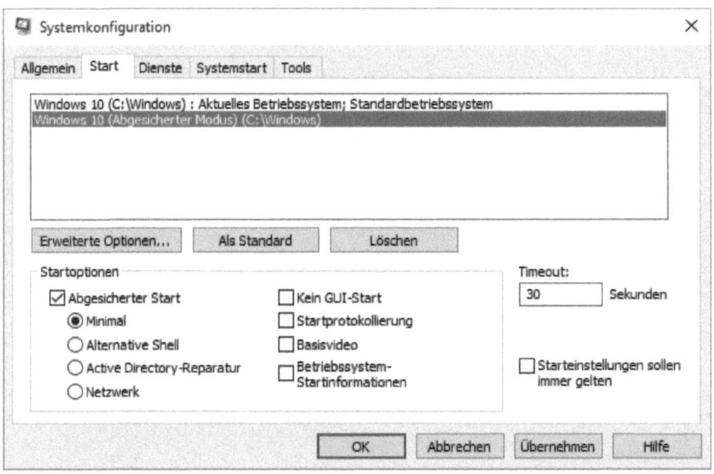

Booteintrag in der Systemkonfiguration bearbeiten

Beim nächsten Neustart erscheint der abgesicherte Modus als neuer Eintrag im Bootmenü.

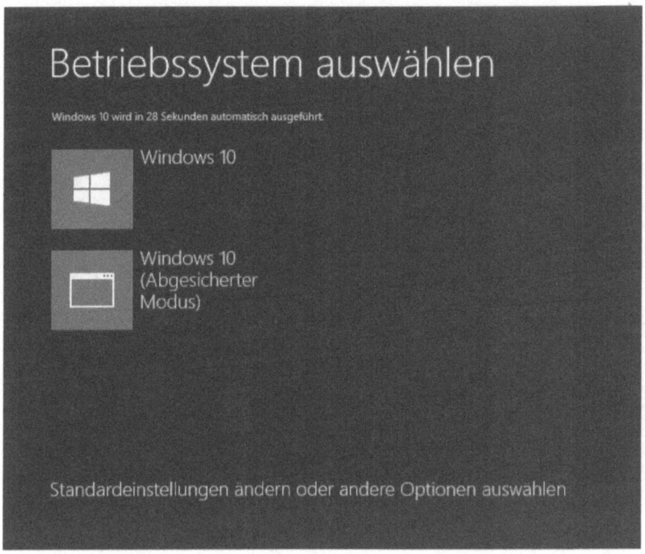

Der abgesicherte Modus im Bootmanager

24 Fehlende weitere Betriebssysteme auf dem PC im Bootmanager nachtragen

Bei Neuinstallationen kommt es immer wieder vor, dass ältere vorhandene Windows-Installationen nicht automatisch in den Bootmanager eingetragen werden. Dies passiert auch beim Austausch von Festplatten. Windows XP kann im Bootmanager von Windows 10 nicht mehr angezeigt werden.

1. Booten Sie den PC im Reparaturmodus. Wählen Sie hier nacheinander *Weitere Optionen auswählen / Problembehandlung / Erweiterte Optionen / Eingabeaufforderung*.

2. Geben Sie nun Folgendes ein:

```
bootrec /scanos
```

3. Dieser Befehl durchsucht alle installierten Festplattenpartitionen nach bootfähigen Windows-Versionen. Geben Sie anschließend ein:

```
bootrec /rebuildbcd
```

4. Jetzt können Sie auswählen, welche Windows-Installationen Sie dem Bootmenü hinzufügen möchten. Danach wird das Bootmanager-Menü neu erstellt.

5. Verlassen Sie die Eingabeaufforderung mit `exit` und wählen Sie in den Reparaturoptionen einen Neustart. Jetzt sehen Sie alle ausgewählten Windows-Installationen im Bootmenü.

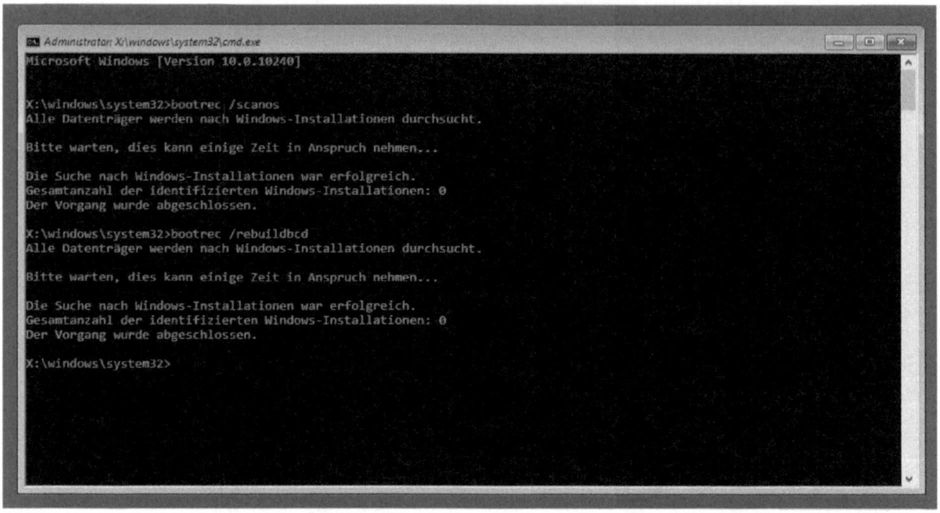

Fehlende Einträge im Bootmenü nachtragen

25 Wenn gar nichts mehr geht — Reparaturmodus erzwingen

Wenn Windows beim Booten nicht mehr bis zum Anmeldebildschirm kommt und man es auch nicht schafft, die Tastenkombination für den abgesicherten Modus schnell genug zu drücken, hilft nur noch die »brutale« Methode.

Brechen Sie den Bootvorgang durch langes Drücken des Ausschalters am PC gewaltsam ab. Starten Sie danach den PC neu und wiederholen Sie diese Methode etwa drei bis vier Mal.

Bei einem der folgenden Neustartversuche erscheint ein blauer Bildschirm mit der Meldung *Windows wurde anscheinend nicht richtig geladen*. Von hier aus kommen Sie zu den bereits beschriebenen Reparaturoptionen.

26 Bootsektor reparieren

Wenn Windows gar nicht mehr startet, ist oft der Bootsektor der Festplatte beschädigt. Das passiert auch, wenn nach der Installation von Windows 10 eine ältere Windows-Version installiert wurde.

In diesem Fall können Sie nur noch von einer Original-Windows-10-DVD oder einem Wiederherstellungslaufwerk booten.

1. Klicken Sie im automatisch startenden Windows-Installationsassistenten nach Auswahl der Sprache auf *Computerreparaturoptionen*, da Sie Windows nicht komplett neu installieren möchten.

❷ Jetzt erscheint der blaue Bildschirm mit den bekannten Problembehandlungsoptionen. Wählen Sie hier nacheinander *Weitere Optionen auswählen / Problembehandlung / Erweiterte Optionen / Eingabeaufforderung.*

❸ Geben Sie nun Folgendes ein:

```
bootrec /fixmbr
```

❹ Dieser Befehl schreibt einen neuen Master Boot Record auf die Festplatte. Geben Sie anschließend ein:

```
bootrec /fixboot
```

❺ Dieser Befehl schreibt den Bootsektor neu und ersetzt damit einen möglicherweise durch eine ältere Windows-Version überschriebenen Bootmanager.

❻ Verlassen Sie die Eingabeaufforderung mit `exit` und wählen Sie in den Reparaturoptionen einen Neustart. Starten Sie dieses Mal wieder von der Festplatte und nicht von der DVD.

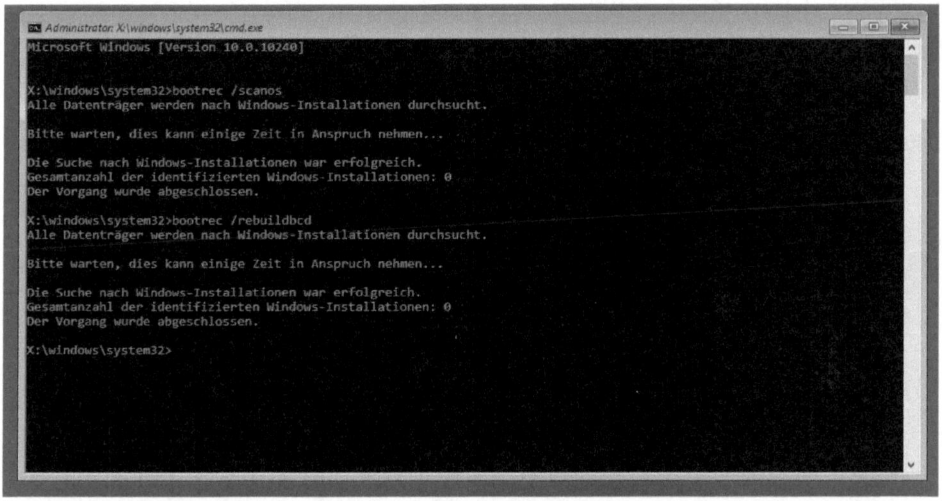

Bootsektor mit einer Original-Windows-10-DVD reparieren

27 PC aus einem Systemabbild wiederherstellen

Steht Ihnen ein Systemabbild des PCs zur Verfügung, können Sie über die erweiterten Optionen im Reparaturmodus den PC auf genau diesen gesicherten Zustand zurücksetzen. Ein Systemabbild enthält das Betriebssystem sowie die Einstellungen zu einem bestimmten Zeitpunkt. Klicken Sie dazu auf *Systemimagewiederherstellung* und wählen Sie anschließend die gesicherte Systemabbilddatei aus.

Erweiterte Optionen zur Systemreparatur

So erstellen Sie ein Systemabbild Ihres PCs mithilfe der klassischen Windows-7-kompatiblen Datensicherung:

1. Richten Sie in den Einstellungen unter *Update und Sicherheit / Sicherung* über den Link *Zu Sichern und Wiederherstellen (Windows 7) wechseln* eine Datensicherung ein. Wählen Sie dabei als Erstes ein Sicherungslaufwerk. Am besten verwenden Sie eine externe Festplatte, die auch im Reparaturmodus bei einem möglicherweise beschädigten Betriebssystem zur Verfügung steht.

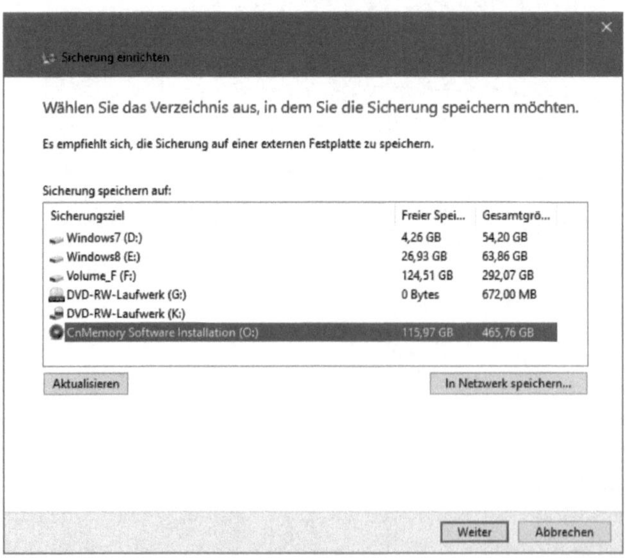

Sicherungslaufwerk wählen

2. Im nächsten Schritt wählen Sie die Option zur benutzerdefinierten Auswahl von Dateien. Anschließend können Sie bei Bedarf gleich noch persönliche Dateien auswählen, die gesichert werden sollen. Dabei wird eine klassische Datensicherung angelegt, diese Dateien werden nicht in das Systemabbild eingebaut.

❸ Schalten Sie den Schalter *Systemabbild von Laufwerken einschließen "(C:)"* ein, um zusätzlich zur Datensicherung ein Systemabbild anzulegen.

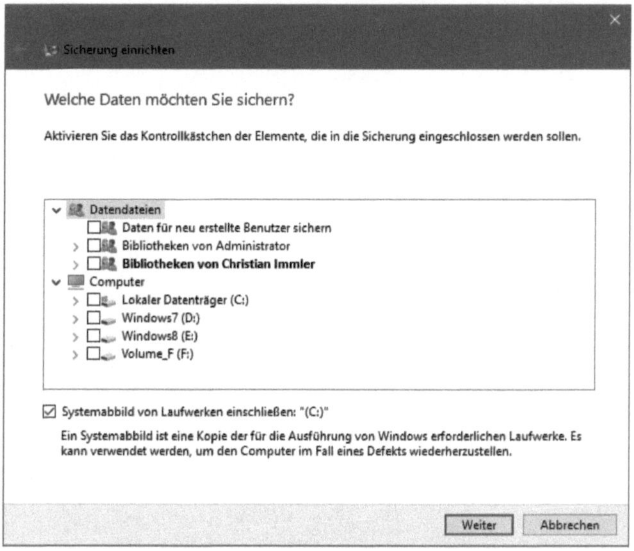

Systemabbild in Datensicherung einschließen

❹ Nach einem Klick auf *Weiter* können Sie die Sicherung sofort starten. Außerdem können Sie einen Zeitplan anlegen, nach dem regelmäßig die ausgewählten Dateien sowie ein Systemabbild gesichert werden. Diesen Zeitplan können Sie über den Link *Einstellungen ändern* im nächsten Fenster jederzeit verändern, da Sie wahrscheinlich nicht jede Woche ein neues Systemabbild erstellen müssen – zumal Windows 10 mit dem Dateiversionsverlauf eigene Dateien ohnehin automatisch im Hintergrund sichert.

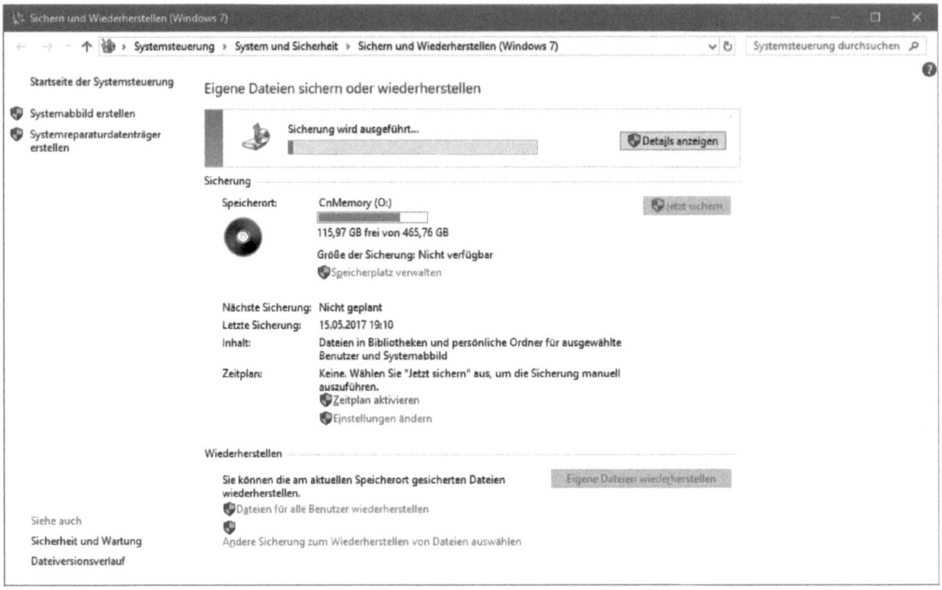

Datensicherung und Erstellen des Systemabbilds laufen.

28 PC auf den Originalzustand zurücksetzen

Soll ein PC für einen ganz anderen Zweck als bisher genutzt werden oder funktioniert Windows nicht mehr zuverlässig, setzt man ihn am besten auf den Originalzustand zurück, wobei alle persönlichen Daten erhalten bleiben können. Dieser Vorgang entspricht einer anschließenden Neuinstallation des Betriebssystems. Die aus Windows 8.1 bekannte Option *PC auffrischen* existiert in Windows 10 nicht mehr.

Klicken Sie in den Einstellungen unter *Update und Sicherheit / Wiederherstellung* unter der Überschrift *Diesen PC zurücksetzen* auf *Los geht's*.

Die Option *Eigene Daten beibehalten* belässt Ihre persönlichen Dateien auf dem PC. Store-Apps, alle anderen installierten Programme sowie persönliche Einstellungen werden entfernt.

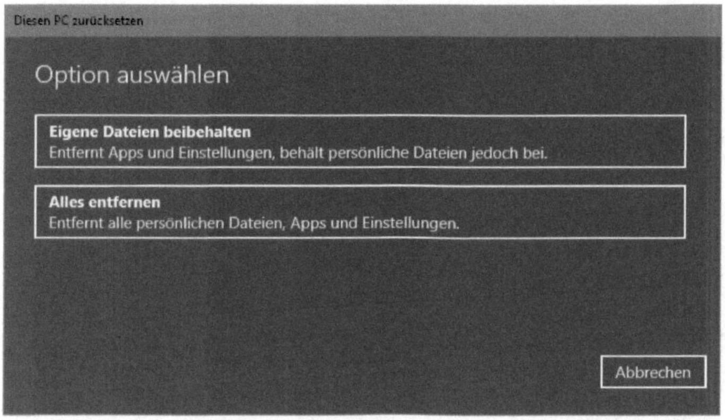

PC weitgehend ohne Datenverlust, aber mit Verlust installierter Programme zurücksetzen

29 Altes, schwarzes Bootmenü in Windows 10 verwenden

Das neue, blaue Bootmenü von Windows 10 bietet zwar deutlich mehr Komfort als das klassische textbasierte Menü, das der Bootmanager bis einschließlich Windows 7 verwendet hat; es kann aber Kompatibilitätsgründe geben, bei denen das alte Bootmenü seine Vorteile hat – und sei es nur, um den abgesicherten Modus mit der Taste `F8` ohne `Strg` schnell genug aufrufen zu können.

1. Um auf das schwarze, textbasierte Bootmenü umzuschalten, klicken Sie mit der rechten Maustaste auf das Windows-Logo und starten im Systemmenü die *Eingabeaufforderung (Administrator)*. Geben Sie hier ein:

```
bcdedit /set {default} bootmenupolicy legacy
```

Starten Sie den Computer neu. Das alte Bootmenü erscheint.

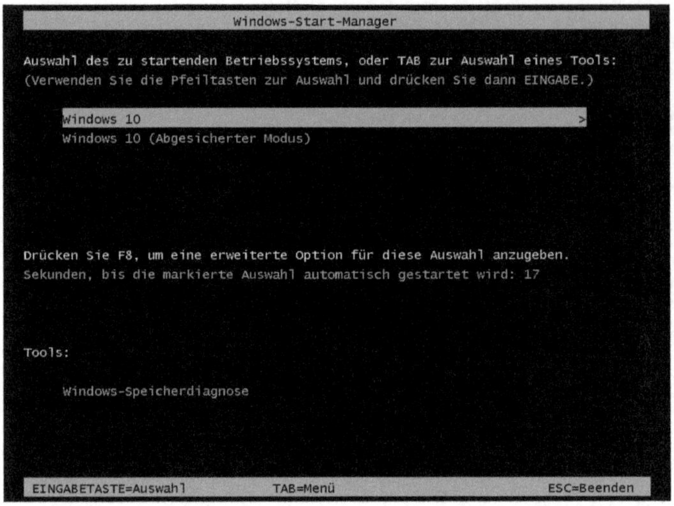

Das alte Bootmenü ist auch unter Windows 10 nutzbar.

❷ Um wieder auf das moderne, blaue Bootmenü zurückzuschalten, geben Sie in die *Eingabeaufforderung (Administrator)* diesen Befehl ein:

```
bcdedit /set {default} bootmenupolicy standard
```

Starten Sie den Computer neu. Das moderne Bootmenü erscheint wieder.

30 Letzte als funktionierend bekannte Konfiguration in das Bootmenü einbauen

Bis einschließlich Windows 7 speicherte Windows die letzte als funktionierend bekannte Konfiguration in der Registry. Das Bootmenü enthielt einen Eintrag, um mit dieser Konfiguration wieder zu starten. Leider wird diese oftmals hilfreiche Funktion seit Windows 8 nicht mehr angeboten, sie lässt sich aber nachträglich in die Registry einbauen.

Legen Sie im Registry-Schlüssel

```
HKEY_LOCAL_MACHINE\SYSTEM\CurrentControlSet\Control\Session Manager\
Configuration Manager
```

einen neuen DWORD-Wert namens `BackupCount` an und geben Sie ihm den Wert `1`.

Legen Sie dann an der gleichen Stelle noch einen neuen Schlüssel namens `LastKnownGood` an, wechseln Sie in diesen Schlüssel, legen Sie dort einen neuen DWORD-Wert namens `Enabled` an und geben Sie diesem ebenfalls den Wert `1`.

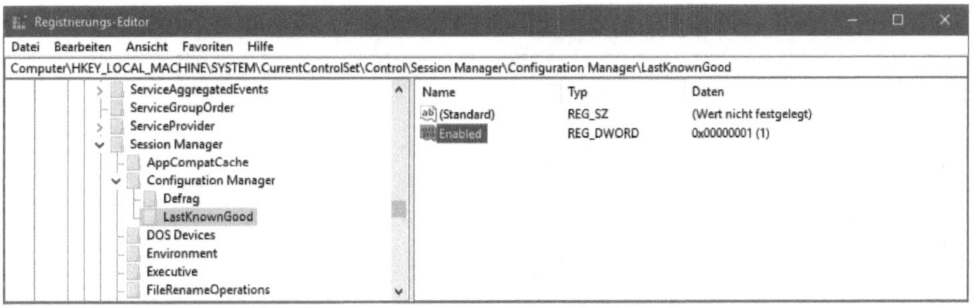

Registry-Einträge für die letzte als funktionierend bekannte Konfiguration

Jetzt muss der Computer einmal neu gestartet und dabei ganz normal wieder gebootet werden, um eine gültige Konfiguration zu speichern. Beim nächsten Neustart finden Sie den Eintrag *Letzte als funktionierend bekannte Konfiguration* in den erweiterten Startoptionen oder im Bootmenü, falls Sie das alte, schwarze Bootmenü nutzen.

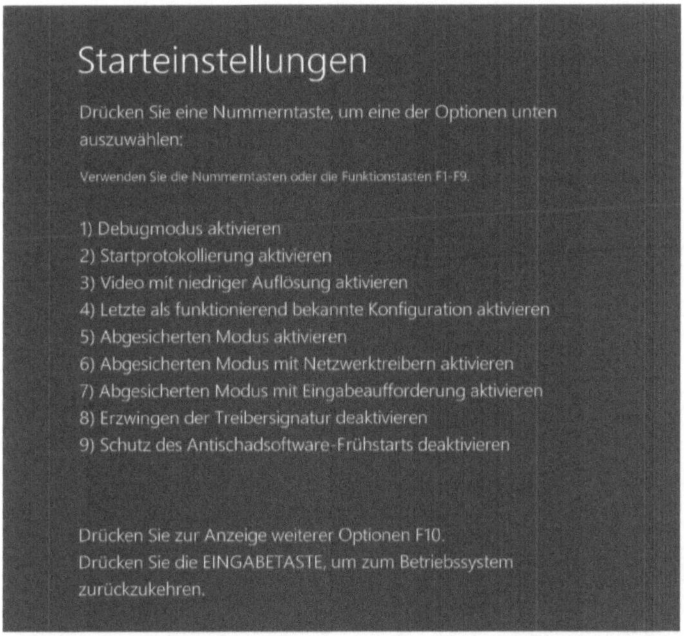

Die letzte als funktionierend bekannte Konfiguration in den erweiterten Starteinstellungen

Sie brauchen diesen Registry-Tipp nicht abzutippen, Sie finden ihn in den Downloads zu diesem Buch unter *www.buch.cd*. Importieren Sie die Datei *ConfigurationManager.reg* einfach per Doppelklick in die Registry.

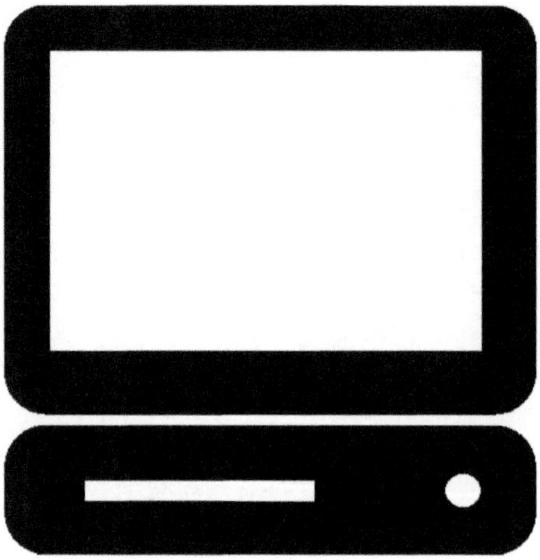

Hardware und Treiber

31 Ein angeschlossenes Gerät funktioniert nicht

Windows 10 liefert für die häufigsten Probleme eigene Problembehandlungsprogramme mit. Wählen Sie in den Einstellungen *Update und Sicherheit / Problembehandlung*. Klicken Sie hier auf *Hardware und Geräte* und dann auf *Problembehandlung ausführen*.

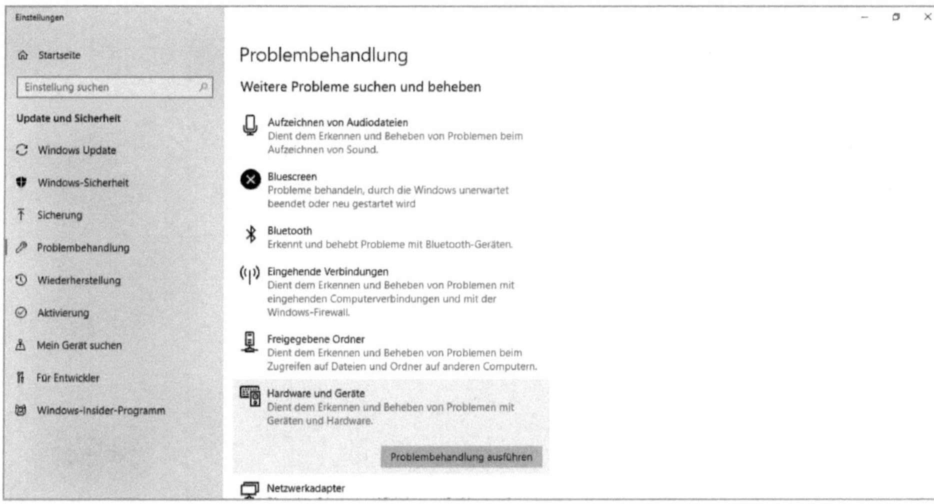

Problembehandlungen in den Einstellungen

Die gängigen Probleme mit Geräteerkennung und Treibern werden automatisch gefunden und behoben, was in einigen Fällen mehrere Minuten dauern kann. In den meisten Fällen ist nach Abschluss der Problembehandlung ein Neustart erforderlich.

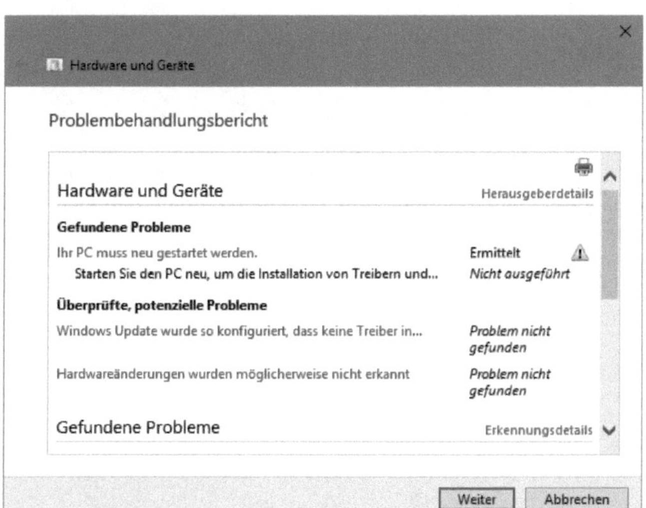

Die Problembehandlung findet gängige Hardwareprobleme.

32 Nicht geladene Gerätetreiber finden

Funktioniert ein Gerät nicht und Sie vermuten, der zugehörige Treiber wurde nicht geladen, rufen Sie im Startmenü unter *Windows-Verwaltungsprogramme* das Programm *Systeminformationen* auf. Unter *Softwareumgebung / Systemtreiber* werden alle registrierten Treiber angezeigt. Dabei zeigt die Spalte *Gestartet*, ob ein Treiber gestartet wurde, und die Spalte *Status*, ob dieser auch korrekt läuft.

Wundern Sie sich nicht, dass viele Treiber als nicht gestartet markiert sind. Diese werden in den meisten Fällen vom System nicht benötigt, da die entsprechende Hardwarekomponente nicht installiert ist.

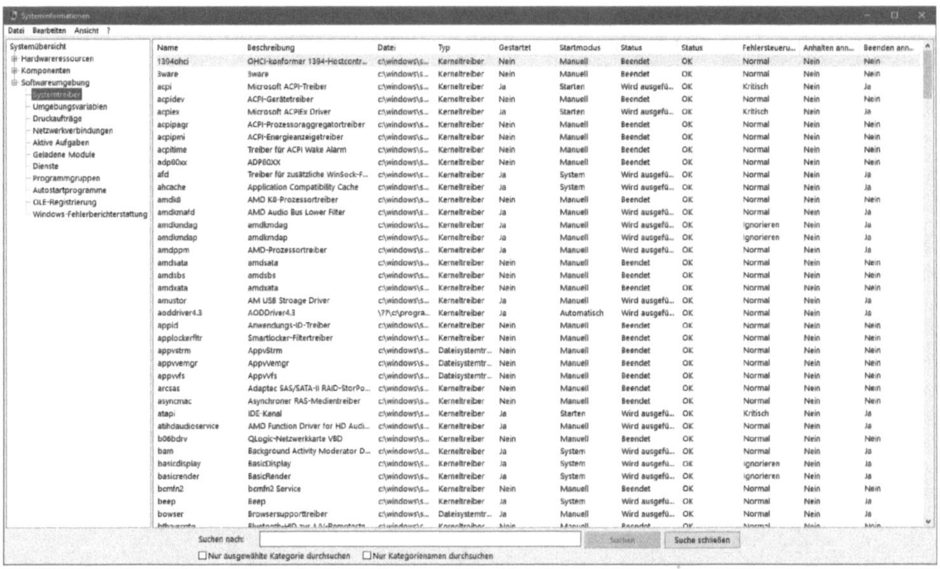

Gerätetreiber in den Systeminformationen

33 Problematische Geräte auf einen Blick finden

Das Programm *Systeminformationen* zeigt unter *Komponenten / Problemgeräte* alle Geräte an, die nicht wie erwartet laufen oder bei denen die Treiber nicht funktionieren.

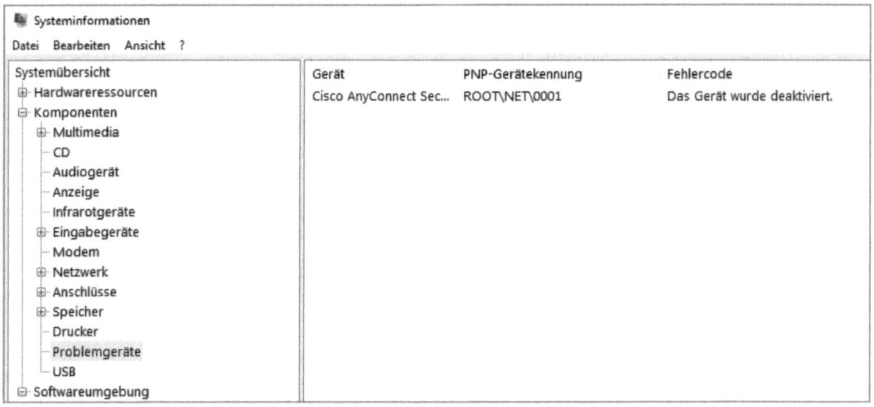

Problematische Geräte in den Systeminformationen

Eine ähnliche Übersicht finden Sie im Geräte-Manager, der über einen Rechtsklick auf das Windows-Logo im Systemmenü gestartet wird. Problematische Geräte werden hier mit einem gelben Dreieck angezeigt. Die entsprechende Kategorie wird automatisch aufgeklappt. In den meisten Fällen finden sich die problematischen Geräte unter *Andere Geräte.*

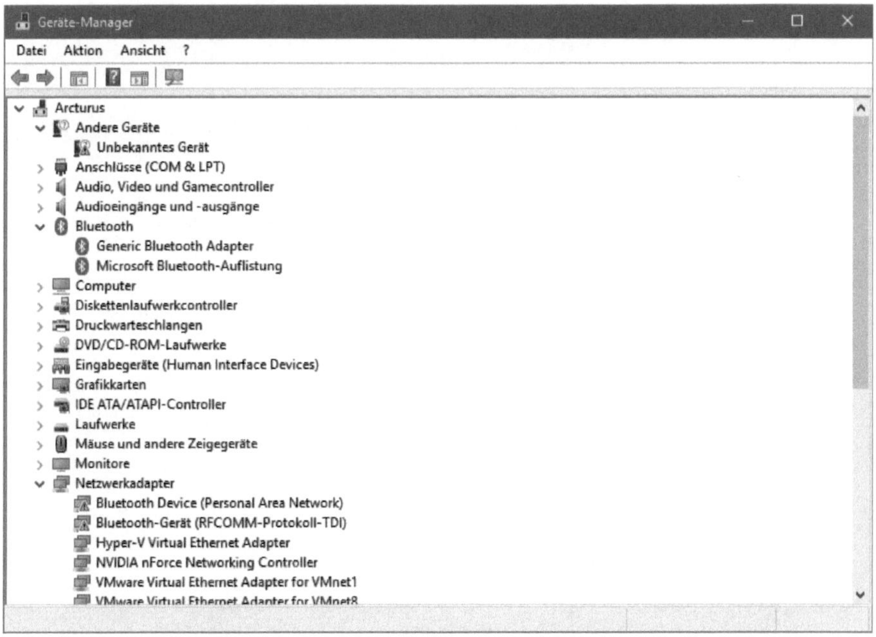

Problematische Geräte im Geräte-Manager

34 Fehlercodes im Geräte-Manager entschlüsseln

Der Geräte-Manager zeigt bei einem Doppelklick auf ein Problemgerät im Feld *Gerätestatus* einen Fehlercode an. Die folgende Tabelle zeigt zu jedem Fehlercode die Fehlerbeschreibung, falls diese im Geräte-Manager nicht zu sehen ist, sowie Vorschläge zur Lösung des jeweiligen Problems.

Fehlercode bei einem Problemgerät im Geräte-Manager

Fehlercode	*Fehlerbeschreibung*	*Empfohlene Lösung*
1	Dieses Gerät ist nicht richtig konfiguriert.	Aktualisieren des Gerätetreibers
3	Der Treiber für dieses Gerät ist entweder beschädigt oder es stehen nicht genügend Arbeitsspeicher oder andere Ressourcen zur Verfügung.	Schließen einiger geöffneter Anwendungen Deinstallieren und erneutes Installieren des Treibers Installieren von zusätzlichem RAM
10	Das Gerät kann nicht gestartet werden.	Aktualisieren des Gerätetreibers
12	Dieses Gerät kann keine ausreichenden freien Ressourcen finden, die verwendet werden können. Wenn Sie dieses Gerät verwenden möchten, müssen Sie ein anderes Gerät auf diesem System deaktivieren.	Deaktivieren des Geräts, das den Konflikt auslöst
14	Sie müssen den Computer neu starten, damit dieses Gerät ordnungsgemäß funktioniert. (Code 14)	Neustart des Computers
16	Es konnten nicht alle Ressourcen identifiziert werden, die das Gerät verwendet.	Zuweisen zusätzlicher Ressourcen für das Gerät
18	Die Treiber für dieses Gerät müssen erneut installiert werden.	Aktualisieren des Gerätetreibers Deinstallieren und erneutes Installieren des Treibers

Fehlercode	*Fehlerbeschreibung*	*Empfohlene Lösung*
19	Dieses Hardwaregerät kann nicht gestartet werden, da dessen Konfigurationsinformationen (in der Registrierung) unvollständig oder beschädigt sind.	Deinstallieren und erneutes Installieren des Treibers Zurückgreifen auf die letzte erfolgreiche Registrierungskonfiguration
21	Windows entfernt dieses Gerät.	Aktualisieren der Geräte-Manager-Ansicht Neustart des Computers
22	Das Gerät wurde deaktiviert.	Aktivieren des Geräts
24	Dieses Gerät ist entweder nicht vorhanden, funktioniert nicht ordnungsgemäß, oder es wurden nicht alle Treiber installiert.	Aktualisieren des Gerätetreibers Entfernen des Geräts
28	Die Treiber für dieses Gerät wurden nicht installiert.	Installieren des Gerätetreibers
29	Dieses Gerät funktioniert nicht ordnungsgemäß, da die Firmware des Geräts die erforderlichen Ressourcen nicht zur Verfügung stellt.	Aktivieren des Geräts im BIOS
31	Das Gerät funktioniert nicht ordnungsgemäß, da Windows die für das Gerät erforderlichen Treiber nicht laden kann.	Aktualisieren des Gerätetreibers
32	Ein Treiber(dienst) wurde für dieses Gerät deaktiviert. Möglicherweise kann ein anderer Treiber diese Funktionalität übernehmen.	Deinstallieren und erneutes Installieren des Treibers Ändern des Starttyps in der Registrierung
33	Die für dieses Gerät erforderlichen Ressourcen konnten nicht bestimmt werden.	Konfigurieren oder Austauschen der Hardware
34	Die Einstellungen für das Gerät können nicht bestimmt werden.	Manuelles Konfigurieren des Geräts
35	Die Systemfirmware enthält nicht genügend Informationen, um das Gerät richtig zu konfigurieren und zu verwenden. Fordern Sie beim Computerhersteller ein Firmware- oder BIOS-Update an, wenn Sie das Gerät verwenden möchten.	Kontaktieren des Computerherstellers zum Aktualisieren des BIOS
36	Das Gerät fordert einen PCI-Interrupt an, obwohl es für einen ISA-Interrupt konfiguriert ist (oder umgekehrt). Konfigurieren Sie den Interrupt für das Gerät mit dem Setup-Programm des Computers erneut.	Ändern der Einstellungen für die IRQ-Reservierungen
37	Der Gerätetreiber für diese Hardware kann nicht initialisiert werden.	Deinstallieren und erneutes Installieren des Treibers

Fehlercode	*Fehlerbeschreibung*	*Empfohlene Lösung*
38	Der Gerätetreiber für diese Hardware kann nicht geladen werden, weil noch eine Vorgängerinstanz des Gerätetreibers im Arbeitsspeicher geladen ist.	Ausführen des Problembehandlungs-Assistenten Neustart des Computers
39	Der Gerätetreiber für diese Hardware kann nicht geladen werden. Der Treiber ist möglicherweise beschädigt oder nicht vorhanden.	Deinstallieren und erneutes Installieren des Treibers
40	Auf die Hardware kann nicht zugegriffen werden, weil die Dienstschlüsselinformationen in der Registrierung fehlen oder nicht richtig eingetragen wurden.	Deinstallieren und erneutes Installieren des Treibers
41	Der Gerätetreiber wurde für die Hardware geladen, aber das Gerät wurde nicht gefunden.	Aktualisieren des Gerätetreibers Deinstallieren und erneutes Installieren des Treibers
42	Der Gerätetreiber kann für diese Hardware nicht geladen werden, weil dasselbe Gerät bereits auf dem Computer ausgeführt wird.	Neustart des Computers
43	Dieses Gerät wurde angehalten, weil es Fehler gemeldet hat.	Ausführen des Problembehandlungs-Assistenten Nachschlagen in der Hardwaredokumentation
44	Dieses Hardwaregerät wurde von einer Anwendung oder einem Dienst deaktiviert.	Neustart des Computers
45	Dieses Hardwaregerät ist zurzeit nicht an den Computer angeschlossen.	Erneutes Anschließen des Geräts an den Computer
46	Windows kann auf dieses Hardwaregerät nicht zugreifen, weil das Betriebssystem gerade heruntergefahren wird.	Keine Lösung erforderlich
47	Dieses Hardwaregerät kann nicht verwendet werden, weil es für sicheres Entfernen konfiguriert, aber noch nicht vom Computer getrennt wurde.	Erneutes Anschließen des Geräts an den Computer Neustart des Computers
48	Die Software für dieses Gerät wurde nicht initialisiert, weil sie auf Windows Fehler verursacht. Wenden Sie sich an den Hardwarehersteller, um einen neuen Treiber zu erhalten.	Aktualisieren des Gerätetreibers
49	Die neuen Hardwaregeräte können nicht gestartet werden, da die Systemstruktur zu groß ist (die Struktur überschreitet die Registrierungsgrößenbeschränkung).	Deinstallieren der Geräte, die nicht mehr verwendet werden
52	Windows kann die digitale Signatur der für dieses Gerät erforderlichen Treiber nicht überprüfen.	Ausführen des Problembehandlungs-Assistenten Aktualisieren des Gerätetreibers

35 Treiber aktualisieren

Normalerweise werden die Gerätetreiber über Windows Update automatisch aktuell gehalten. Oftmals funktioniert das allerdings nicht richtig, wenn ein Treiber über eine Installationsdatei des Geräteherstellers installiert und nicht bei Windows 10 mitgeliefert wurde.

Klicken Sie im Geräte-Manager doppelt auf ein Gerät, öffnet sich ein Fenster mit Geräteeigenschaften. Auf der Registerkarte *Treiber* finden Sie Informationen zum aktuell installierten Treiber.

Mit einem Klick auf *Treiber aktualisieren* aktualisieren Sie den installierten Treiber. Dabei können Sie wählen, ob der neue Treiber über Windows Update gesucht werden soll oder ob Sie eine auf dem Computer vorhandene, vom Gerätehersteller bezogene Treiberdatei installieren möchten.

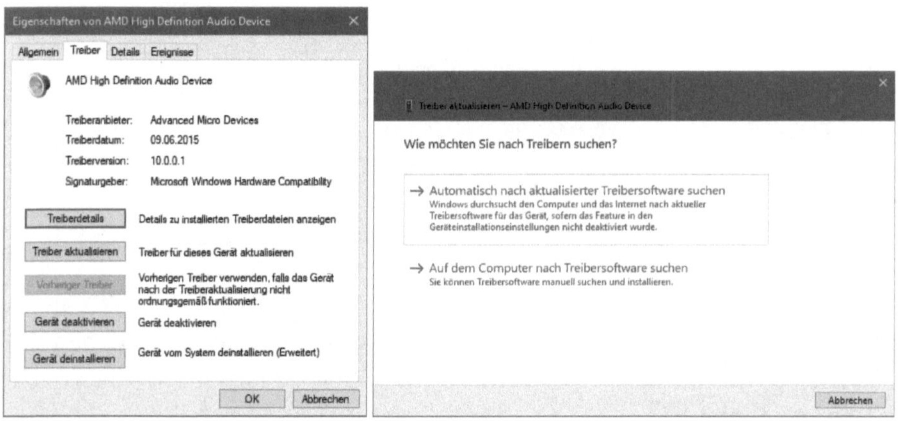

Gerätetreiber aktualisieren

36 Code-10-Fehler im Geräte-Manager trotz aktuellem Treiber

Zeigt der Geräte-Manager einen Code-10-Fehler an, obwohl für das betreffende Gerät ein aktueller Treiber installiert ist, kann es daran liegen, dass dieser Treiber nicht mit Windows 10 kompatibel ist. Wenn Sie einen mit dem Gerät mitgelieferten Treiber oder einen Treiber von der Website des Herstellers verwenden, prüfen Sie, ob dieser Windows-10-kompatibel ist. Treiber, die über Windows Update installiert wurden, sind immer zur verwendeten Windows-Version kompatibel.

Liegt das Problem nicht am Treiber, liegt ein Problem mit der Gerätekonfiguration vor. Suchen Sie in diesem Fall aus der folgenden Tabelle, die zum Problemgerät passende GUID heraus:

Beschreibung	*GUID*
Audio- und Videogeräte	4D36E96C-E325-11CE-BFC1-08002BE10318
CD-/DVD-/Blu-Ray-Laufwerke	4D36E965-E325-11CE-BFC1-08002BE10318
Diskettencontroller	4D36E969-E325-11CE-BFC1-08002BE10318
Diskettenlaufwerke	4D36E980-E325-11CE-BFC1-08002BE10318
Festplatten	4D36E967-E325-11CE-BFC1-08002BE10318
Festplattencontroller	4D36E96A-E325-11CE-BFC1-08002BE10318
Grafikkarten	4D36E968-E325-11CE-BFC1-08002BE10318
IEEE 1394-Hostcontroller	6BDD1FC1-810F-11D0-BEC7-08002BE2092F
Kameras und Scanner	6BDD1FC6-810F-11D0-BEC7-08002BE2092F
Maus und Zeigegeräte	4D36E96F-E325-11CE-BFC1-08002BE10318
Modems	4D36E96D-E325-11CE-BFC1-08002BE10318
Netzwerkadapter	4D36E972-E325-11CE-BFC1-08002BE10318
SCSI- und RAID-Controller	4D36E97B-E325-11CE-BFC1-08002BE10318
Serielle und parallele Anschlüsse	4D36E978-E325-11CE-BFC1-08002BE10318
Systembusse, Brücken usw.	4D36E97D-E325-11CE-BFC1-08002BE10318
Tastaturen	4D36E96B-E325-11CE-BFC1-08002BE10318
USB-Geräte	745A17A0-74D3-11D0-B6FE-00A0C90F57DA
USB-Hostcontroller und Hubs	36FC9E60-C465-11CF-8056-444553540000

Suchen Sie im Registry-Schlüssel

```
HKEY_LOCAL_MACHINE\SYSTEM\CurrentControlSet\Control\Class\
```

einen Unterschlüssel mit der entsprechenden GUID und klicken Sie darauf.

Exportieren Sie diesen Schlüssel zur Sicherheit in eine Datei und löschen Sie anschließend dort die Parameter `UpperFilters` und `LowerFilters`. Starten Sie danach den Computer neu.

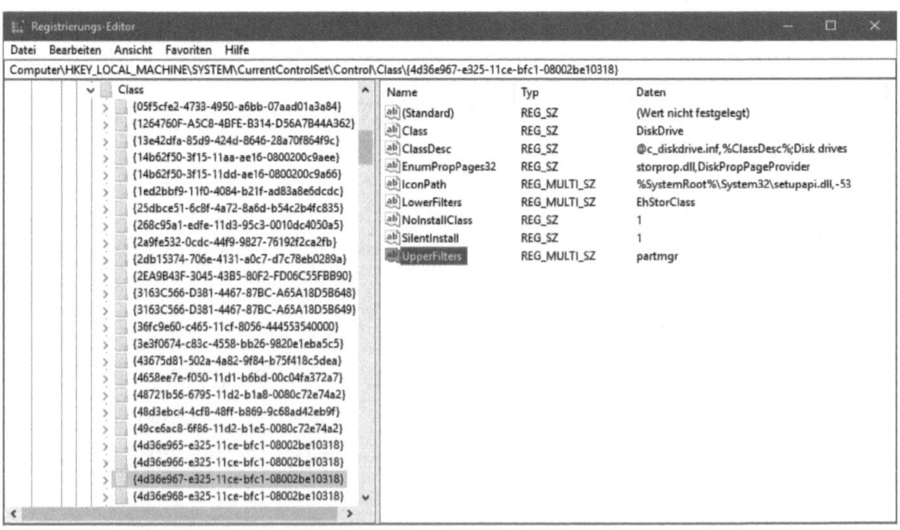

Geräteklasseneinträge in der Registry

37 Fehlerhafte Treiber finden

Windows 10 enthält ein spezielles Testprogramm, mit dem installierte Treibersoftware geprüft werden kann. Da diese Treiberüberprüfung tiefgreifende Änderungen an der Systemkonfiguration vornehmen kann, sollten Sie zuvor einen Systemwiederherstellungspunkt anlegen.

❶ Starten Sie das Programm *verifier.exe* aus dem Verzeichnis *C:\Windows\system32* und wählen Sie im Startdialog des Treiberüberprüfungs-Managers die Option *Standardeinstellungen erstellen*.

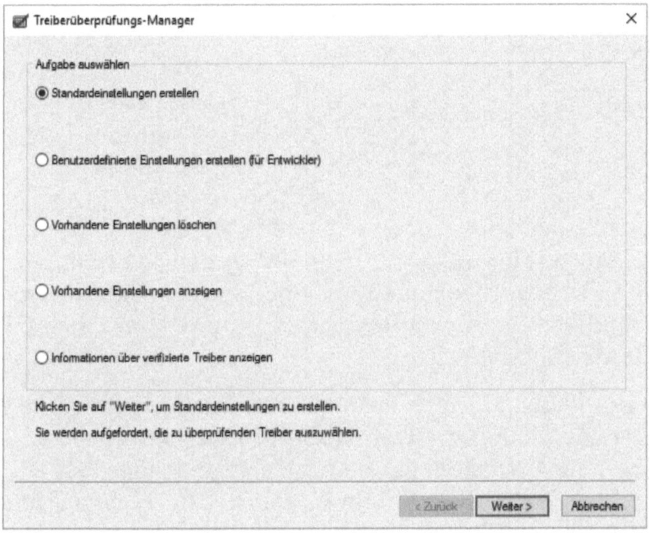

Startdialog im Treiberüberprüfungs-Manager

❷ Wenn Sie nicht genau wissen, welcher Treiber Probleme verursacht, wählen Sie im nächsten Dialogfeld die Option *Alle auf diesem Computer installierten Treiber automatisch wählen*. Haben Sie bestimmte Treiber im Verdacht, wählen Sie die Option *Treiber aus einer Liste wählen*. Im nächsten Schritt können Sie dann gezielt die Treiber auswählen, die überprüft werden sollen.

❸ Starten Sie nach Abschluss des letzten Dialogfelds den Computer neu. Beim folgenden Bootvorgang werden die installierten Treiber überprüft, weshalb der gesamte Bootvorgang deutlich länger dauert. Bei Treibern, die beim Systemstart Probleme verursachen, erscheint eine Meldung mit Angabe des problematischen Treibers. Starten Sie in diesem Fall den Computer im abgesicherten Modus neu und entfernen Sie das Problemgerät.

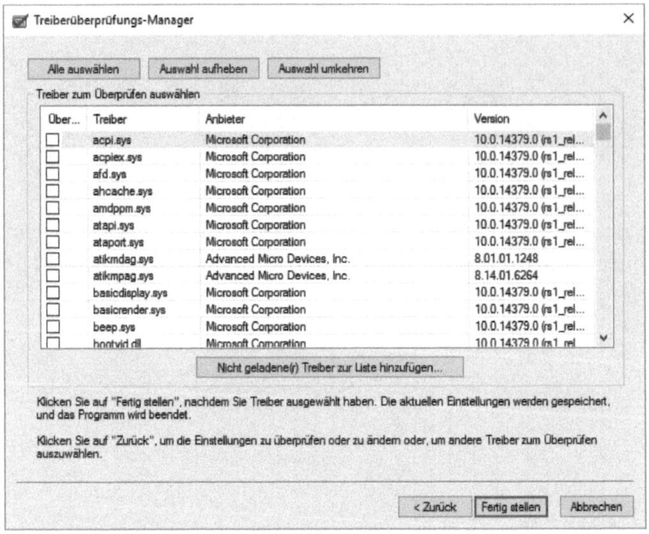

Auswahl zu überprüfender Treiber im Treiberüberprüfungs-Manager

4. Wenn der Computer problemlos bootet, starten Sie jetzt wieder den Treiberüberprüfungs-Manager und wählen im Startdialog die Option *Informationen über verifizierte Treiber anzeigen*. Hier finden Sie eine Liste aller gestarteten Treiber sowie die verwendeten Überprüfungsverfahren. Diese lassen sich bei Bedarf für den nächsten Neustart ändern.

5. In den folgenden Dialogen finden Sie noch ausführliche Ergebnisse zur Überprüfung der einzelnen Treiber. Damit die Treiberüberprüfung nicht bei jedem Windows-Start ausgeführt wird, schalten Sie sie nach erfolgreichem Test wieder ab. Starten Sie dazu den Treiberüberprüfungs-Manager noch einmal und wählen Sie im ersten Dialogfeld die Option *Vorhandene Einstellungen löschen*.

38 Windows startet nach Treiberüberprüfung nicht mehr

Sollte Windows nach der Treiberüberprüfung nicht mehr starten, hilft es in den meisten Fällen, den Treiberüberprüfungs-Manager per Kommandozeile zu beenden:

1. Starten Sie den Computer neu und klicken Sie auf der Startseite des Bootmanagers auf *Standardeinstellungen ändern oder andere Optionen auswählen*.

2. Wählen Sie auf den nächsten Seiten die Optionen *Weitere Optionen auswählen / Problembehandlung / Erweiterte Optionen / Eingabeaufforderung*.

3. Der Computer startet neu und fragt zunächst nach einer Benutzeranmeldung mit Kennwort. Wählen Sie Ihr Benutzerkonto und geben Sie das Kennwort ein.

4. Jetzt erscheint ein Eingabeaufforderungsfenster. Geben Sie dort `verifier` ein und starten Sie damit den Treiberüberprüfungs-Manager. Wählen Sie im ersten

Dialogfeld die Option *Vorhandene Einstellungen löschen* und beenden Sie den Treiberüberprüfungs-Manager mit *Weiter*.

5. Schließen Sie das Eingabeaufforderungs-Fenster mit `exit` und klicken Sie auf dem nächsten Bildschirm auf *Fortfahren*, um Windows 10 neu zu starten.

39 Probleme mit automatischen Gerätetreiberupdates

Windows 10 stellt für zahlreiche Hardwarekomponenten Gerätetreiber über Windows Update zur Verfügung. Damit soll es für den Benutzer genauso einfach sein, die Treiber aktuell zu halten wie das Betriebssystem. Nur leider funktionieren diese Treiber oft nicht so zuverlässig wie die des Geräteherstellers, die ohne den Umweg über Microsoft direkt von den Herstellerwebsites heruntergeladen werden können. In einigen Fällen laufen sogar die unter Windows 7 oder 8.1 bewährten Treiber auch nach dem Upgrade auf Windows 10 besser als die, die Microsoft jetzt gerne installieren möchte.

Im Gegensatz zu den automatischen Windows Updates lässt sich die automatische Treiberinstallation in Windows 10 noch relativ einfach abschalten:

1. Wählen Sie in der Systemsteuerung *System und Sicherheit / System* oder drücken Sie einfach die Tastenkombination `Win` + `Pause`.

2. Klicken Sie im nächsten Fenster links auf den Link *Erweiterte Systemeinstellungen* und im Dialogfeld auf der Registerkarte *Hardware* auf den Button *Geräteinstallationseinstellungen*.

3. Wählen Sie hier die Option *Nein...* und klicken Sie auf *Änderungen speichern*.

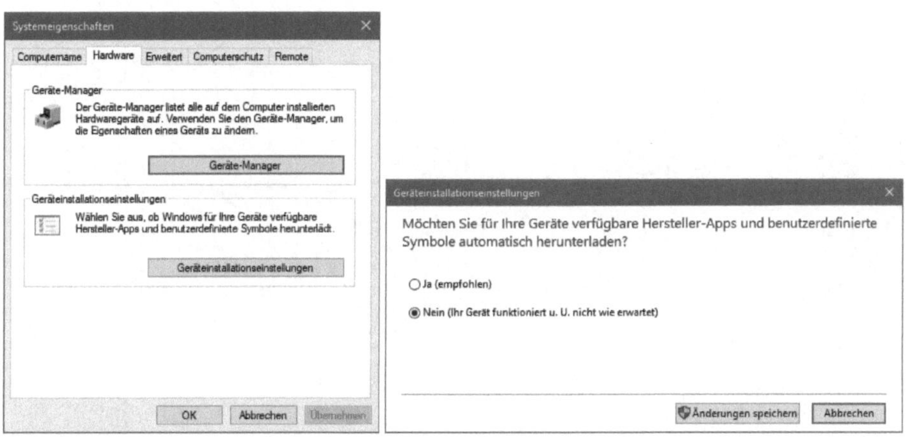

In Zukunft werden keine Treiber mehr automatisch über Windows Update heruntergeladen.

40 Nicht signierte Treiber nutzen

Microsoft zertifiziert Gerätetreiber und versieht sie mit einer digitalen Signatur. Diese Treiber werden dann auch zum Download auf Windows Update angeboten. Bevor ein Gerätetreiber hier aufgenommen wird, muss er den Microsoft-WHQL(Windows Hardware Quality Lab)-Test bestehen. Nur diese Treiber und die zugehörigen Geräte dürfen das Logo »Designed for Windows« tragen.

Da die Tests Zeit und für den Hardwarehersteller auch Geld kosten, finden Sie Treiber oft erst sehr spät auf Windows Update. Auf den Websites der Hersteller gibt es meistens deutlich aktuellere Treiberversionen, die auch Zusatzfunktionen unterstützen, die die Treiber auf Windows Update noch nicht kennen. Die Treiber neuer oder seltener Hardware sind oft aus Zeit- oder Kostengründen nicht signiert. In vielen Fällen bieten aktuelle, nicht signierte Treiber zusätzliche Funktionen oder mehr Performance als die älteren, signierten Treiber.

Standardmäßig akzeptiert Windows 10 keine unsignierten Treiber. Um unsignierte Treiber installieren zu können, starten Sie Windows neu.

1. Wählen Sie im Bootmenü keines der Betriebssysteme, sondern ganz unten *Standardeinstellungen ändern oder andere Optionen auswählen.*
2. Wählen Sie auf den nächsten Seiten die Optionen *Weitere Optionen auswählen / Problembehandlung / Erweiterte Optionen / Starteinstellungen / Neu starten.*
3. Der Computer startet mit einem speziellen Bildschirm *Starteinstellungen* neu. Drücken Sie hier die Taste [7], um das Erzwingen der Treibersignatur zu deaktivieren.
4. Nachdem Windows wieder gestartet wurde, können Sie den unsignierten Treiber installieren. Danach können Sie Windows wieder ganz normal starten.

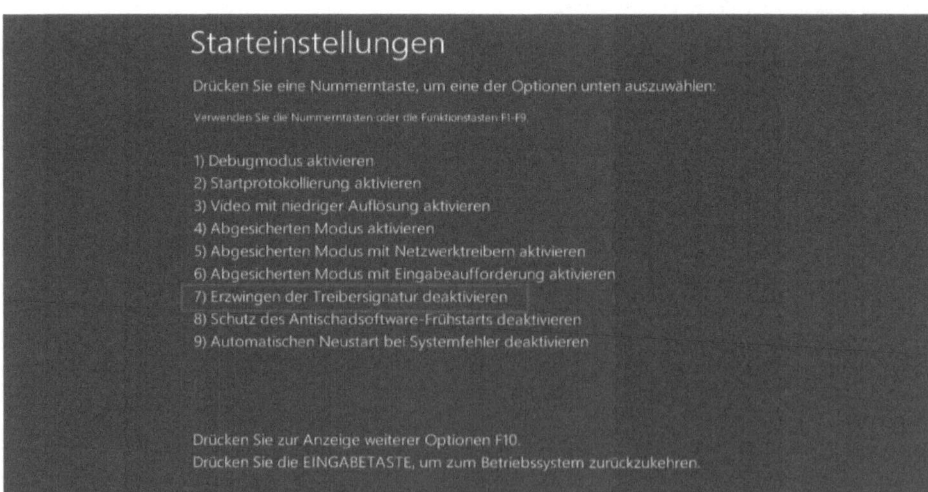

Der Bildschirm mit erweiterten Starteinstellungen

Im Geräte-Manager können Sie überprüfen, ob ein Treiber signiert ist oder nicht. Klicken Sie doppelt auf ein Gerät, werden im folgenden Dialogfeld auf der Registerkarte *Treiber* die Treiberversion, das Treiberdatum und der Signaturgeber angezeigt.

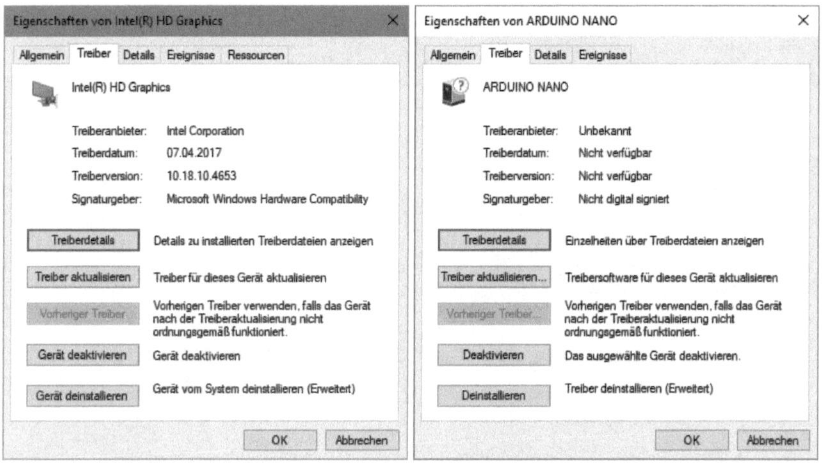

Signierter und nicht signierter Treiber im Geräte-Manager

41 Bildschirmauflösung lässt sich nicht mehr einstellen

Nach einem automatischen Windows-10-Update kommt es immer wieder vor, dass der Bildschirm nur noch eine grobe Bildschirmauflösung hat, weil das Update den Grafiktreiber ungefragt durch einen anderen ersetzt hat.

1. Klicken Sie mit der rechten Maustaste auf den Desktop und wählen Sie im Kontextmenü *Anzeigeeinstellungen*. Wird im nächsten Fenster unter *Auflösung* die richtige Bildschirmauflösung nicht zur Auswahl angeboten, ist wahrscheinlich ein falscher Treiber über das Update installiert worden.

2. Klicken Sie mit der rechten Maustaste auf das Windows-Logo in der linken unteren Bildschirmecke und wählen Sie im Menü den Eintrag *Geräte-Manager*. Wählen Sie hier unter *Grafikkarten* die installierte Grafikkarte und klicken Sie doppelt darauf.

3. Wird im nächsten Dialogfeld eine falsche Grafikkarte oder ein *Microsoft Basic Display Adapter* angezeigt, klicken Sie auf *Deinstallieren* und lassen die Hardware danach automatisch neu erkennen. Wird die richtige Grafikkarte angezeigt und passt nur die Auflösung nicht, klicken Sie auf der Registerkarte *Treiber* auf *Treiber aktualisieren*.

Der Geräte-Manager zeigt den installierten Grafiktreiber an.

❹ Wählen Sie im nächsten Dialogfeld die Option *Auf dem Computer nach Treibersoftware suchen* und im darauffolgenden Dialogfeld dann *Aus einer Liste von Gerätetreibern auf dem Computer auswählen.*

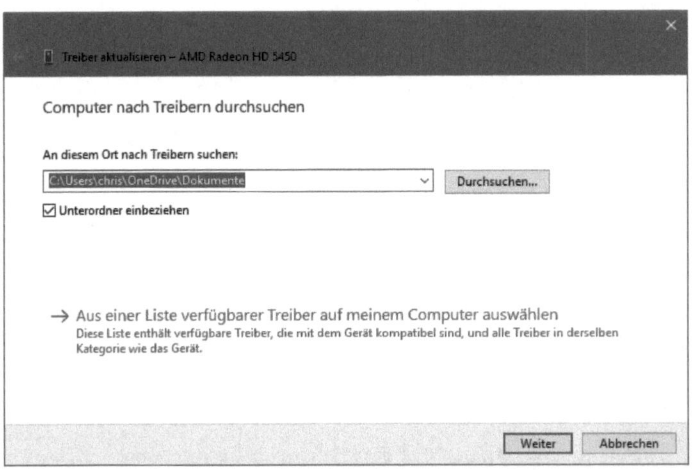

Da der richtige Treiber bereits installiert war, wählen Sie die Liste installierter Treibersoftware.

❺ Achten Sie darauf, dass im nächsten Dialogfeld der Schalter *Kompatible Hardware anzeigen* eingeschaltet ist. In der Liste der Grafiktreiber finden Sie noch die ältere Version, die problemlos lief. Wählen Sie diese aus. *Microsoft Basic Display Adapter* ist dagegen keine gute Wahl. Dieser unterstützt nur schwache Bildschirmauflösungen.

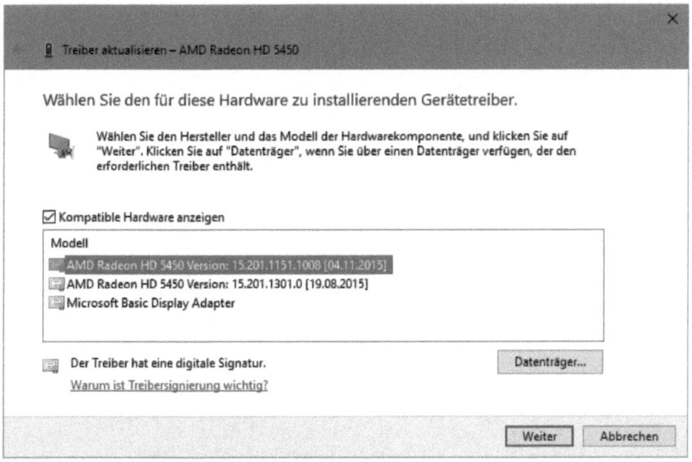

Ältere Grafiktreiber laufen manchmal besser als die aktuellen, bei denen nicht immer alle Auflösungen funktionieren.

❻ Nach einem Klick auf *Weiter* schaltet sich die Bildschirmauflösung ein paar Mal um, bis das System die zum Monitor passende Auflösung erkannt hat. Sollte dies nicht der Fall sein, können Sie in den erweiterten Anzeigeeinstellungen die gewünschte Auflösung wählen.

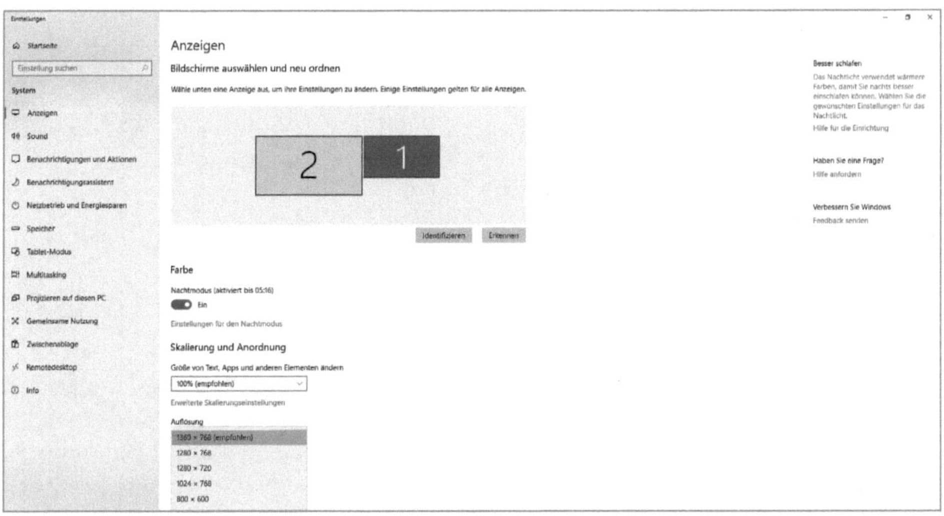

Wird die optimale Auflösung nicht automatisch gewählt, wählen Sie diese zum Schluss in der Einstellungen-App aus.

42 Windows druckt nach Treiberupdate nicht mehr

Erscheint beim Versuch, ein Dokument zu drucken, die Meldung *Windows kann aufgrund eines Problems mit der Druckereinrichtung nicht drucken*, obwohl ein Drucker angeschlossen ist, ist im System kein Standarddrucker aktiviert. Dies passiert häufig, wenn ein mit einem älteren Druckertreiber konfigurierter Drucker durch ein Treiberupdate auf einmal einen geringfügig anderen Namen erhält. Windows 10 bietet in diesem Fall nicht einmal mehr die Auswahl eines anderen Druckers in den Druckdialogen von Anwendungen an. Oftmals ist auch keine Druckvorschau mehr möglich, da auch hierfür die Seitengröße und weitere Parameter des Standarddruckers verwendet werden.

Wählen Sie in den Einstellungen unter *Geräte / Drucker und Scanner* den gewünschten Drucker, klicken Sie dann auf *Verwalten* und im nächsten Fenster auf *Als Standard*.

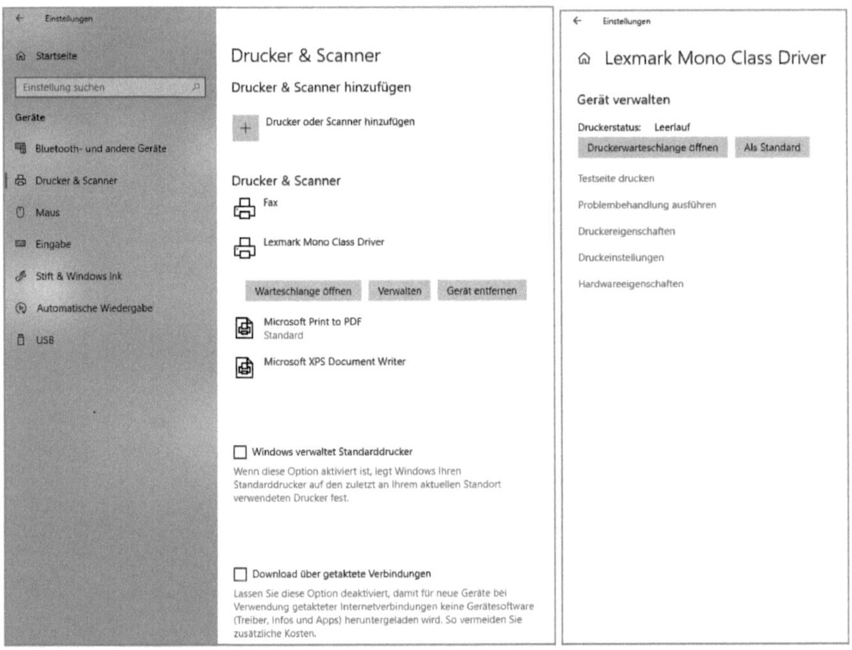

Drucker als Standarddrucker einrichten

Dieser Druckertreiber ist in Zukunft in den Druckdialogen aller Programme vorausgewählt und wird auch für die Schnelldruckfunktionen z. B. in Word oder WordPad verwendet. Ist ein Standarddrucker einmal festgelegt, bietet Windows 10 in den Druckdialogen auch wieder eine Druckerauswahl an.

43 Das Standarddruckerproblem automatisch lösen

Wenn Sie mehrere Drucker angeschlossen haben, werden Sie vermutlich trotzdem meistens mehrere Dokumente hintereinander auf demselben Drucker ausdrucken. Um hier nicht jedes Mal diesen Drucker neu auswählen zu müssen, kann Windows 10 den zuletzt verwendeten Drucker automatisch als Standarddrucker festlegen. Schalten Sie dazu in den Einstellungen unter *Geräte / Drucker und Scanner* den Schalter *Windows verwaltet Standarddrucker* ein. Auf diese Weise tritt auch das Problem eines fehlenden Standarddruckers deutlich seltener auf – nur noch dann, wenn der zuletzt verwendete Drucker entfernt wurde oder wegen eines Fehlers auf einmal nicht mehr zur Verfügung steht.

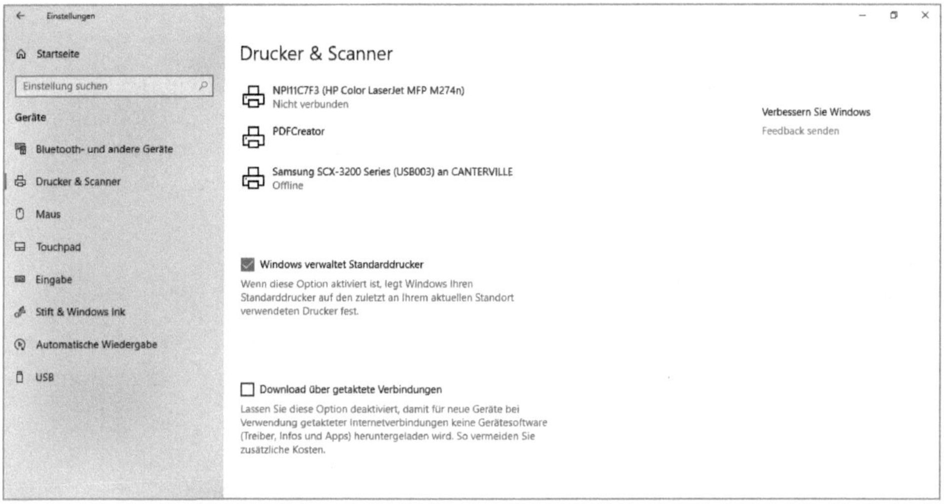

Windows den Standarddrucker selbst wählen lassen

44 Mausrad scrollt sprunghaft

Wenn Sie in längeren Texten oder Webseiten mit dem Mausrad scrollen und das Scrollen dabei nicht gleichmäßig, sondern sprunghaft verläuft, verändern Sie die Einstellung *Auswählen, um wie viele Zeilen geblättert werden soll* in den Einstellungen unter *Geräte / Maus*. Im Listenfeld *Mausrad drehen, um einen Bildlauf auszuführen* können Sie auch festlegen, dass jeder Schritt des Mausrades eine ganze Bildschirmseite weiterblättert.

Einstellungen für Maustasten und Mausrad

45 Mausrad scrollt im falschen Fenster

Ist der Schalter *Inaktive Fenster beim Daraufzeigen scrollen* aktiviert, kann man mit dem Mauszeiger über ein inaktives Fenster fahren und darin mit dem Mausrad scrollen, ohne dass das Fenster angeklickt und in den Vordergrund gebracht werden muss – besonders nützlich beim Schreiben von Texten, wenn man nebenbei im Browser etwas recherchiert. Man versetzt nicht mehr versehentlich den Cursor in der Textverarbeitung beim Wechsel zwischen den Fenstern. Diese Einstellung kann aber auch zur Verwirrung beitragen, wenn das falsche Fenster scrollt, nur weil man nicht genau darauf achtet, wo sich der Mauszeiger gerade befindet.

46 Notebook schaltet beim Zuklappen nicht aus

Das Zuklappen eines Notebooks kann eine frei konfigurierbare Aktion auslösen. Sinnvoll ist hier, den Bildschirm auszuschalten und in den Energiesparmodus zu wechseln.

Sollte das Notebook sich beim Zuklappen nicht wie gewünscht verhalten, klicken Sie mit der rechten Maustaste auf das Windows-Logo und wählen im Systemmenü *Energieoptionen*. Klicken Sie rechts auf den Link *Zusätzliche Energieeinstellungen*.

Klicken Sie im nächsten Fenster links auf *Auswählen, was beim Zuklappen des Computers geschehen soll*.

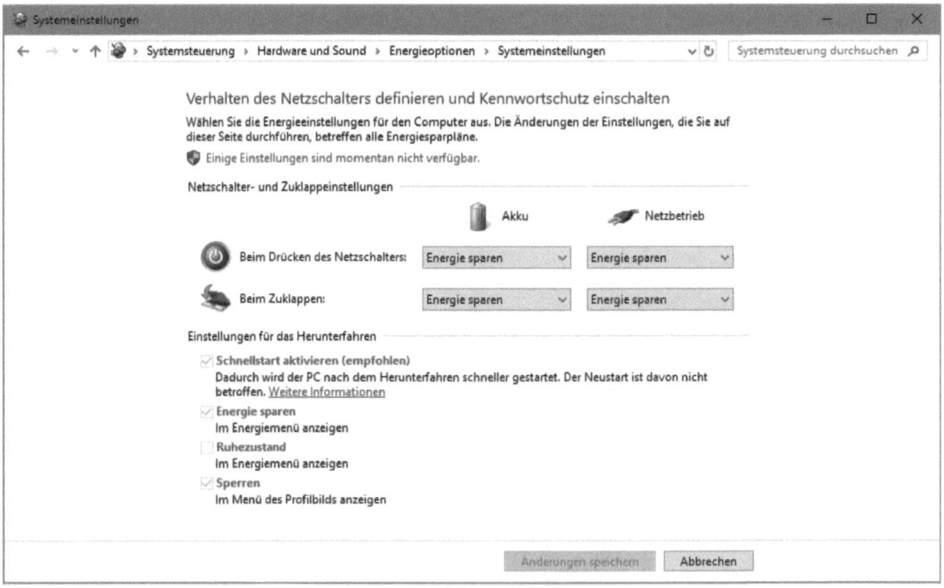

Aktionen beim Drücken des Netzschalters oder beim Zuklappen des Notebooks

47 Notebook fährt bei schwachem Akku nicht sauber herunter

Was passiert, wenn der Akku eines Notebooks im laufenden Betrieb wirklich leer wird? Der Benutzer wird in der Regel vorher gewarnt und muss anschließend das System sauber herunterfahren, um keine Daten zu verlieren. Allerdings funktioniert das leider nicht immer wie vorgesehen.

In den erweiterten Energieeinstellungen bietet Windows 10 für jeden Energiesparplan eigene Einstellungen dazu an, wie sich das System bei schwacher Batterie verhalten soll. Klicken Sie dazu in den *Energieoptionen* beim aktuell ausgewählten Energiesparplan auf den Link *Energiesparplaneinstellungen ändern* und im nächsten Fenster auf *Erweiterte Energieeinstellungen ändern*.

Die Einstellungen für das Verhalten bei schwachem Akku finden Sie ganz unten in der Liste unter *Akku*. Windows unterscheidet zwischen niedriger Akkukapazität und kritischer Akkukapazität. Bei niedriger Akkukapazität wird üblicherweise nur eine Warnung angezeigt, erst bei kritischer Akkukapazität sollte das System in den Ruhezustand versetzt werden. Alternativ kann man den Computer auch ganz herunterfahren lassen, wobei dann aber alle Programme beendet werden.

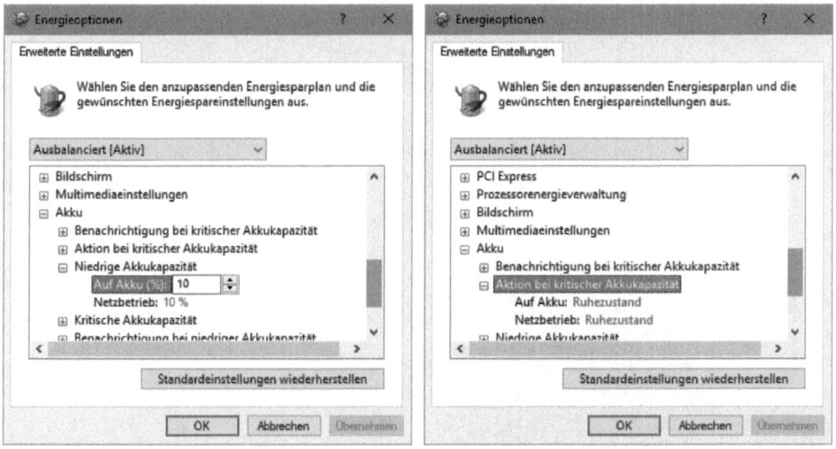

Einstellungen zum Verhalten bei niedriger und kritischer Akkukapazität

Alle Parameter lassen sich für Akku- und Netzbetrieb getrennt einstellen. In der Grundeinstellung erscheinen zwar auch bei Netzbetrieb Warnungen, sollte der Akku schwach sein, es werden aber keine speziellen Aktionen unternommen. Die Warnungen erinnern den Benutzer, das Notebook noch eine Zeit lang am Netzteil angeschlossen zu lassen, um den Akku wieder aufzuladen.

In der Grundeinstellung gelten 10 % der Akkuleistung als niedrige Kapazität, 5 % als kritisch. Diese Werte sind für moderne und fabrikneue Akkus ausgelegt. Bei älteren Akkus kann es notwendig sein, die Werte etwas zu erhöhen, damit genügend Zeit bleibt, die geöffneten Dateien zu sichern oder den Computer in den Ruhezustand zu versetzen. Ältere Akkus verlieren die letzten Prozent ihrer Kapazität deutlich schneller als neue Akkus.

48 Der Akku wird zu schnell leer

Windows 10 bietet einige Vorteile, was den Stromverbrauch auf Notebooks im Vergleich zu früheren Windows-Versionen angeht. Dennoch wird auch hier der Akku eines Notebooks immer zu schnell leer. Schränken Sie also den Stromverbrauch der drei größten Verbraucher ein:

1. Jedes angeschlossene USB-Gerät zieht Strom, auch wenn es nicht verwendet wird. Trennen Sie also alle nicht benutzten USB-Geräte von den Anschlüssen des Notebooks.

2. Verringern Sie die Bildschirmhelligkeit mit speziellen Tasten auf dem Notebook. Sie können auch auf das Batteriesymbol im Infobereich der Taskleiste klicken. Hier erscheint eine Schaltfläche, die die aktuelle Bildschirmhelligkeit in Prozent anzeigt. Durch mehrfaches Anklicken ändern Sie die Helligkeit in Schritten von 25%.

Bildschirmhelligkeit ändern

3. Sind Sie mit dem Notebook offline unterwegs und benötigen Sie kein WLAN oder Bluetooth, schalten Sie das Gerät in den Flugzeugmodus. Im Flugzeugmodus werden alle Funkverbindungen wie Mobilfunk, WLAN, UKW-Radio und Bluetooth deaktiviert. Den Schalter für den Flugzeugmodus finden Sie mit einem Klick auf das WLAN-Symbol im Infobereich der Taskleiste.

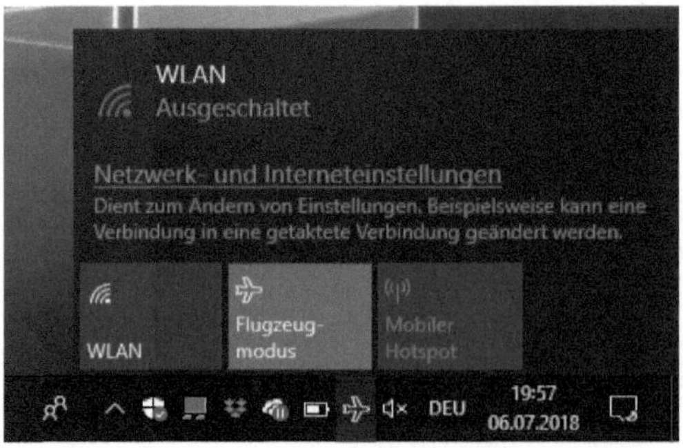

Der Flugzeugmodus spart deutlich Strom.

49 Mit dem Stromsparmodus noch mehr Strom sparen

Windows 10 bietet bei Geräten mit Akku einen speziellen Stromsparmodus, in dem verschiedene Funktionen automatisch deaktiviert werden, um Strom zu sparen. Dieser Stromsparmodus kann jederzeit mit einem Schieberegler beim Klick auf das

Batteriesymbol im Infobereich der Taskleiste manuell eingeschaltet werden oder automatisch, sobald der Akkustand unter 20 % sinkt. Ein Klick auf den Link *Akkueinstellungen* führt zu den Einstellungen für Akku und Stromsparmodus.

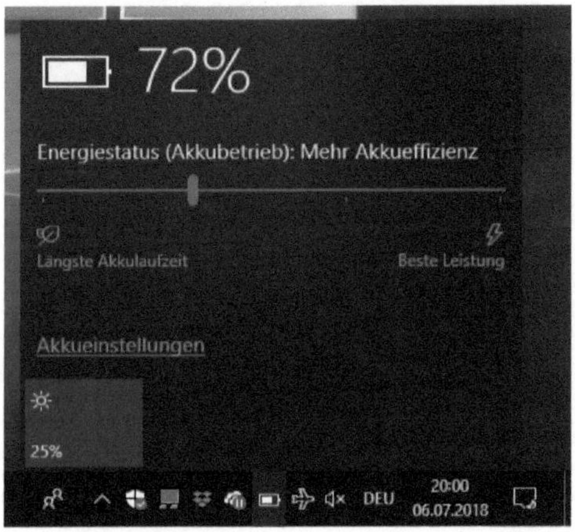

Einstellung für den Stromsparmodus in der Batterieanzeige

Der Stromsparmodus deaktiviert drei Funktionen des Notebooks:

❶ Automatischer Empfang von E-Mails und Kalenderupdates: Sie können Ihre E-Mails weiterhin manuell synchronisieren.

❷ Aktualisieren einiger Live-Kacheln: Live-Kacheln mit Push-Benachrichtigung bekommen keine automatischen Updates mehr. So sind z. B. neue E-Mails oder Facebook-Nachrichten nicht mehr zu sehen.

❸ Apps können nicht mehr im Hintergrund ausgeführt werden.

Telefonieren, SMS und Surfen im Internet funktionieren weiterhin.

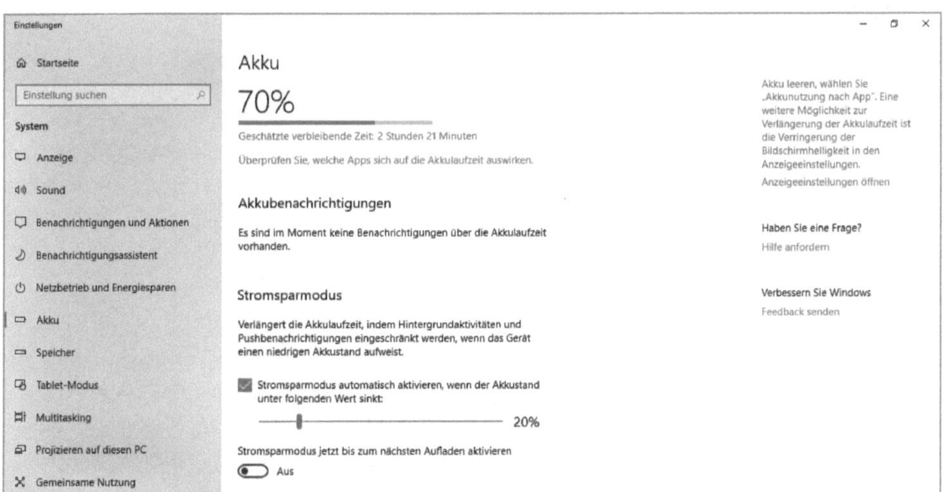

Einstellungen für den Stromsparmodus

50 Welche Apps saugen den Akku leer?

Klicken Sie in den Akkueinstellungen auf den Link *Überprüfen Sie, welche Apps sich auf die Akkulaufzeit auswirken.* Hier erscheint eine Liste der verwendeten Programme, sortiert nach ihrem Akkuverbrauch. Ganz oben wählen Sie den Zeitraum, je nachdem, ob Sie den langfristigen Verbrauch über eine Woche oder den aktuellen Verbrauch der letzten 6 oder 24 Stunden ermitteln wollen.

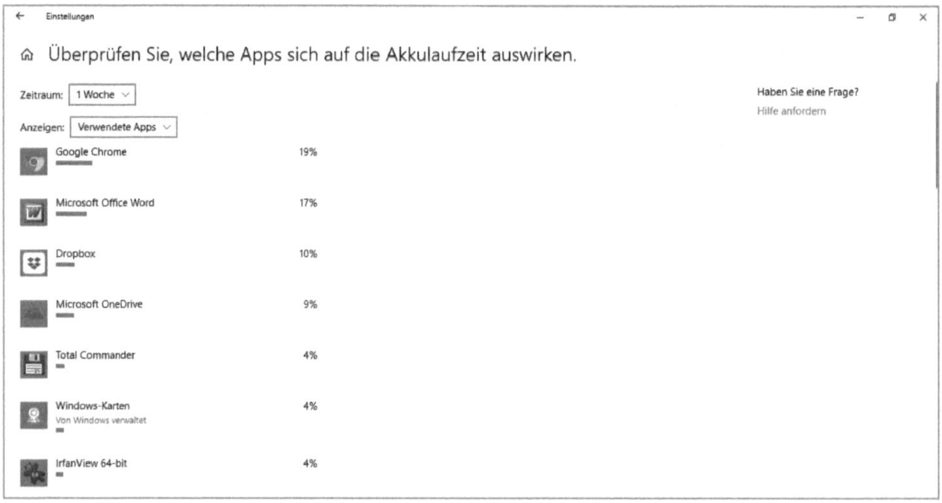

Anzeige verwendeter Programme und ihres Akkuverbrauchs

51 Auf einem angeschlossenen Beamer erscheint kein Bild

Die meisten Notebooks haben einen Anschluss für einen externen Monitor. Dieser zweite Monitoranschluss wird gern für Präsentationen genutzt. Dabei kann auf dem zweiten Monitor oder Beamer dasselbe Bild zu sehen sein wie auf dem Notebook-Bildschirm, oder man erweitert den Windows-Desktop auf beide Bildschirme. In diesem Fall können einzelne Fenster auf den Beamer geschoben werden, sodass die Zuschauer sie sehen, andere Fenster – z. B. mit persönlichen Notizen – bleiben auf dem Notebook-Bildschirm. Allerdings wird in der Grundeinstellung bei den meisten Notebooks auf dem angeschlossenen Beamer gar nichts angezeigt.

Das Tastenkürzel `Win` + `P` blendet rechts auf dem Bildschirm eine Seitenleiste mit vier Symbolen für die verschiedenen Konfigurationen von Computermonitor und Projektor (Beamer oder zweitem Monitor) ein. Hier können Sie die gewünschte Konfiguration auswählen. Die Symbolgrafiken erklären eindeutig, was die jeweiligen Anzeigevarianten bewirken. Die Standardvorgabe *Nur PC-Bildschirm* zeigt auf dem Beamer kein Bild.

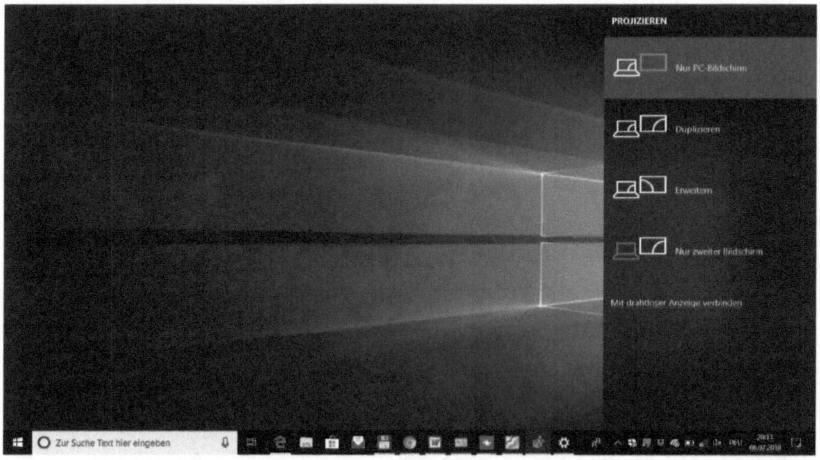

Vier Varianten zur Anzeige auf einem zusätzlichen Bildschirm

52 Kein Ton zu hören

Sind die Lautsprecher eingeschaltet und ist trotzdem kein Ton zu hören, liegt in den meisten Fällen ein Problem mit der Audiokonfiguration vor.

1. Klicken Sie mit der rechten Maustaste auf das Lautsprechersymbol in der Taskleiste und wählen Sie im Kontextmenü *Soundeinstellungen öffnen*.
2. Die meisten Soundkarten zeigen im nächsten Fenster unter *Ausgabegerät auswählen* mehrere Geräte an. Wählen Sie das tatsächlich verwendete Gerät aus.

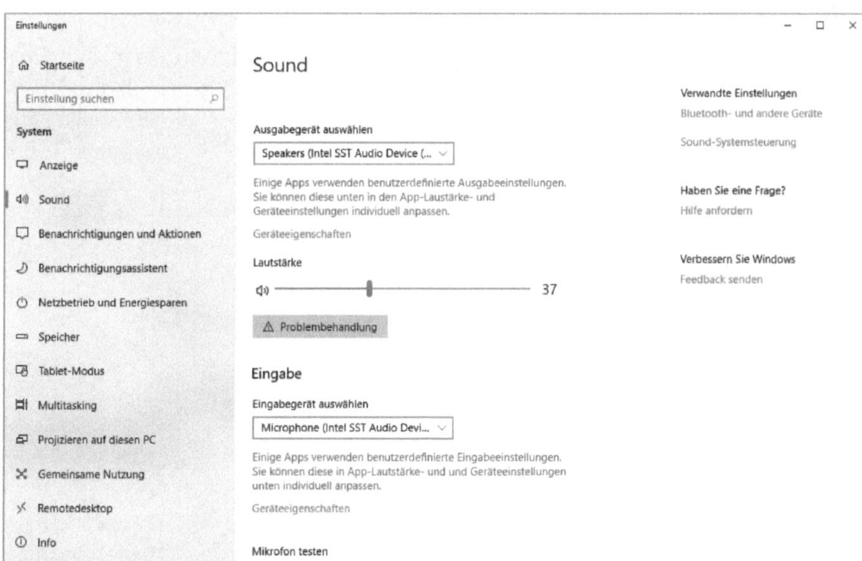

Soundeinstellungen für Lautsprecher und Kopfhörer

3. Klicken Sie auf den Link *Geräteeigenschaften* und prüfen Sie, ob im nächsten Dialogfeld bei *Geräteverwendung* die Option *Gerät verwenden (aktivieren)* ausgewählt ist. Einige Soundkarten zeigen in diesem Dialogfeld Hinweise zu den Anschlussbuchsen für Lautsprecher und Kopfhörer.

4. Auf der Registerkarte *Erweitert* legen Sie die Standardabtastrate und Bittiefe fest. Testen Sie, ob diese Einstellungen problemlos abgespielt werden können. Bei Audioproblemen klicken Sie auf *Standards wiederherstellen*. Bei Verwendung von Kopfhörern können Sie auf der Registerkarte *Raumklang* verschiedene Raumklangformate auswählen.

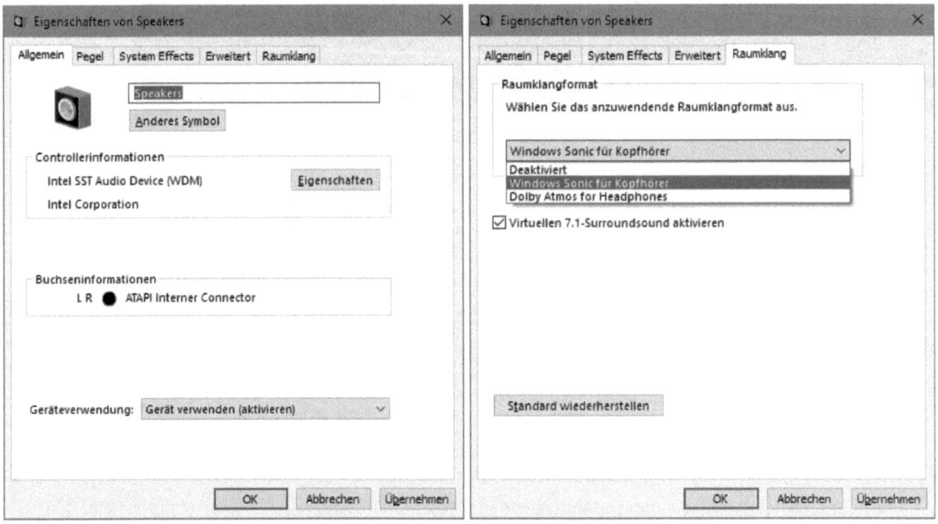

Eigenschaften eines Lautsprechers

5. Über den Link *App-Lautstärke- und Geräteeinstellungen* ganz unten in den Einstellungen unter *System / Sound* können Sie einzelnen Apps, die diese Funktion unterstützen, individuelle Lautstärkewerte vorgeben. Diese werden als Prozentsatz der Hauptlautstärke eingestellt.

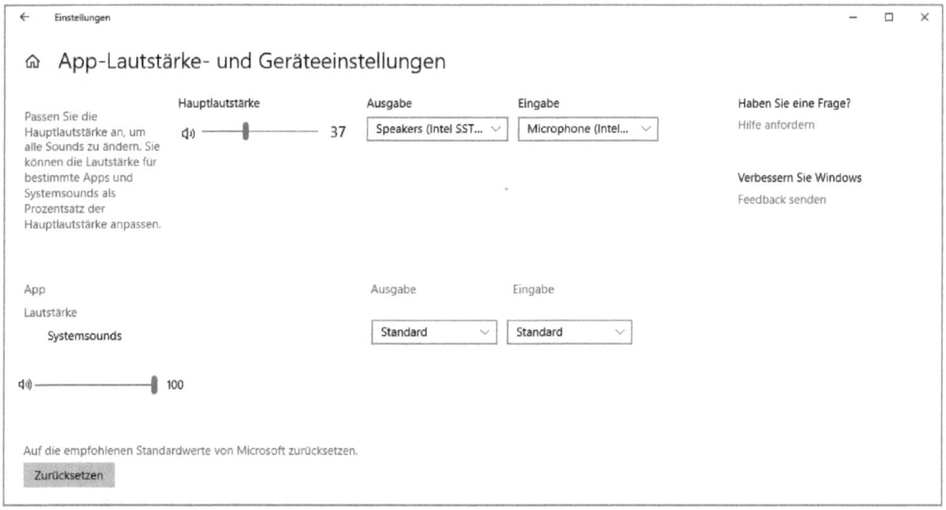

Einstellungen für App-Lautstärke und Geräte

❻ Sollte weiterhin nichts zu hören sein, starten Sie die Problembehandlung unten in den Einstellungen unter *System / Sound*. Hier werden verschiedene Tests durchgeführt und Optionen zur Problemlösung angeboten.

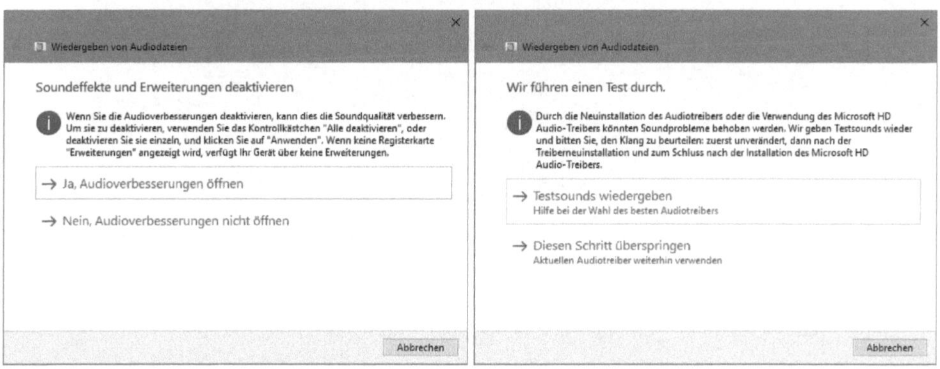

Problembehandlung für Soundgeräte

53 Wo ist der Windows-Leistungsindex?

Da Windows Vista für die damalige Zeit extrem hohe Hardwareanforderungen hatte, führte Microsoft den Windows-Leistungsindex ein, ein System zur Bewertung der Hardwarekomponenten. Windows 10 läuft, eventuell mit Einschränkungen, auf jedem halbwegs aktuellen Computer – deshalb ist der Leistungsindex aus der Systemsteuerung verschwunden. Die notwendigen Berechnungsfunktionen sind aber im Hintergrund noch vorhanden.

Für den Windows-Leistungsindex werden Prozessor, Arbeitsspeicher, Grafikkarte und Festplatte einzeln bewertet. Je höher der errechnete Wert, desto leistungsfähiger ist die jeweilige Komponente. Die Gesamtbewertung entspricht immer dem schlechtesten Einzelwert, ist also keine durchschnittliche Bewertung. Auf diese Weise soll sichergestellt werden, dass z. B. Computer mit einfachen Grafikkarten, aber einem schnellen Prozessor nicht als geeignet für grafisch anspruchsvolle Anwendungen eingestuft werden, die dann anschließend nicht darauf laufen. Die Daten können zum Vergleich verschiedener PCs hilfreich sein.

1. Klicken Sie mit der rechten Maustaste auf den Startmenüpunkt *Windows PowerShell / Windows PowerShell* und wählen Sie im Kontextmenü *Als Administrator ausführen*. Geben Sie hier ein:

```
winsat formal
```

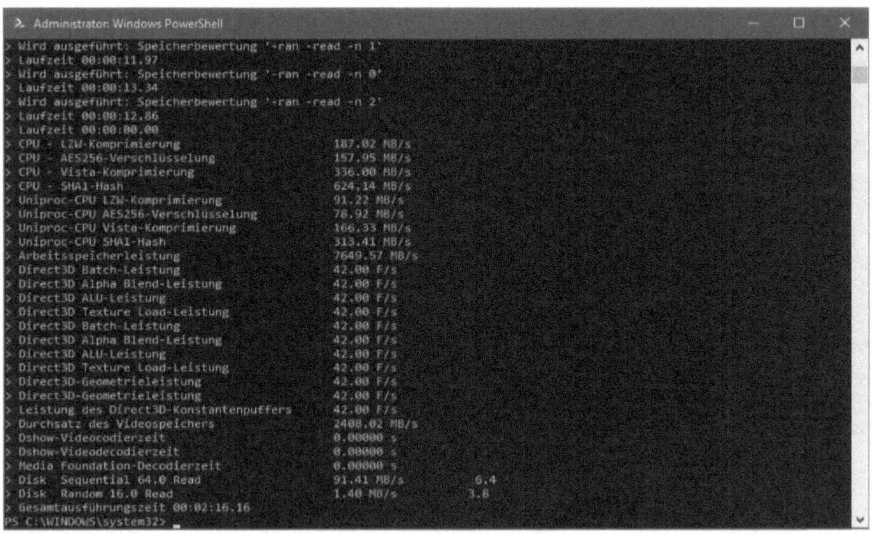

Leistungsberechnung in der PowerShell

2. Die Berechnung kann einige Minuten dauern. Geben Sie anschließend im gleichen Fenster ein:

```
Get-WmiObject -Class Win32_WinSAT
```

3. Jetzt werden die errechneten Leistungsdaten angezeigt.

Parameter	*Bedeutung*
CPUScore	Prozessor
D3DScore	Grafik (Spiele)
DiskScore	Primäre Festplatte
GraphicsScore	Grafik
MemoryScore	Arbeitsspeicher (RAM)
WinSPRLevel	Gesamtbewertung

Windows-Leistungsindex in der PowerShell

Noch komfortabler lässt sich der Leistungsindex mit dem Freewaretool *ExperienceIndexOK* anzeigen, (siehe Download-Tipps, Seite 6).

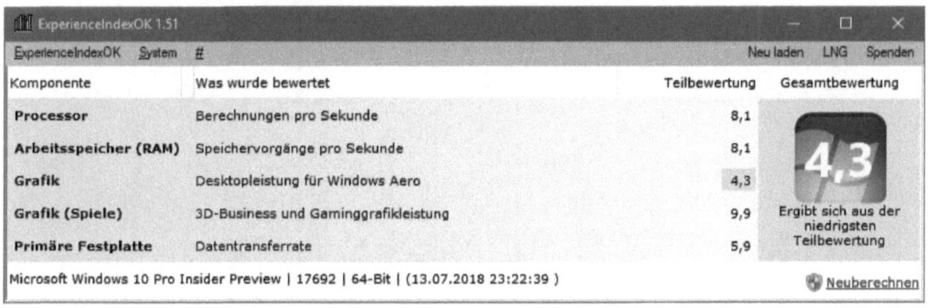

ExperienceIndexOK zeigt den Windows-Leistungsindex in Windows 10 an.

Netzwerk

54 WLAN verbindet sich nicht automatisch

Bei häufig verwendeten WLANs können Sie in der Liste den Schalter *Automatisch verbinden* einschalten, um automatisch eine Verbindung herzustellen, sobald dieses WLAN in Reichweite ist. Sind mehrere bekannte WLANs in Reichweite, sollten Sie nur bei einem davon den Schalter *Automatisch verbinden* einschalten, da es sonst zu Konflikten bei den automatischen Verbindungsversuchen kommen kann.

Durch Änderungen an der Konfiguration eines WLAN-Routers kann es passieren, dass automatische Verbindungsversuche fehlschlagen, selbst wenn der Netzwerkschlüssel gleich geblieben ist.

1. Klicken Sie in solchen Fällen unten in der Liste der WLANs auf den Link *Netzwerk- und Interneteinstellungen* und dann im *Einstellungen*-Fenster links auf *WLAN*.
2. Klicken Sie auf den Link *Bekannte Netzwerke verwalten* und wählen Sie das problematische WLAN aus.
3. Klicken Sie hier auf *Nicht speichern*. Damit werden die gespeicherten Einstellungen gelöscht. Nach kurzer Zeit erscheint das WLAN beim Klick auf das WLAN-Symbol im Infobereich der Taskleiste automatisch wieder in der Liste. Jetzt können Sie den PC erneut damit verbinden. Da die Daten gelöscht wurden, müssen Sie den WLAN-Schlüssel wieder eingeben.

Gespeicherte WLAN-Konfigurationsdaten löschen

55 WLAN-Schlüssel vergessen

Wenn Sie den Sicherheitsschlüssel für Ihr WLAN vergessen haben, aber mit einem Computer noch hineinkommen, können Sie den auf diesem Computer gespeicherten WLAN-Schlüssel auslesen.

Öffnen Sie dazu in der Systemsteuerung oder über den Link *Netzwerk- und Freigabecenter* in den Einstellungen unter *Netzwerk und Internet / Status* das Netzwerk- und Freigabecenter. Klicken Sie hier auf die WLAN-Verbindung und im nächsten Dialogfeld auf *Drahtloseigenschaften*. Wenn Sie im nächsten Dialogfeld auf der Registerkarte *Sicherheit* den Schalter *Zeichen anzeigen* aktivieren, erscheint der gespeicherte WLAN-Schlüssel im Klartext. Dies funktioniert auch in früheren Windows-Versionen.

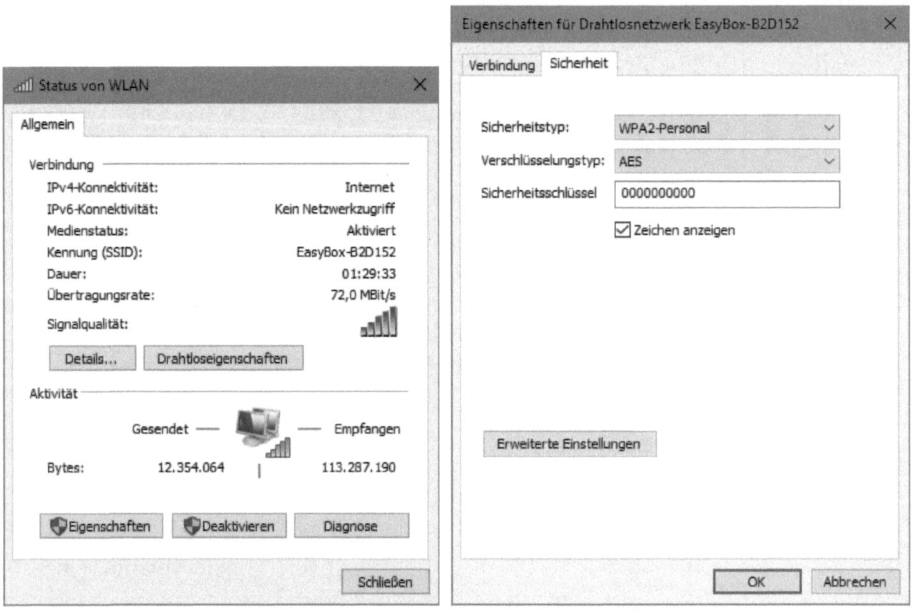

Windows 10 zeigt den gespeicherten WLAN-Schlüssel im Klartext an.

56 Schwaches WLAN verbessern

Wählen Sie den Kanal eines eigenen WLAN-Routers immer so, dass möglichst viel Abstand zu den WLANs der Nachbarn besteht. Router auf dicht nebeneinanderliegenden WLAN-Kanälen können Interferenzen verursachen, die den WLAN-Empfang schwächen.

Die App *WiFi Analyzer* aus dem Microsoft Store findet WLANs in der Nähe, zeigt deren Kanäle sowie Signalstärke an und ermittelt daraus eine Empfehlung für einen optimalen WLAN-Kanal des eigenen Routers.

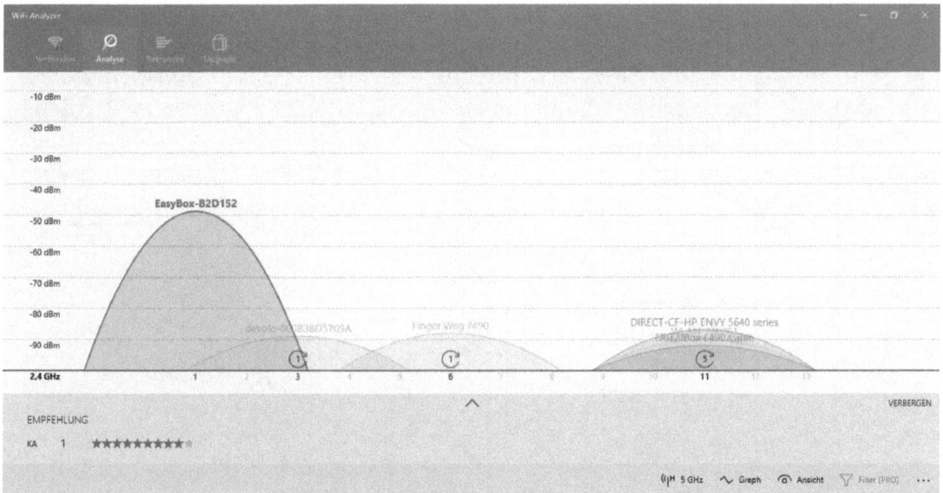

Der WiFi Analyzer zeigt alle WLANs in der Nähe.

57 Kein Zugriff auf andere Computer im Netzwerk

Damit der Zugriff auf freigegebene Dateien auf anderen Computern im lokalen Netzwerk funktioniert, müssen Netzwerkerkennung und Dateifreigabe eingeschaltet sein. Sind auf dem eigenen Computer keine Freigaben eingeschaltet, erscheint im Explorer-Fenster unter *Netzwerk* eine Meldung, die allerdings – wie so viele Systemmeldungen – von vielen Benutzern gedankenlos weggeklickt wird.

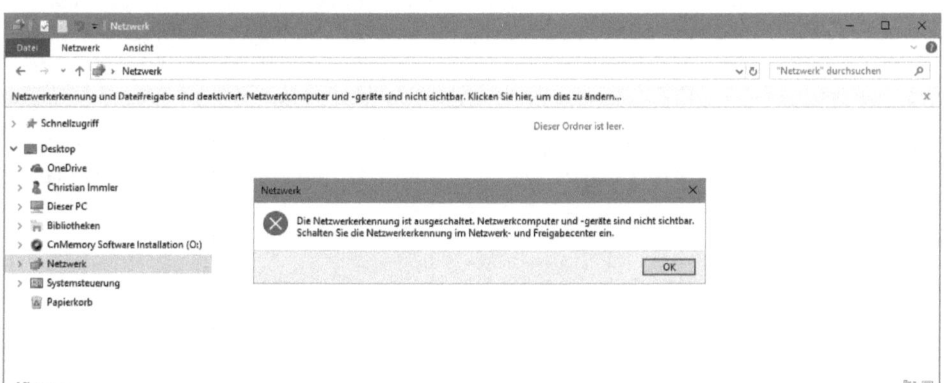

Meldung bei ausgeschalteter Netzwerkerkennung und Dateifreigabe

Mit einem Klick auf den gelben Balken oben im Explorer können Netzwerkerkennung und Dateifreigabe aktiviert werden. Dazu muss je nach Einstellung eine Abfrage der Benutzerkontensteuerung bestätigt werden.

Wurde diese Meldung weggeklickt und wird sie jetzt nicht mehr angezeigt, klicken Sie in den Einstellungen unter *Netzwerk und Internet / Status* auf *Freigabeoptionen*. Schalten Sie hier die Netzwerkerkennung sowie die Datei- und Druckerfreigabe ein, um im Netzwerk auf die Daten anderer Computer zugreifen zu können.

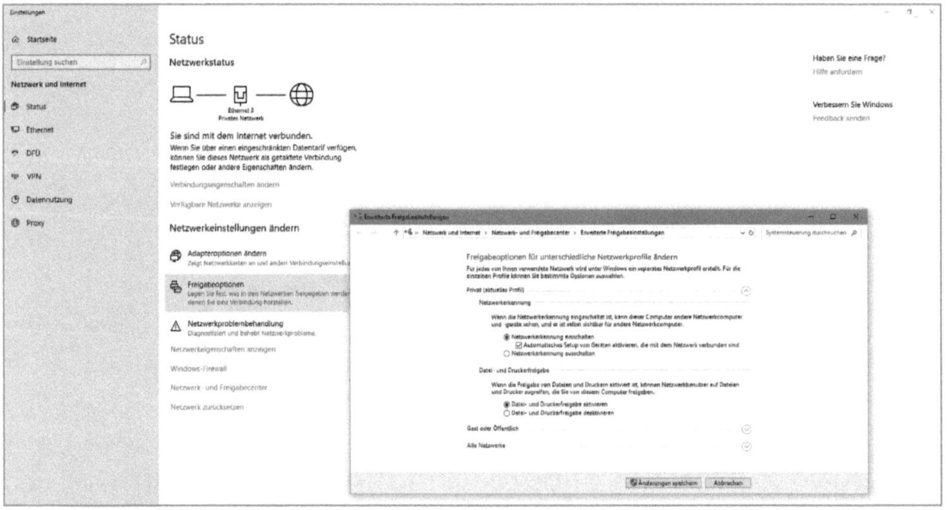

Erweiterte Freigabeeinstellungen im Netzwerk- und Freigabecenter

58 Netzwerkgeräte werden nicht gefunden

Werden andere Geräte im lokalen Netzwerk nicht gefunden, kann dies an einer falschen Einstellung bei der Ersteinrichtung des Netzwerks liegen. Haben Sie damals *Öffentliches Netzwerk* gewählt, werden keine anderen Geräte gefunden.

Um den Netzwerktyp zu ändern, klicken Sie in den Einstellungen unter *Netzwerk und Internet / Status* auf *Verbindungseigenschaften ändern* und wählen im nächsten Fenster das Netzwerkprofil *Privat*. Dies funktioniert gleichermaßen für Ethernet- und WLAN-Verbindungen.

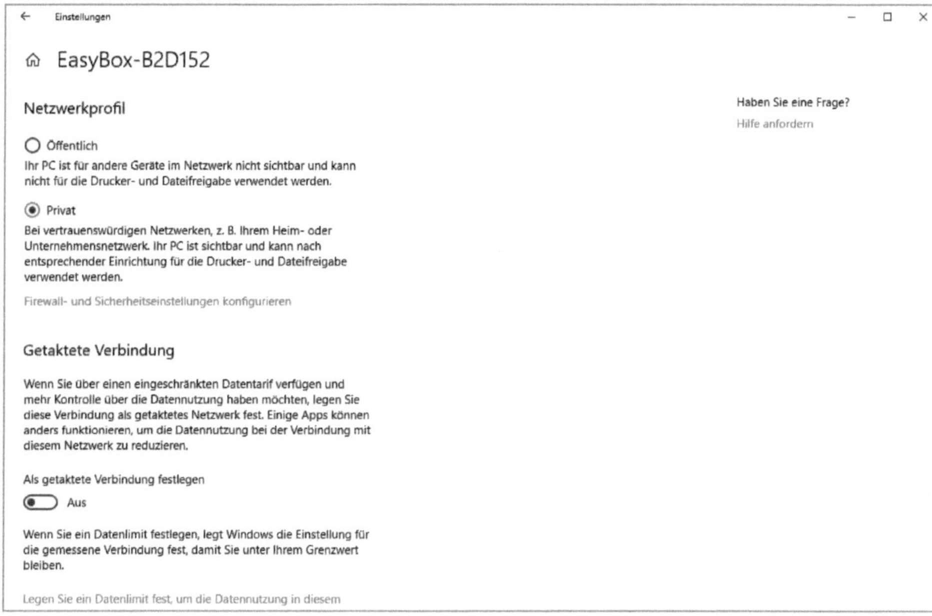

Einstellungen der Netzwerkverbindung

59 Vergessene Netzwerkfreigaben entfernen

In privaten Netzwerken aus mehreren Computern verliert man oft die Übersicht über die Freigaben auf dem eigenen Computer. Ein Windows-Systemtool listet alle Freigaben auf und zeigt über das Netzwerk angemeldete Benutzer und freigegebene Dateien an, die diese geöffnet haben.

Klicken Sie mit der rechten Maustaste auf das Windows-Logo und wählen Sie im Systemmenü *Computerverwaltung*. Navigieren Sie im linken Teilfenster zu *System / Freigegebene Ordner / Freigaben*. Jetzt sehen Sie alle Freigaben auf dem eigenen PC. Freigaben mit $-Zeichen im Namen sind versteckt und in der Netzwerkumgebung der anderen Computer nicht zu sehen.

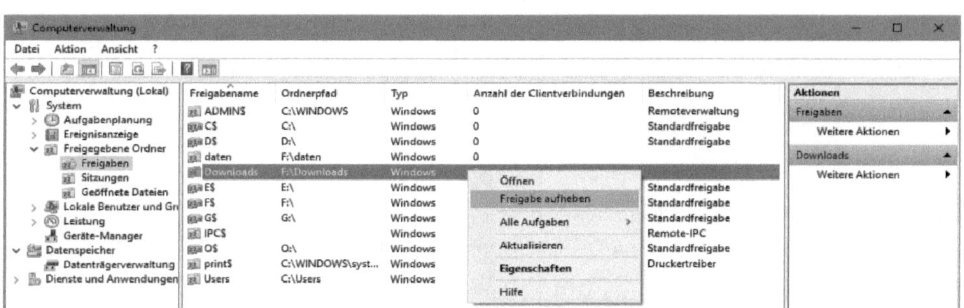

Die Computerverwaltung zeigt Freigaben und Benutzer, die darauf zugreifen.

Mit einem Rechtsklick können Sie nicht mehr benötigte Freigaben ganz einfach aufheben.

60 Auf versteckte Netzwerkfreigaben zugreifen

Standardmäßig legt Windows für jedes Laufwerk eine versteckte Freigabe mit einem $-Zeichen im Namen an. Man kann darauf zugreifen, wenn man den Namen kennt und ihn in die Adresszeile des Explorers eingibt. Auf diese Freigabe hat in der Standardeinstellung nur der Administrator Zugriff. Andere Betriebssysteme, wie z. B. Linux, zeigen diese versteckten Freigaben über das Netzwerk normal an.

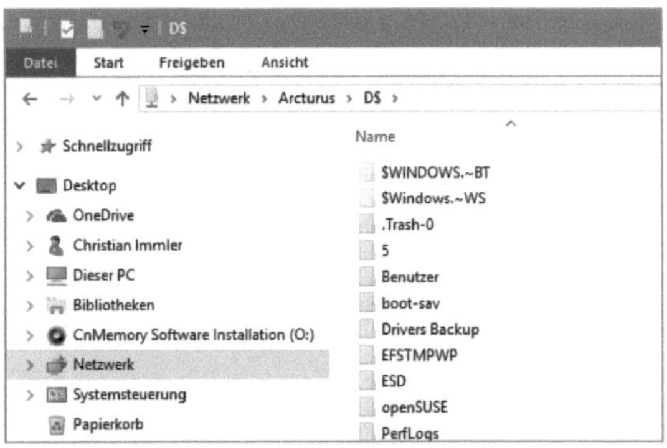

Zugriff auf eine versteckte Freigabe

61 Zugriff auf freigegebene Laufwerke funktioniert nicht

Kommt es trotz aktivierter Netzwerkerkennung und Dateifreigabe zu Problemen beim Zugriff auf freigegebene Laufwerke auf anderen Computern (auch wenn es sich nur um Probleme bei einzelnen Laufwerken handelt), ist oftmals NetBIOS über TCP/IP deaktiviert.

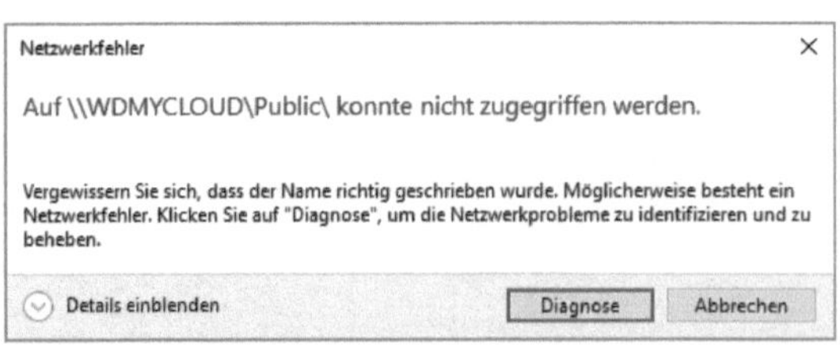

Fehlermeldung beim Zugriff auf ein freigegebenes Netzwerklaufwerk

1. Um festzustellen, ob das die Ursache ist, klicken Sie mit der rechten Maustaste auf das Windows-Logo und öffnen im Kontextmenü die *Netzwerkverbindungen*.
2. Die Netzwerkstatusanzeige öffnet sich. Klicken Sie hier auf *Adapteroptionen ändern*. Damit öffnet sich eine Liste verfügbarer Netzwerkverbindungen.

❸ Klicken Sie doppelt auf die verwendete Verbindung, *Ethernet* oder *WiFi* und im nächsten Dialogfeld auf *Details*.

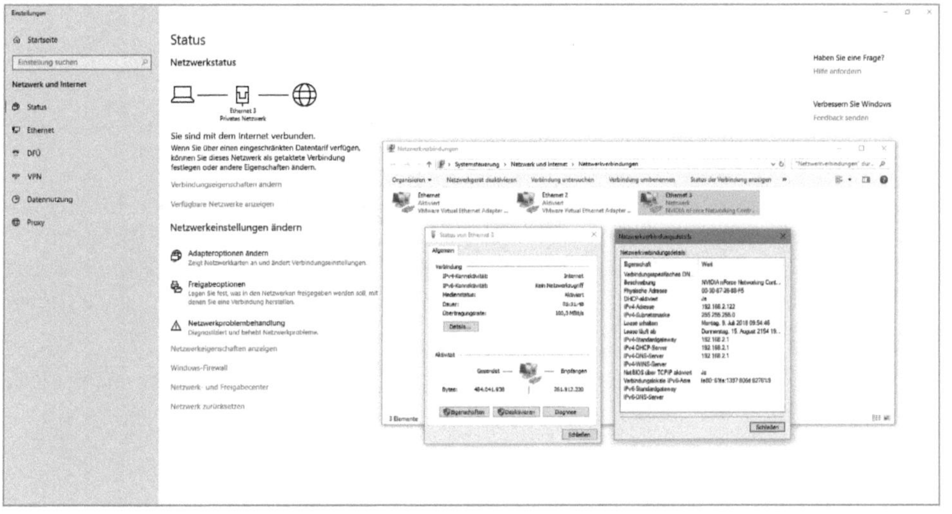

Details einer Netzwerkverbindung anzeigen

❹ Steht hier in der Zeile *NetBIOS über TCPIP aktiviert* der Wert *Nein*, schließen Sie dieses Dialogfeld und klicken auf *Eigenschaften*.

❺ Markieren Sie im nächsten Dialogfeld die Zeile *Internetprotokoll, Version 4 (TCP/IPv4)*, klicken Sie auf *Eigenschaften* und im nächsten Dialogfeld auf *Erweitert*. In den meisten Fällen ist die NetBIOS-Einstellung *Standard* auf der Registerkarte *WINS* die beste Wahl. Sollte diese nicht funktionieren, schalten Sie auf *NetBIOS über TCP/IP aktivieren* um. Starten Sie danach den Computer neu.

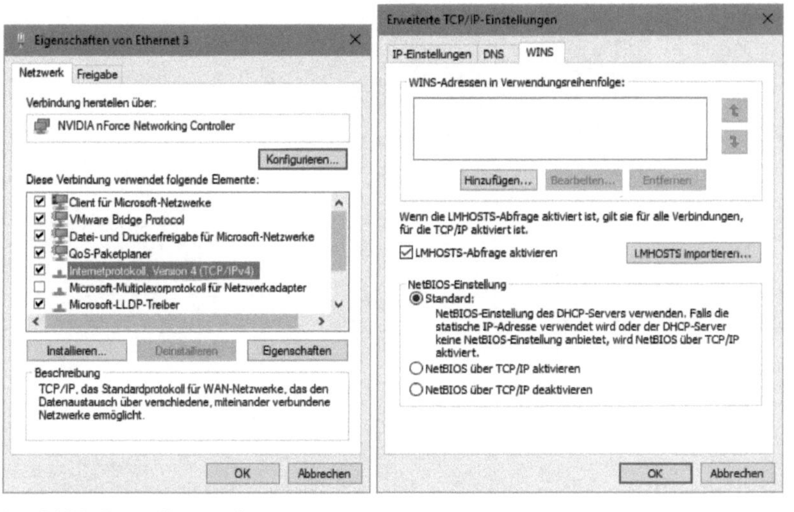

NetBIOS-Einstellungen korrigieren

62 Fehler 0x80070035 bei Netzwerkverbindungen

Dieser Fehler tritt häufig durch doppelt konfigurierte Netzwerkadaptereinträge auf, die durch fehlerhafte Tuningtools oder auch andere Konfigurationsprobleme im Netzwerk auftreten können.

1. Klicken Sie mit der rechten Maustaste auf das Windows-Logo und starten Sie im Kontextmenü den *Geräte-Manager*. Schalten Sie hier im Menü *Ansicht* den Schalter *Ausgeblendete Geräte anzeigen* ein.
2. Klappen Sie jetzt den Eintrag *Netzwerkadapter* auf. Ist hier neben dem originalen *Microsoft ISATAP Adapter* noch ein *Microsoft ISATAP Adapter #2* oder gar *#3* zu sehen, deinstallieren Sie diese Kopien alle mit dem roten x-Symbol in der Symbolleiste. Nur der *Microsoft ISATAP Adapter* ohne Nummer muss bestehen bleiben.
3. Wenn Sie nun den Computer neu starten, tritt der Netzwerkfehler nicht mehr auf.

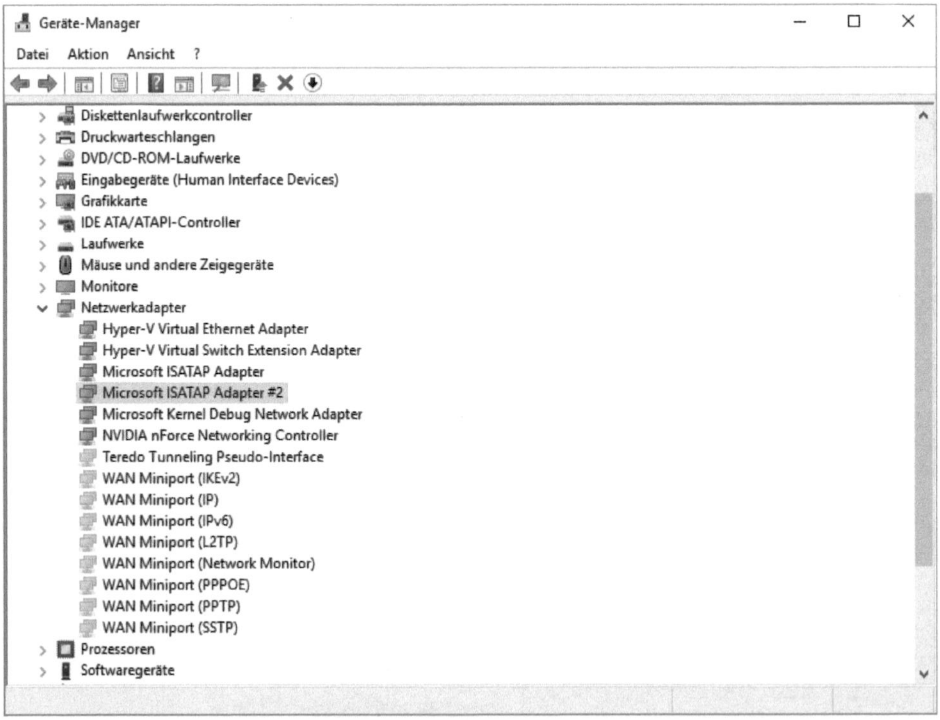

Doppelte Netzwerkadapter im Geräte-Manager

63 Fehlermeldung: Auf Computer ... konnte nicht zugegriffen werden

Sehen Sie beim Versuch, ein Netzwerklaufwerk oder einen Drucker zu verbinden, zwar den Computernamen, aber keine Freigaben auf diesem Computer, erscheint dafür aber die Fehlermeldung *Auf Computer »...« konnte nicht zugegriffen werden*, liegt meist ein Fehler bei den Windows-Anmeldeinformationen vor.

Verwenden die Computer im Netzwerk unterschiedliche Benutzernamen, sollte beim Anmeldeversuch mit unbekannten Benutzerdaten ein Dialogfeld zur Eingabe von Benutzernamen und Passwort erscheinen, was aber nicht immer wie erwartet funktioniert.

Windows 10 bietet die Möglichkeit, Anmeldeinformationen zur Anmeldung auf anderen Computern im Netzwerk zentral zu speichern.

1. Klicken Sie in der Systemsteuerung unter *Benutzerkonten / Anmeldeinformationsverwaltung* auf *Windows-Anmeldeinformationen*.

2. Hier können bereits für mehrere Computer im Netzwerk Anmeldeinformationen gespeichert sein. Klappen Sie den Abschnitt für den gewünschten Computer im Netz auf und bearbeiten Sie die dort gespeicherten Informationen.

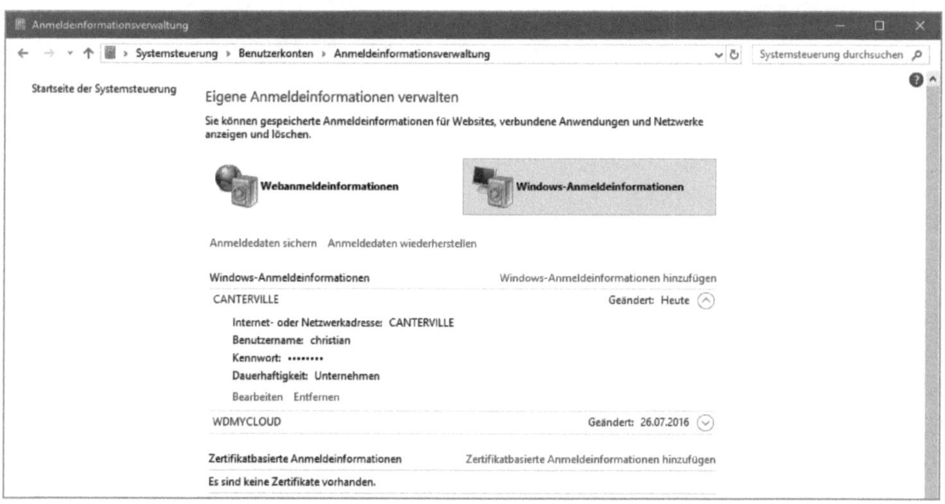

Windows-Anmeldeinformationen speichern

3. Sind für den gewünschten Computer keine Anmeldeinformationen gespeichert, klicken Sie auf *Windows-Anmeldeinformationen hinzufügen* und geben Benutzerdaten ein, um sich auf dem Computer anzumelden.

4. Jetzt können Sie mit dem Explorer das Netzwerk durchsuchen und sehen auch freigegebene Ordner und Drucker.

64 Netzwerk zurücksetzen, wenn Verbindung zu anderen Computern nicht funktioniert

Sollten alle zuvor beschriebenen Tipps die Verbindungsprobleme zu Netzwerklaufwerken nicht lösen, können Sie die Netzwerkeinstellungen komplett auf die Standardwerte zurücksetzen. Klicken Sie dazu in den *Einstellungen* unter *Netzwerk und Internet / Status* ganz unten auf den Link *Netzwerk zurücksetzen*.

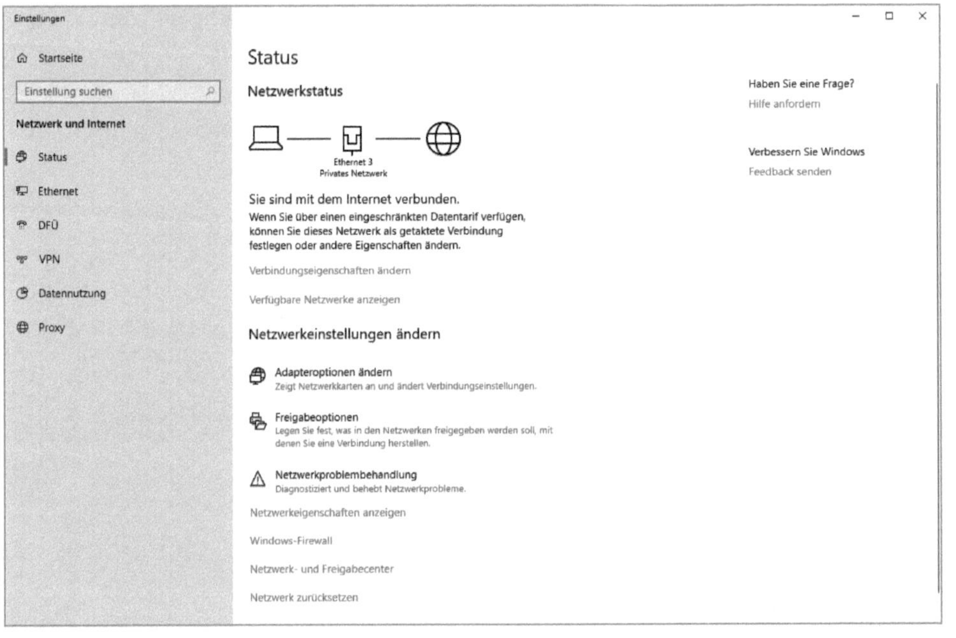

Netzwerkstatus in den Einstellungen

Jetzt erscheint noch eine Warnung, die Sie bestätigen müssen. Da die meisten privaten Nutzer weder VPN-Clientsoftware noch virtuelle Switches installiert haben, sind die Folgen des Zurücksetzens nicht so dramatisch, wie es die Meldung vermuten lässt.

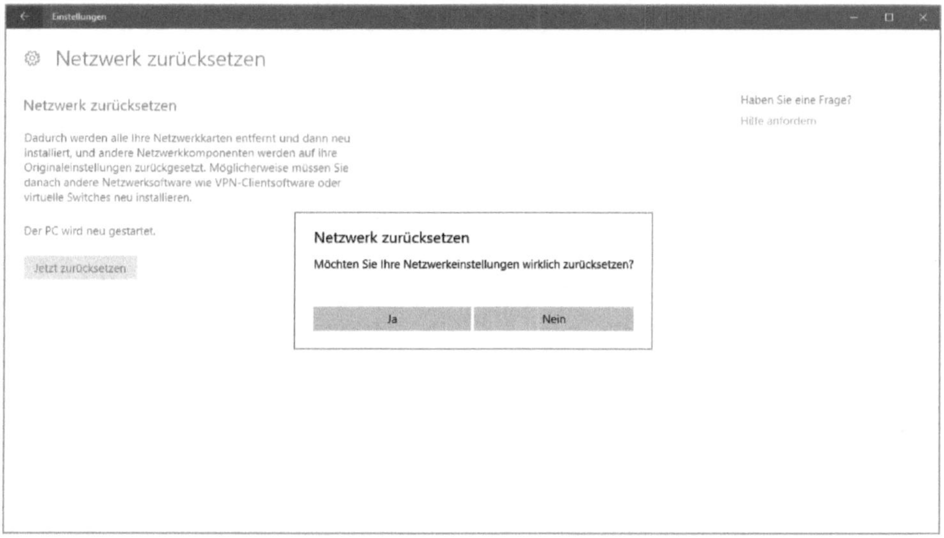

Netzwerkverbindung zurücksetzen

Starten Sie nach dem Zurücksetzen den Computer neu und die Netzwerkverbindung funktioniert wieder.

65 Netzwerkdrucker sind mit dem Windows-10-Upgrade verloren gegangen

Beim Upgrade auf Windows 10 gehen häufig die zuvor eingerichteten Netzwerkdrucker verloren. Windows 10 bietet aber in den Einstellungen eine sehr einfache Möglichkeit, die meisten gängigen Netzwerkdrucker automatisch wieder hinzuzufügen.

1. Wählen Sie in den Einstellungen *Geräte / Drucker & Scanner* und klicken Sie auf *Drucker oder Scanner hinzufügen*.
2. Nach kurzer Zeit erscheinen alle im Netzwerk gefundenen Drucker. Wählen Sie den gewünschten Drucker aus und klicken Sie auf *Gerät hinzufügen*. Der Treiber wird automatisch installiert. Kurz danach steht der Drucker zur Verfügung.

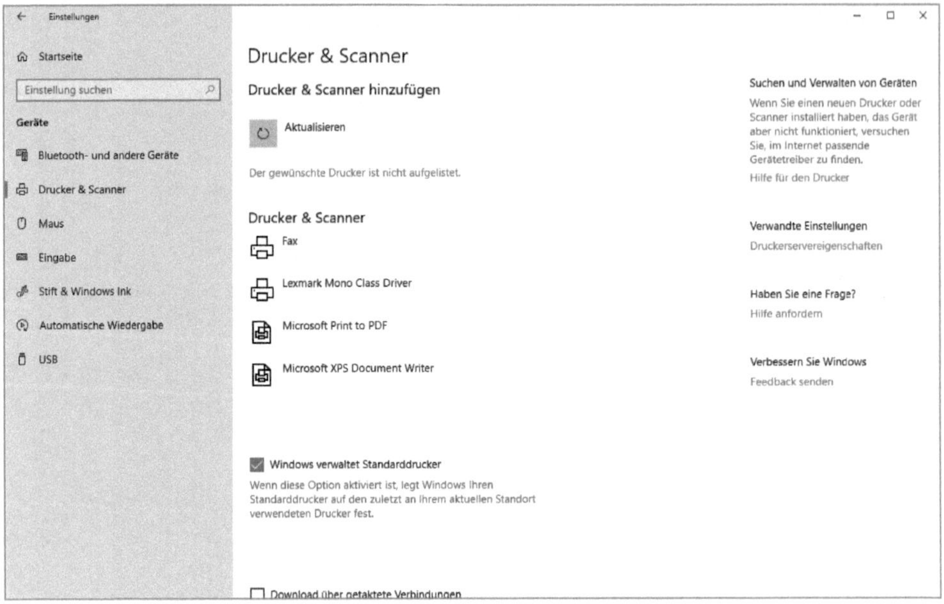

Netzwerkdrucker in Windows 10 hinzufügen

66 Netzwerkdrucker wird nicht automatisch gefunden

Leider werden nicht immer alle Drucker im Netzwerk auf diesem Weg automatisch gefunden. Besonders bei älteren Druckern kann es Erkennungsprobleme geben.

1. Wird ein Netzwerkdrucker nicht gefunden, klicken Sie – nachdem *Drucker oder Scanner hinzufügen* durchgelaufen ist – auf *Der gewünschte Drucker ist nicht aufgelistet.*

2. Im nächsten Schritt können Sie den Drucker über Computernamen und Freigabenamen oder über seine IP-Adresse eintragen. Die einfachste Methode ist in den meisten Fällen der Button *Durchsuchen*. Damit werden in einem Explorer-Fenster alle Computer im Netzwerk angezeigt, sodass der gewünschte Drucker leicht zu finden ist.

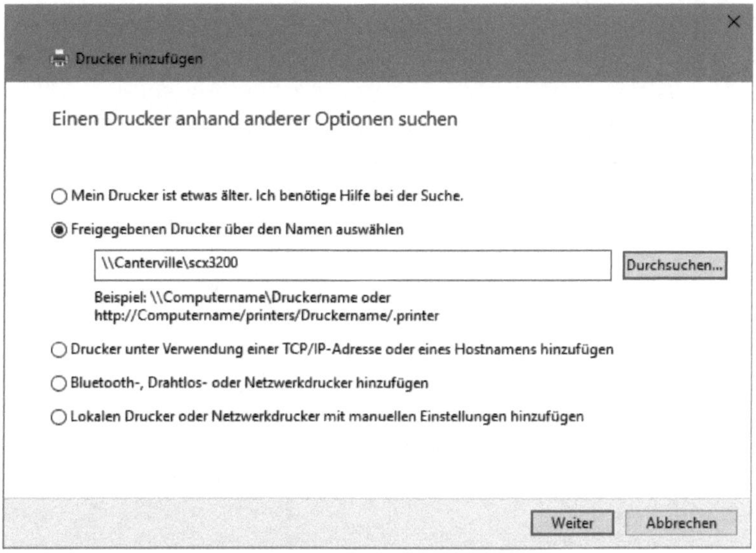

Netzwerkdrucker hinzufügen

❸ Jetzt wird automatisch der passende Treiber installiert und Sie haben die Möglichkeit, den angezeigten Druckernamen zu ändern.

❹ Im letzten Schritt des Installationsassistenten können Sie eine Testseite drucken.

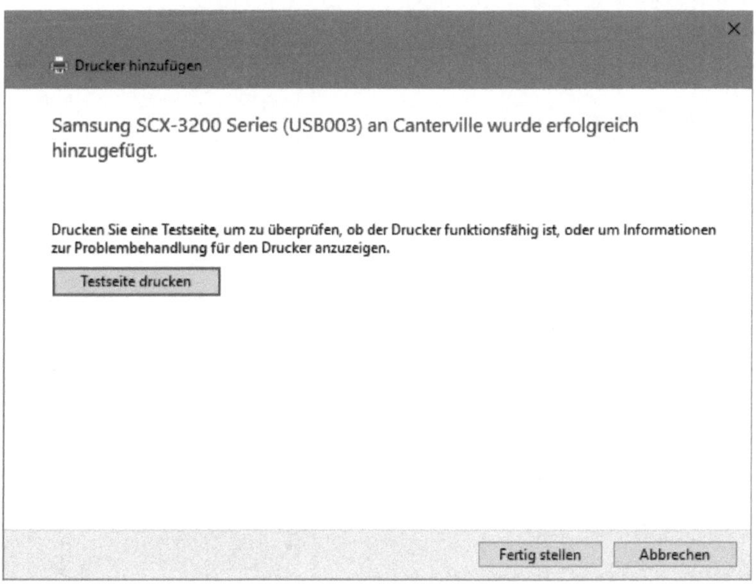

Druckerinstallation erfolgreich abgeschlossen

67 Netzwerkdrucker an Windows-XP-PCs werden von Windows 10 nicht erkannt

Es scheint eher ein gewolltes als ein technisches Problem zu sein, dass das Drucken auf Netzwerkdruckern, die an PCs mit Windows XP angeschlossen sind, häufig nicht funktioniert. In diesen Fällen wird gemeldet, dass keine Verbindung mit dem Drucker möglich sei. Dabei lassen sich die älteren PCs durchaus noch als Druckserver im Netzwerk nutzen.

Über einen einfachen Umweg ist die Installation solcher Drucker in der Regel dennoch möglich:

1. Wählen Sie im Dialogfeld *Drucker & Scanner hinzufügen* die Option *Der gewünschte Drucker ist nicht in der Liste enthalten* und danach *Lokalen Drucker oder Netzwerkdrucker mit manuellen Einstellungen hinzufügen* und nicht, wie man vermuten könnte, *Bluetooth-, Drahtlos- oder Netzwerkdrucker hinzufügen*.

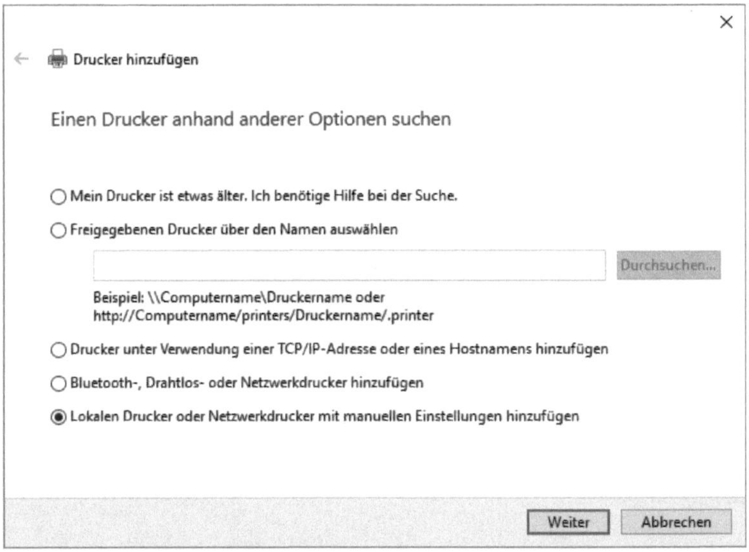

Einen Netzwerkdrucker mit manuellen Einstellungen hinzufügen

2. Wählen Sie danach die Option *Neuen Anschluss erstellen*. Hier muss in der Liste *Local Port* ausgewählt sein.

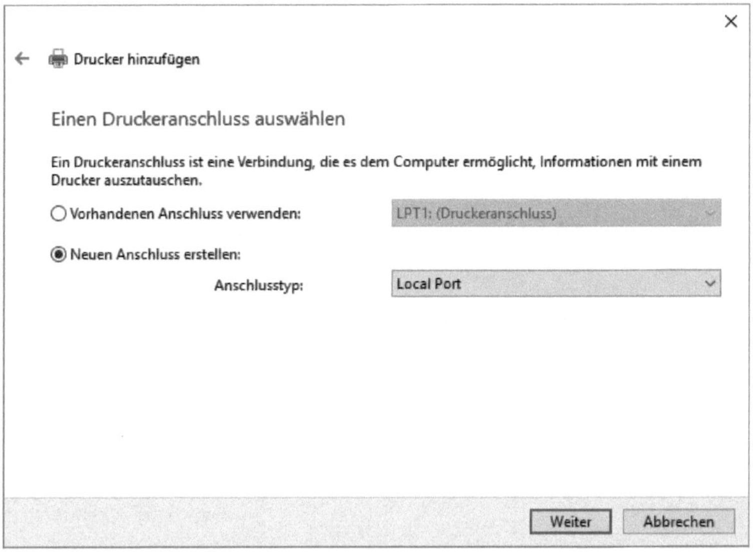

Neuen Anschluss erstellen

❸ Jetzt erscheint das kleine Eingabefeld *Anschlussname*. Geben Sie hier den Druckernamen im Netz in der Form *\\Computername\Druckername* ein. Der Drucker muss dazu bereits freigegeben und der angeschlossene Computer eingeschaltet sein.

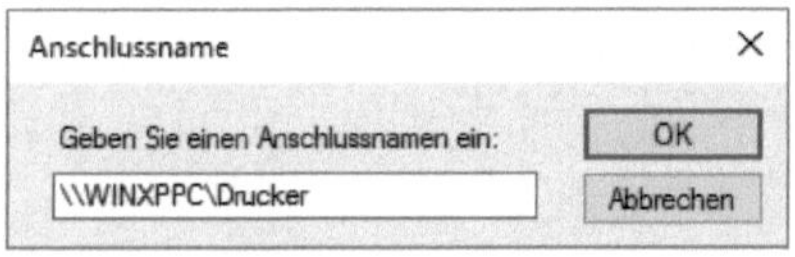

Der Anschlussname des neuen Druckers

❹ Wählen Sie im nächsten Schritt den Druckertyp aus. Ältere Drucker stehen oft nicht in der Liste. Hier kann ein Klick auf *Windows Update* helfen, um eine deutlich größere Auswahl an Druckern herunterzuladen. Sollten Sie einen Treiber auf CD oder als Download vom Hersteller zur Verfügung haben, klicken Sie auf *Datenträger*, um diesen zu installieren.

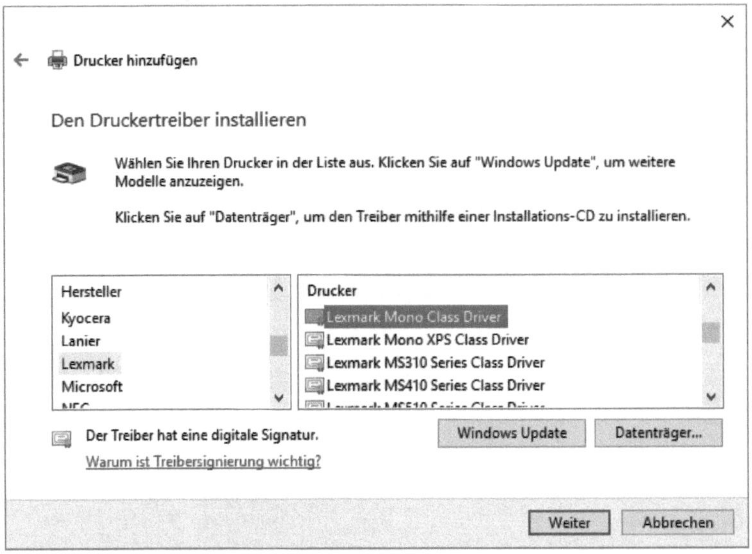

Druckermodell auswählen

❺ Jetzt wird der Treiber installiert. Geben Sie noch einen Druckernamen ein, unter dem der Drucker später in der Geräteübersicht zu finden sein wird. Anschließend wird eine Auswahl angeboten, den neuen Drucker freizugeben, was in diesem Fall allerdings nicht möglich ist. Die Auswahl erscheint automatisch bei allen Druckern an lokalen Anschlüssen.

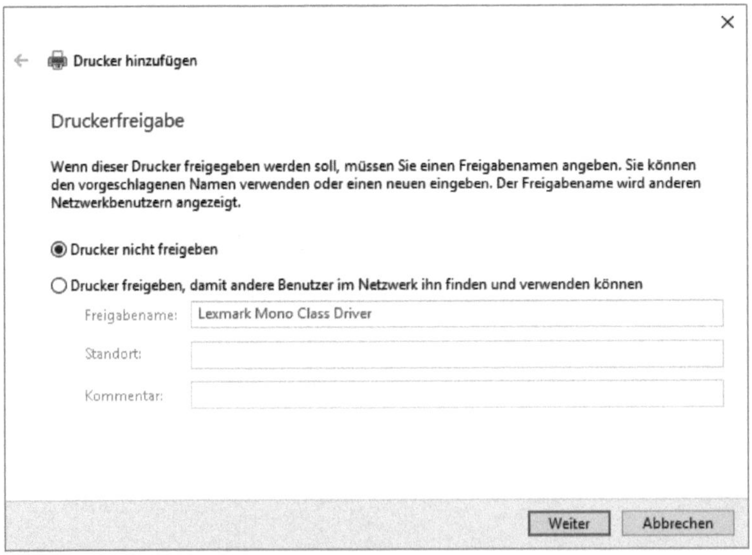

Drucker nicht freigeben

❻ Im letzten Dialog des Assistenten können Sie den Drucker als Standarddrucker wählen oder auch eine Testseite drucken. Danach steht der neue Drucker in der Übersicht *Geräte und Drucker* zur Verfügung.

68 Energiesparmodus verhindert Nutzung von Netzwerkdruckern

Ein freigegebener Drucker im Netzwerk kann nicht mehr verwendet werden, wenn der Computer, an dem der Drucker physikalisch angeschlossen ist, in den Energiesparzustand versetzt wird. Stellen Sie den Computer, auf dem Sie Drucker freigeben, in den Einstellungen unter *System / Netzbetrieb und Energiesparen* so ein, dass zwar nach einer bestimmten Zeit der Bildschirm ausgeht, der Computer aber nie in den Stand-by-Modus fällt.

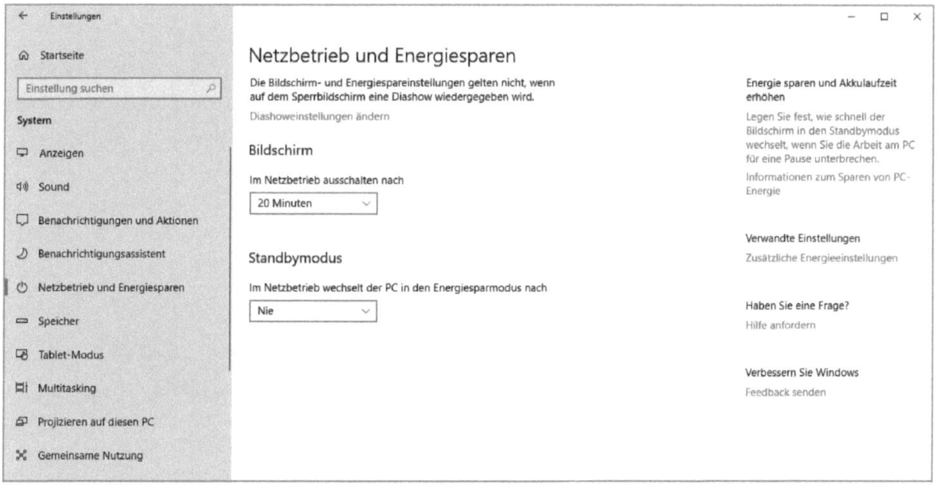

Stand-by-Modus in den Energieeinstellungen abschalten

Die komfortabelste Methode, im Netzwerk zu drucken, ist die Verwendung eines Printservers. Dabei handelt es sich nicht, wie der Name vermuten lässt, um einen riesigen Serverschrank, sondern nur um ein kleines Kästchen, das direkt an den Drucker angesteckt und mit dem Netzwerk verbunden wird. Ein Printserver hat den Vorteil, dass kein bestimmter Computer eingeschaltet sein muss, um den Drucker zu verwenden. Ein Netzwerkdrucker an einem Printserver steht immer zur Verfügung. Solche Printserver gibt es für Drucker mit USB- oder Parallelanschluss. Auf diese Weise können Sie ältere Drucker heute noch verwenden, obwohl fast kein PC mehr einen Parallelanschluss hat.

Printserver für Parallelport (links) und USB (rechts) (Foto: LogiLink)

69 Kostenpflichtige Netzwerkverbindung vortäuschen, um automatische Downloads zu unterbinden

Um zu vermeiden, dass durch automatische Updates über Mobilfunkverbindungen hohe Kosten entstehen oder das Freivolumen einer Datenflatrate schnell aufgebraucht ist, lädt Windows 10 keine Updates über sogenannte getaktete Verbindungen im UMTS- oder LTE-Netz herunter.

Gaukeln Sie dem System vor, Ihr Netzwerk wäre eine Mobilfunkverbindung, erhalten Sie auch keine automatischen Updates, Treiber und andere Downloads im Hintergrund. Dieser Trick funktioniert auch mit kabelgebundenen Netzwerkverbindungen.

Klicken Sie in den Einstellungen unter *Netzwerk und Internet / Status* auf *Verbindungseigenschaften ändern* und schalten Sie auf der nächsten Seite den Schalter *Als getaktete Verbindung festlegen* ein. Damit werden diverse Synchronisationsfunktionen abgeschaltet, unter anderem auch die automatischen Updates und Treiberdownloads.

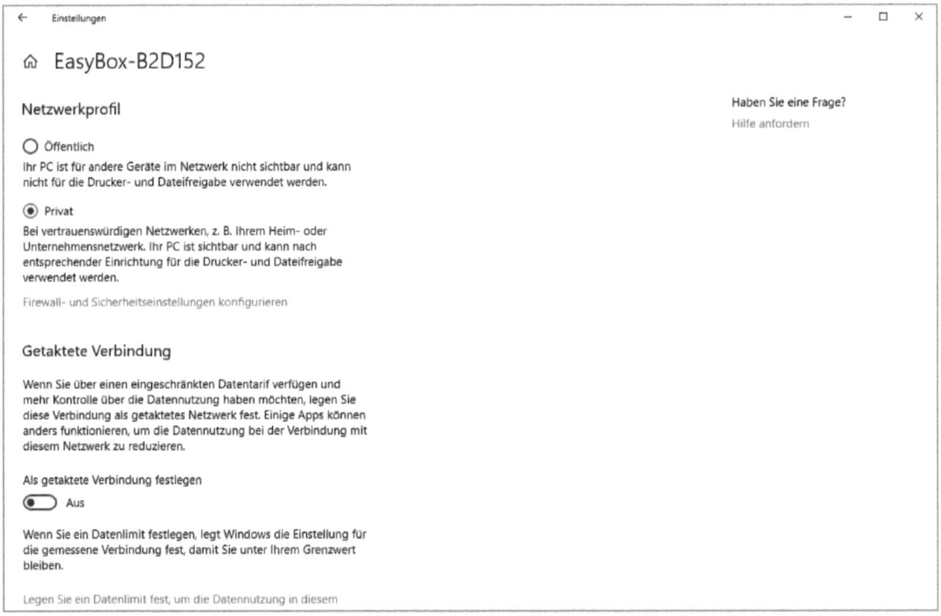

Über als getaktet definierte Verbindungen werden keine Updates installiert - ganz gleich, wie die Verbindung tatsächlich aussieht.

70 Unbekannte Internetzugriffe aufdecken

Manchmal erscheint die Internetverbindung deutlich langsamer als gewohnt. Das kann an äußeren Einflüssen beim Netzbetreiber liegen, aber auch Programme auf dem eigenen PC können die Verbindung unbemerkt stark auslasten. Sie werden sich wundern, wie viele Programme eine Internetverbindung im Hintergrund nutzen. Dabei muss es sich nicht einmal um bösartige Aktivitäten wie Botnetze oder Ähnliches handeln. Auch die Liste von Verbindungen, die ein Browser neben der eigentlich aufgerufenen Adresse aufruft, wird bei modernen Webseiten immer länger.

Im Protokoll Ihres DSL-Routers sehen Sie alle Adressen, mit denen Verbindungen bestehen, aber nicht, welches Programm diese verursacht hat, sondern nur die IP-Adresse des Geräts im lokalen Netz, von dem die Verbindung ausging. Die Freeware *CurrPorts* (siehe Download-Tipps, Seite 6) zeigt alle Verbindungen des eigenen PCs mit anderen Computern. Dabei werden außer dem Programm, das die Verbindung aufbaut, die Ziel-IP-Adresse und, soweit zu erkennen, auch der Hostname des Verbindungspartners angezeigt. Unbekannte IP-Adressen können Sie mit Onlinediensten wie *ipinfo.io* lokalisieren.

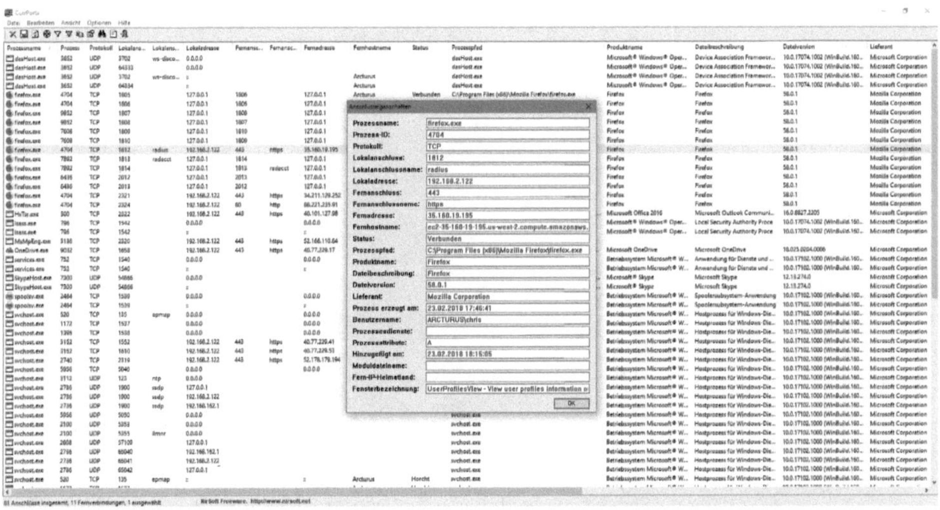

CurrPorts zeigt, welches Programm sich mit welchem Server im Internet verbindet.

Die genaue Uhrzeit des Prozessstarts hilft beim Erkennen, ob der Benutzer den Prozess gestartet hat, oder ob dieser automatisch geplant war. Solange ein Prozess ein Windows-Fenster geöffnet hat, wird der Fenstertitel angezeigt, was besonders bei Browserfenstern interessant ist, wo der Fenstertitel Aufschluss über die besuchte Webseite gibt. Im Menü *Ansicht* lassen sich die Spalten einrichten, um wichtige Informationen nach vorne zu bringen. Ein Doppelklick auf einen Eintrag zeigt alle Daten in einem übersichtlichen Fenster an.

Um gezielte Informationen über ein bestimmtes laufendes Programm zu erhalten, ziehen Sie das Zielscheibensymbol aus der Symbolleiste von *CurrPorts* auf das jeweilige Programmfenster. Die betreffenden Einträge in der Verbindungsliste werden dann farbig hervorgehoben.

71 Internetverbindung bei Angriffsverdacht blockieren

Wenn Sie einen Angriffsverdacht haben oder sich mit Ihrem Notebook in einer besonders unsicheren Umgebung befinden, können Sie über einen Schalter im Windows Defender Security Center ganz einfach alle eingestellten Firewall-Regeln auf einmal ignorieren, einschließlich der in der Liste der zugelassenen Programme. So müssen Sie diese Programme nicht einzeln sperren, sondern können mithilfe der Firewall alle Verbindungen auf einmal blockieren.

Das Windows Defender Security Center in der Taskleiste

❶ Öffnen Sie das Windows Defender Security Center über das Symbol im Infobereich der Taskleiste.

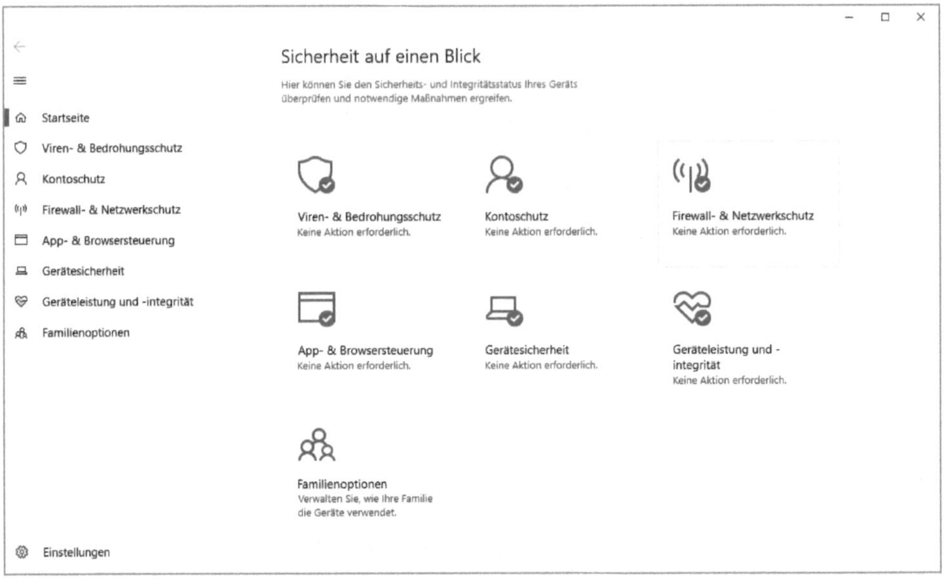

Startbildschirm des Windows Defender Security Centers

❷ Klicken Sie auf *Firewall- und Netzwerkschutz* und im nächsten Fenster auf das aktive Netzwerk, meistens ist dies das private Netzwerk.

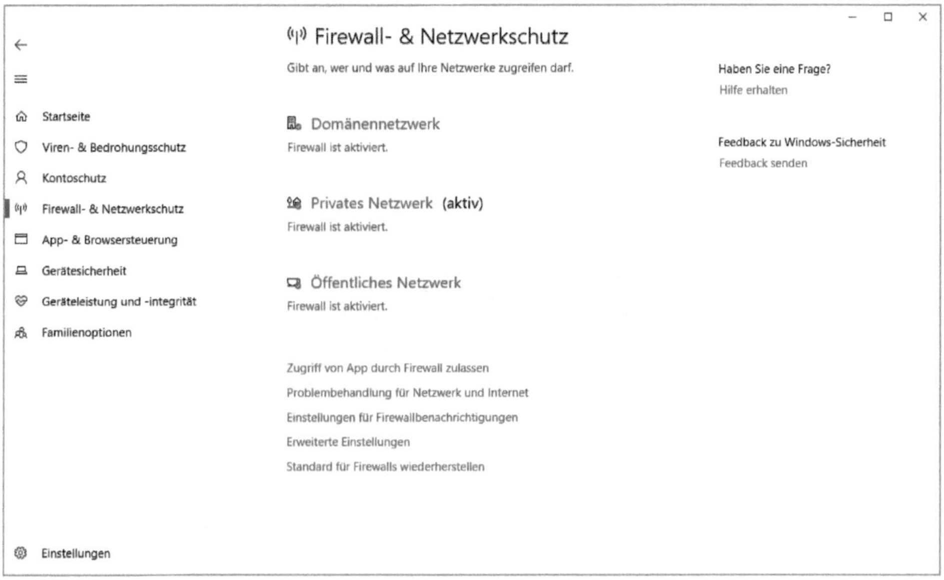

Aktives Netzwerk im Windows Defender Security Center auswählen

❸ Schalten Sie im nächsten Fenster den Schalter *Blockiert alle eingehenden Verbindungen, einschließlich der in der Liste zugelassener Apps* ein.

Deaktivieren Sie diesen Schalter wieder, gelten erneut die zuvor eingestellten Regeln.

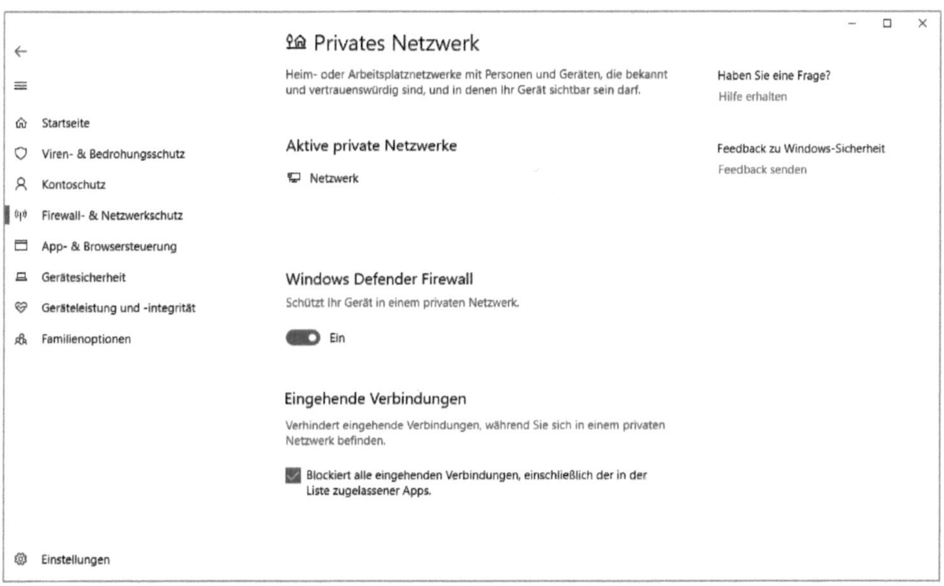

Ein Schalter blockiert alle eingehenden Verbindungen auf einmal. Viele Programme funktionieren dann logischerweise nicht mehr wie vorgesehen.

72 Die Firewall lässt ein Programm nicht zu

Normalerweise meldet sich die Windows-Firewall, wenn ein Programm zum ersten Mal eine Internetverbindung benötigt. Der Benutzer kann dieses Programm dann in der Firewall freischalten.

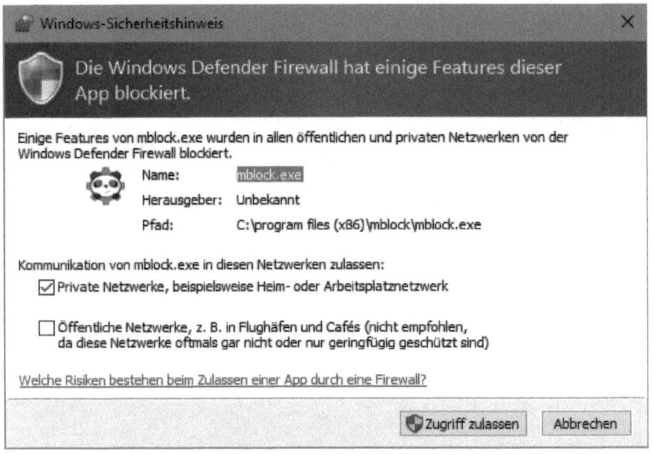

Üblicherweise erscheint diese Anfrage, wenn ein Programm erstmals durch die Firewall kommunizieren will.

Bei älteren und weniger bekannten Programmen, wie auch bei Kommandozeilentools, kommt es immer wieder vor, dass die Windows-Firewall den Kommunikationsversuch des Programms nicht erkennt und deshalb auch keine Anfrage stellt, den Zugriff zuzulassen. Das Programm bzw. zumindest dessen Internetverbindung funktioniert dann einfach nicht.

Ein freigegebenes Programm wird im Konfigurationsdialog der Firewall unter *Zugelassene Apps* eingetragen. Diese Liste erreichen Sie über den Link *Zugriff von App durch Firewall zulassen* im Windows Defender Security Center unter *Firewall- und Netzwerkschutz.*

Um etwas ändern zu können, müssen Sie zuerst auf *Einstellungen ändern* klicken. Mit der Schaltfläche *Andere App zulassen* werden Firewall-Regeln für weitere Programme hinzugefügt, ohne dass man diese Programme vorher starten muss. Diese Methode können Sie auch nutzen, wenn ein Programm nicht automatisch die Anfrage auf Zugriff durch die Firewall stellt.

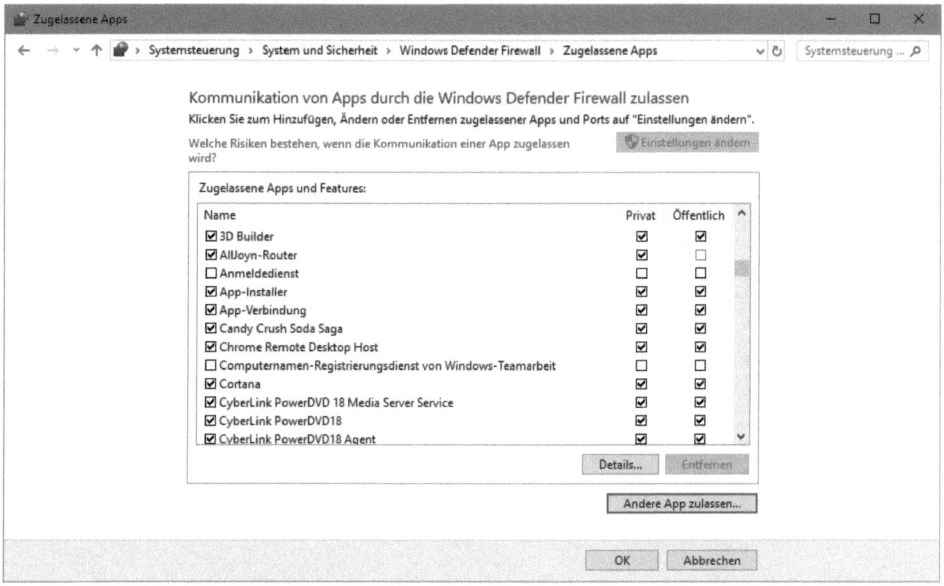

Firewall-Regeln für einzelne Programme festlegen

Deaktivieren Sie den Schalter ganz links vor einem Programm in der Liste, wird die betreffende Regel entfernt. Wenn dieses Programm wieder Daten aus dem Internet übertragen will, erscheint erneut die Abfrage der Firewall.

73 Die Firewall blockiert die Suche nach freigegebenen Laufwerken und Druckern

Wenn die Suche nach freigegebenen Laufwerken oder Druckern auf bestimmten Computern im Netzwerk nicht funktioniert, kann dies an einer Firewallregel auf den betroffenen Computern liegen.

1. Öffnen Sie auf dem Computer, der nicht durchsucht werden kann, das Windows Defender Security Center und klicken Sie dort unter *Firewall- und Netzwerkschutz* auf den Link *Erweiterte Einstellungen*.
2. Ältere, inkompatible Sicherheitstools von Drittherstellern legen unter *Eingehende Regeln* oft eine Regel *445 TCP IB_BLOCK* an, die den Port 445 blockiert, der für die Suche innerhalb von Netzwerken benötigt wird.
3. Markieren Sie diese Regel und deaktivieren Sie sie im Aktionen-Fenster rechts unten. Wenn danach alles wieder funktioniert, können Sie diese Regel auch ganz löschen.

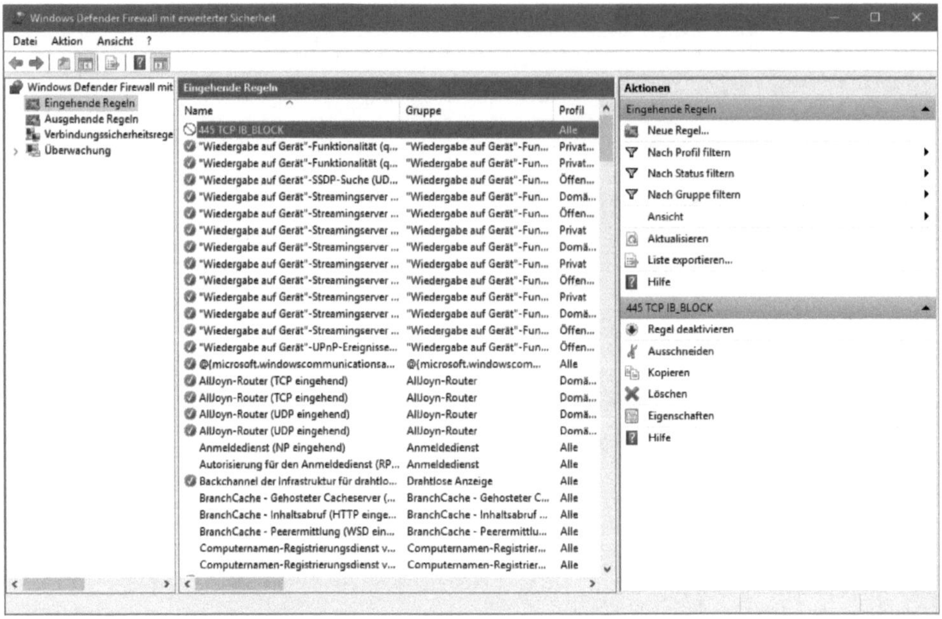

Diese Firewallregel blockiert die Suche nach Freigaben im Netzwerk.

74 Hintergrundaktivitäten verbrauchen zu viel Datenvolumen

Bei LTE-Anschlüssen als Festnetzersatz oder sehr preisgünstigen DSL-Anschlüssen sind Benutzer an eine Fair-Use-Vereinbarung oder sogar eine Drosselungsgrenze des Datenvolumens gebunden, die zwar deutlich über den Grenzen der Mobilfunktarife liegt, aber in manchen Fällen doch zuschlagen kann. In den Einstellungen unter *Netzwerk und Internet / Datennutzung* können Sie jetzt für jede - auch nicht getaktete - Netzwerkverbindung ein Datenlimit festlegen. Außerdem können die Hintergrundaktivitäten von Systemdiensten und Store-Apps begrenzt werden, allerdings nicht getrennt für einzelne Apps.

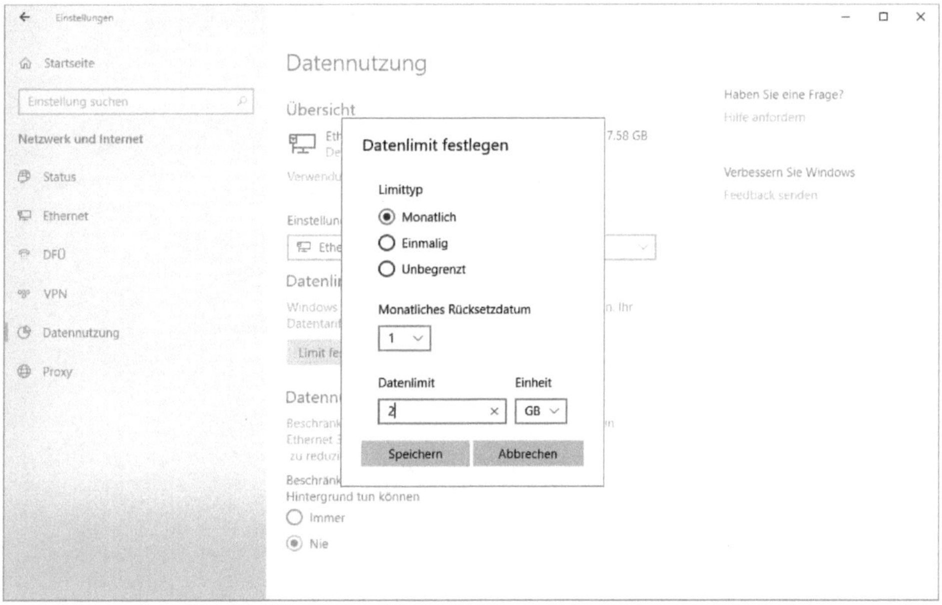

Datenlimit festlegen und Datennutzung im Hintergrund einschränken

75 Heimnetzgruppe kann nicht angelegt oder verbunden werden

Die ehemaligen Heimnetzgruppen aus Windows 7 werden seit dem April-Update 2018 von Windows 10 nicht mehr unterstützt. Bereits seit einem früheren Update können auf Windows 10 PCs keine Heimnetzgruppen mehr angelegt werden, man konnte aber noch einer vorhandenen Heimnetzgruppe beitreten.

Verwenden Sie für die Freigabe von Dateien OneDrive oder klassische Netzwerkfreigaben.

76 Medienstreaming funktioniert nicht

Wenn das Medienstreaming auf einem PC nicht funktioniert oder gar keine Streaminggeräte im Explorer angezeigt werden, ist das Medienstreaming in den meisten Fällen einfach nur deaktiviert.

1. Klicken Sie in der Systemsteuerung unter *Netzwerk und Internet / Netzwerk- und Freigabecenter* links auf *Erweiterte Freigabeeinstellungen ändern.*
2. Erweitern Sie im nächsten Fenster ganz unten den Bereich *Alle Netzwerke* und klicken Sie dort auf *Medienstreamingoptionen auswählen.*
3. Aktivieren Sie hier das Medienstreaming.

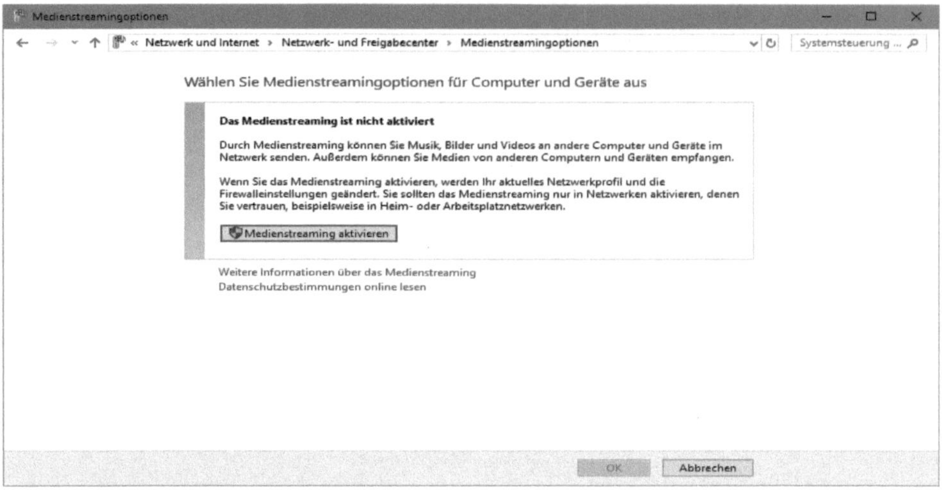

Medienstreaming aktivieren

❹ Im nächsten Fenster wählen Sie aus, welche Geräte im Netzwerk diesen PC als Streamingserver auswählen können und Medien empfangen dürfen.

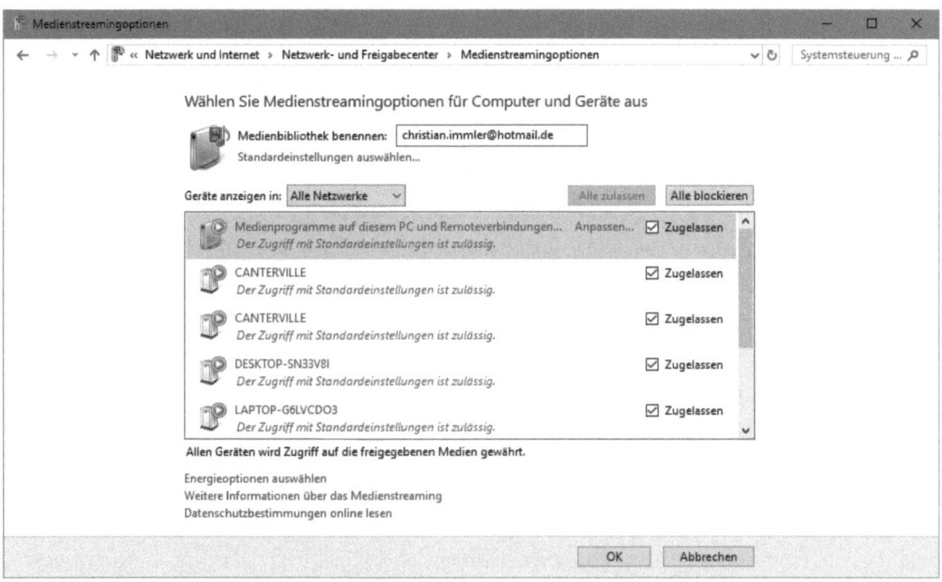

Geräte auswählen, die Streaming von diesem PC nutzen dürfen

77 Medienstreaming lässt sich nicht mehr abschalten

Einmal gestartet, bietet Windows 10 in der Systemsteuerung keinen Schalter, um das Medienstreaming wieder auszuschalten.

❶ Klicken Sie mit der rechten Maustaste auf das Windows-Logo und wählen Sie im Systemmenü *Computerverwaltung*.

❷ Navigieren Sie im linken Seitenfenster zu *Dienste und Anwendungen / Dienste*.

❸ Beenden Sie den Dienst *Windows Media Player Netzwerkfreigabedienst*. Damit wird das Medienstreaming abgeschaltet.

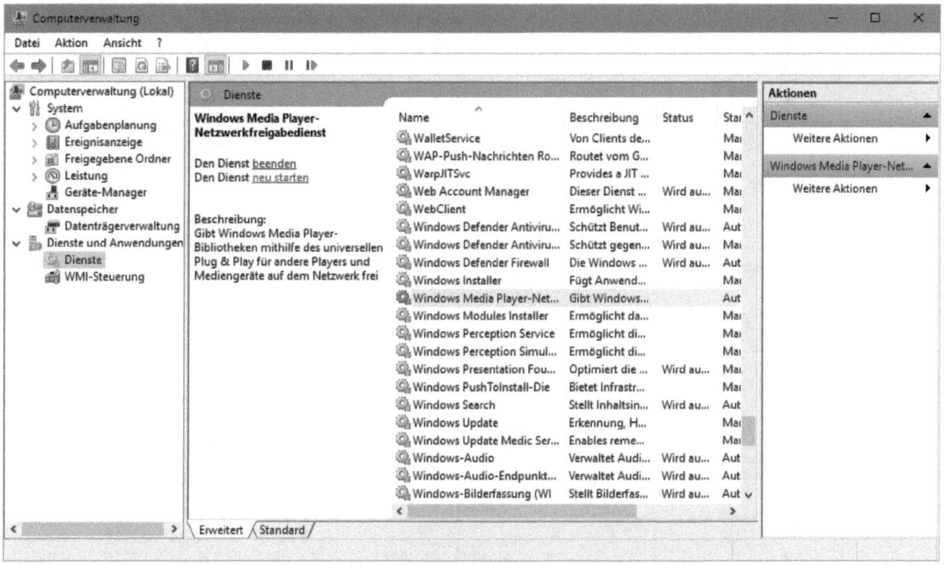

Windows Media Player Netzwerkfreigabedienst beenden, um Medienstreaming abzuschalten.

78 Aus der Ferne auf eine Datei auf dem eigenen PC zugreifen

Wenn Sie unterwegs Dateien von Ihrem PC brauchen, die im OneDrive-Ordner liegen, können Sie jederzeit direkt darauf zugreifen, da diese auch online bei OneDrive zur Verfügung stehen. Aber was ist, wenn Sie unbedingt eine Datei brauchen, die außerhalb des OneDrive-Ordners gespeichert ist?

OneDrive bietet eine Möglichkeit, auf beliebige andere Dateien des eigenen PCs zuzugreifen. Dazu ist allerdings eine spezielle Sicherheitsüberprüfung nötig und der PC muss natürlich eingeschaltet und online sein, da die Dateien sonst nicht in den Cloudspeicher von OneDrive übertragen werden.

❶ Schalten Sie jetzt in den Einstellungen von OneDrive den Schalter *OneDrive zum Abrufen meiner Dateien auf diesem PC verwenden* ein. In diesem Zustand braucht der Computer nur noch eingeschaltet zu sein und Sie können jetzt an einen beliebigen anderen Computer auf dieser Welt gehen.

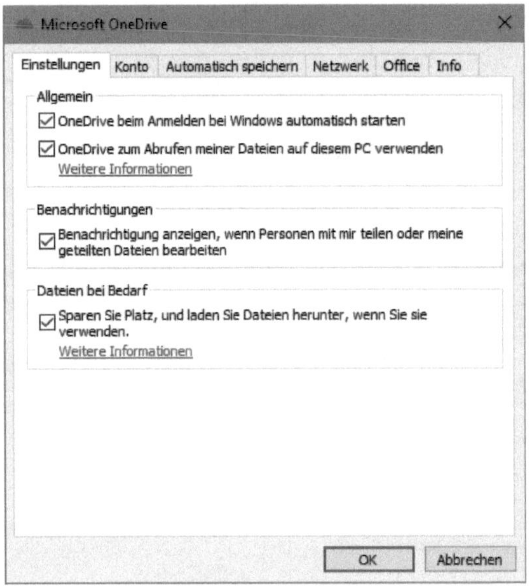

Fernzugriff über OneDrive einschalten

❷ Melden Sie sich dazu auf dem entfernten Computer im Browser bei *onedrive.com* mit Ihrem Microsoft-Konto an. Um den Fernzugriff nutzen zu können, muss aus Sicherheitsgründen im eigenen Microsoft-Konto eine zweite E-Mail-Adresse hinterlegt sein. Sollten Sie das nicht bereits gemacht haben, können Sie es jetzt in den Sicherheitseinstellungen nachholen. Am besten verwenden Sie dazu eine E-Mail-Adresse, die Sie unterwegs auf dem Handy abrufen können.

❸ Im linken Seitenbalken der eigenen OneDrive-Webseite finden Sie unter *PCs* alle Computer, auf denen OneDrive mit diesem Microsoft-Konto genutzt wird. Wählen Sie den Rechner aus, auf den Sie zugreifen wollen.

❹ In vielen Fällen wird bei der ersten Verbindung ein Link zur Sicherheitsbestätigung angezeigt. Beim Anklicken wird ein Sicherheitscode an die zweite E-Mail-Adresse geschickt. Dies ist eine zusätzliche Sicherheitsmaßnahme. Hierbei geht man davon aus, dass derjenige, der Zugang auch zur zweiten E-Mail-Adresse hat, eine berechtigte Person sein muss und sich den Zugang zum Microsoft-Konto nicht erschlichen haben kann. Auf diese Weise ist der Fernzugang auch dann sicher, wenn man an einem Computer ist, der sich automatisch mit einem Microsoft-Konto anmeldet.

❺ Geben Sie den per E-Mail erhaltenen Sicherheitscode in das Formularfeld ein. An dieser Stelle können Sie den verwendeten PC als vertrauenswürdig bestätigen, wenn Sie ihn häufiger nutzen und nicht jedes Mal einen Sicherheitscode eingeben möchten.

❻ Im Browser erscheint jetzt anstelle Ihres OneDrive-Ordners eine Übersicht der Bibliotheken und Laufwerke auf dem entfernten PC. Hier können Sie jede Datei finden und auf die lokale Festplatte herunterladen oder auf Ihr persönliches OneDrive kopieren. Dateien auf dem fremden PC zu verändern, ist allerdings nicht möglich.

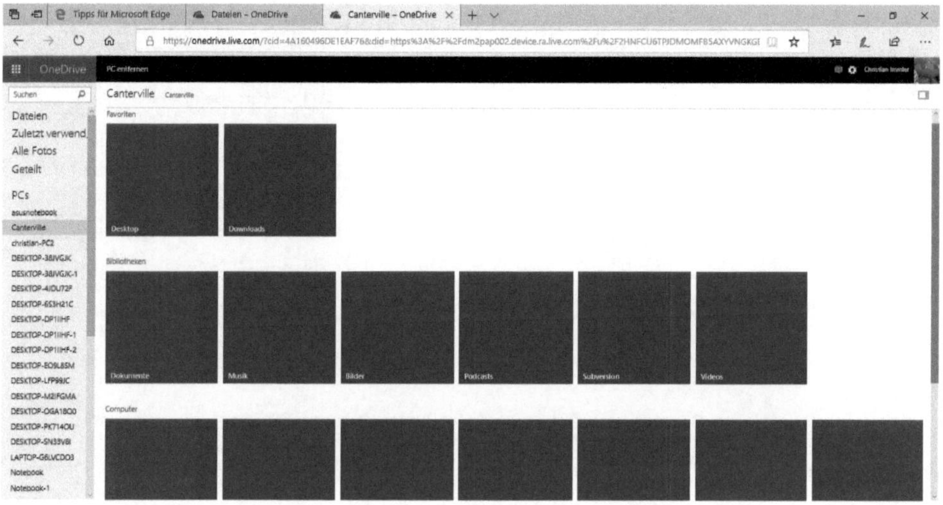

Übersicht über die Bibliotheken und Laufwerke auf dem entfernten PC

79 Freunden per Fernsteuerung helfen

Wenn man sich auch nur ein bisschen besser mit Windows auskennt als andere, wird man immer wieder um Hilfe gefragt. Am Telefon ist das oft problematisch, weil man nicht sieht, was der andere gerade vor sich auf dem Bildschirm hat, und weil man auch die genaue Bezeichnung der diversen Menüpunkte und Optionen nicht immer parat hat. Zur interaktiven Hilfe für einen anderen Benutzer bietet Windows 10 die *Remotehilfe* an.

Gehen wir vom üblichen Szenario aus: Ein Benutzer, nennen wir ihn »Schüler«, braucht Hilfe an seinem PC und ruft deshalb den »Lehrer« an; dieser möchte über das lokale Netzwerk oder das Internet den PC des Schülers steuern. Nachdem sich beide telefonisch verständigt und ihre Computer eingeschaltet haben, gehen sie folgendermaßen vor:

Beide starten im Startmenü unter *Windows-Zubehör* das Programm *Remotehilfe*.

1. Der Schüler klickt auf *Unterstützung anfordern*, der Lehrer auf *Unterstützung gewähren*.

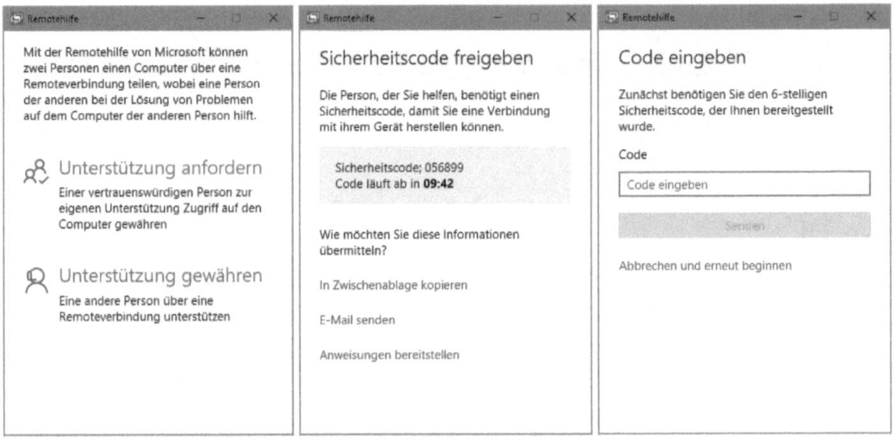

Die neue Remotehilfe in Windows10

❷ Der Lehrer bekommt einen Sicherheitscode angezeigt, der nur eine begrenzte Zeit gültig ist. Diesen Code teilt er jetzt dem Schüler mit, der ihn in der Remotehilfe eingeben muss.

❸ Jetzt braucht der Schüler nur noch auf *Zulassen* zu klicken, dann hat der Lehrer Zugriff auf den Computer des Schülers, der wiederum alle Aktionen auf dem Bildschirm mitverfolgen und auch jederzeit eingreifen kann.

Der Lehrer sieht den Bildschirm des Schülers ...

❹ Der Schüler kann mit den Symbolleisten am oberen Bildschirmrand jederzeit die Bildschirmfreigabe anhalten, wenn er z. B. eine E-Mail beantworten möchte, die der Lehrer nicht sehen soll. Der Lehrer sieht so lange einen schwarzen Bildschirm, die Verbindung bleibt aber bestehen.

❺ Der Lehrer kann mit den Symbolen am oberen Fensterrand den Computer des Schülers neu starten oder auch Kommentare auf dessen Bildschirm hinterlassen, um bestimmte Bildschirmobjekte zu zeigen.

... und kommentiert dort bestimmte Elemente.

Windows Updates

80 Update scheitert an voller Festplatte

Die großen halbjährlichen Windows Funktionsupdates lassen sich auf vielen PCs einfach deshalb nicht installieren, weil die Festplatte zu voll ist. Ein solches Funktionsupdate benötigt ca. 10 GB für den Download und das anschließende Entpacken. Besonders auf Tablets oder den neuen Mini-PCs mit kleinen SSD-Laufwerken wird der Platz schnell knapp. Schaffen Sie durch Löschen von Temporärdateien und nicht mehr benötigten Downloads Platz.

Seit dem April-Update 2018 bietet Windows 10 zusätzlich die Möglichkeit, die temporär zum Update benötigten Dateien auf einem externen Laufwerk abzulegen. Vorher sollte man aber auf jeden Fall möglichst viel Speicherplatz auf dem Systemlaufwerk *"C:"* freigeben.

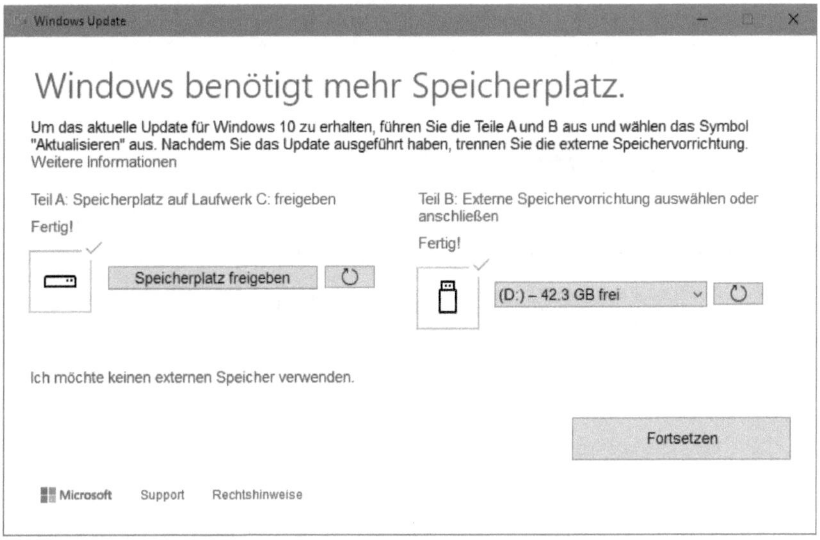

Temporäre Daten für ein Update auf ein externes Laufwerk verlagern

81 Automatische Neustarts nach Updates verhindern

Nach automatisch installierten Updates wird der PC in vielen Fällen auch automatisch neu gestartet, was sehr lästig sein kann, wenn man den PC gerade nutzen möchte.

In den Einstellungen unter *Update und Sicherheit / Windows Update* lassen sich Nutzungszeiten angeben, während denen der PC nicht automatisch neu gestartet wird. Allerdings darf die Nutzungszeit höchstens 18 Stunden pro Tag betragen. Es ist also nicht möglich, die automatischen Neustarts durch eine 24-Stunden-Nutzungzeit komplett zu unterbinden.

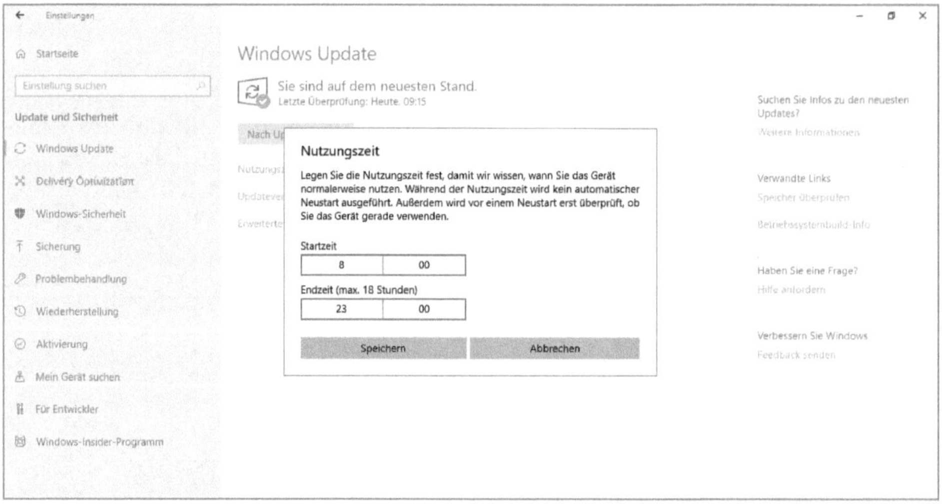

Nutzungszeit festlegen

82 Windows Update reparieren

Immer wieder kommt es vor, dass Windows keine Updates herunterladen kann oder heruntergeladene Updates nicht installiert werden können.

Windows bietet eigens für solche Fälle eine automatische Problembehandlung an. Wählen Sie dazu in den Einstellungen unter *Update und Sicherheit / Problembehandlung* die Option *Windows Update* und klicken Sie dann auf *Problembehandlung ausführen.*

Das Problembehandlungstool läuft weitgehend automatisch.

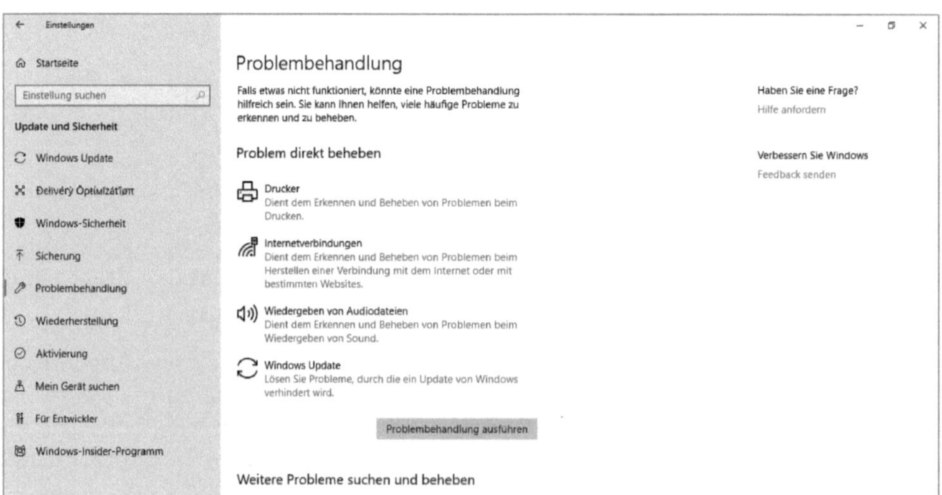

Die automatische Problembehandlung für Probleme beim Windows Update

83 Wenn die automatische Reparatur nicht funktioniert

Leider werden bei der automatischen Reparatur nicht immer alle Probleme gefunden. In manchen Fällen hilft der manuelle Weg über die Kommandozeile.

1. Klicken Sie mit der rechten Maustaste auf das Windows-Logo und starten Sie im Systemmenü die *Eingabeaufforderung (Administrator)*.
2. Geben Sie nacheinander folgende Befehle ein, um die Windows-Update-Dienste zu beenden:

```
net stop wuauserv
net stop cryptsvc
net stop bits
net stop msiserver
```

3. Benennen Sie jetzt zwei Ordner um, die Windows Update danach automatisch wieder neu anlegt:

```
ren C:\Windows\SoftwareDistribution SoftwareDistribution.old
ren C:\Windows\System32\catroot2 Catroot2.old
```

4. Starten Sie danach die Windows-Update-Dienste neu:

```
net start wuauserv
net start cryptsvc
net start bits
net start msiserver
```

5. Die umbenannten Ordner werden automatisch neu angelegt und die Updates heruntergeladen. Wenn alles funktioniert, können Sie die beiden **.old*-Ordner wieder löschen.

84 Updateprobleme durch Virtualisierung im BIOS

In einigen Fällen scheitert die Installation neuer Windows-Funktionsupdates. Die Installation scheint zunächst normal zu verlaufen, nach dem automatischen Neustart erscheint ein schwarzer Bildschirm mit Windows-Logo. Nach einiger Zeit erfolgt ein weiterer automatischer Neustart, der Windows wieder auf die vorherige Version zurücksetzt. Der Verlauf installierter Updates zeigt den Fehler *0xc1900101*. Oft sind nur zwei versteckte BIOS-Einstellungen für diesen Fehler verantwortlich: Setzen Sie im BIOS unter *CPU Features* die Option *Virtualization* auf *Disabled* und unter *Power Management* die Option *ACPI HPET* ebenfalls auf *Disabled*. Danach lässt sich das Update fehlerfrei installieren.

85 Unerwünschte Windows Updates zurücknehmen

Nicht immer bringen die Updates nur Gutes, es kommt auch immer wieder zu Problemen, die durch Updates bedingt sind. In solchen Fällen ist es oft die beste

Lösung, das problematische Update erst einmal zu deinstallieren und zu warten, bis Microsoft das Problem durch ein neues Update löst.

Klicken Sie in den Einstellungen unter *Update und Sicherheit / Windows Update* auf *Updateverlauf anzeigen* und auf der folgenden Seite auf *Updates deinstallieren*. Ein Fenster der klassischen Systemsteuerung listet alle Updates auf, die deinstalliert werden können.

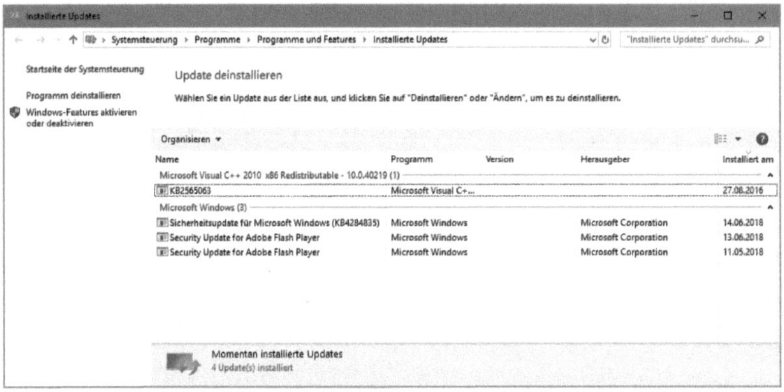

Die meisten Updates können über die klassische Systemsteuerung einzeln deinstalliert werden.

Microsoft gibt jedem Update eine Nummer, unter der es in der Microsoft-Supportdatenbank zu finden ist, wo auch mögliche Probleme mit dem Update aufgelistet sind. Die Nummern werden bei den installierten Updates im Updateverlauf angezeigt. Zur genauen Beschreibung kommen Sie über die Microsoft-Seite *support.microsoft.com/de-de/help/xxxxxx* – ersetzen Sie dabei das *xxxxxx* durch die jeweilige Nummer des Updates. In Windows 10 gibt es erstmals eine anklickbare Verknüpfung zur Supportdatenbank. Klicken Sie im Updateverlauf auf die Links bei den einzelnen Updates.

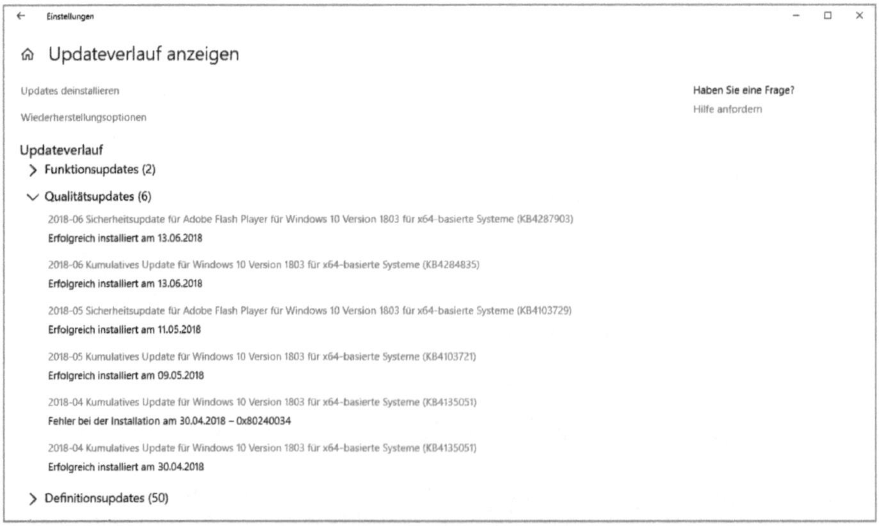

Die Namen der Updates im Updateverlauf sind Links auf ...

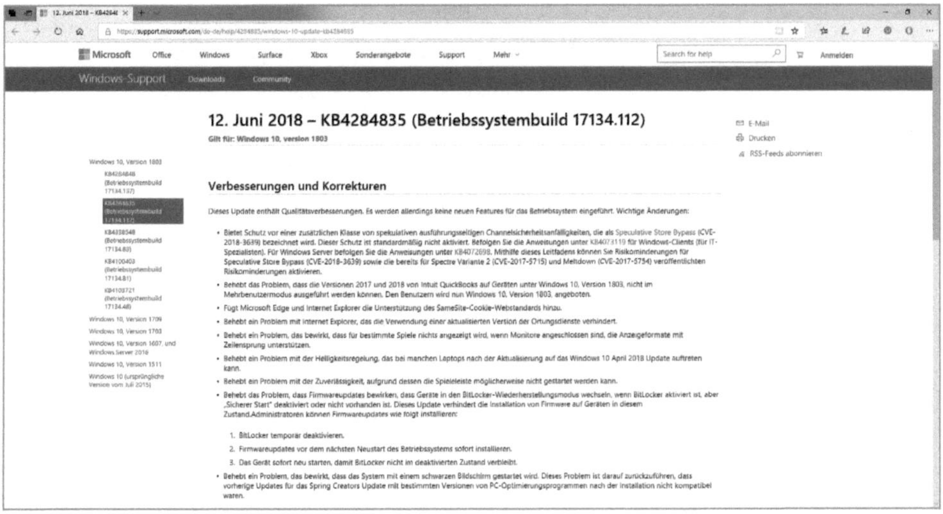

… weitere Informationen in der Supportdatenbank.

86 Fehlerhafte Updates per Systemwiederherstellung zurücknehmen

Bei vielen schwer erklärbaren Fehlern ist es die einfachste Lösung, den Systemstatus vom Tag zuvor wiederherzustellen. Auch diverse Windows Updates und Gerätetreiber lassen sich nicht sauber deinstallieren. Spult man aber sozusagen die Zeit zurück vor den Zeitpunkt der Treiberinstallation, sollte alles wieder laufen.

Windows 10 enthält ein Programm zur Systemwiederherstellung. Damit lässt sich das System auf einen früheren Zeitpunkt zurücksetzen – vorausgesetzt, dieser wurde damals gespeichert, denn der Computerschutz ist standardmäßig inaktiv. Die Systemwiederherstellung betrifft nur Systemeinstellungen. Eigene Dateien, die in der Zwischenzeit angelegt oder gelöscht wurden, werden nicht verändert.

Wählen Sie in der Systemsteuerung *System und Sicherheit / System* oder drücken Sie einfach die Tastenkombination [Win] + [Pause]. Starten Sie das Programm zur Systemwiederherstellung über den Link *Computerschutz* oben links. Klicken Sie im nächsten Dialogfeld auf *Systemwiederherstellung*.

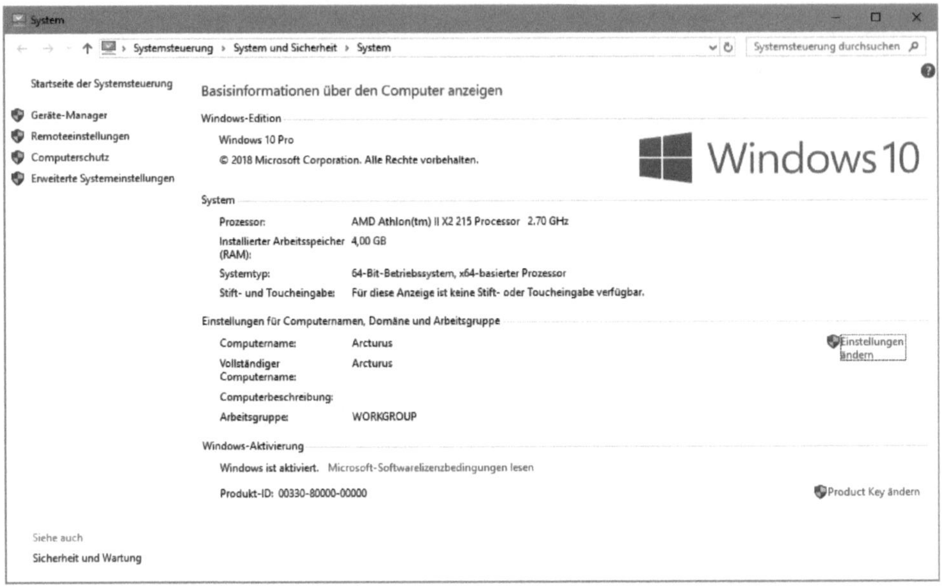

Das Programm zur Systemwiederherstellung ist etwas versteckt in der Systemsteuerung zu finden.

Sollte der Computerschutz deaktiviert sein, markieren Sie im Dialogfeld das Systemlaufwerk *C:* und klicken auf *Konfigurieren*. Aktivieren Sie hier den Computerschutz. Außerdem können Sie festlegen, wie viel Speicherplatz maximal für die Systemwiederherstellungspunkte belegt werden darf, bevor der älteste automatisch gelöscht wird.

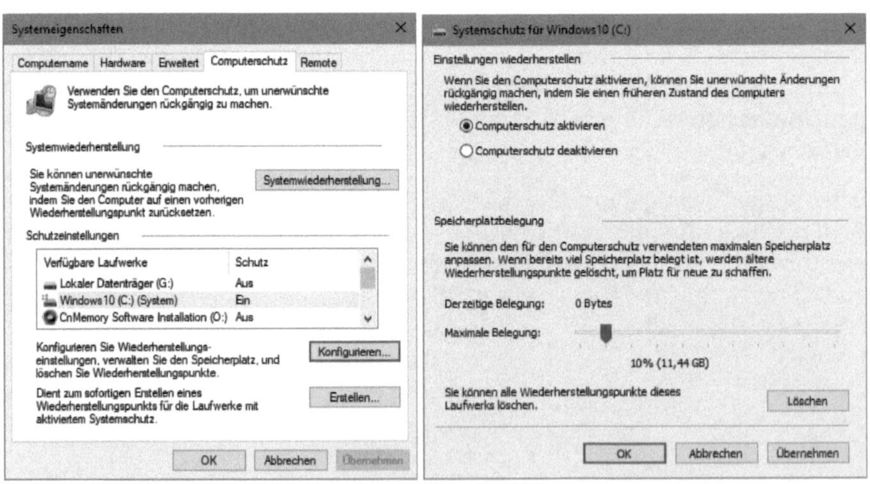

Im Dialogfeld *Computerschutz* wird die Systemwiederherstellung konfiguriert. Hier können auch Systemwiederherstellungspunkte angelegt werden.

Legen Sie anschließend über den Button *Erstellen* den ersten Systemwiederherstellungspunkt manuell an. Später legt Windows bei größeren Updates und Treiberinstallationen automatisch Systemwiederherstellungspunkte an, wenn der Computerschutz einmal aktiviert wurde. Möchten Sie sich darauf nicht verlassen und lieber auf Nummer sicher gehen, legen Sie vor sicherheitskritischen Installationen über das Dialogfeld *Computerschutz* eigene Wiederherstellungspunkte an.

Um das System auf einen früheren Zeitpunkt zurückzusetzen, starten Sie die Systemwiederherstellung. Hier wird der letzte Systemwiederherstellungspunkt für die Wiederherstellung empfohlen. Wenn Sie die Option *Anderen Wiederherstellungspunkt auswählen* markieren, können Sie das System auch auf einen früheren Wiederherstellungspunkt zurücksetzen. Der Button *Nach betroffenen Programmen suchen* zeigt an, welche Programme und Treiber seit dem ausgewählten Wiederherstellungspunkt neu installiert wurden. Diese gehen bei der Wiederherstellung des Computerzustands auf diesen Zeitpunkt verloren.

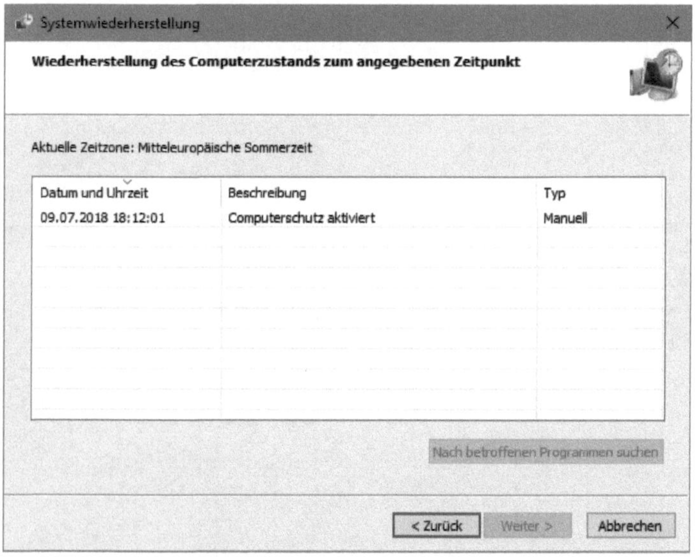

Bei Problemen stellen Sie einfach einen der früheren Systemzustände wieder her.

Nach einer Warnmeldung wird der Computer heruntergefahren und mit den alten, wiederhergestellten Systemeinstellungen neu gestartet, was etwas länger dauert als ein normaler Neustart. Sollte die Systemwiederherstellung nicht zum gewünschten Ergebnis führen, können Sie die letzte Wiederherstellung natürlich wieder zurücknehmen. Windows legt auch dazu einen speziellen Wiederherstellungspunkt an.

87 Automatische Updates deaktivieren

Windows 10 bietet in den Einstellungen keine Möglichkeit mehr, auf automatische Updates komplett zu verzichten. Man kann sich nur noch zur Planung eines Neustarts benachrichtigen lassen und Upgrades – also im Vergleich zu Updates größere Versionssprünge mit zeitaufwendiger Neuinstallation großer Teile des Betriebssystems – auf einen späteren Zeitpunkt aufschieben.

Ein Trick macht es dennoch möglich, alle automatischen Updates zu unterbinden – damit verzichten Sie aber auch auf sicherheitsrelevante Patches.

Die Windows Updates werden über einen Systemdienst gesucht und heruntergeladen. Ist dieser Dienst deaktiviert, gibt es auch keine Updates mehr. Klicken Sie mit der rechten Maustaste auf das Windows-Logo in der Taskleiste oder drücken Sie die Tastenkombination [Win] + [X] und wählen Sie im Systemmenü *Computerverwaltung*. Wählen Sie hier im linken Teilfenster ganz unten unter *Dienste und Anwendungen* die Option *Dienste*. Klicken Sie in der Liste der Dienste doppelt auf *Windows Update* und wählen Sie bei *Starttyp* die Option *Deaktiviert*. Bestätigen Sie mit *OK*.

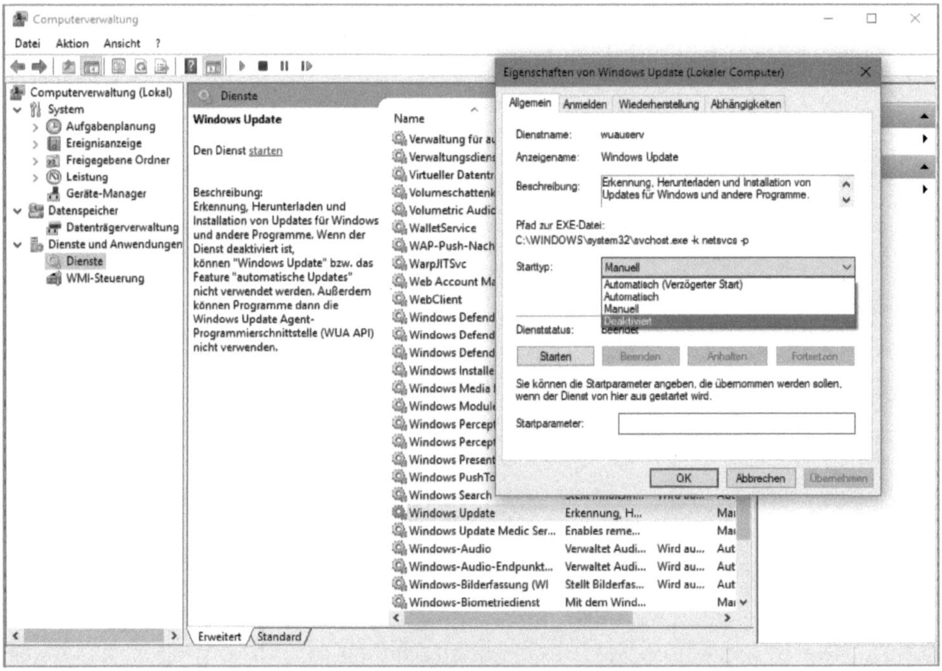

Ist der Dienst Windows Update deaktiviert, werden keine Updates mehr heruntergeladen.

Nach dem nächsten Neustart werden keine Updates mehr gesucht und heruntergeladen. Sie können auch manuell so lange nicht mehr nach Updates suchen, bis Sie diese Einstellung wieder rückgängig machen.

88 Das Reset Windows Update Tool für harte Problemfälle

Microsoft hat im Laufe der Zeit diverse Tools, Registry-Hacks und Kommandozeilentipps in der Windows-Supportdatenbank gesammelt und in einem Skript übersichtlich zusammengefasst (siehe Download-Tipps, Seite 6). In einem einfachen Textmenü findet man Tools zum Zurücksetzen der Update-Komponenten, zum Löschen temporärer Dateien, zur Registrybereinigung, wie auch zur Überprüfung geschützter Systemdateien. Das Skript lädt passende Tools in aktueller Version herunter und führt sie aus.

Das Reset Windows Update Tool braucht Adminrechte. Virenscanner außer dem Windows Defender sollten ausgeschaltet werden, da Sicherheitssoftware von Drittherstellern die sehr systemnahen Zugriffe oft blockiert und die Skripte auf vermeintliche Fehler falsch reagieren, obwohl es sich um keine Fehler des Updatesystems, sondern nur um Fehlreaktionen des Virenscanners handelt.

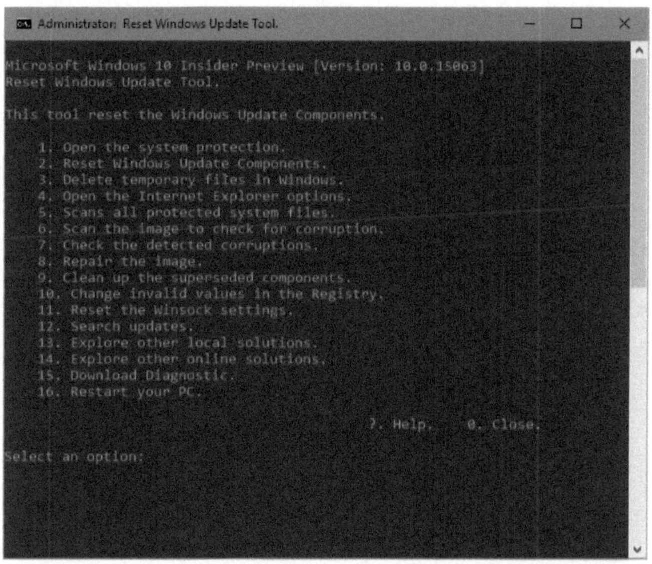

Ein Skript von Microsoft hilft bei schwierigen Updateproblemen.

89 Der offizielle Lösungstipp bei Windows-Update-Problemen

Immer wieder kommt es vor, dass Windows 10 keine Updates herunterladen kann oder heruntergeladene Updates nicht installiert werden können. Microsoft empfiehlt in solchen Fällen als ersten Lösungsansatz, 10 bis 15 Minuten zu warten, Windows Update neu zu starten und wieder auf *Nach Updates suchen* zu klicken. So unwahrscheinlich diese Lösung klingt, in einigen Fällen hilft sie tatsächlich.

Benutzeroberfläche

90 Explorer stürzt ab, Taskleiste verschwindet

Bei einigen Windows-10-Nutzern häufen sich Explorer-Abstürze nach dem Speichern von Dateien, besonders aus älteren Programmen heraus. Nach so einem Absturz verschwinden die Symbole auf der Taskleiste, und alle Windows-Fenster, die auf den Explorer zugreifen, lassen sich nicht mehr bedienen.

Mit einem Schalter lassen sich zwar die Ursachen dieser Abstürze nicht beheben, der Explorer lässt sich aber automatisch sofort wieder neu starten.

Klicken Sie im Explorer oben links auf *Datei* und dann auf *Ordner- und Suchoptionen ändern*. Schalten Sie dann auf der Registerkarte *Ansicht* den Schalter *Ordnerfenster in einem eigenen Prozess starten* ein. Starten Sie danach den PC neu.

Dieser Schalter löst das Problem der verschwundenen Taskleistensymbole.

91 Eingabeaufforderung starten, wenn die Benutzeroberfläche nicht mehr reagiert

Viele Windows-Probleme lassen sich mit Kommandozeilentools lösen. Wenn allerdings das Startmenü nicht mehr funktioniert, kann darüber kein Eingabeaufforderungsfenster geöffnet werden.

1. Versuchen Sie, mit der Tastenkombination `Win` + `R` das Dialogfeld *Ausführen* zu öffnen, und geben Sie dort `cmd` ein.
2. Bei einem Absturz des Explorer-Prozesses wird sich auch dieses Fenster nicht öffnen lassen. Drücken Sie in diesem Fall die Tastenkombination `Strg` + `Alt` + `Entf`. Nun erscheint ein blauer Bildschirm mit einem einfachen Auswahlmenü.

Starten Sie den Task-Manager, wählen Sie im Menü *Datei / Neuen Task ausführen* und geben Sie dort `cmd` ein.

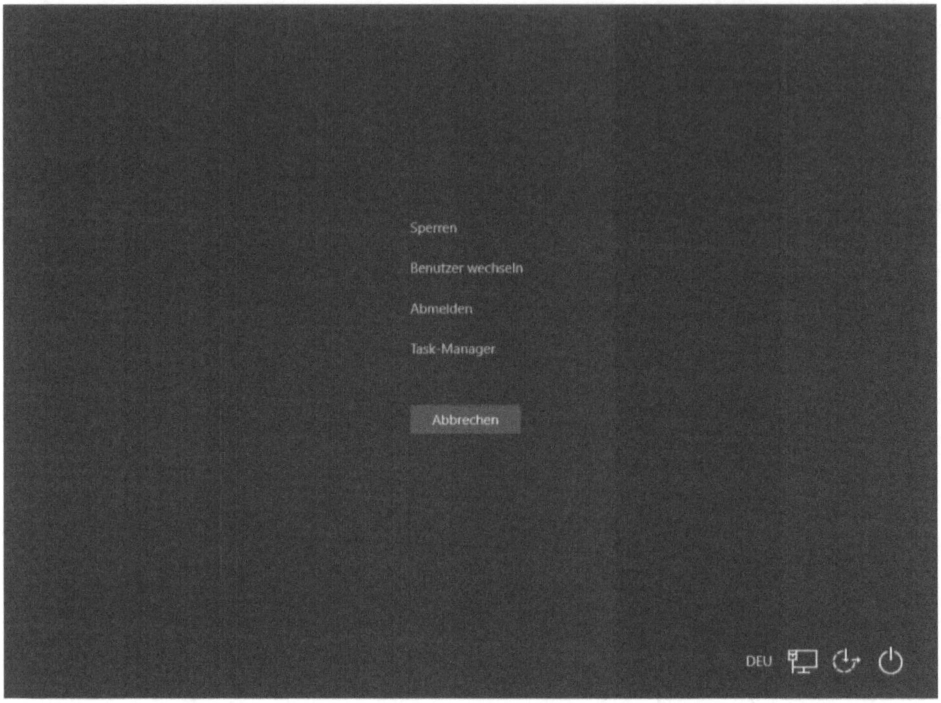

Das Menü beim Drücken von [Strg] + [Alt] + [Entf]

92 Explorer-Fenster lassen sich nicht mehr bedienen

Lassen sich Explorer-Fenster oder andere Elemente der Benutzeroberfläche nicht mehr bedienen, starten Sie den Explorer-Prozess manuell neu.

1. Öffnen Sie dazu mit einem Rechtsklick auf die Taskleiste den Task-Manager und schalten Sie dort auf *Mehr Details* um.

2. Klicken Sie unter *Windows-Prozesse* mit der rechten Maustaste auf den Prozess *Windows Explorer*. Wählen Sie hier im Kontextmenü *Neu starten*.

Auch einige Registry-Tipps, die die Benutzeroberfläche verändern, wirken erst nach einem Neustart des Explorer-Prozesses.

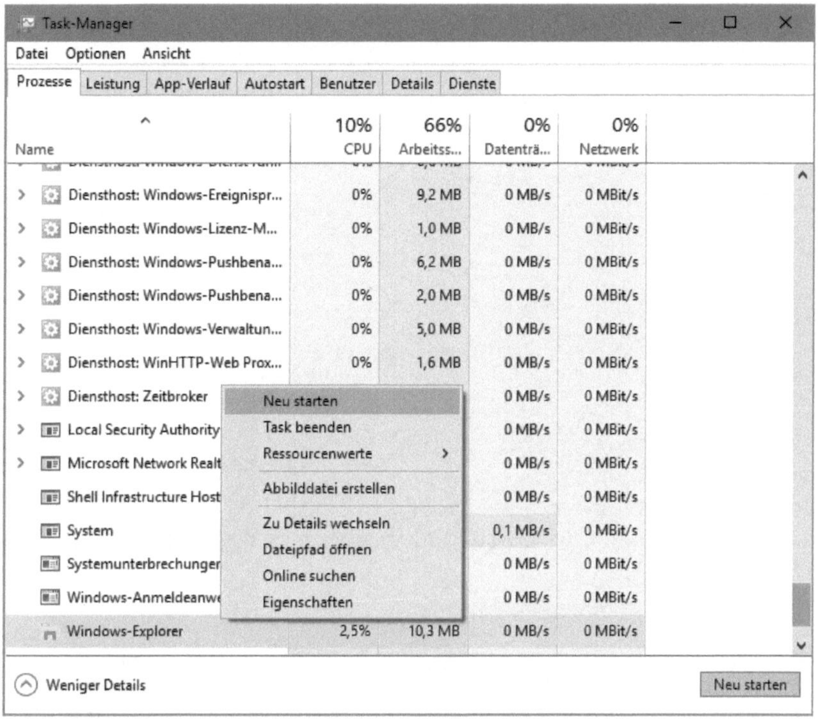

Explorer-Prozess im Task-Manager neu starten

93 Startmenü öffnet sich nicht

Ein ärgerliches und nicht einmal seltenes Problem betrifft das Startmenü von Windows 10 – oftmals öffnet es sich einfach nicht mehr.

Dieses Problem lässt sich mit einem PowerShell-Skript lösen, allerdings kann die PowerShell im Fehlerfall auch nicht mehr über das Startmenü aufgerufen werden.

Öffnen Sie ein Explorer-Fenster und wechseln Sie in ein beliebiges Verzeichnis. Klicken Sie dann oben links auf *Datei* und wählen Sie *Windows PowerShell öffnen / Windows PowerShell als Administrator öffnen*. Danach müssen Sie eine Abfrage der Benutzerkontensteuerung bestätigen.

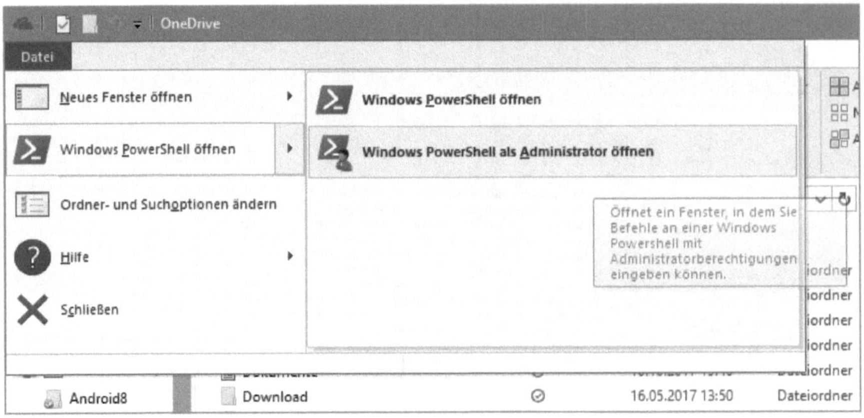

PowerShell als Administrator starten

Geben Sie jetzt im PowerShell-Fenster folgende Befehlszeile (alles in einer Zeile, ohne Zeilenumbrüche) ein, um die beschädigten Pakete zu reparieren, die diesen Fehler verursachen:

```
get-appxpackage -all *shellexperience* -packagetype bundle |%
{add-appxpackage -register -disabledevelopmentmode ($_.installlocation +
"\appxmetadata\appxbundlemanifest.xml")}
```

Das PowerShell-Skript wird in wenigen Sekunden abgearbeitet. Starten Sie danach Windows neu.

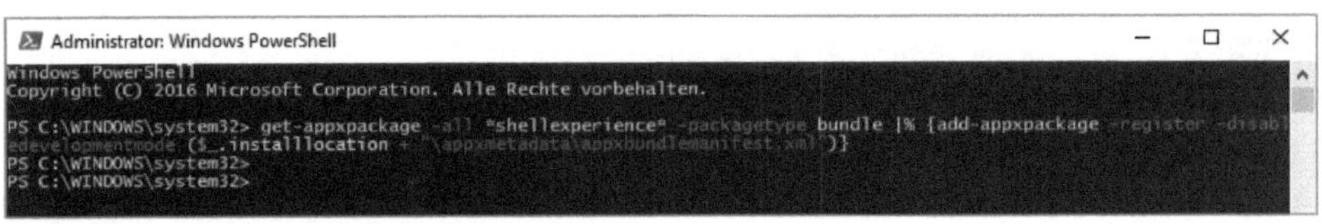

Ein PowerShell-Skript repariert Probleme mit dem Startmenü.

94 Taskleiste verschwunden

Fehlt die Taskleiste auf dem Bildschirm, fahren Sie mit der Maus an den unteren Bildschirmrand, dann sollte sie wieder auftauchen. Ist dies nicht der Fall, fahren Sie mit der Maus an einen der anderen drei Bildschirmränder. An einem von ihnen wird die Taskleiste nun eingeblendet.

Klicken Sie mit der rechten Maustaste auf die Taskleiste und wählen Sie im Kontextmenü *Taskleisteneinstellungen*.

Schalten Sie im nächsten Dialogfeld die beiden Schalter *Taskleiste im Desktopmodus automatisch ausblenden* und *Taskleiste im Tablet-Modus automatisch ausblenden* aus.

Im Listenfeld *Position der Taskleiste auf dem Bildschirm* wählen Sie, an welchem Bildschirmrand die Taskleiste eingeblendet werden soll. Üblicherweise ist das in Windows der untere Rand.

Einstellungen der Taskleiste auf dem Bildschirm

95 Taskleistensymbole sind verschwunden

Schaltet ein sogenanntes 2-in-1-Gerät, ein Tablet mit ansteckbarer Tastatur, ein Microsoft Surface oder ein anderes Touchscreen-Notebook in den Tablet-Modus, verschwinden häufig die App-Symbole in der Taskleiste.

Da man diese aber auch auf Tablets gut gebrauchen kann, schalten Sie sie am besten über das Kontextmenü mit einem Rechtsklick auf die Taskleiste wieder ein.

App-Symbole im Tablet-Modus einschalten

96 Taskleiste im Windows-XP-Stil

Windows 10 zeigt keine Beschriftungen auf den Symbolen laufender Programme in der Taskleiste. Hat ein Programm, wie z. B. der Explorer, mehrere Fenster geöffnet, ist dies auf der Taskleiste schwer zu erkennen.

Um die Taskleiste von Windows 10 im Stil von Windows XP darzustellen, klicken Sie mit der rechten Maustaste auf die Taskleiste und wählen im Kontextmenü *Taskleisteneinstellungen*. Wählen Sie im Listenfeld *Schaltflächen der Taskleiste gruppieren* die Option *Wenn die Taskleiste voll ist*. Schalten Sie auch noch den Schalter *Kleine Schaltflächen der Taskleiste verwenden* ein, um die schmale Taskleiste aus Windows XP zurückzubekommen.

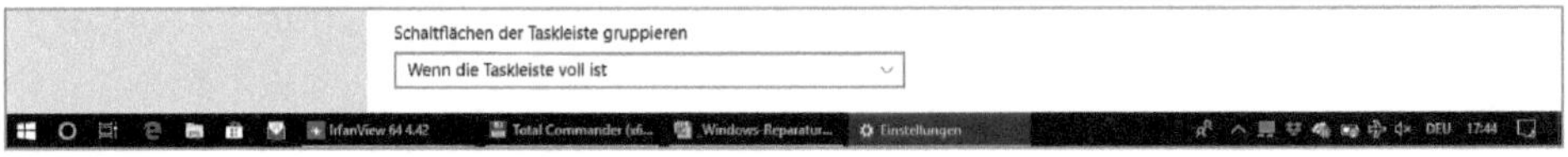

Taskleiste von Windows 10 im Windows-XP-Stil

97 Kontextmenüs von Startmenü und Taskleiste sind beschädigt

Tuningtools oder andere Oberflächen, die Windows 10 im Design von Windows 7 oder gar XP erscheinen lassen sollen, beschädigen häufig die Kontextmenüs im Startmenü und auf der Taskleiste. Selbst nach einer Deinstallation dieser Tools können Menüpunkte wie zum Beispiel *An Taskleiste anheften* in den Kontextmenüs fehlen.

In den meisten Fällen hilft es, die von den Tuningtools angelegten Registry-Parameter zu löschen.

1. Entfernen Sie, falls vorhanden, im Registry-Schlüssel

   `HKEY_CURRENT_USER\SOFTWARE\Microsoft\Windows\CurrentVersion\Policies\Explorer`

   folgende Parameter:

```
LockTaskbar
NoAutoTrayNotify
NoCloseDragDropBands
NoTaskGrouping
NoToolbarsOnTaskbar
NoTrayContextMenu
NoTrayItemsDisplay
TaskbarLockAll
TaskbarNoAddRemoveToolbar
TaskbarNoRedock
TaskbarNoResize
TaskbarNoNotification
```

2. Entfernen Sie, falls vorhanden, die gleichen Parameter auch im Registry-Schlüssel `HKEY_LOCAL_MACHINE\SOFTWARE\Microsoft\Windows\CurrentVersion\Policies\Explorer`

3. Entfernen Sie, falls vorhanden, im Registry-Schlüssel `HKEY_CURRENT_USER\SOFTWARE\Policies\Microsoft\Windows\Explorer` folgende Parameter:

```
DisableNotificationCenter
EnableLegacyBalloonNotifications
NoPinningStoreToTaskbar
NoSystraySystemPromotion
NoPinningToDestinations
TaskbarNoPinnedList
```

4. Entfernen Sie, falls vorhanden, die gleichen Parameter auch im Registry-Schlüssel `HKEY_LOCAL_MACHINE\SOFTWARE\Policies\Microsoft\Windows\Explorer`

Sie brauchen diesen Registry-Tipp nicht manuell einzugeben, Sie finden ihn in den Downloads zu diesem Buch auf *www.buch.cd*. Importieren Sie einfach die Datei *Kontextmenu.reg* per Doppelklick in die Registry.

98 Fenster nicht mehr erreichbar

Bei Veränderungen der Monitorkonfiguration oder auch bei Programmfehlern kann es vorkommen, dass ein Programm in einem Fenster startet, das außerhalb des Bildschirms liegt und deshalb nicht zu sehen ist. Man erkennt das gestartete Programm nur am Symbol in der Taskleiste.

Klicken Sie mit gedrückter `Umschalt`-Taste mit der rechten Maustaste auf das Taskleistensymbol des verschwundenen Fensters. Wählen Sie im Kontextmenü *Verschieben*. Drücken Sie jetzt die Pfeiltasten, um das Fenster wieder in den sichtbaren Bereich des Bildschirms zu bewegen. Im Zweifelsfall probieren Sie nacheinander verschiedene Pfeilrichtungen aus, wenn nicht zu erkennen ist, auf welcher Seite das Fenster verschwunden ist.

Kontextmenü eines Fensters in der Taskleiste

99 Fenster minimieren sich bei schnellen Mausbewegungen

Viel ist von der Aero-Oberfläche aus Windows 7 in Windows 10 nicht übrig geblieben. Eine noch vorhandene, unterhaltsame, aber nicht besonders wichtige Funktion ist Aero Shake. Greift man die Titelleiste des aktiven Fensters mit der Maus und schüttelt sie etwas hin und her, werden alle anderen Fenster automatisch minimiert, sodass nur noch dieses eine Fenster zu sehen bleibt. Der gleiche Effekt lässt sich noch einfacher mit der Tastenkombination `Win` + `Pos1` erzielen.

Wer oft hektisch mit der Maus auf dem Bildschirm unterwegs ist, löst Aero Shake häufig versehentlich aus. Um dies zu vermeiden, schalten Sie mit einem neuen Registry-Parameter diese Funktion einfach ab.

Legen Sie im Registry-Zweig:

```
HKEY_CURRENT_USER\Software\Policies\Microsoft\Windows
```

einen neuen Schlüssel mit Namen `Explorer` an. Legen Sie danach in diesem Schlüssel einen neuen DWORD-Parameter mit Namen `NoWindowMinimizingShortcuts` an und setzen Sie diesen auf den Wert `1`.

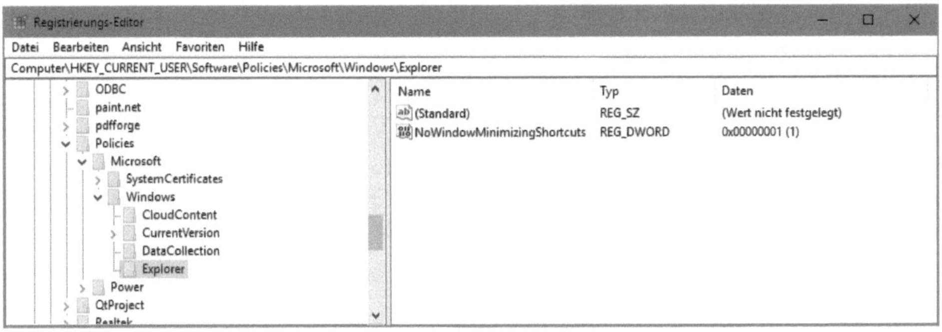

Dieser Registry-Wert schaltet Aero Shake ab.

Die Änderung wird wie viele Einstellungen dieser Art erst nach dem Neustart des Explorer-Prozesses im Task-Manager wirksam.

Sie brauchen diesen Registry-Tipp nicht manuell einzugeben, Sie finden ihn in den Downloads zu diesem Buch auf *www.buch.cd*. Importieren Sie einfach die Datei *NoWindowMinimizingShortcuts.reg* per Doppelklick in die Registry.

100 Fenster blenden sich bei bestimmten Mausbewegungen aus

Bleiben Sie mit der Maus am rechten Ende der Taskleiste stehen, werden die Fenster ausgeblendet und nur noch deren Ränder angezeigt. Dieser Effekt wird als *Aero Peek* bezeichnet. Der Desktop ist sichtbar, kann aber nicht genutzt werden. Eine Mausbewegung blendet die Fenster sofort wieder ein. Ein Klick an der gleichen Stelle schaltet die Fenster komplett aus und macht den Desktop voll nutzbar. Ein weiterer Klick stellt die Fenster wieder dar.

Wenn Sie diese Funktion beim Herumfahren mit der Maus stört, können Sie sie abschalten. Klicken Sie mit der rechten Maustaste auf die Taskleiste und wählen Sie im Kontextmenü *Taskleisteneinstellungen*. Schalten Sie den Schalter *»Aero Peek« für die Desktopvorschau verwenden...* aus und die Fenster bleiben bei Mausbewegungen in der unteren rechten Bildschirmecke auf dem Desktop stehen.

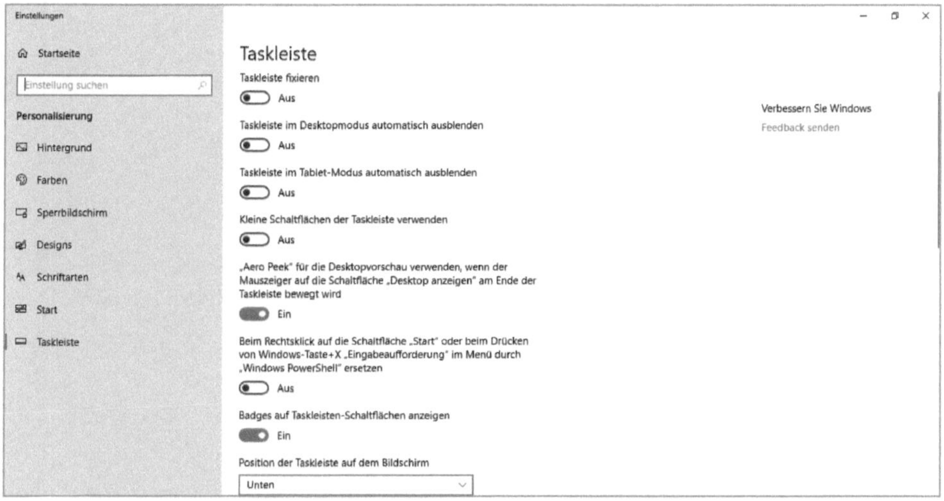

Die Einstellungen der Taskleiste

Ein Klick in der rechten unteren Bildschirmecke schaltet die Fenster übrigens komplett aus und macht den Desktop voll nutzbar. Ein weiterer Klick stellt die Fenster wieder dar.

101 Start-Button und Info-Center funktionieren nicht mehr

Die neue Einstellungen-App ist die Ursache für ein immer wieder auftretendes Problem unter Windows 10, bei dem der Start-Button wie auch das Symbol für das Info-Center komplett versagen. Geöffnete Windows-Fenster lassen sich dagegen weiter bedienen.

In diesem Fall ist ein abgestürztes Einstellungen-Fenster im Hintergrund weiter aktiv, aber vom Desktop verschwunden. Wechseln Sie mit der altbekannten Tastenkombination `Alt` + `Tab` zwischen den Fenstern zu den Einstellungen. Dieses Fenster wird dort weiterhin angezeigt. Schließen Sie jetzt das Einstellungen-Fenster, und alle Elemente der Taskleiste funktionieren wieder.

102 Info-Center überflutet mit unwichtigen Nachrichten

Nicht alle Meldungen, die Windows für wichtig erachtet, möchten Sie auch im Info-Center unbedingt sehen. In den Einstellungen unter *System / Benachrichtigun-*

gen und Aktionen finden Sie eine Liste *Benachrichtigungen dieser Absender abrufen*. Schalten Sie hier die Apps aus, von denen Sie keine Benachrichtigungen sehen möchten.

Klicken Sie auf eine App in dieser Liste, um einzustellen, welche Arten von Benachrichtigungen eine App anzeigen soll. Benachrichtigungsbanner sind Benachrichtigungen, die unten rechts auf dem Bildschirm erscheinen, bei Benachrichtigungen im Info-Center können Prioritäten gewählt werden, die angeben, wie weit oben in der Liste die Benachrichtigung zu sehen ist. Viele kostenlose Apps zeigen regelmäßig Werbebenachrichtigungen im Info-Center. Diese können Sie hier einfach abschalten.

Einstellungen für Benachrichtigungen im Info-Center

103 Benachrichtigungstöne abschalten

Zahlreiche Apps benachrichtigen bei Ereignissen den Benutzer über das Info-Center. Sind die PC-Lautsprecher eingeschaltet, ertönen dabei diverse Benachrichtigungstöne, die besonders bei denjenigen Apps sehr lästig sind, die sich oft melden. Dagegen möchten Sie vielleicht bei eingehenden E-Mails oder anstehenden Terminen die Benachrichtigung hören.

In den Einstellungen unter *System / Benachrichtigungen und Aktionen* sind alle Apps aufgelistet, die Benachrichtigungen im Info-Center anzeigen können.

Klicken Sie hier auf eine App, die in Zukunft zwar Benachrichtigungen anzeigen, aber keine Töne mehr abspielen soll, und schalten Sie auf dem nächsten Bildschirm den Schalter *Bei Eingang einer Benachrichtigung Sound wiedergeben* aus.

Sound für Benachrichtigungen einzelner Apps abschalten

104 Benachrichtigungen stören in Spielen und Präsentationen

Besonders lästig sind die Benachrichtigungen in Spielen und Präsentationen. Der neue Benachrichtigungsassistent im April-Update 2018 sorgt dafür, dass Sie in Ruhe arbeiten können und nicht ständig von Benachrichtigungen auf dem Bildschirm und akustischen Meldungen belästigt werden. In den Einstellungen unter *System / Benachrichtigungsassistent* werden drei Stufen zur Auswahl angeboten. Ist der Benachrichtigungsassistent aus, erscheinen alle Benachrichtigungen wie eingestellt. Im Modus *Nur mit Priorität* legen Sie eine Liste fest, welche Benachrichtigungen noch erscheinen dürfen und bei *Nur Alarme* können ausschließlich Alarme Benachrichtigungen einblenden und auch akustisch benachrichtigen. Alle ausgeblendeten Benachrichtigungen erscheinen nur noch im Info-Center ohne störende Unterbrechung auf dem Bildschirm und ohne Tonsignal.

Klicken Sie auf *Prioritätsliste anpassen*, um festzulegen, welche Nachrichten Priorität haben und auch bei eingeschaltetem Benachrichtigungsassistent benachrichtigen dürfen.

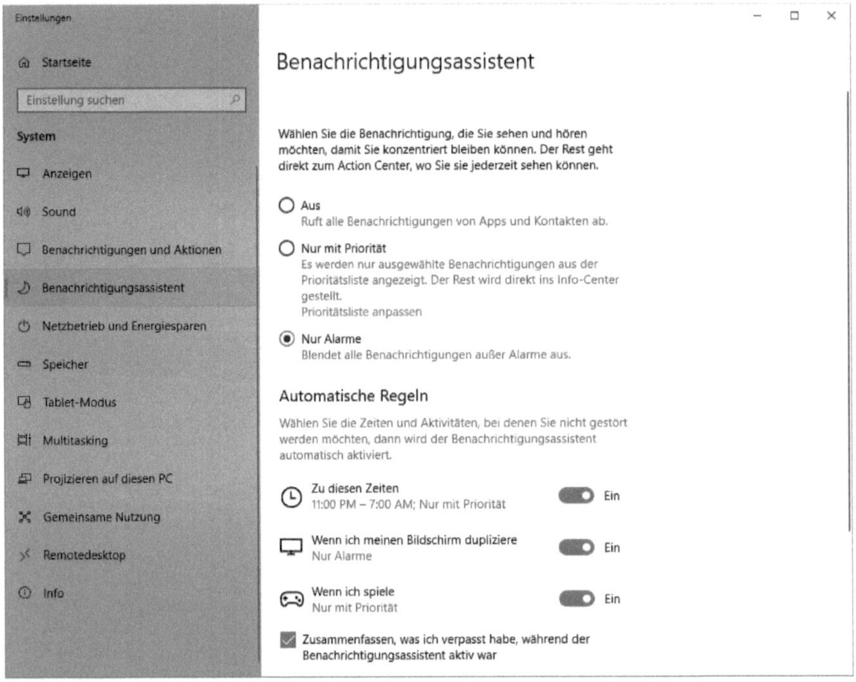

Der Benachrichtigungsassistent in den Einstellungen

Sie können auch eine Liste von Kontakten festlegen, die auch bei aktivem Benachrichtigungsassistent benachrichtigen dürfen. Dies gilt dann für alle Apps, die diese Funktion unterstützen, wie unter anderem E-Mail, Skype und die Telefon-App auf Geräten mit Mobilfunk. Die fixierten Kontakte auf der Taskleiste können automatisch als Priorität gesetzt werden, weitere Kontakte lassen sich über eine eigene Liste hinzufügen.

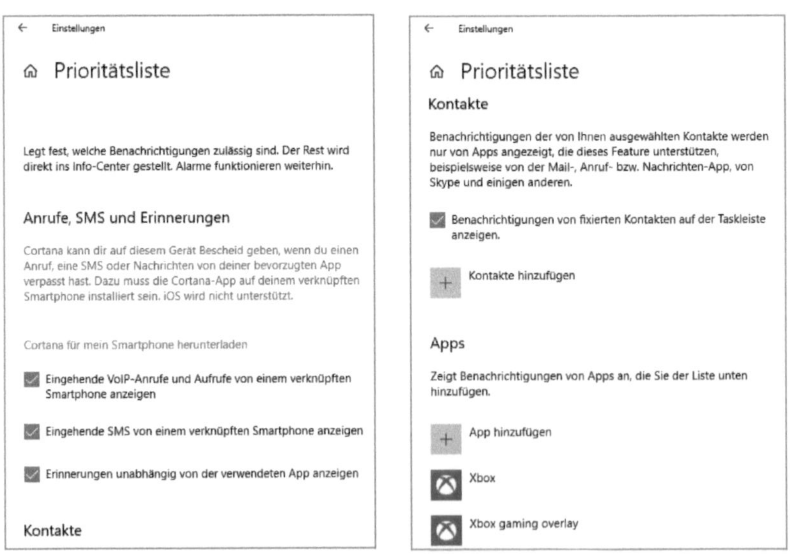

Prioritätsliste anpassen

In der Liste der Apps sind Spiele-Apps vordefiniert, die immer benachrichtigen dürfen. Dies ist wichtig, wenn Sie über eine automatische Regel den Benachrichtigungsassistenten während eines Spiels automatisch starten.

Über automatische Regeln legen Sie fest, wann Sie nicht gestört werden möchten:

❶ Die Regel *Zu diesen Zeiten* legt standardmäßig fest, dass in der Nacht nur Nachrichten mit Priorität benachrichtigen dürfen. Klicken Sie auf die Regel, um die Startzeit und Endzeit festzulegen sowie die sogenannte Fokusebene, ob Benachrichtigungen nur mit Priorität oder nur Alarme benachrichtigen dürfen.

❷ Die Regel *Wenn ich meinen Bildschirm dupliziere* schaltet den Benachrichtigungsassistenten aktiv, wenn ein Präsentationsbildschirm oder ein Beamer angeschlossen ist, um während einer Präsentation oder eines Films nicht unterbrochen zu werden.

❸ Die Regel *Wenn ich spiele* schaltet den Benachrichtigungsassistenten aktiv, während ein Spiel im Vollbildmodus läuft. Damit das Spiel selbst oder die Xbox-App benachrichtigen können, definieren Sie diese als Priorität.

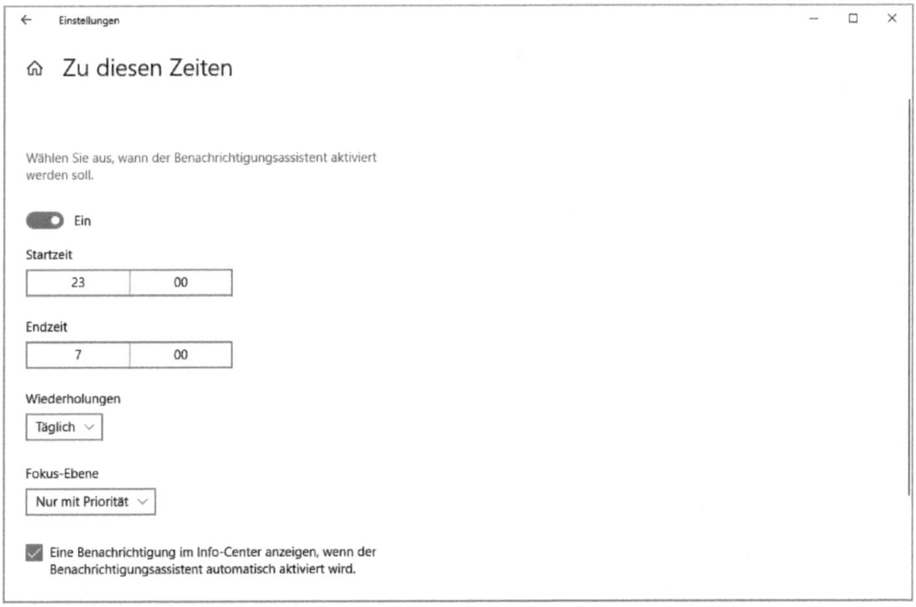

Regel für automatische Ruhezeiten von Benachrichtigungen

105 Office-Werbung im Info-Center und im Startmenü entfernen

Haben Sie kein aktuelles Microsoft Office installiert, blendet Microsoft im Startmenü eine Kachel und im Info-Center in regelmäßigen Abständen eine Werbenachricht ein, um Sie davon zu überzeugen, eine zeitlich begrenzte Office-Testversion zu installieren.

Klicken Sie mit der rechten Maustaste auf die Kachel *Mein Office* und wählen Sie im Kontextmenü *Von »Start« lösen*, um die Kachel loszuwerden.

Die Werbekachel für Microsoft Office entfernen

Schalten Sie in den Einstellungen unter *System / Benachrichtigungen und Aktionen* den Schalter bei *Mein Office* aus, um keine Office-Werbung mehr im Info-Center zu bekommen.

106 App-Werbung im Startmenü entfernen

Das Startmenü zeigt immer mal wieder Werbung für bestimmte Programme aus dem Microsoft Store an. Diese Werbung verwirrt, da sie auf den ersten Blick wie ein neu installiertes Programm aussieht.

Schalten Sie in den Einstellungen unter *Personalisierung / Start* den Schalter *Gelegentlich Vorschläge im Startmenü anzeigen* aus und diese Werbung verschwindet.

App-Werbung im Startmenü entfernen

107 Musik online kaufen im Kontextmenü entfernen

Das Kontextmenü des Musik-Ordners im Explorer von Windows 10 zeigt einen Menüpunkt *Musik online kaufen*, der ein Browserfenster mit dem Microsoft-Musik-Store öffnet. In Firmen oder auch, wenn Kinder Zugriff auf den Computer haben, ist dieser Menüpunkt nicht immer erwünscht. Seit Microsoft seinen Onlineshop für Musik eingestellt hat, ist dieser Menüpunkt ohnehin sinnlos geworden.

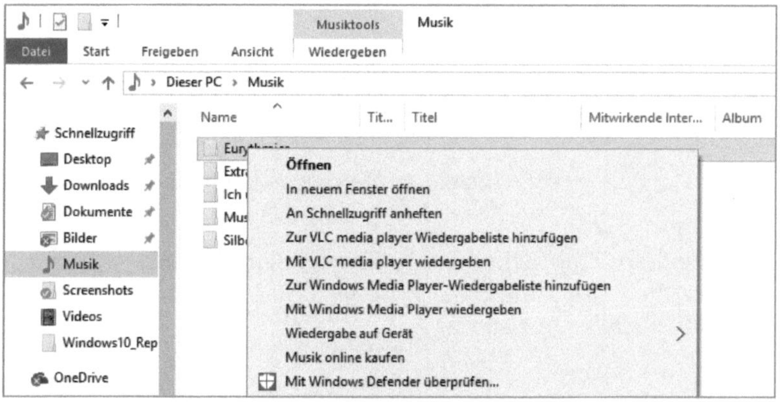

Menüpunkt *Musik online kaufen* im Kontextmenü

Um diesen Kontextmenüpunkt zu beseitigen, löschen Sie in der Registry unter

```
HKEY_CLASSES_ROOT\SystemFileAssociations\Directory.Audio\shellex\
ContextMenuHandlers
```

den Schlüssel `WMPShopMusic`. Danach verschwindet der Menüpunkt sofort, ohne dass ein Neustart nötig ist.

Sie brauchen diesen Registry-Tipp nicht manuell einzugeben, Sie finden ihn in den Downloads zu diesem Buch auf *www.buch.cd*. Importieren Sie einfach die Datei *WMPShopMusic.reg* per Doppelklick in die Registry.

108 Browse in Adobe Bridge im Kontextmenü entfernen

Hatten Sie irgendwann einmal ein Adobe-Produkt installiert, erscheint in vielen Kontextmenüs im Explorer der Menüpunkt *Browse in Adobe Bridge*. Dieser verschwindet leider nach der Deinstallation der Adobe-Software oft nicht mehr.

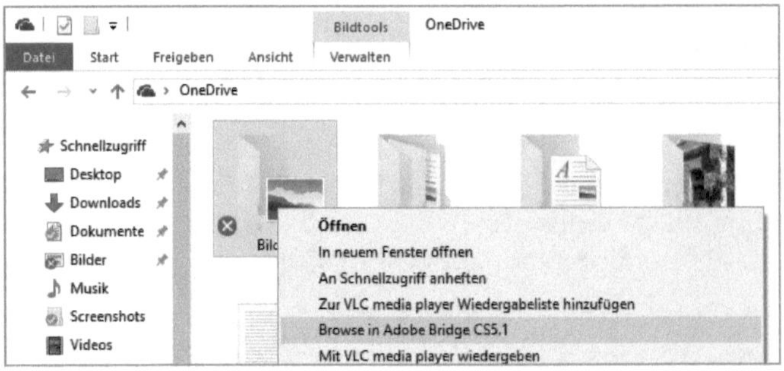

Der Kontextmenüpunkt *Browse in Adobe Bridge*

Um diesen Kontextmenüpunkt zu beseitigen, löschen Sie in der Registry unter

```
HKEY_CLASSES_ROOT\Directory\shell
```

den Schlüssel `Bridge`. Danach verschwindet der Menüpunkt sofort, ohne dass ein Neustart nötig ist.

Sie brauchen diesen Registry-Tipp nicht manuell einzugeben, Sie finden ihn in den Downloads zu diesem Buch bei *www.buch.cd*. Importieren Sie einfach die Datei *Bridge.reg* per Doppelklick in die Registry.

109 Überflüssige Kontextmenüpunkte beseitigen

Die Einträge für die Kontextmenüs der verschiedenen Dateitypen sind in der Registry nicht gerade leicht zu finden, da sie dort außer nach Dateiendungen auch nach Mime-Typen strukturiert sind.

Das kostenlose Tool *ShellMenuView* (siehe Download-Tipps, Seite 6) sorgt hier für mehr Übersicht. Das Programm liest alle statischen Kontextmenüeinträge, die auf dem Computer installiert sind, aus und stellt sie übersichtlich dar. Einige Shell-Erweiterungen erstellen zusätzlich noch dynamisch weitere Kontextmenüpunkte, die *ShellMenuView* nicht anzeigt.

Unerwünschte Kontextmenüpunkte lassen sich mit diesem Tool leicht deaktivieren oder auf erweiterten Modus setzen. Kontextmenüpunkte im erweiterten Modus erscheinen nur, wenn man während des Rechtsklicks die `Umschalt`-Taste gedrückt hält. Dazu wird im Registry-Schlüssel des jeweiligen Kontextmenüpunktes ein leerer `REG_SZ`-Wert mit Namen `Extended` hinzugefügt.

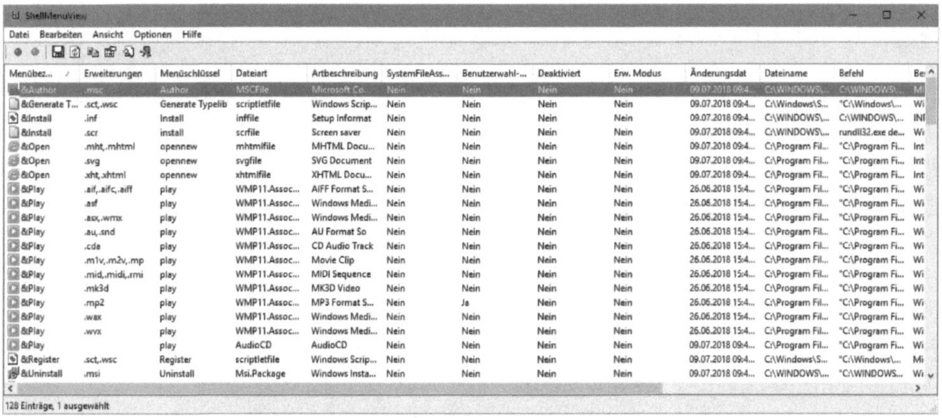

ShellMenuView zeigt die Kontextmenüeinträge aller Dateien

110 Ruhe vor Windows-Systemklängen, aber nicht vor Musik

Möchten Sie Ruhe vor allen Windows-Tönen, können Sie natürlich einfach die Lautsprecher abschalten – aber dann können Sie auch keine Musik mehr hören. Schalten Sie deshalb besser alle Windows-Töne auf einmal ab, indem Sie ein Soundschema ohne Töne wählen.

Klicken Sie dazu in den Einstellungen unter *Personalisierung / Designs* auf das Symbol *Sounds*. Wählen Sie im nächsten Fenster im Listenfeld *Soundschema* anstatt des vorgegebenen *Windows-Standard* das Soundschema *Keine Sounds*. Bestätigen Sie mit *OK* und Sie haben Ruhe vor allen Windows-Systemklängen.

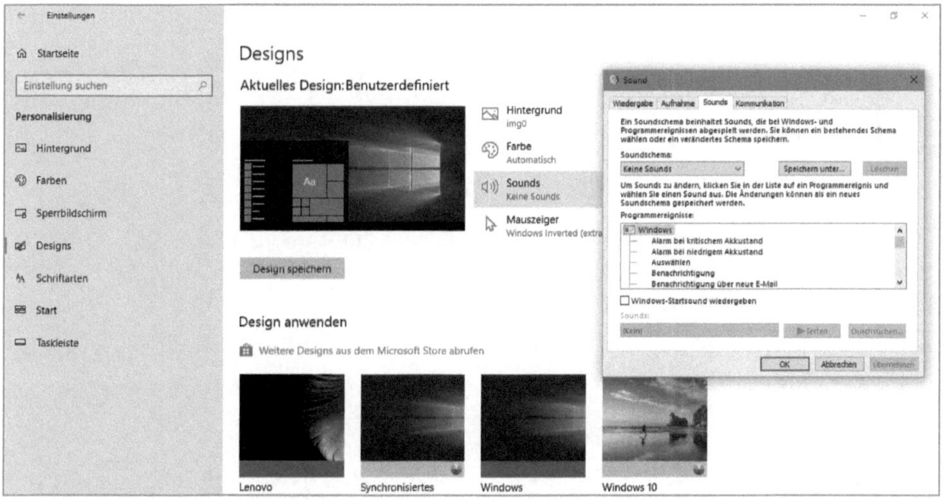

Windows-Systemklänge abschalten

111 Infobereichssymbole fehlen

Die Symbole im Infobereich auf der rechten Seite der Taskleiste zeigen bestimmte Ereignisse an, z. B. die Netzwerkverbindung oder den Batteriestatus.

Um die Übersicht zu bewahren, blendet Windows einige Symbole automatisch aus, die gerade keine wichtigen Informationen anzeigen. Ein Klick auf das kleine Dreieck öffnet eine Liste ausgeblendeter Symbole. Der aus früheren Windows-Versionen bekannte Link *Anpassen* fehlt in Windows 10.

Mit dem Link *Systemsymbole aktivieren oder deaktivieren* in den Einstellungen unter *Personalisierung / Taskleiste* lassen sich einzelne Systemsymbole oder auch die Uhr ganz abschalten. Wenn Sie hier ein Systemsymbol deaktivieren, wird das Symbol entfernt und die Benachrichtigungen werden deaktiviert.

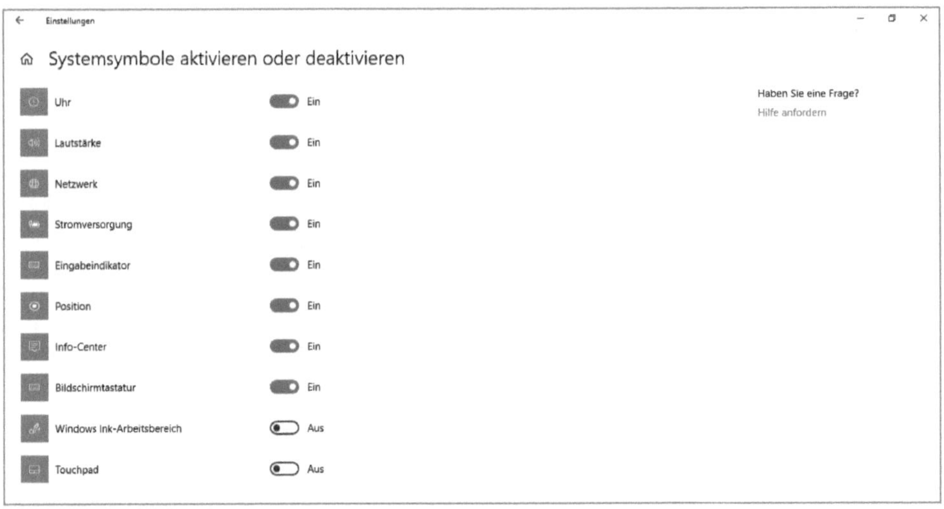

Systemsymbole aktivieren oder deaktivieren

112 Infobereichssymbole gelöschter Programme beseitigen

Es kommt immer wieder vor, dass im Infobereich der Taskleiste Symbole von Programmen auftauchen, die längst gelöscht wurden. Mit einem Griff in die Registry lässt sich dieses Problem lösen.

Löschen Sie in dem Registry-Schlüssel

```
HKEY_CURRENT_USER\Software\Classes\Local Settings\Software\Microsoft\
Windows\CurrentVersion\TrayNotify
```

die beiden Werte `IconStreams` und `PastIconsStream`, falls vorhanden, und starten Sie danach den Explorer-Prozess im Task-Manager neu. Damit ist der Infobereich der Taskleiste wieder auf dem aktuellen Stand.

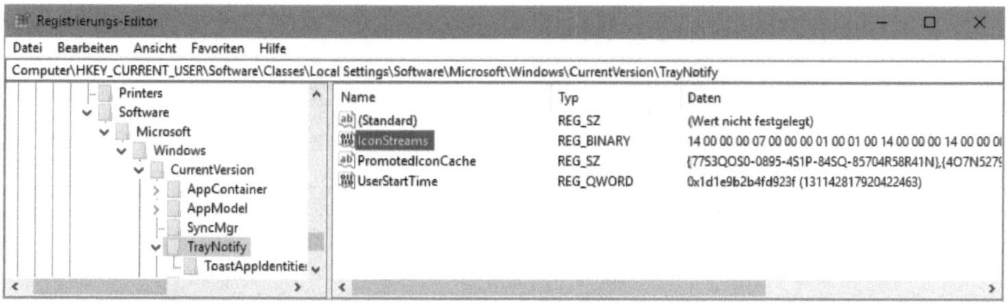

Zwei Schlüssel sind für fehlerhafte Symbole im Infobereich der Taskleiste verantwortlich.

Sie brauchen diesen Registry-Tipp nicht manuell einzugeben, Sie finden ihn in den Downloads zu diesem Buch auf *www.buch.cd*. Importieren Sie einfach die Datei *TrayNotify.reg* per Doppelklick in die Registry.

113 Schnellaktionssymbole im Info-Center fehlen

Das Info-Center zeigt im unteren Teil Buttons für verschiedene Schnellaktionen an. Sollten hier nur vier Buttons angezeigt werden, klicken Sie auf den Link *Erweitern*. Fehlen trotzdem einige oder alle Schnellaktionsschaltflächen, rufen Sie in den Einstellungen *System / Benachrichtigungen und Aktionen* auf. Hier können Sie die Schnellaktionsschaltflächen beliebig anordnen. Ein Klick auf *Schnelle Aktionen hinzufügen/entfernen* bietet die Möglichkeit, einzelne Buttons abzuschalten. Sollten also nicht alle zu sehen sein, sind wahrscheinlich hier welche ausgeschaltet.

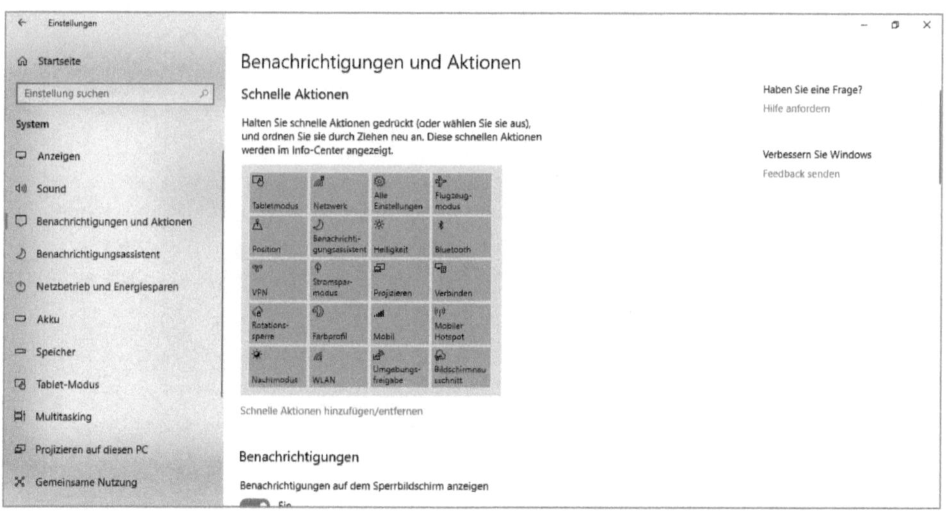

Schnellaktionen in den Einstellungen einrichten

114 Tastatur versehentlich auf andere Sprache umgestellt

Erscheint bei der Eingabe von Y ein Z, und umgekehrt, oder sind die Umlaute nicht mehr verfügbar und werden andere Sonderzeichen angezeigt als auf den dazugehörigen Tasten zu sehen sind, wurde die Eingabesprache und damit das Tastaturlayout verstellt.

Das Sprachensymbol im Infobereich der Taskleiste zeigt die aktuell ausgewählte Sprache an, *DEU* für Deutsch, *ENG* für Englisch usw. Ein Klick auf dieses Symbol blendet eine Liste der installierten Sprachen ein. Hier können Sie die gewünschte Sprache auswählen oder auf Deutsch zurückschalten, falls eine andere Sprache gewählt ist. Noch schneller schalten Sie mit der Tastenkombination `Win` + `Leertaste` zwischen diesen Tastaturlayouts um, was leicht versehentlich passieren kann.

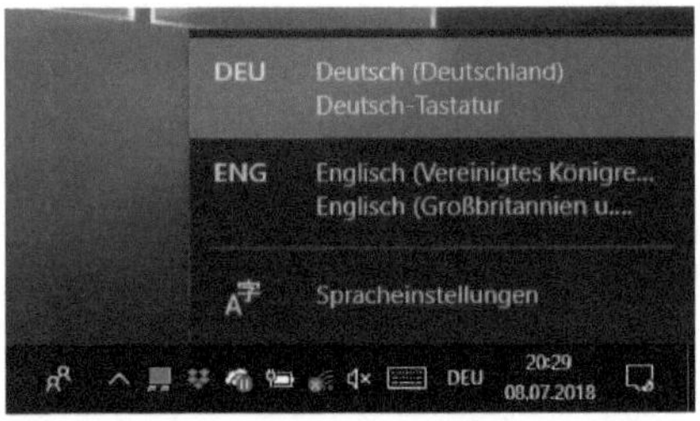

Auswahl der installierten Sprachen im Infobereich der Taskleiste

Wer öfter fremdsprachige Texte eingibt, kann in den Spracheinstellungen weitere Sprachen und Tastaturlayouts hinzufügen. Diese Einstellungen erreichen Sie ebenfalls über das Sprachensymbol.

115 Bibliotheken sind verschwunden

Die aus Windows 7 und 8 bekannten Bibliotheken verschwinden mit dem Upgrade und werden im Explorer von Windows 10 standardmäßig nicht mehr angezeigt. Sie können aber noch verwendet werden. Um die Bibliotheken aufzurufen, klicken Sie im Menüband unter *Ansicht* auf das Symbol *Navigationsbereich* und schalten dort *Bibliotheken anzeigen* ein.

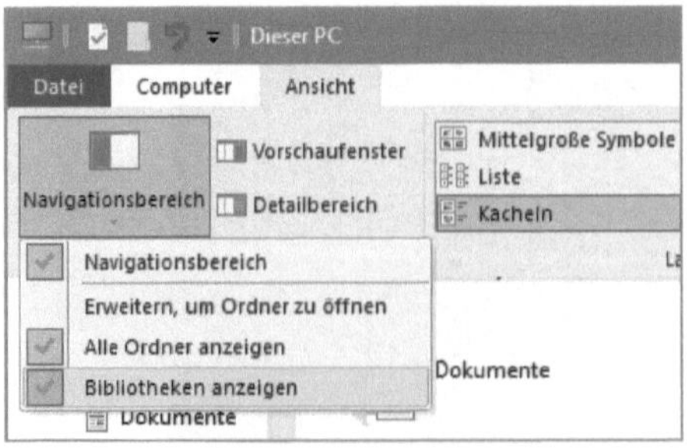

Mit wenigen Klicks tauchen die verschwundenen Bibliotheken im Explorer wieder auf.

116 Bibliotheken erweitern

Wenn Sie mit der rechten Maustaste auf eine Bibliothek klicken und im Kontextmenü *Eigenschaften* wählen, können Sie weitere Ordner zur Bibliothek hinzufügen oder auch den Standardspeicherort wählen. Dort werden Dateien abgelegt, sofern sie aus einem Programm heraus in der Bibliothek gespeichert werden.

Die Eigenschaften einer Bibliothek

117 Wo ist die Laufwerksansicht im Explorer geblieben?

Der Explorer in Windows 10 startet standardmäßig mit der Ansicht *Schnellzugriff*, die die zuletzt verwendeten Ordner und Dateien zeigt. Ein versteckter Schalter startet den Explorer wie früher mit einer Übersicht aller Laufwerke. Öffnen Sie im Explorer das Menüband *Ansicht* und klicken Sie rechts auf das Symbol *Optionen*. Wählen Sie hier oben im Listenfeld *Datei-Explorer öffnen für* die Option *Dieser PC*. Bestätigen Sie mit *OK*. Beim nächsten Öffnen des Explorers erscheint die Laufwerksübersicht.

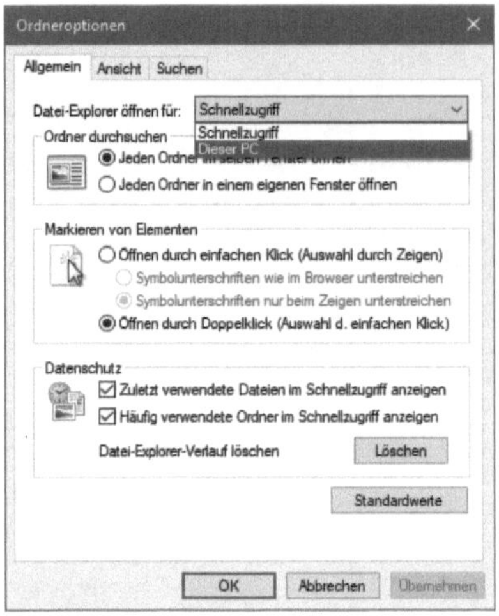

Ein versteckter Schalter startet den Explorer direkt in der Laufwerksansicht *Dieser PC*.

118 Favoriten sind im Explorer verschwunden

Die ehemaligen Favoriten im Windows-Explorer von Windows 7 und 8.1 wurden in Windows 10 durch den Schnellzugriffsbereich ersetzt. Dieser befindet sich jederzeit links oben im Explorer und wird direkt beim Öffnen eines neuen Explorer-Fensters angezeigt.

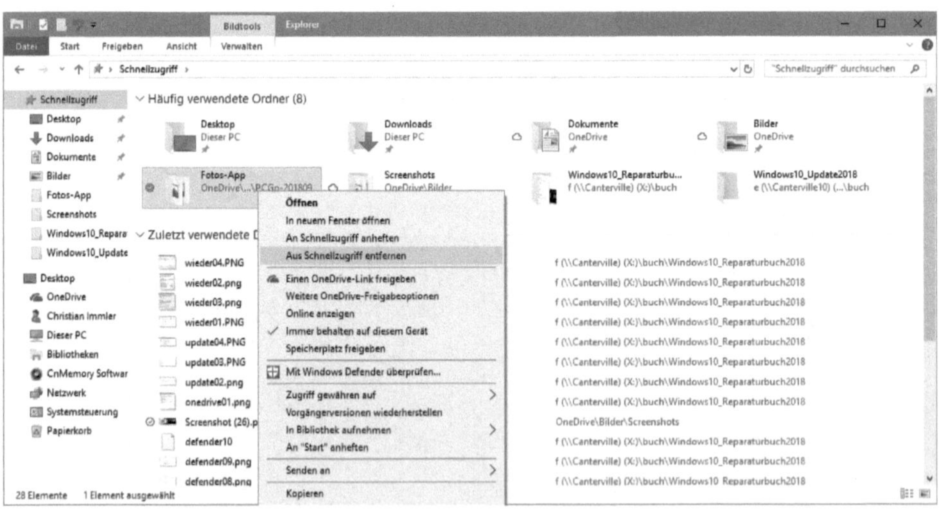

Schnellzugriff im Explorer

Der Bereich *Schnellzugriff* kombiniert automatisch Favoriten mit der Liste häufig verwendeter Ordner. Auf diese Weise können Sie auf alle Ordner, die Sie oft brauchen, schnell zugreifen.

Die Ordner *Desktop, Downloads, Dokumente* und *Bilder* sind hier automatisch angeheftet. Weitere Ordner können jederzeit mit einem Rechtsklick und dem Kontextmenüpunkt *An Schnellzugriff anheften* oder im Schnellzugriffsbereich verfügbar gemacht werden. Dabei können Sie sogar die Position festlegen, an der die Verknüpfung erscheinen soll. Diese Liste wird nicht automatisch sortiert. Sie können jederzeit mit der Maus die Reihenfolge der Schnellzugriffsordner ändern. Bei den Symbolen unter *Schnellzugriff* handelt es sich nur um Verknüpfungen. Die Ordner bleiben an ihrer Position im Dateisystem erhalten.

Klicken Sie mit der rechten Maustaste im Startmenü auf das Explorer-Symbol, haben Sie direkten Zugriff auf die angehefteten und häufig verwendeten Ordner, ohne den Explorer zuvor starten zu müssen.

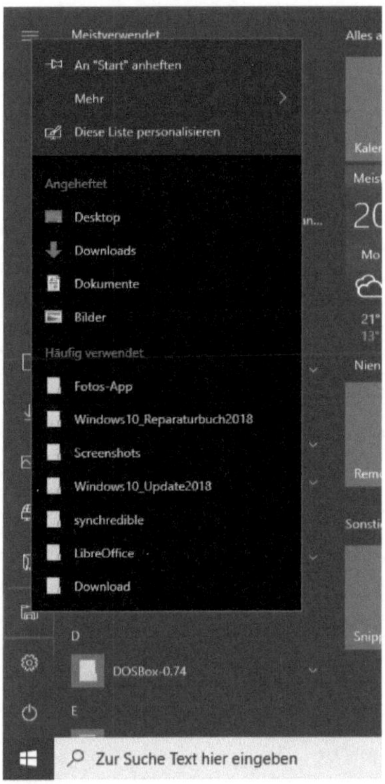

Schnellzugriff im Startmenü

Sollte das Symbol für den Datei-Explorer links im Startmenü fehlen, klicken Sie mit der rechten Maustaste auf eines der vorhandenen Symbole und wählen *Diese Liste personalisieren*. Im nächsten Fenster können Sie das Symbol für den Datei-Explorer einschalten.

Den klassischen Favoritenordner früherer Windows-Versionen unter *C:\Users\ <Benutzername>* gibt es immer noch. Hier finden Sie die Lesezeichen aus dem Microsoft-Edge-Browser als einzelne Verknüpfungsdateien. Natürlich können Sie auch diesen Ordner wie jeden anderen Ordner per Rechtsklick an den Schnellzugriffsbereich im Explorer anheften.

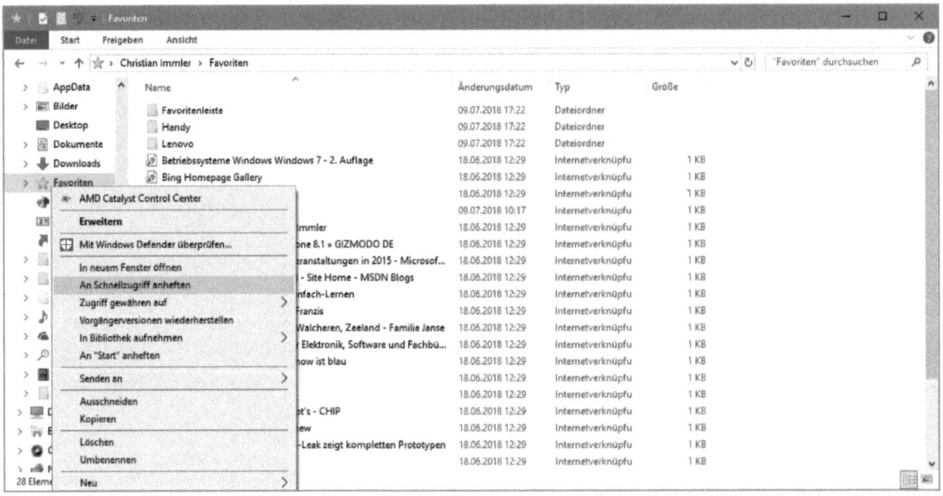

Der klassische Favoritenordner in Windows 10

119 Papierkorb und Systemsteuerung sind im Explorer verschwunden

Der Navigationsbereich links im Explorer zeigt standardmäßig die Systemsteuerung und den Papierkorb nicht mehr an, wie dies noch unter Windows XP der Fall war. Klicken Sie mit der rechten Maustaste in den leeren Bereich unterhalb der Ordner und Symbole im Navigationsbereich und schalten Sie im Kontextmenü den Schalter *Alle Ordner anzeigen* ein.

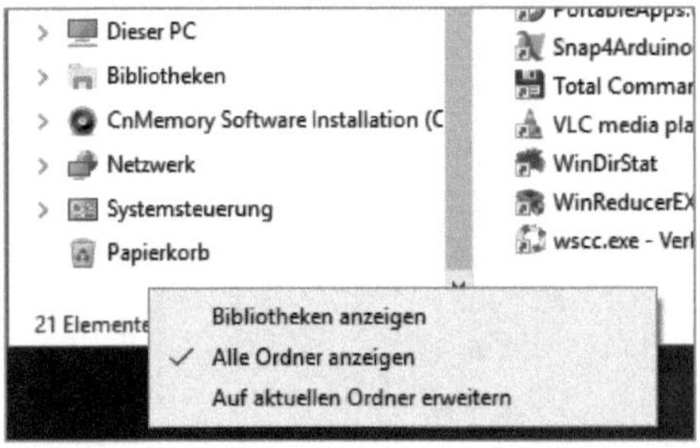

Der Explorer in Windows 10 bietet Zugriff auf die Systemsteuerung und den Papierkorb.

120 Dateiendungen sind im Explorer verschwunden

Leider blendet der Windows-Explorer nach einem Upgrade auf Windows 10 die Dateiendungen standardmäßig aus, was ein großes Sicherheitsrisiko darstellt. Stellen Sie sich vor, Sie erhalten z. B. per E-Mail eine Datei *info.txt*. Sie haben die Datei gespeichert und öffnen sie ohne Argwohn. Aber plötzlich haben Sie einen böswilligen Virus installiert. Die Datei war eine ausführbare Datei und hieß in Wirklichkeit *info.txt.exe*. Windows lässt leider mehrere Punkte im Dateinamen zu, nur der letzte trennt den eigentlichen Namen von der Endung.

Schalten Sie deshalb im Menüband des Explorers unter *Ansicht* das Kontrollkästchen *Dateinamenerweiterungen* ein, um die Endungen wieder einzublenden.

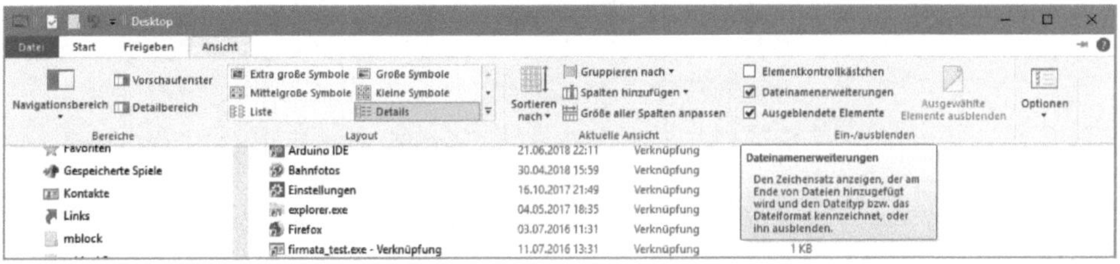

Die Dateinamenerweiterungen sollten immer eingeschaltet sein.

121 Laufwerkbuchstaben sind im Explorer verschwunden

Der Explorer zeigt in der Ansicht *Dieser PC* wie auch im Navigationsbereich und in allen *Datei Öffnen*-Dialogfeldern zusätzlich zu den Laufwerksbezeichnungen auch die Laufwerkbuchstaben an. Durch falschen Einsatz von Tuning-Programmen oder auch durch fehlerhafte andere Tools können diese Laufwerkbuchstaben verschwinden, was den unangenehmen Nebeneffekt hat, dass die Laufwerke auch in anderer Reihenfolge aufgelistet werden.

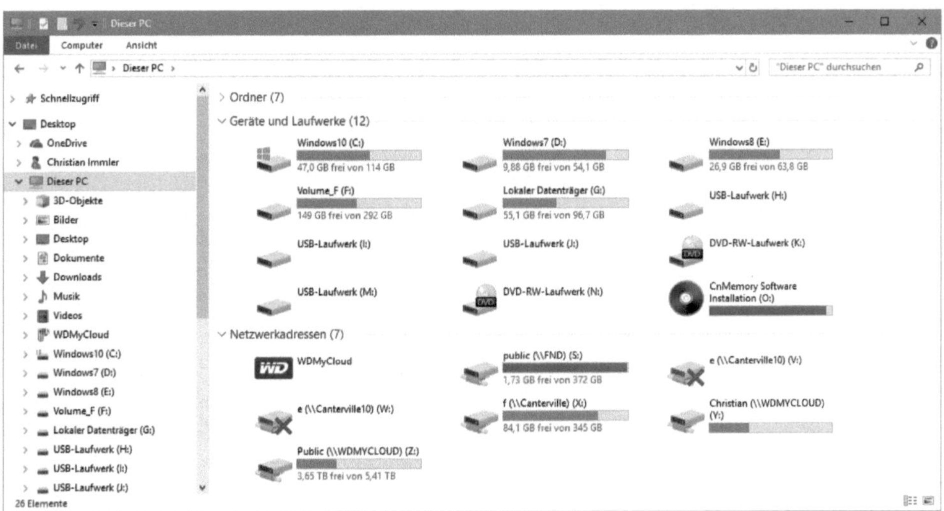

Standardansicht mit Laufwerkbuchstaben

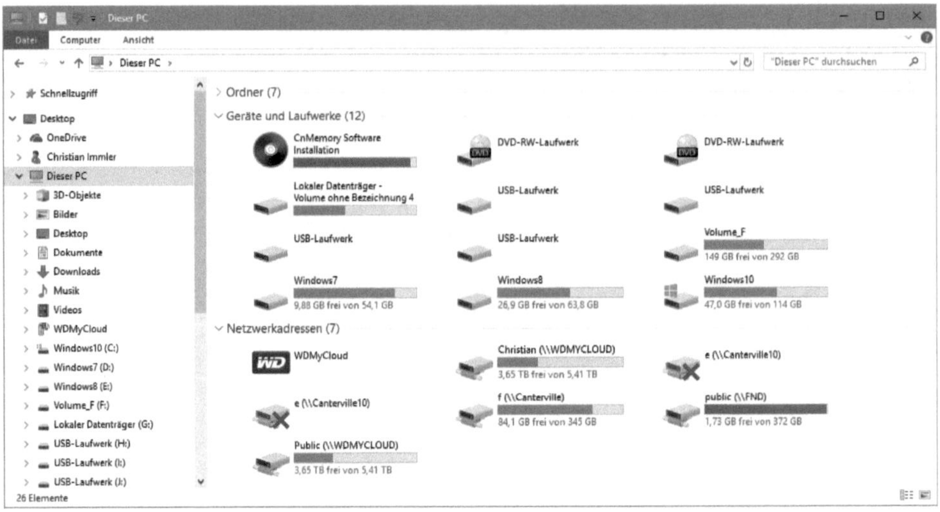

Ansicht ohne Laufwerkbuchstaben

Sind die Laufwerkbuchstaben verschwunden, öffnen Sie das Menüband *Ansicht* im Explorer und klicken ganz rechts auf *Optionen*. Schalten Sie im nächsten Dialogfeld auf der Registerkarte *Ansicht* den Schalter *Laufwerkbuchstaben anzeigen* ein.

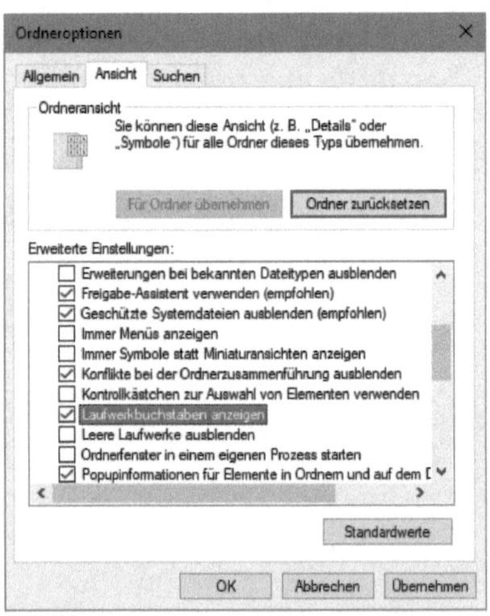

Laufwerkbuchstaben in den Ordneroptionen einschalten

Der Wert `ShowDriveLettersFirst` im Registry-Schlüssel

```
HKEY_CURRENT_USER\Software\Microsoft\Windows\CurrentVersion\Explorer
```

legt die Darstellung der Laufwerkbuchstaben fest. Hier haben Sie sogar die Möglichkeit, die Laufwerkbuchstaben vor die Laufwerknamen zu setzen – eine Einstellung, die die Anzeigeoptionen nicht anbieten.

ShowDriveLettersFirst	*Darstellung der Laufwerkbuchstaben*
0	Laufwerkbuchstaben hinten
2	Keine Laufwerkbuchstaben
4	Laufwerkbuchstaben vorne

122 Laufwerke zur besseren Übersicht umbenennen

Zur besseren Übersicht können Sie den Laufwerken anstelle der leeren Laufwerksbezeichnung eigene Namen geben. Diese Namen werden direkt auf der jeweiligen Festplattenpartition gespeichert, gelten also auch für andere auf dem PC installierte Betriebssysteme und helfen, bei Reparaturen und Neuinstallationen die Laufwerke zu identifizieren, da im Gegensatz zu den Namen die Laufwerkbuchstaben in anderen Betriebssystemen anders lauten können.

Klicken Sie im Explorer mit der rechten Maustaste auf ein Laufwerk und wählen Sie im Kontextmenü *Eigenschaften*. Im nächsten Dialogfeld vergeben Sie den neuen Laufwerknamen.

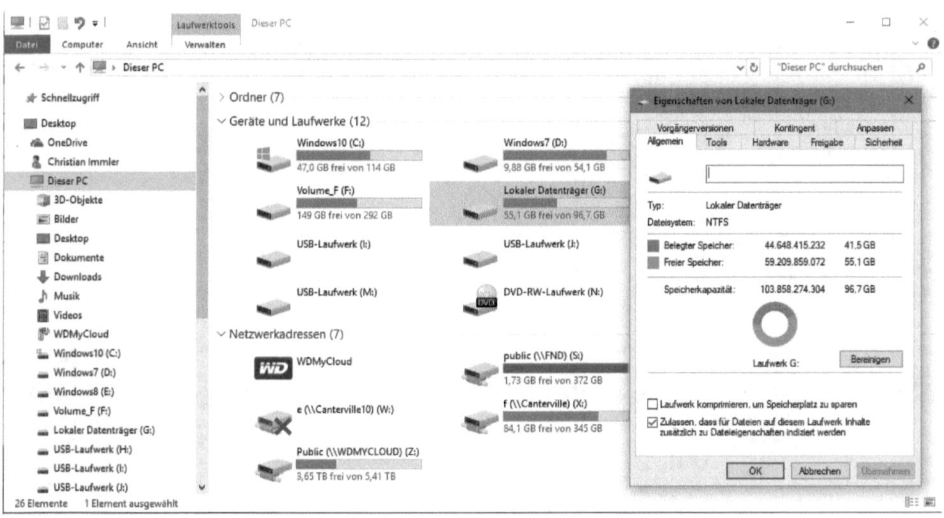

Laufwerknamen im Explorer eintragen

123 Numerische Sortierung der Dateien funktioniert nicht

Dateien mit Ziffern im Namen, wie z. B. Screenshots, werden bei alphanumerischer Sortierung nicht in ihrer logischen Reihenfolge im Explorer sortiert, da die führende 0 fehlt.

- Numerische Sortierung: 1, 2, 3, ..., 9, 10, 11, 12, ...

- Alphanumerische Sortierung: 1, 10, 11, 12, 13, ..., 2, 20, 21, 22, ...

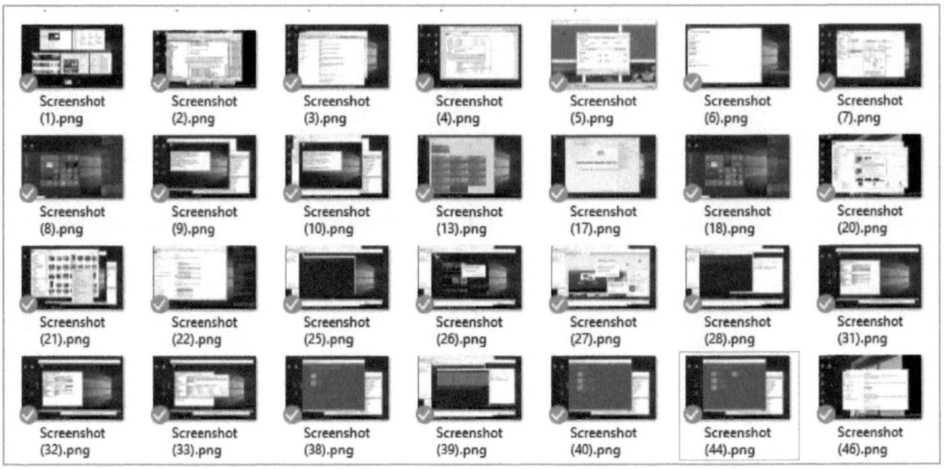

Numerische Sortierung von Dateien

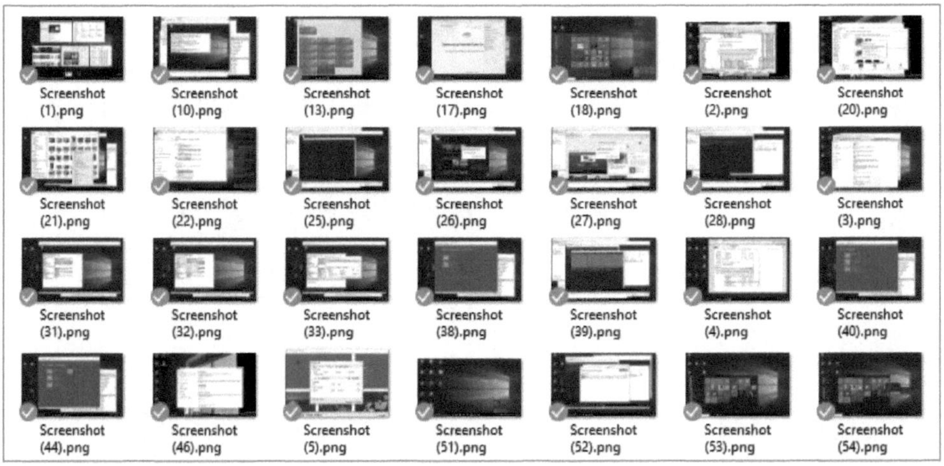

Alphanumerische Sortierung von Dateien

Eine Gruppenrichtlinie schaltet die Sortierung um. Geben Sie im Cortana-Suchfeld `gpedit` ein und starten Sie damit den Gruppenrichtlinieneditor. Gruppenrichtlinien funktionieren nur in den Windows-10-Editionen Professional und Enterprise.

Setzen Sie unter *Computerkonfiguration / Administrative Vorlagen / Windows-Komponenten / Datei-Explorer* die Richtlinie *Numerische Sortierung im Datei-Explorer deaktivieren* auf *Deaktiviert*. Jetzt werden die Dateien im Explorer numerisch sortiert. Ist die Richtlinie dagegen aktiviert, werden die Dateien alphanumerisch sortiert.

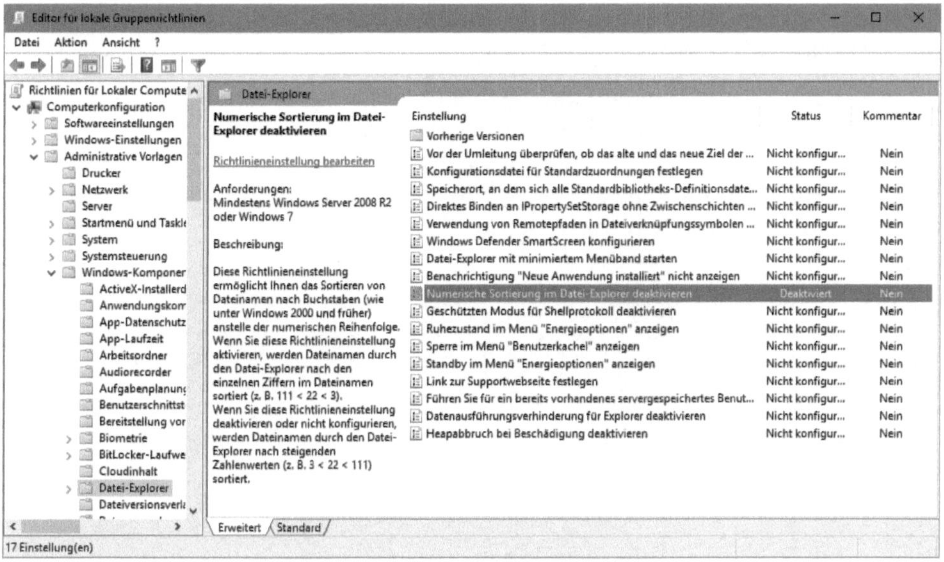

Diese Gruppenrichtlinie legt die Art der Sortierung im Explorer fest.

124 Menüband im Explorer abschalten

Besonders auf kleinen Bildschirmen stört die neue Menübandoberfläche, da sie einen erheblichen Teil des Bildschirms belegt und dabei nur wenige neue Funktionen im Explorer bringt. Die meisten Funktionen aus den Menübändern gab es bereits in den Kontextmenüs. Da liegt es nahe, die Menübänder zu minimieren, was bei Windows-10-Neuinstallationen auch standardmäßig eingestellt ist.

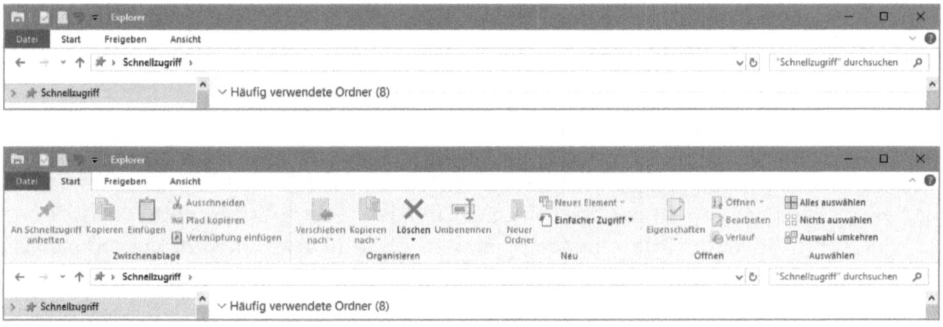

Explorer mit minimiertem und geöffnetem Menüband

Sollte der Explorer bei einer Upgradeinstallation immer mit geöffnetem Menüband starten, können Sie über eine Gruppenrichtlinie auf das Standardverhalten von Windows 10 mit minimiertem Menüband umschalten.

Geben Sie im Cortana-Suchfeld `gpedit` ein und starten Sie damit den Gruppenrichtlinieneditor.

Setzen Sie unter *Computerkonfiguration / Administrative Vorlagen / Windows-Komponenten / Datei-Explorer* die Richtlinie *Datei-Explorer mit minimiertem Menüband starten* auf *Aktiviert*. Jetzt haben Sie vier verschiedene Methoden zur Auswahl, wie sich das Menüband im Explorer verhalten soll. Die Änderung wird erst nach der nächsten Windows-Anmeldung wirksam.

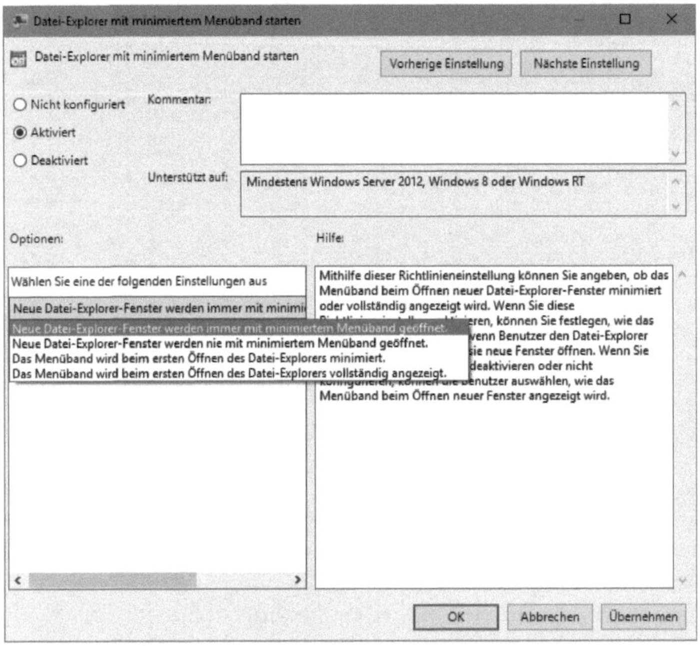

Diese Richtlinie startet den Datei-Explorer mit minimiertem Menüband.

125 Auswahl für Aktionen bei USB-Sticks und Speicherkarten erscheint nicht mehr

Standardmäßig erscheint beim Einstecken eines USB-Sticks oder einer Speicherkarte rechts unten eine Benachrichtigung. Klicken Sie darauf, erscheint rechts oben auf dem Bildschirm ein Auswahldialog, in dem Sie eine Aktion wählen können, wie z. B. *Ordner öffnen* oder *Fotos importieren*.

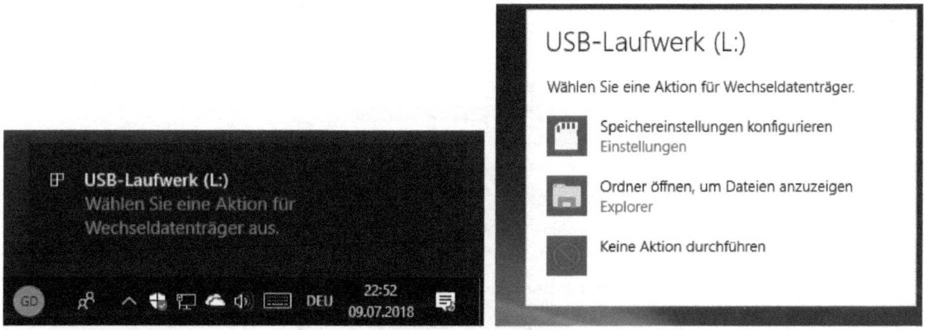

Benachrichtigung und Auswahl beim Anschließen eines USB-Sticks

Sollte dieser Auswahldialog nicht erscheinen, ist in den Einstellungen unter *Geräte / Automatische Wiedergabe* eine Standardaktion festgelegt. Hier können Sie für Wechseldatenträger (USB-Sticks und externe Festplatten) wie auch für Speicherkarten und auch für früher schon einmal angeschlossene bekannte Geräte, wie zum Beispiel Smartphones, unterschiedliche Standardaktionen festlegen. Bei der Auswahl *Jedes Mal nachfragen* erscheint der bekannte Auswahldialog.

Einstellungen für automatische Wiedergabe bei USB-Sticks und Speicherkarten

126 Desktopsymbole lassen sich nicht frei anordnen

Beim Versuch, die Symbole auf dem Desktop übersichtlich anzuordnen, rutschen diese immer wieder in eine vorgegebene Reihenfolge – das liegt an einer einfachen Einstellung, die Sie mit einem Rechtsklick auf den Desktop korrigieren können.

In diesem Kontextmenü sollte der Menüpunkt *Ansicht / Symbole automatisch anordnen* immer ausgeschaltet bleiben, andernfalls wird Ihre schöne persönliche

Ordnung zerstört und die Symbole werden von oben links beginnend untereinander angeordnet.

Symbole automatisch anordnen ausschalten

Das Gleiche gilt für die Sortierung von Symbolen auf dem Desktop. Im Kontextmenü *Sortieren nach* können Sie verschiedene Sortierkriterien auswählen. In jedem Fall wird aber die eigene Ordnung aufgehoben und alle Symbole werden von oben links beginnend automatisch angeordnet. Nur wenn hier kein Schalter aktiv ist, können Sie die Reihenfolge auf dem Desktop frei wählen.

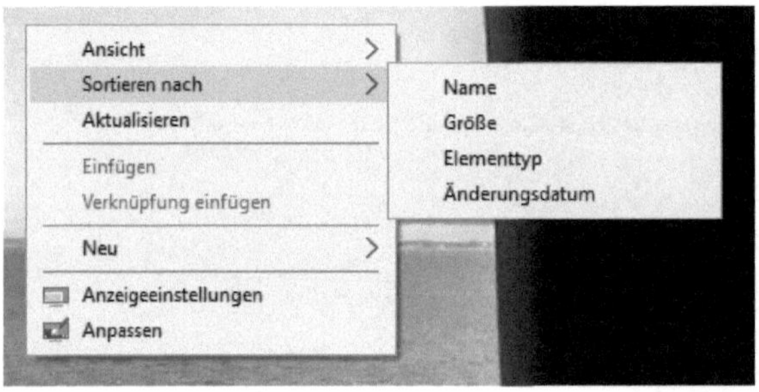

Symbole nicht automatisch sortieren

Um die Anordnung der Desktopsymbole in übersichtlichen Reihen zu erleichtern, sollten Sie im Kontextmenü den Schalter *Ansicht / Symbole am Raster ausrichten* aktivieren. Damit verhindern Sie ein planloses Chaos auf dem Desktop.

127 Desktopsymbole sind zu klein und nicht erkennbar

Bei hohen Bildschirmauflösungen auf eher kleineren Monitoren kann es passieren, dass die Desktopsymbole kaum noch erkennbar sind.

Klicken Sie mit der Maus auf den Desktop, damit kein Fenster aktiv ist. Drehen Sie dann bei gedrückter Strg-Taste das Mausrad, ändert sich die Größe der Desktopsymbole in kleinen Schritten. Je größer die Symbole, desto weniger Zeilen passen auf den Bildschirm. Die Symbole werden automatisch neu angeordnet.

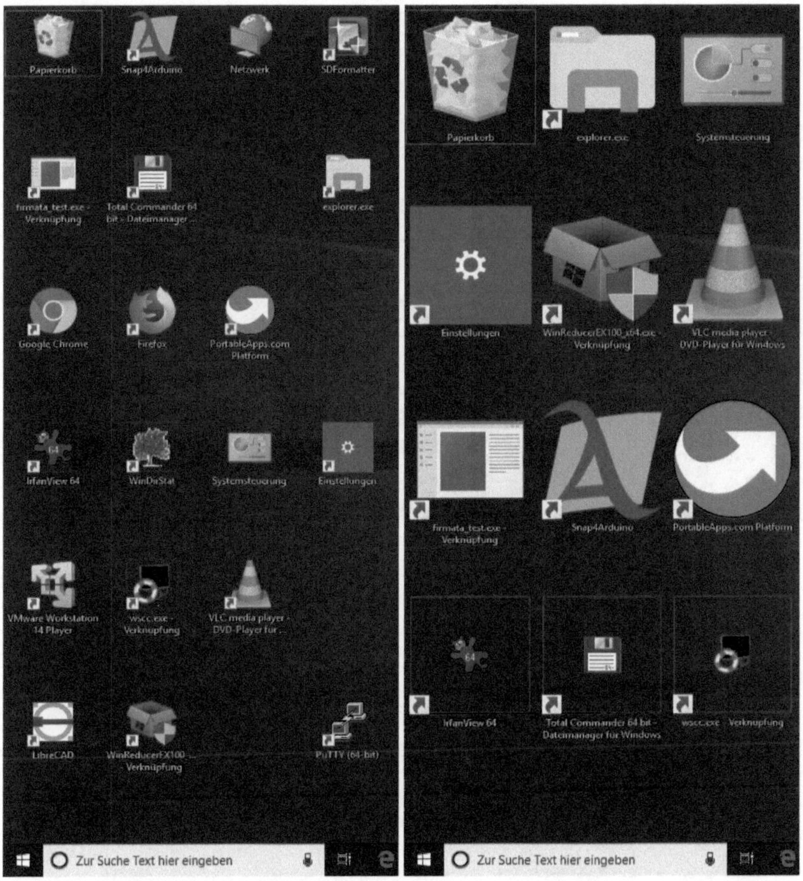

Unterschiedliche Symbolgrößen, automatisch neu angeordnet

Nicht alle Programme unterstützen die dynamische Veränderung der Symbolgröße. Kommandozeilenprogramme erhalten automatisch ein Standardsymbol, wie z. B. das abgebildete *firmata_test.exe*.

Ein Rechtsklick auf den Desktop und *Ansicht / Mittelgroße Symbole* im Kontextmenü schaltet auf die Standardeinstellung zurück.

128 Abstände der Desktopsymbole sind zu groß

Die Parameter `IconSpacing` und `IconVerticalSpacing` im Schlüssel

```
HKEY_CURRENT_USER\Control Panel\Desktop\WindowMetrics
```

geben die horizontalen und vertikalen Abstände der Symbole auf dem Desktop an, wenn dort über das Kontextmenü die Option *Ansicht / Symbole am Raster ausrichten* eingeschaltet ist. Änderungen an diesen Parametern werden erst nach dem Abmelden und erneutem Anmelden wirksam.

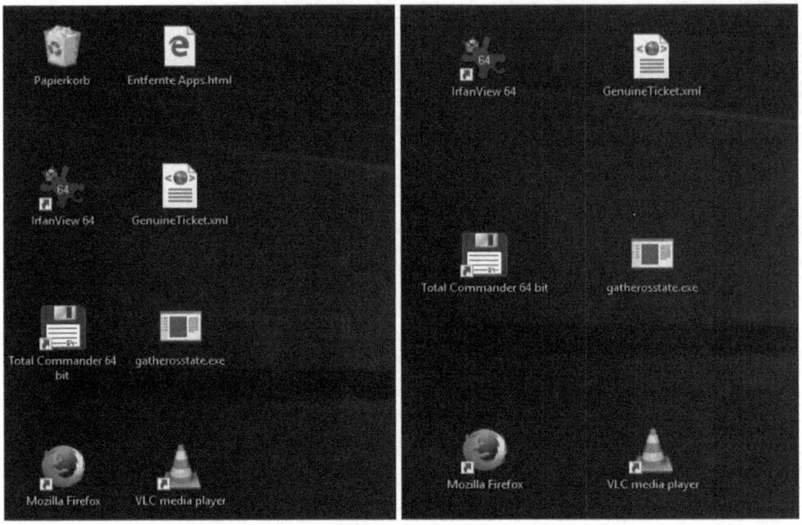

Unterschiedliche Rasterabstände für Desktopsymbole

129 Beschädigte Symbole auf dem Desktop und im Explorer

Werden die Programmsymbole auf dem Desktop und in Explorer-Fenstern gar nicht oder falsch angezeigt, ist der Icon Cache beschädigt.

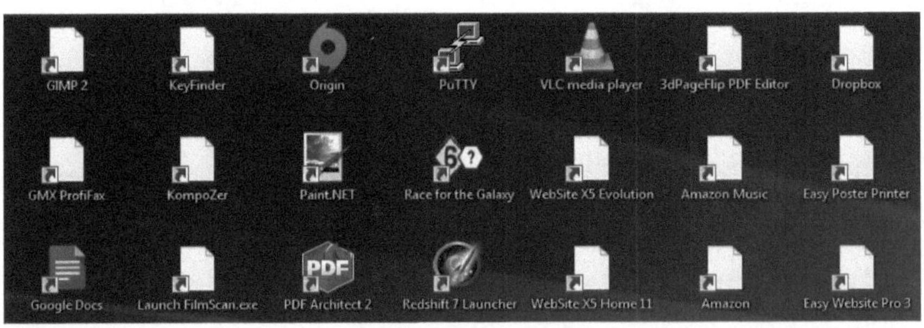

Beschädigte Programmsymbole auf dem Desktop

1. Öffnen Sie mit einem Rechtsklick auf das Windows-Logo ein Eingabeaufforderungsfenster und lassen Sie dieses offen. Schließen Sie aber alle anderen offenen Programmfenster.
2. Starten Sie mit einem Rechtsklick auf die Taskleiste den Task-Manager und schalten Sie diesen auf die Ansicht *Mehr Details.*
3. Scrollen Sie nach unten in den Bereich *Windows-Prozesse,* klicken Sie dort mit der rechten Maustaste auf *Windows-Explorer* und beenden Sie diesen Task. Damit verschwinden die Taskleiste und alle Desktopsymbole.

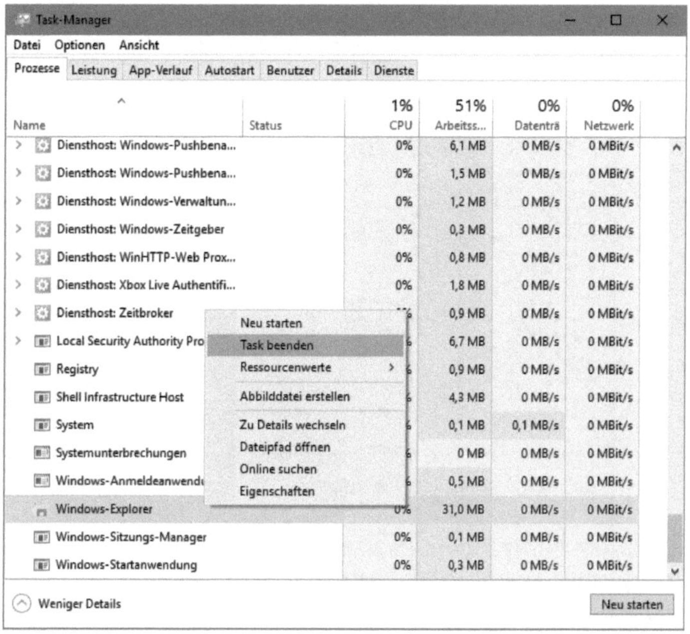

Windows-Explorer im Task-Manager beenden

4. Das Eingabeaufforderungsfenster ist neben dem Task-Manager als einziges noch offen. Geben Sie hier folgenden Befehl ein:

```
del %localappdata%\iconcache.db /a
```

5. Wählen Sie jetzt im Menü des Task-Managers *Datei / Neuen Task ausführen*, geben Sie im nächsten Fenster `explorer` ein und klicken Sie auf *OK*.

6. Die Taskleiste erscheint wieder und mit etwas Verzögerung sind auch die Desktopsymbole zu sehen, die neu aus den jeweiligen Programmdateien extrahiert werden. Jetzt können Sie den Task-Manager und das Eingabeaufforderungsfenster wieder schließen.

Damit dieses Problem nicht immer wieder auftritt, erhöhen Sie den Icon Cache. Legen Sie dazu in der Registry im Schlüssel

```
HKEY_LOCAL_MACHINE\SOFTWARE\Microsoft\Windows\CurrentVersion\Explorer
```

eine neue Zeichenfolge mit Namen `Max Cached Icons` an und tragen Sie hier den Wert `8192` ein. Das steht für die maximale Icon-Cache-Größe von 8 MB.

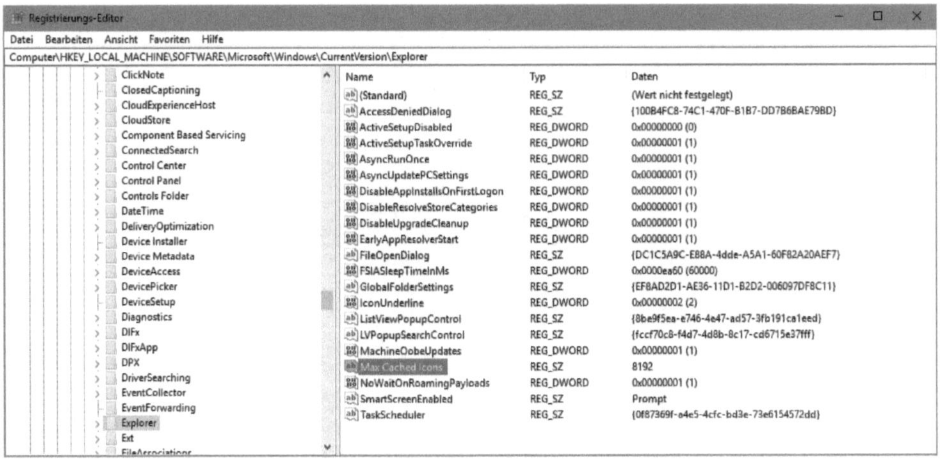

Dieser Registry-Parameter legt die Größe des Icon Cache fest.

Sie brauchen diesen Registry-Tipp nicht manuell einzugeben, Sie finden ihn in den Downloads zu diesem Buch auf *www.buch.cd*. Importieren Sie einfach die Datei *MaxCachedIcons.reg* per Doppelklick in die Registry.

130 Altbackene Symbole auf Startmenükacheln austauschen

Klassische Desktopprogramme können zum schnellen Zugriff als Kachel im Startmenü abgelegt werden. Allerdings passen die farbigen Programmsymbole im Windows-7-Stil nicht gut zum schlanken, modernen Design des neuen Windows-10-Startmenüs. So verpassen Sie den klassischen Anwendungen moderne Programmsymbole:

1. Als Erstes benötigen Sie passende Icons im ICO-Format, die Sie z. B. in der kostenlosen Icon-Sammlung *Metro UInvert Dock Icon Set* (siehe Download-Tipps, Seite *6)* finden. Diese Icon-Sammlung enthält für zahlreiche bekannte Programme Icons im modernen Windows-Stil mit transparentem Hintergrund. Diese Transparenz ist wichtig, damit die Farbe der Kacheln je nach ausgewählter Akzentfarbe variieren kann. Entpacken Sie die Icon-Sammlung in einem beliebigen Verzeichnis auf der Festplatte.

Die kostenlose Sammlung *Metro UInvert Dock Icon Set* des DeviantArt-Künstlers dAKirby309 enthält zahlreiche Icons im modernen Windows-Stil.

❷ Klicken Sie jetzt mit der rechten Maustaste auf die Kachel des zu ändernden Programms und wählen Sie im Kontextmenü die Option *Mehr / Dateispeicherort öffnen*.

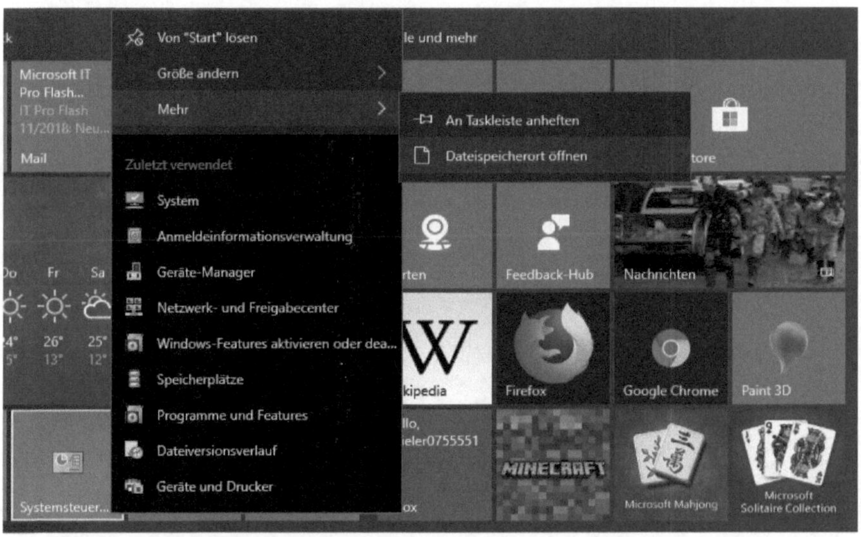

Über das Kontextmenü finden Sie die Verknüpfung einer Kachel.

❸ Der Explorer öffnet einen Ordner mit Verknüpfungen aus dem Startmenü, wobei die gewählte Verknüpfung bereits aktiviert ist. Klicken Sie mit der rechten Maustaste auf die Verknüpfung und wählen Sie im Kontextmenü *Eigenschaften*.

❹ Das nächste Dialogfeld gleicht dem aus früheren Windows-Versionen bekannten *Eigenschaften*-Dialog für Desktopverknüpfungen. Klicken Sie hier auf *Anderes Symbol*.

Im Eigenschaften-Dialog der Verknüpfung wird das Symbol ausgetauscht.

❺ Wählen Sie im nächsten Dialogfeld die gewünschte ICO-Datei aus der Icon-Sammlung aus und verlassen Sie das Fenster *Anderes Symbol* mit *OK.*

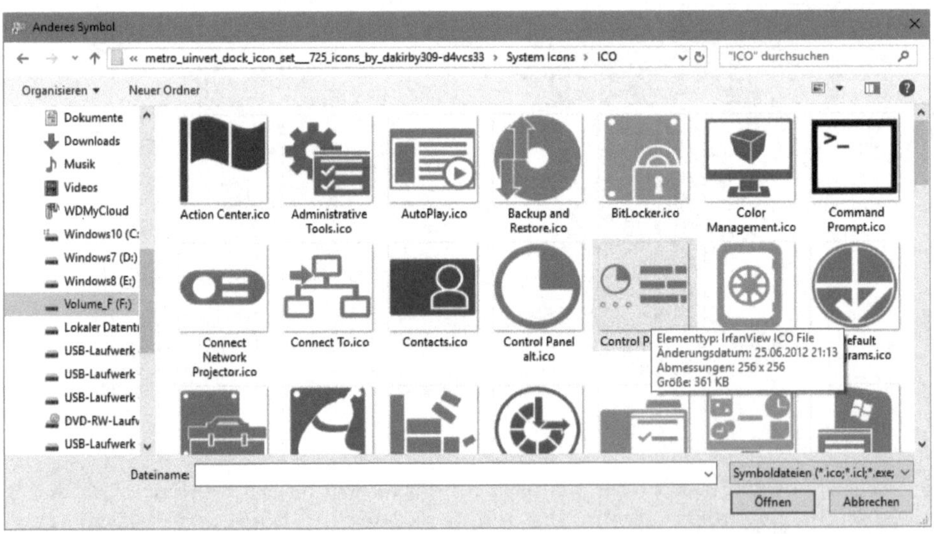

Gewünschte ICO-Datei aus der Sammlung auswählen

❻ Bestätigen Sie das nächste Dialogfeld mit *Übernehmen*. Hier muss in einigen Fällen noch eine Anfrage der Benutzerkontensteuerung bestätigt werden. Danach zeigt das Startmenü auf der Kachel das neue Symbol an.

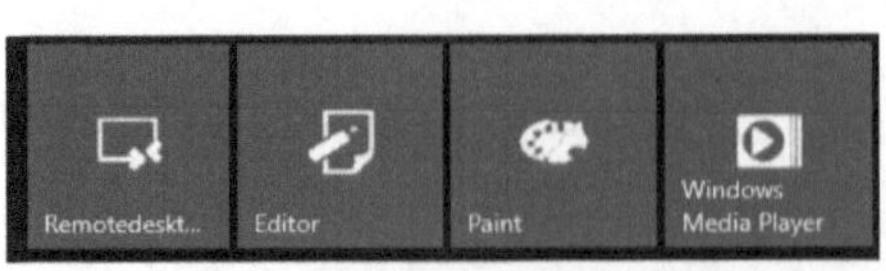

Kacheln klassischer Programme im modernen Windows-Stil

Anstelle vorgegebener Icons können Sie auch eigene Symbole verwenden. Windows benötigt Grafiken im ICO-Format, um sie als Programm- oder Kachelsymbole zu nutzen. Einige Grafikprogramme können Grafiken direkt in diesem Format speichern. Achten Sie dabei darauf, dass die Grafiken quadratisch sind. Die Website *www.icoconverter.com* konvertiert Grafiken aus anderen Formaten ins ICO-Format. Achten Sie dabei darauf, unter *Sizes* alle Größen einzuschalten.

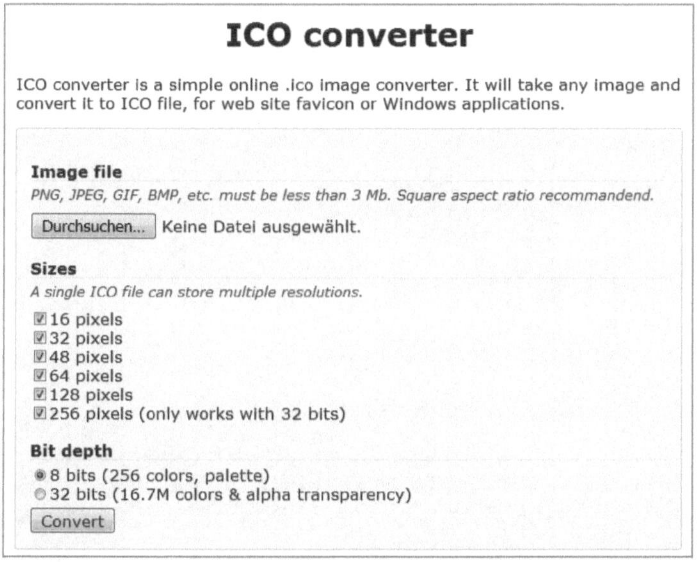

ICO converter erstellt Icons aus quadratischen Bildern.

131 Wichtige Einstellungen schneller erreichbar

Die neuen Einstellungen sollen übersichtlicher sein als die Systemsteuerung. Aber gerade wer die Systemsteuerung auswendig kennt, sucht bestimmte Einstellungen in der neuen App lange. Legen Sie sich Verknüpfungen zu Einstellungen, die Sie oft benötigen, auf den Desktop.

1. Klicken Sie mit der rechten Maustaste auf den Desktop und wählen Sie im Kontextmenü *Neu / Verknüpfung*. Geben Sie im Feld *Speicherort des Elements* den passenden Funktionsaufruf aus den nachfolgenden Tabellen ein.

2. Geben Sie im nächsten Dialogfeld einen Namen für die Verknüpfung an, der auf dem Desktop erscheinen soll.

Desktopverknüpfungen für Einstellungen

❸ Mit einem Rechtsklick auf eine solche Verknüpfung und dem Kontextmenüpunkt *Einstellungen* können Sie die Verknüpfung ändern und auch ein anderes Symbol wählen.

Einstellungen einer Verknüpfung

Einstellungen Startseite	
Startseite	ms-settings
Einstellungen System	
Anzeige	ms-settings:display
Sound	ms-settings:sound
Benachrichtigungen und Aktionen	ms-settings:notifications
Benachrichtigungsassistent	ms-settings:quiethours
Netzbetrieb und Energiesparen	ms-settings:powersleep
Akku	ms-settings:batterysaver
Speicher	ms-settings:storagesense
Tablet-Modus	ms-settings:tabletmode
Multitasking	ms-settings:multitasking
Projizieren auf diesen PC	ms-settings:project
Gemeinsame Nutzung	ms-settings:crossdevice
Info	ms-settings:about
Einstellungen Geräte	
Bluetooth und andere Geräte	ms-settings:bluetooth
Drucker und Scanner	ms-settings:printers
Maus und Touchpad	ms-settings:mousetouchpad
Eingabe	ms-settings:typing
Stift und Windows Ink	ms-settings:pen
Automatische Wiedergabe	ms-settings:autoplay

Einstellungen Startseite	
USB	ms-settings:usb
Einstellungen Telefon	
Telefon	ms-settings:mobile-devices
Einstellungen Netzwerk und Internet	
Status	ms-settings:network-status
Ethernet	ms-settings:network-ethernet
WLAN	ms-settings:network-wifi
DFÜ	ms-settings:network-dialup
NFC	ms-settings:nfctransactions
Mobilfunk und SIM	ms-settings:network-cellular
Mobiler Hotspot	ms-settings:network-mobilehotspot
Flugzeugmodus	ms-settings:network-airplanemode
VPN	ms-settings:network-vpn
Datennutzung	ms-settings:datausage
Proxy	ms-settings:network-proxy
Einstellungen Personalisierung	
Hintergrund	ms-settings:personalization
Farben	ms-settings:colors
Sperrbildschirm	ms-settings:lockscreen
Designs	ms-settings:themes
Schriftarten	ms-settings:fonts
Start	ms-settings:personalization-start
Taskleiste	ms-settings:taskbar
Einstellungen Apps	
Apps und Features	ms-settings:appsfeatures
Optionale Features verwalten	ms-settings:optionalfeatures
Standard-Apps	ms-settings:defaultapps
Offline-Karten	ms-settings:maps
Apps für Websites	ms-settings:appsforwebsites
Videowiedergabe	ms-settings:videoplayback
Autostart	ms-settings:startupapps
Einstellungen Konten	
Ihre Infos	ms-settings:yourinfo
E-Mail und App-Konten	ms-settings:emailandaccounts
Anmeldeoptionen	ms-settings:signinoptions
Auf Arbeits- oder Schulkonto zugreifen	ms-settings:workplace
Familie und weitere Kontakte	ms-settings:otherusers
Einstellungen synchronisieren	ms-settings:sync
Einstellungen Zeit und Sprache	
Datum und Uhrzeit	ms-settings:dateandtime
Region und Sprache	ms-settings:regionlanguage

Einstellungen Startseite	
Spracherkennung	ms-settings:speech
Einstellungen Spielen	
Spieleleiste	ms-settings:gaming-gamebar
Game DVR	ms-settings:gaming-gamedvr
Übertragung:	ms-settings:gaming-broadcasting
Spielmodus	ms-settings:gaming-gamemode
TruePlay	ms-settings:gaming-trueplay
Xbox-Netzwerk	ms-settings:gaming-xboxnetworking
Einstellungen Erleichterte Bedienung	
Anzeige	ms-settings:easeofaccess-display
Bildschirmlupe	ms-settings:easeofaccess-magnifier
Hoher Kontrast	ms-settings:easeofaccess-highcontrast
Sprachausgabe	ms-settings:easeofaccess-narrator
Audio	ms-settings:easeofaccess-audio
Untertitel für Hörgeschädigte	ms-settings:easeofaccess-closedcaptioning
Spracherkennung	ms-settings:easeofaccess-speechrecognition
Tastatur	ms-settings:easeofaccess-keyboard
Maus	ms-settings:easeofaccess-mouse
Augensteuerung (Beta)	ms-settings:easeofaccess-eyegaze
Weitere Optionen	ms-settings:easeofaccess-otheroptions
Einstellungen Cortana	
Mit Cortana sprechen	ms-settings:cortana
Berechtigungen und Verlauf	ms-settings:cortana-permissions
Cortana auf allen meinen Geräten	ms-settings:cortana-notifications
Weitere Details	ms-settings:cortana-moredetails
Einstellungen Datenschutz	
Allgemein	ms-settings:privacy
Spracherkennung, Freihand und Eingabe	ms-settings:privacy-speechtyping
Diagnose und Feedback	ms-settings:privacy-feedback
Aktivitätsverlauf	ms-settings:privacy-activityhistory
Position	ms-settings:privacy-location
Kamera	ms-settings:privacy-webcam
Mikrofon	ms-settings:privacy-microphone
Benachrichtigungen	ms-settings:privacy-notifications
Kontoinformationen	ms-settings:privacy-accountinfo
Kontakte	ms-settings:privacy-contacts
Kalender	ms-settings:privacy-calendar
Anrufliste	ms-settings:privacy-callhistory
E-Mail	ms-settings:privacy-email
Aufgaben	ms-settings:privacy-tasks
Messaging	ms-settings:privacy-messaging
Funktechnik	ms-settings:privacy-radios

Einstellungen Startseite	
Weitere Geräte	ms-settings:privacy-customdevices
Hintergrund-Apps	ms-settings:privacy-backgroundapps
App-Diagnose	ms-settings:privacy-appdiagnostics
Automatische Dateidownloads	ms-settings:privacy-automaticfiledownloads
Dokumente	ms-settings:privacy-documents
Bilder	ms-settings:privacy-pictures
Videos	ms-settings:privacy-documents
Einstellungen Update und Sicherheit	
Windows Update	ms-settings:windowsupdate
Nach Updates suchen	ms-settings:windowsupdate-action
Updateverlauf	ms-settings:windowsupdate-history
Neustartoptionen	ms-settings:windowsupdate-restartoptions
Erweiterte Einstellungen	ms-settings:windowsupdate-options
Windows-Sicherheit	ms-settings:windowsdefender
Sicherung	ms-settings:backup
Problembehandlung	ms-settings:troubleshoot
Wiederherstellung	ms-settings:recovery
Aktivierung	ms-settings:activation
Mein Gerät suchen	ms-settings:findmydevice
Für Entwickler	ms-settings:developers
Windows-Insider-Programm	ms-settings:windowsinsider

132 Scrollbalken sind zu schmal und mit der Maus nicht greifbar

Sind die Scrollbalken, im deutschen Windows auch als Bildlaufleisten bezeichnet, zu schmal, um sie mit der Maus bequem greifen zu können, können Sie deren Breite in der Registry mit den Werten `ScrollHeight` und `ScrollWidth` in diesem Schlüssel einstellen:

```
HKEY_CURRENT_USER\Control Panel\Desktop\WindowMetrics
```

Beide Parameter können Werte zwischen `-120` und `-1500` annehmen. Diese Grenzen dürfen nicht überschritten werden. Die Standardwerte liegen bei `-255`. Schmalere Scrollbalken verbrauchen weniger Platz auf dem Bildschirm, sind dafür aber mit der Maus schwieriger zu greifen.

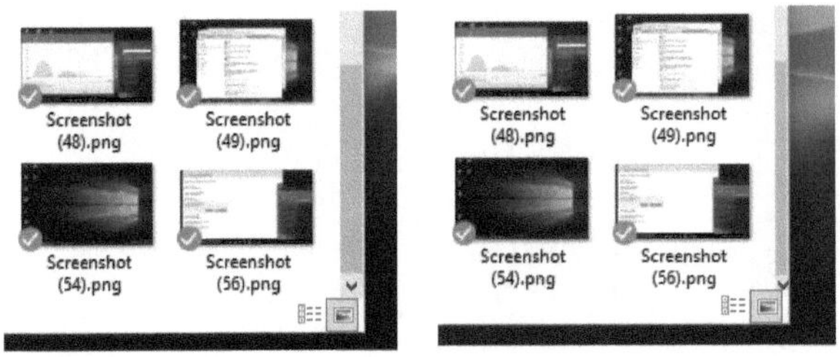

Standardscrollbalken und schmalere Scrollbalken

Die Änderungen sind erst nach dem Abmelden und erneutem Anmelden zu sehen.

Sie brauchen diesen Registry-Tipp nicht manuell einzugeben, Sie finden ihn in den Downloads zu diesem Buch auf *www.buch.cd*. Importieren Sie einfach die Datei *WindowMetrics.reg* per Doppelklick in die Registry. Diese Datei setzt die beiden Parameter auf die Standardwerte zurück.

133 Mauspfeil nicht zu erkennen

Bei bunten Hintergrundbildern und hohen Bildschirmauflösungen erscheint der Mauspfeil oft zu klein und ist kaum erkennbar. In den Einstellungen unter *Erleichterte Bedienung / Cursor- und Zeigergröße* können Sie die Zeigergröße und auch die Zeigerfarbe wählen. Die Zeigerfarbe ganz rechts invertiert den Mauszeiger gegenüber dem Hintergrund. So ist er auf hellem wie auch auf dunklem Hintergrund gut zu erkennen.

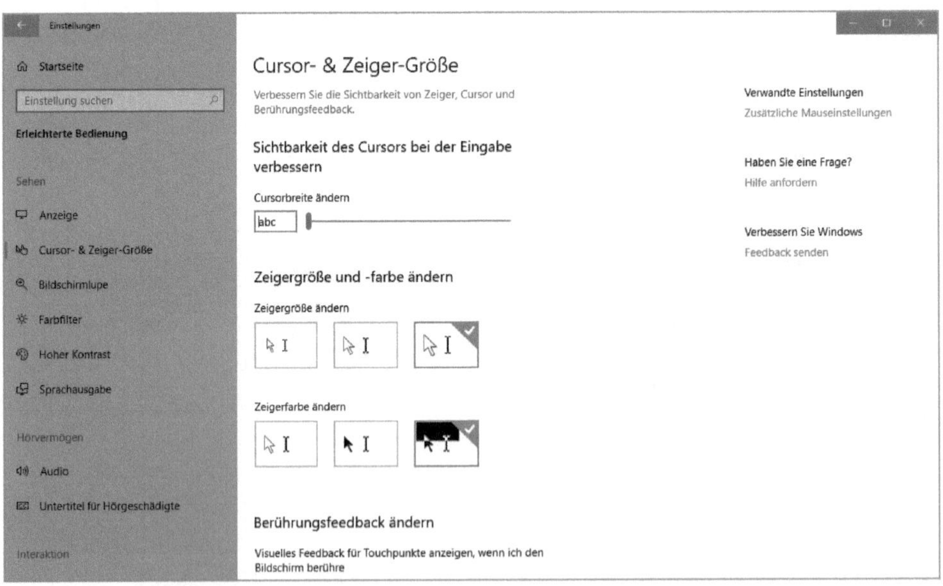

Einstellungen für Größe und Farbe des Mauspfeils

134 Unbekannte Dateien mit dem Editor öffnen

Viele Readme-Dateien von Shareware-Programmen verwenden die Dateiendungen *.1st* oder *.diz*. Dahinter verbergen sich reine Textdateien. Zahlreiche weitere, für Windows unbekannte Dateiarten, wie unter anderem Protokolle und Konfigurationsdateien, liegen in reinem ASCII-Format vor und lassen sich mit einem Texteditor problemlos anzeigen. Allerdings fehlt bei vielen Dateiformaten der Kontextmenüpunkt *Öffnen mit...* entweder komplett oder es werden keine geeigneten Programme zur Auswahl angeboten.

Mit zwei neuen Einträgen in der Registry zeigt Windows in den Kontextmenüs unbekannter Dateien automatisch den Eintrag *Bearbeiten* an, der die Datei im Editor öffnet.

Legen Sie in der Registry unter `HKEY_CLASSES_ROOT\Unknown\shell` einen neuen Schlüssel namens `Edit` an. Weisen Sie hier dem Parameter `(Standard)` die Zeichenkette `Bearbeiten` zu und legen Sie unterhalb dieses Schlüssels einen weiteren Schlüssel namens `command` an. Weisen Sie hier dem Parameter `(Standard)` die Zeichenkette `notepad.exe %1` zu.

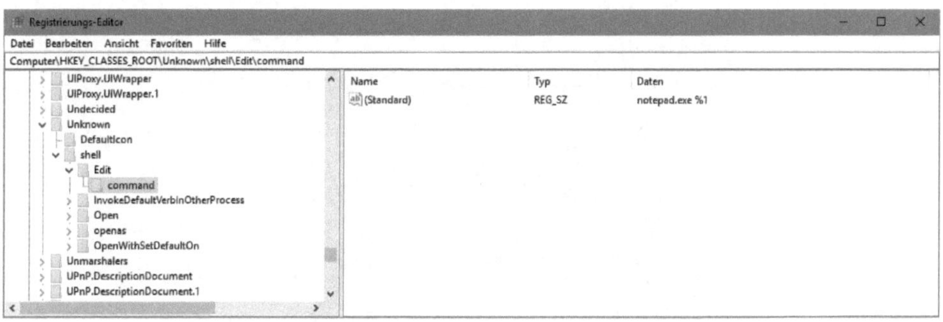

Der neue Menüpunkt in der Registry

Wenn Sie lieber einen anderen Editor verwenden, können Sie natürlich auch diesen eintragen. Um den Menüpunkt wieder zu entfernen, löschen Sie den Schlüssel aus der Registry.

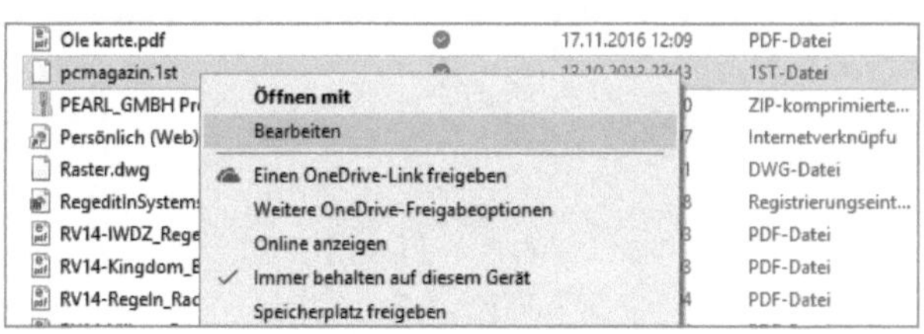

Ein neuer Kontextmenüpunkt ermöglicht das Bearbeiten unbekannter Dateiformate mit dem Editor.

Sie brauchen diesen Registry-Tipp nicht manuell einzugeben, Sie finden ihn in den Downloads zu diesem Buch auf *www.buch.cd*. Importieren Sie einfach die Datei *Editor.reg* per Doppelklick in die Registry.

135 Gibt es keine Analoguhr mehr?

Windows 10 enthält keine klassische Analoguhr mehr. In den Einstellungen erscheint die Zeit nur noch digital und das beliebte Bildschirm-Widget aus Windows 7 ist auch verschwunden. Dabei sind Analoguhren deutlich schneller ablesbar, das Bild prägt sich in Sekundenbruchteilen in das Kurzzeitgedächtnis ein.

Die App *Clock Tile HD* aus dem Microsoft Store liefert eine Analoguhr als Live-Kachel für das Startmenü.

Die App bietet verschiedene Farben und Designs für das Zifferblatt und die Zeiger.

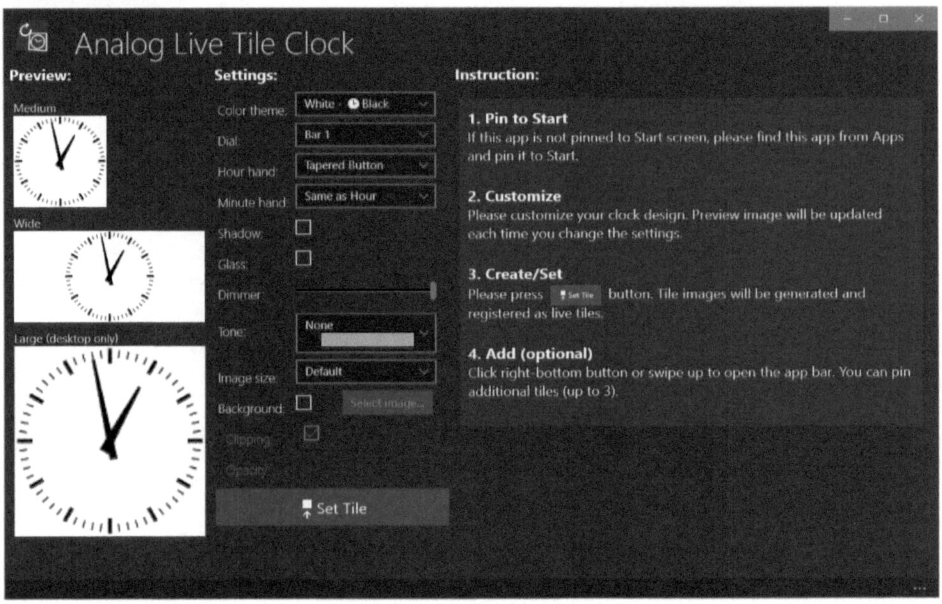

Einstellungen für die Analoguhr

Nachdem Sie die Uhr wie gewünscht eingestellt haben, klicken Sie auf *Set Tile*. Anschließend fügen Sie eine Live-Kachel der App an der gewünschten Position im Startmenü ein. Diese zeigt immer die aktuelle Uhrzeit, ohne die App aufrufen zu müssen.

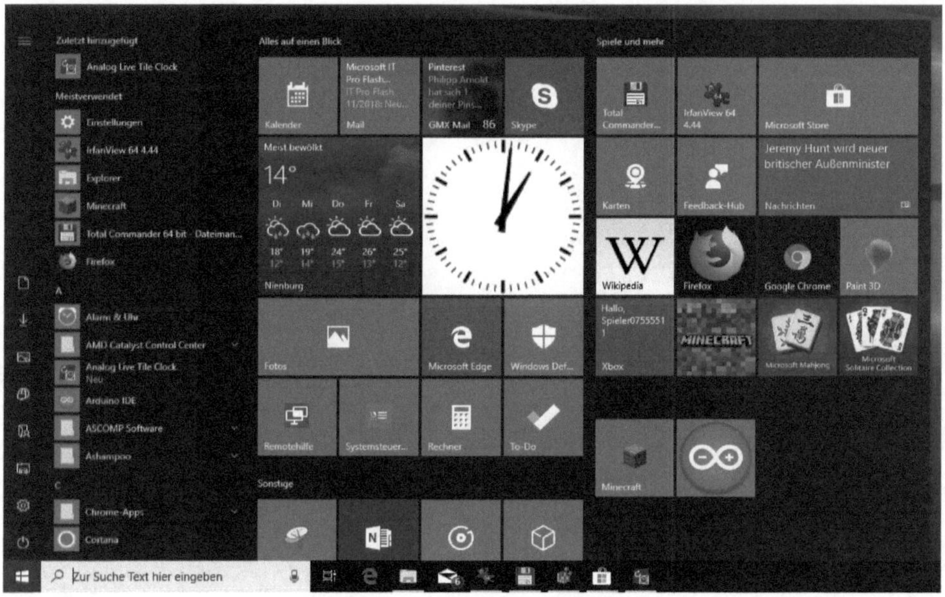

Analoguhr als Kachel im Startmenü

136 Wo ist der Lautstärkemixer?

Dem neuen Lautstärkeregler, den Sie per Klick auf das Lautsprechersymbol im Infobereich der Taskleiste erreichen, fehlen gegenüber Windows 7 die Links auf den Lautstärkemixer sowie die Einstellungen des aktuellen Wiedergabegeräts. Diese Einstellungen finden Sie jetzt im Kontextmenü mit einem Rechtsklick auf das Lautsprechersymbol.

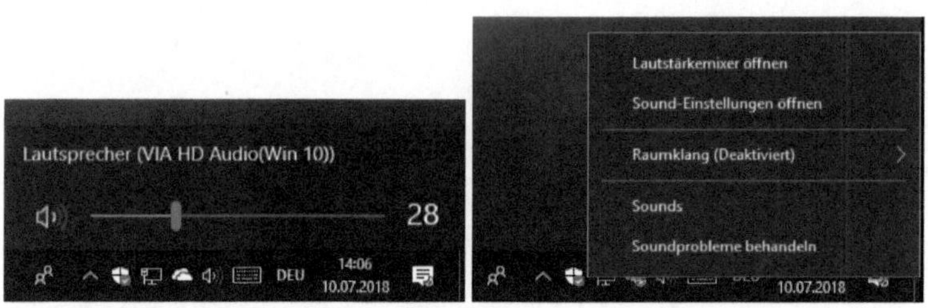

Links- und Rechtsklick auf das Lautsprechersymbol im Info-Center der Taskleiste

Sollte nichts zu hören sein, finden Sie hier auch einen Menüpunkt für die Problembehandlung bei Soundproblemen.

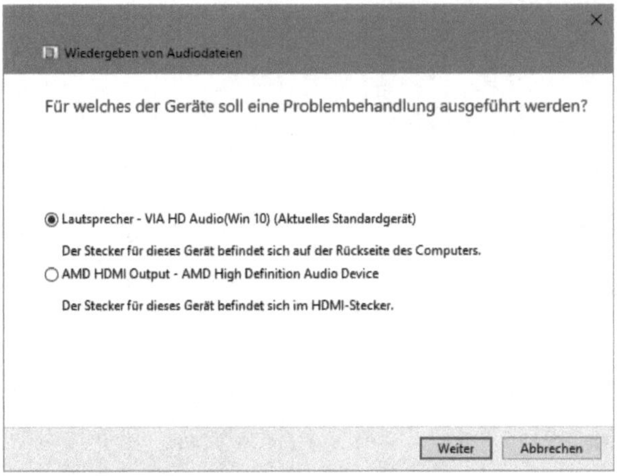

In der Problembehandlung für Soundprobleme wählen Sie als Erstes das problematische Wiedergabegerät.

137 Bing-Bild des Tages funktioniert nicht mehr

Frühere Windows-Versionen konnten die fotografisch sehr ansprechenden Bilder des Tages der Suchmaschine Bing automatisch über ein spezielles Thema als Desktophintergrund verwenden. Diese Themen sind in den Designeinstellungen von Windows 10 leider weggefallen. Es ist auch nicht mehr möglich, einen RSS-Feed für die Diaschau auf dem Desktophintergrund anzugeben.

Die App *Dinamic Wallpaper* aus dem Microsoft Store wechselt automatisch das Hintergrundbild des Desktops oder auch des Sperrbildschirms aus. Dabei können neben dem Bing-Bild des Tages das NASA-Astronomiefoto des Tages oder auch das Pulse-Thema von 500px verwendet werden. In den Einstellungen der App können Sie die Region festlegen, aus der Bing-Bilder verwendet werden, um sich zum Beispiel gezielt Fotos aus Deutschland anzeigen zu lassen.

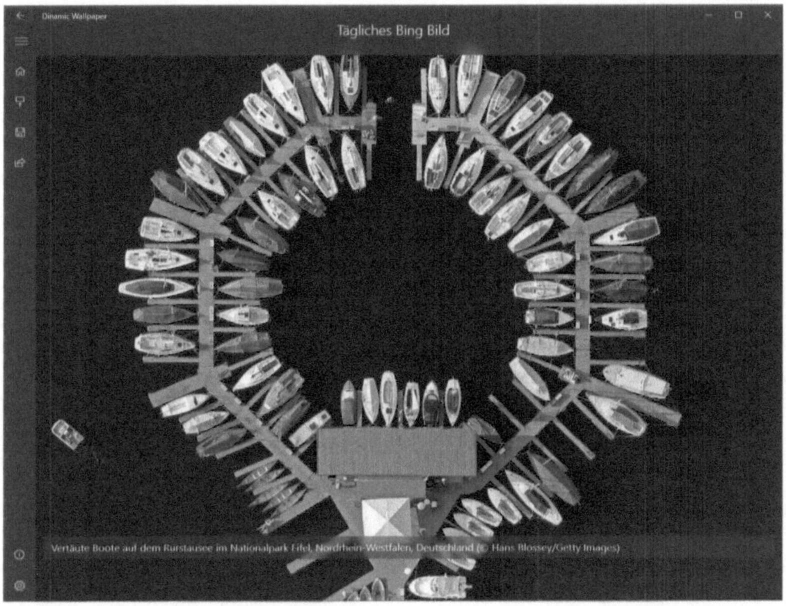

Die App *Dinamic Wallpaper* zeigt Bing-Fotos als Desktophintergrund.

138 Num-Lock beim Neustart einschalten

Windows 10 schaltet beim Starten die `Num-Lock`-Taste nicht automatisch ein, sodass der Ziffernblock auf der Tastatur so lange nutzlos ist, bis man selbst einmal die `Num-Lock`-Taste drückt.

Besonders lästig ist dieses Verhalten, wenn zur Anmeldung eine PIN verwendet wird, die man üblicherweise schnell auf dem Ziffernblock eingibt. Ändern Sie in der Registry unter `HKEY_USERS\.Default\Control Panel\Keyboard` den Parameter `InitialKeyboardIndicators` auf den Wert `2147483650` und starten Sie danach den PC neu. Jetzt ist `Num-Lock` beim Starten von Windows automatisch eingeschaltet.

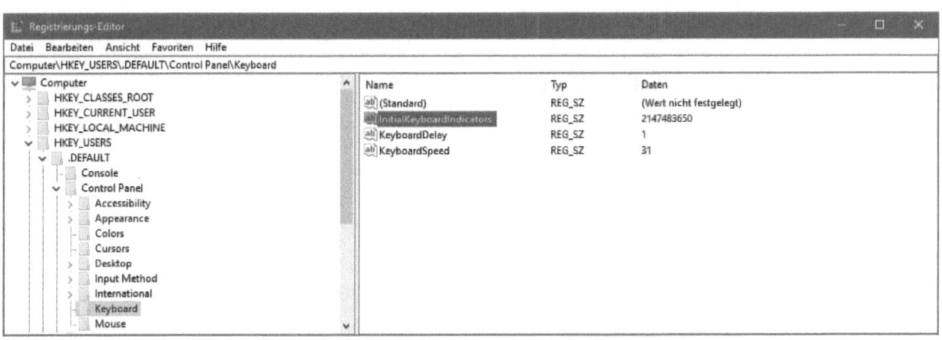

Dieser Registry-Parameter schaltet `Num-Lock` beim Starten ein.

Sie brauchen diesen Registry-Tipp nicht manuell einzugeben, Sie finden ihn in den Downloads zu diesem Buch auf *www.buch.cd*. Importieren Sie einfach die Datei *InitialKeyboardIndicators.reg* per Doppelklick in die Registry.

139 Benutzeroberfläche reagiert auch nach Neustart nicht

Windows 10 lagert beim Herunterfahren Inhalte des Arbeitsspeichers in eine Datei `hiberfil.sys` auf der Festplatte aus, um schneller zu starten. Bei einem normalen Neustart wird also nicht wirklich bei null gestartet, was dazu führen kann, dass Fehler einen Neustart überstehen. Besonders häufig tritt dieses Verhalten auf, wenn einzelne Elemente der Benutzeroberfläche nicht mehr reagieren.

Klicken Sie mit der rechten Maustaste auf das Windows-Logo und wählen Sie im Kontextmenü *Ausführen*. Alternativ könne Sie auch die Tastenkombination [Win]+[R] nutzen. Diese funktioniert auch dann, wenn sich beim Rechtsklick kein Kontextmenü mehr öffnet. Geben Sie im Fenster folgende Befehlszeile ein:

```
shutdown /r /t 0
```

Damit startet Windows 10 einmal komplett neu. Bei diesem sogenannten »Kaltstart« werden keine Arbeitsspeicherinhalte auf der Festplatte abgelegt und danach wieder eingelesen, deshalb dauert der Start auch etwas länger.

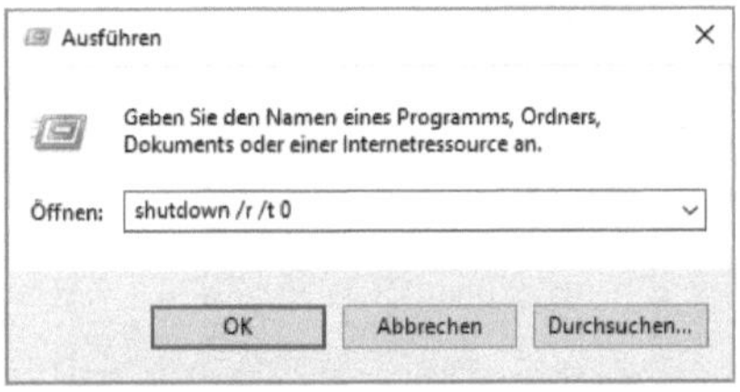

Neustart über einen Kommandozeilenbefehl

140 Anmeldezwang nach Stand-by nervt

Windows 10 ist standardmäßig so eingestellt, dass sich der Benutzer, nachdem der PC wegen Inaktivität in den Stand-by-Modus geschaltet hat, neu anmelden muss, was auf Dauer ziemlich lästig sein kann.

Wählen Sie in den Einstellungen unter *Konten / Anmeldeoptionen* im Listenfeld unter *Anmeldung erforderlich* die Option *Nie*. Nun können Sie den PC ohne erneute Anmeldung aus dem Stand-by-Modus wieder aufwecken.

Anmeldezwang nach Stand-by-Modus abschalten

141 Sperrbildschirm komplett abschalten

Trotz seiner vielfältigen Möglichkeiten ist der Sperrbildschirm bei vielen Anwendern nicht gerade beliebt. Hinzu kommt, dass Microsoft in der finalen Version von Windows 10 den in den Vorabversionen noch enthaltenen Schalter zum Deaktivieren des Sperrbildschirms aus den Einstellungen wieder entfernt hat. Wer den Sperrbildschirm wirklich nicht haben möchte, kann in der Registry unter

```
HKEY_LOCAL_MACHINE\SOFTWARE\Policies\Microsoft\Windows\Personalization
```

einen neuen DWORD-Wert namens `NoLockScreen` anlegen und diesen auf `1` setzen. Danach taucht der Sperrbildschirm nicht mehr auf.

In der Pro-Version von Windows 10 gibt es eine Gruppenrichtlinie *Sperrbildschirm nicht anzeigen* unter *Computerkonfiguration / Administrative Vorlagen / Systemsteuerung / Anpassung*, die den Sperrbildschirm abschaltet. Geben Sie im Cortana-Suchfeld `gpedit` ein und starten Sie damit den Gruppenrichtlinieneditor. Setzen Sie dort diese Richtlinie auf *Aktiviert* und starten Sie den PC neu.

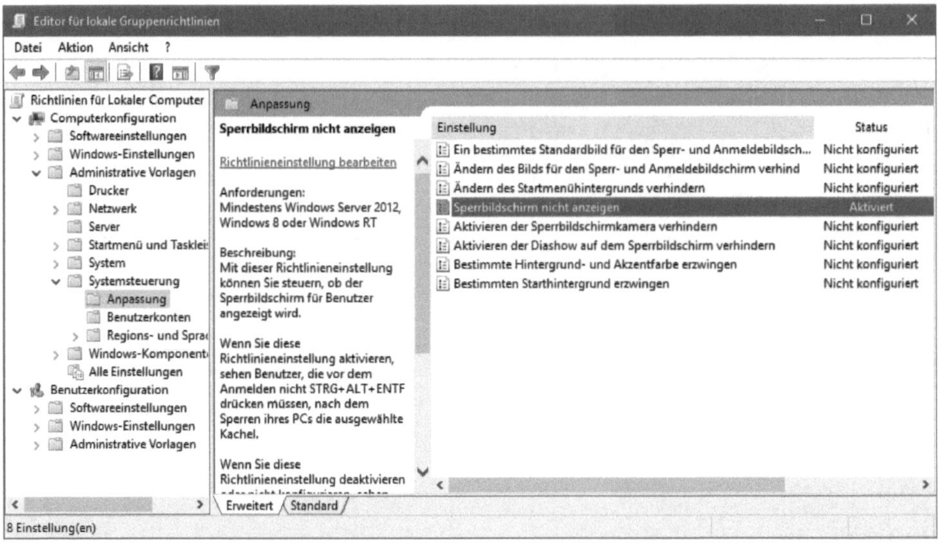

Diese Gruppenrichtlinie schaltet den Sperrbildschirm ab.

Sie brauchen diesen Registry-Tipp nicht manuell einzugeben, Sie finden ihn in den Downloads zu diesem Buch auf *www.buch.cd*. Importieren Sie einfach die Datei *NoLockScreen.reg* per Doppelklick in die Registry.

142 Herstellerlogo aus der Systemsteuerung entfernen

Windows-Versionen, die von Computerherstellern vorinstalliert wurden, enthalten häufig Logos des jeweiligen Herstellers in der Systemsteuerung oder einen Link und Telefonnummern für den Support.

Wenn Sie diese Informationen stören, können Sie sie in der Registry entfernen. In der Standardeinstellung von Windows 10 ist der Registry-Schlüssel

```
HKEY_LOCAL_MACHINE\SOFTWARE\Microsoft\Windows\CurrentVersion\OEMInformation
```

leer. Sollten bereits Daten vorhanden sein, können Sie diese löschen, um wieder ein neutrales Windows zu erhalten. Der Schlüssel selbst muss bestehen bleiben.

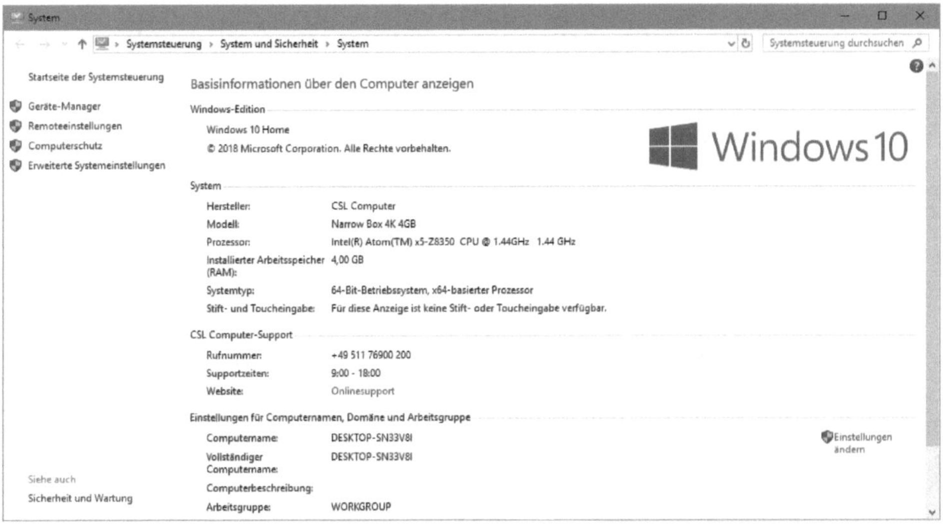

Herstellerinfos in der Systemsteuerung

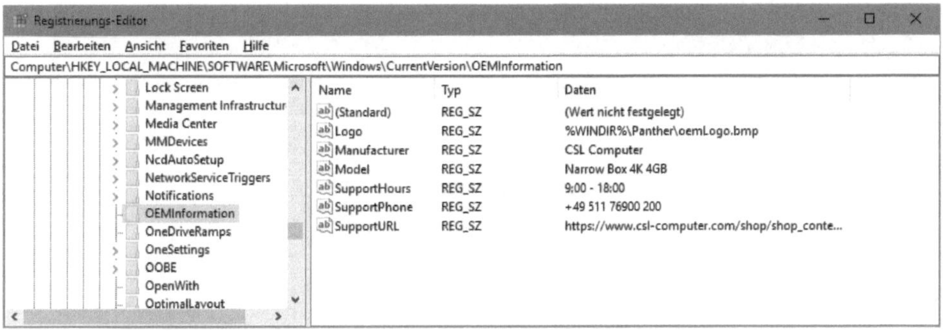

In diesem Registry-Schlüssel sind die Herstellerinformationen gespeichert.

Sie brauchen diesen Registry-Tipp nicht manuell einzugeben, Sie finden ihn in den Downloads zu diesem Buch auf *www.buch.cd*. Importieren Sie einfach die Datei *OEMInformation.reg* per Doppelklick in die Registry.

143 Schriften in Windows-Dialogen sind unscharf

Erscheinen die Schriften in den Windows-Systemdialogen unscharf oder mit farbigen Schatten, liegt dies an einer nicht zum Bildschirm passenden ClearType-Einstellung.

Klicken Sie in der klassischen Systemsteuerung unter *Darstellung und Anpassung / Schriftarten* auf den Link *ClearType-Text anpassen*. Hier können Sie die Textoptimierung ein- und ausschalten und den Effekt auch gleich sehen. Bei einem alten Röhrenmonitor müssen Sie ClearType eventuell deaktivieren. Danach wird überprüft, ob der Monitor auf seine optimale Auflösung eingestellt ist.

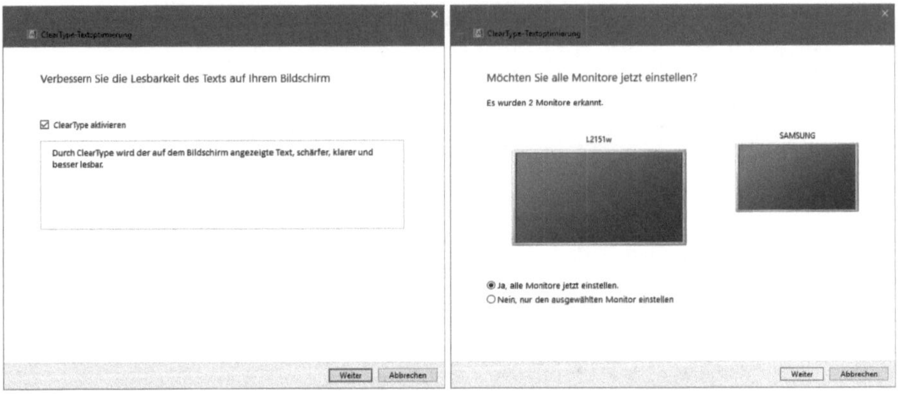

Einstellung zur Kantenglättung mit ClearType

Anschließend startet eine Textoptimierung, die Sie in fünf Schritten auffordert, jeweils aus mehreren Textbeispielen die am besten lesbare Version auszuwählen. So wird die optimale Einstellung der Kantenglättung bestimmt.

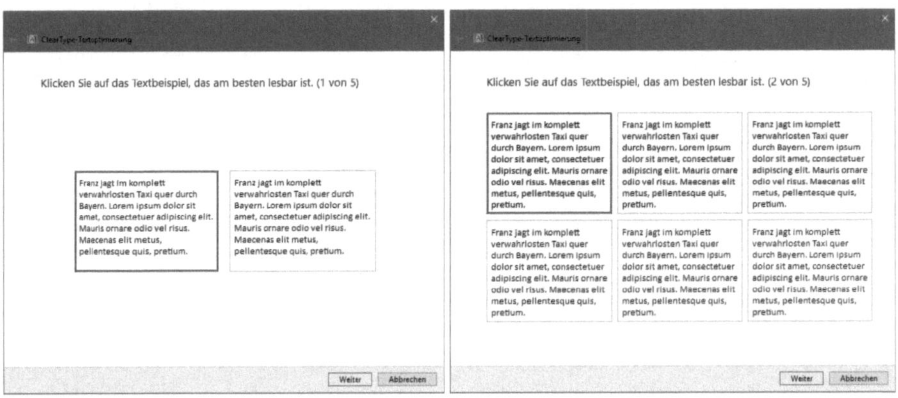

Die ClearType-Textoptimierung in Aktion

144 Zweistellige Jahreszahlen werden falsch interpretiert

Jahreszahlen werden nicht immer vierstellig, sondern manchmal auch zweistellig angegeben. Nur ist diese zweistellige Angabe nicht immer eindeutig. Bezeichnet z. B. 01.01.10 den ersten Januar des Jahres 2010 oder 1910?

Wie zweistellige Jahreszahlen interpretiert werden sollen, legen Sie in einem gut versteckten Dialogfeld fest.

1. Klicken Sie in den Einstellungen unter *Zeit und Sprache / Datum und Uhrzeit* auf den Link *Zusätzliche Datums-, Uhrzeit- und Ländereinstellungen* rechts unter *Verwandte Einstellungen*.

2. Klicken sie im nächsten Fenster im Bereich *Region* auf *Datums-, Uhrzeit- oder Zahlenformat ändern*.
3. Klicken sie im nächsten Fenster auf *Weitere Einstellungen*. Daraufhin öffnet sich ein weiteres Fenster. Schalten Sie hier auf die Registerkarte *Datum*.
4. Tragen Sie im Bereich *Kalender* das höchste Jahr ein, das als zweistellige Jahreszahl interpretiert werden soll. Der Standardwert *2029* legt fest, dass alle zweistelligen Jahre, die kleiner als oder gleich 29 sind (00 bis 29), Jahre aus dem 21. Jahrhundert bezeichnen, 2000 bis 2029. Alle zweistelligen Jahre, die größer als 29 (30 bis 99) sind, bezeichnen Jahre aus dem 20. Jahrhundert, 1930 bis 1999.

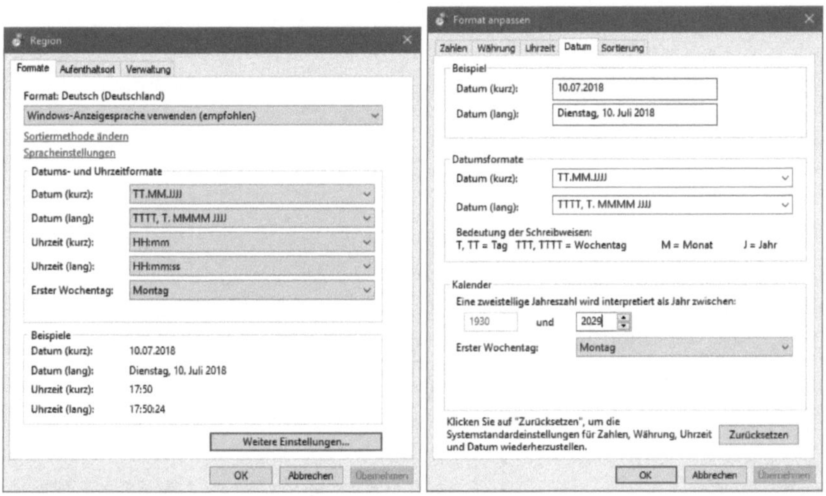

Interpretation zweistelliger Jahreszahlen

145 Mobilitätscenter auch auf Desktop-PC nutzen

Das Windows-Mobilitätscenter fasst ein paar nützliche Einstellungen für Notebooks in einem Fenster zusammen. Hier können Sie unter anderem Bildschirmhelligkeit, Lautstärke und auch einen Energiesparplan einstellen.

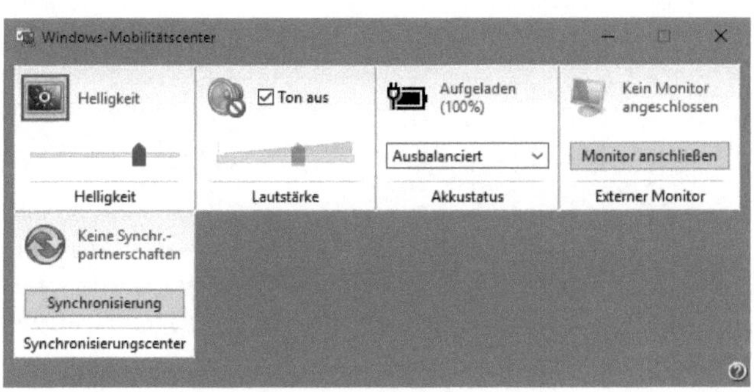

Das Windows-Mobilitätscenter

Das Mobilitätscenter ist aber nur auf Notebooks verfügbar und dort auch im Systemmenü `Win` + `X` enthalten. Dabei kann dieses Programm auf jedem Computer nützlich sein, insbesondere wenn man es über eine Verknüpfung auf dem Startbildschirm oder in der Taskleiste leicht zugänglich macht. Versucht man, über einen Rechtsklick auf das Windows-Logo und *Ausführen* den Befehl `mblctr` zu starten, erscheint auf stationären PCs eine Meldung.

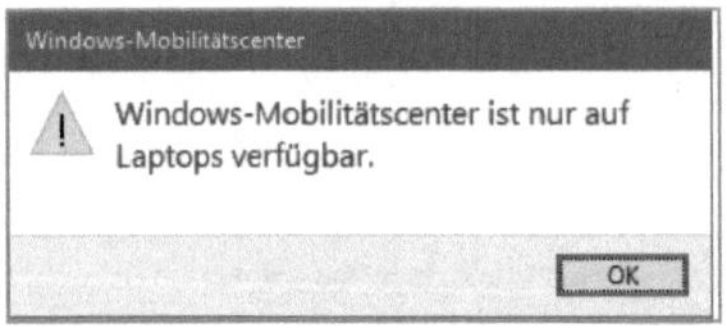

Meldung beim Versuch, das Windows-Mobilitätscenter auf einem PC zu starten

- Legen Sie in der Registry unter `HKEY_CURRENT_USER\Software\Microsoft` einen neuen Schlüssel `MobilePC` an.
- Legen Sie in diesem Schlüssel zwei neue Schlüssel `AdaptableSettings` und `MobilityCenter` an.
- Legen Sie im Schlüssel `AdaptableSettings` einen neuen DWORD-Wert `SkipBatteryCheck` an und geben Sie diesem den Wert `1`.
- Legen Sie im Schlüssel `MobilityCenter` einen neuen DWORD-Wert `RunOnDesktop` an und geben Sie diesem den Wert `1`.

Jetzt können Sie das Mobilitätscenter über den Menüpunkt *Ausführen* im Systemmenü mit `mblctr` aufrufen oder eine Desktopverknüpfung dafür nutzen.

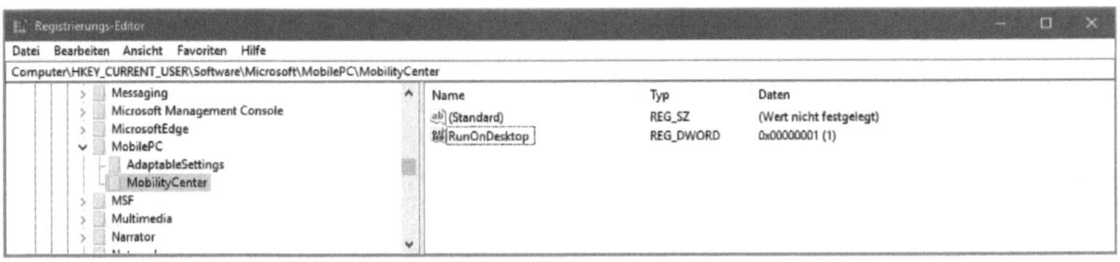

Registrierungsschlüssel für das Mobilitätscenter

Sie brauchen diesen Registry-Tipp nicht manuell einzugeben, Sie finden ihn in den Downloads zu diesem Buch auf *www.buch.cd*. Importieren Sie einfach die Datei *MobilePC.reg* per Doppelklick in die Registry.

146 Bei schwierigen Lichtverhältnissen auf hohen Kontrast umschalten

Windows 10 liefert spezielle Designs mit besonders starken Kontrasten auf weißem oder schwarzem Hintergrund. Wenn Sie diese auswählen, geht zwar einiges von der optischen Eleganz der Oberfläche verloren und das Hintergrundbild verschwindet, aber in diesem Fall ist eine gute Lesbarkeit auch unter schwierigen Umständen gegeben.

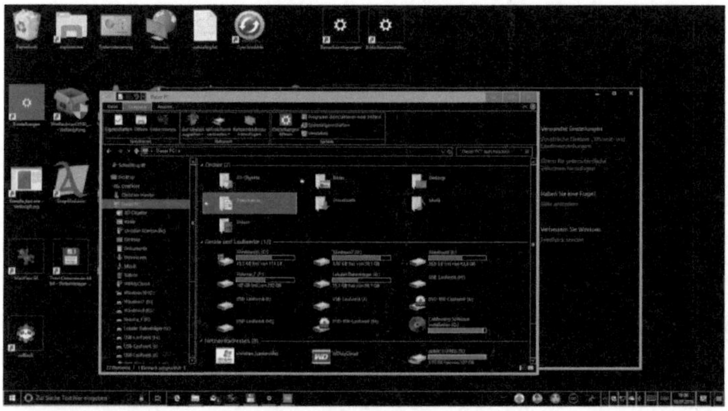

Windows 10 mit hohem Kontrast

Möchten Sie nicht komplett auf ein Design mit hohem Kontrast wechseln, können Sie trotzdem kurzzeitig, wenn z. B. die Lichtverhältnisse es erfordern, auf eine Darstellung mit hohem Kontrast umschalten. Drücken Sie dazu die Tastenkombination `Alt` + `linkeUmschalt` + `Druck`. Mit der gleichen Tastenkombination kommen Sie auch wieder zurück.

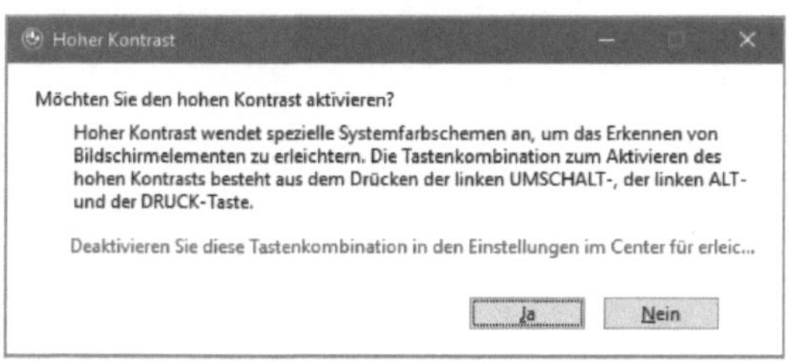

Meldung beim Umschalten auf hohen Kontrast

In den Einstellungen unter *Erleichterte Bedienung / Hoher Kontrast* können Sie die Farben für das Kontrastdesign Ihren persönlichen Vorlieben anpassen.

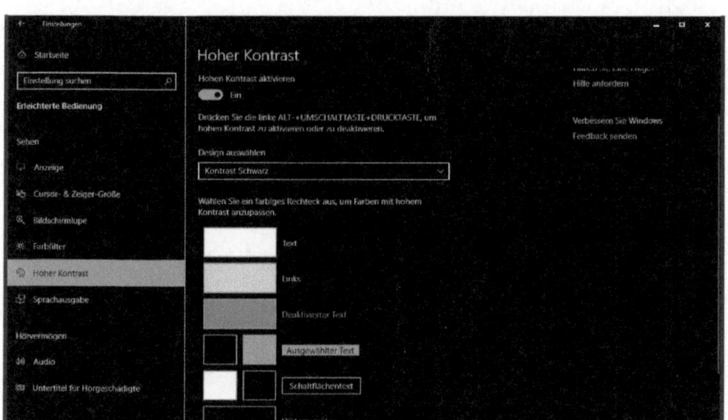

Einstellungen für Design mit hohem Kontrast

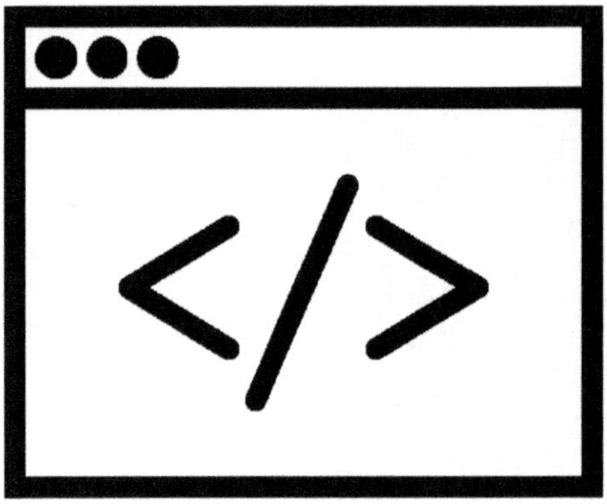

Microsoft Edge und andere Browser

147 Schwächen des Browsers, die sich nicht beheben lassen

Sehr viele Fragen nach typischen Funktionen moderner Browser lassen sich für den neuen Microsoft-Edge-Browser nur mit »gibt es nicht« beantworten:

- Lassen sich Favoriten durchsuchen, automatisch sortieren, exportieren?
- Kann man die Verzeichnisse für Favoriten und Cache umstellen, z. B. auf ein Netzwerklaufwerk oder eine Datenpartition?
- Wie fügt man Ausnahmen zum Pop-up-Blocker hinzu?

Auf alle diese Fragen gibt es derzeit nur eine Standardantwort: Diese Funktionen kennt Edge (noch) nicht.

Die folgenden Funktionen lassen sich nach drei Jahren Windows 10 mit dem April-Update 2018 dann doch endlich mit »ja« beantworten:

- Gibt es einen Vollbildbildmodus (F11)?
- Gibt es einen Werbeblocker?
- Kann man mehrere Schritte auf einmal zurückspringen (z. B. Rechtsklick auf die Pfeilsymbole), um Webseiten auszutricksen, die über Skripte Rückschritte verhindern?
- Kann man Unterordner von Favoritenordnern anlegen? Ja, mit Rechtsklick auf einen Favoriten.
- Kann man den Browserverlauf und andere Daten nach dem Beenden automatisch löschen? Ja, in den Einstellungen unter *Browserdaten löschen*.
- Kann man den Browser direkt im InPrivate-Modus starten? Ja, mit einem Rechtsklick auf das Edge-Symbol in der Taskleiste.

148 Werbeblocker im Microsoft-Edge-Browser nachrüsten

Seit dem Jahresupdate 2016 unterstützt der Microsoft-Edge-Browser endlich auch Erweiterungen. Allerdings lassen sich diese nicht einfach von der Website des jeweiligen Entwicklers herunterladen, sondern sie müssen über den Microsoft Store installiert werden.

Im Menüpunkt *Erweiterungen* im Browsermenü finden Sie einen Link auf die Kategorie der Microsoft-Edge-Erweiterungen im Microsoft Store. Werbeblocker gehören bei allen Browsern zu den beliebtesten Erweiterungen. Mittlerweile werden unter anderem die bekannten Werbeblocker *AdBlock*, *uBlock Origin*, *AdGuard*, *Adblocker Ultimate* und *Adblock Plus* angeboten. Ähnlich wie bei Virenscannern gilt auch hier: Entscheiden Sie sich für eine Software und installieren Sie keine zwei Werbeblocker parallel.

Klicken Sie im Menü des Microsoft-Edge-Browsers auf *Erweiterungen*, erscheinen eine Liste der bereits installierten Erweiterungen sowie neue Vorschläge. Über den Link *Weitere Erweiterungen durchsuchen* öffnen Sie den Microsoft Store, um Erweiterungen zu finden und zu installieren.

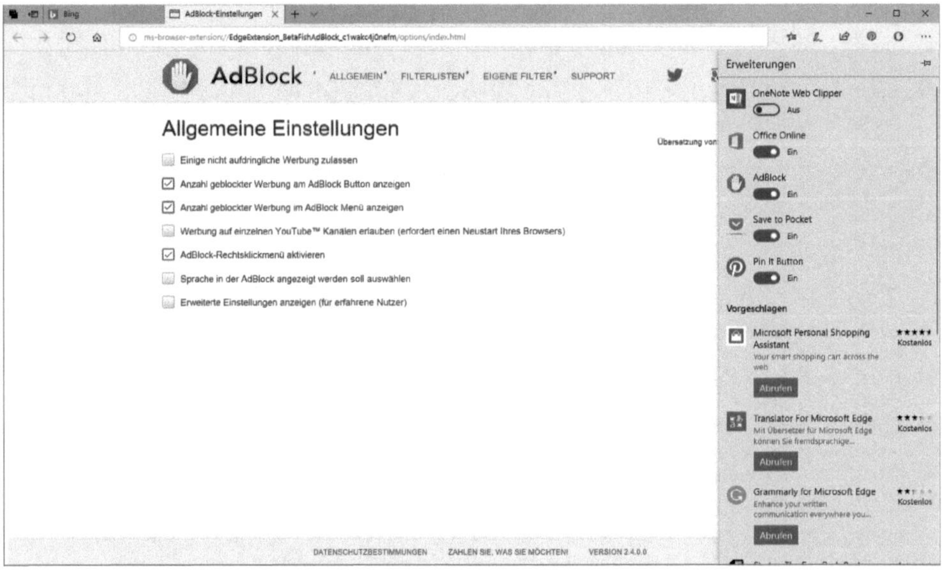

Die Liste installierter und vorgeschlagener Browser-Erweiterungen und Einstellungen von AdBlock

Mit den Schaltern bei den installierten Erweiterungen in der Liste schalten Sie die betreffende Erweiterung ein oder aus. Ein Klick auf das Zahnradsymbol öffnet die Einstellungen-Leiste der Erweiterung, wo Sie je nach Art der Erweiterung unterschiedliche Einstellungen vornehmen können. Einige Erweiterungen erfordern eine Anmeldung mit einem Benutzerkonto des jeweiligen Anbieters. Diese Anmeldung erfolgt meist auch über die Einstellungen oder bei der ersten Verwendung.

Die Erweiterungen legen üblicherweise bei der Installation ein Symbol rechts oben im Edge-Browser an. Ein Klick darauf blendet je nach Erweiterung unterschiedliche Funktionen ein. Mit einem Rechtsklick auf das Symbol können Sie es ausblenden oder die Erweiterung verwalten. Die Werbeblocker bieten an dieser Stelle auch noch erweiterte Optionen, um z. B. unaufdringliche Werbung zuzulassen oder auf bestimmten Websites den Werbeblocker ganz abzuschalten.

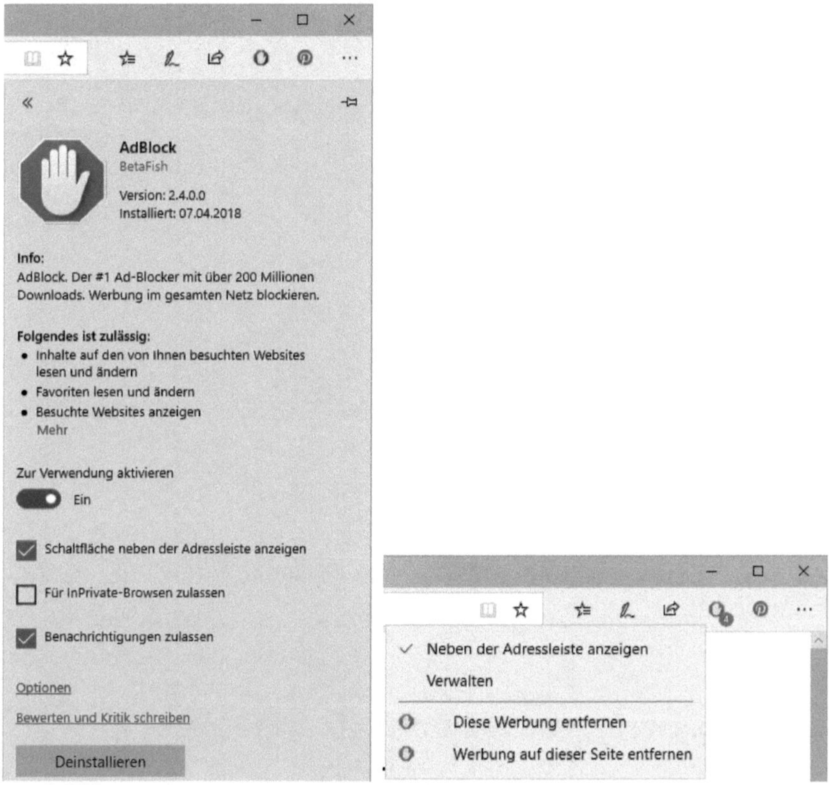

Dialogfeld und Kontextmenü der Erweiterung AdBlock

149 Alternativen Browser als Standard setzen

In früheren Windows-Versionen konnten sich alternative Browser wie Firefox oder Chrome selbst zum Standardbrowser erklären, wenn der Benutzer eine entsprechende Einstellung im Browser aktiviert hatte.

Mit Windows 10 macht es Microsoft den Browserherstellern schwerer. Der Benutzer muss den Standardbrowser jetzt in den Einstellungen unter *Apps / Standard-Apps / Webbrowser* selbst auswählen.

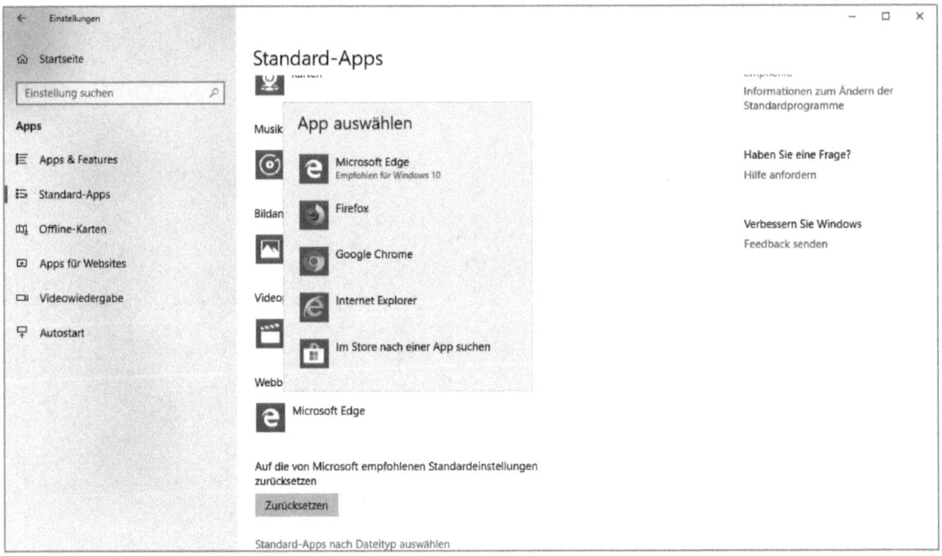

Die Einstellung des Standardbrowsers verbirgt sich in den Systemeinstellungen und kann nicht mehr vom Browser selbst vorgenommen werden.

150 Internet Explorer aus Windows 10 entfernen

Der Internet Explorer wird in Windows 10 noch aus Kompatibilitätsgründen mitgeliefert. Da ihn die meisten Anwender nicht nutzen, können Sie ihn deinstallieren, was etwas freien Festplattenplatz und zusätzliche Sicherheit bringt, sollte ein Programm den Internet Explorer einmal starten.

Der Internet Explorer ist nicht in der Liste der installierten Programme zu finden, sondern über den Link *Optionale Features verwalten* in den Einstellungen unter *Apps / Apps & Features*.

Markieren Sie hier den *Internet Explorer 11* und klicken Sie auf *Deinstallieren*.

Internet Explorer 11 aus Windows 10 entfernen

151 Passwort für eine Website vergessen

Haben Sie das Passwort für eine anmeldepflichtige Website vergessen, können Sie zwar von dem Browser, in dem es gespeichert ist, noch darauf zugreifen, nicht aber von einem anderen installierten Browser oder einem anderen Computer.

Im Gegensatz zu Firefox bietet der Microsoft-Edge-Browser keine Möglichkeit, gespeicherte Passwörter im Klartext anzuzeigen. Windows speichert aber alle Passwörter aus dem Browser wie auch aus Apps im Benutzerkonto. Diese lassen sich in der Systemsteuerung unter *Benutzerkonten / Anmeldeinformationsverwaltung* einzeln einsehen und auf Wunsch auch entfernen.

Beim ersten anzuzeigenden Passwort nach Öffnen dieses Systemsteuerungsmoduls muss noch einmal das eigene Benutzerkennwort oder die Anmelde-PIN eingegeben werden.

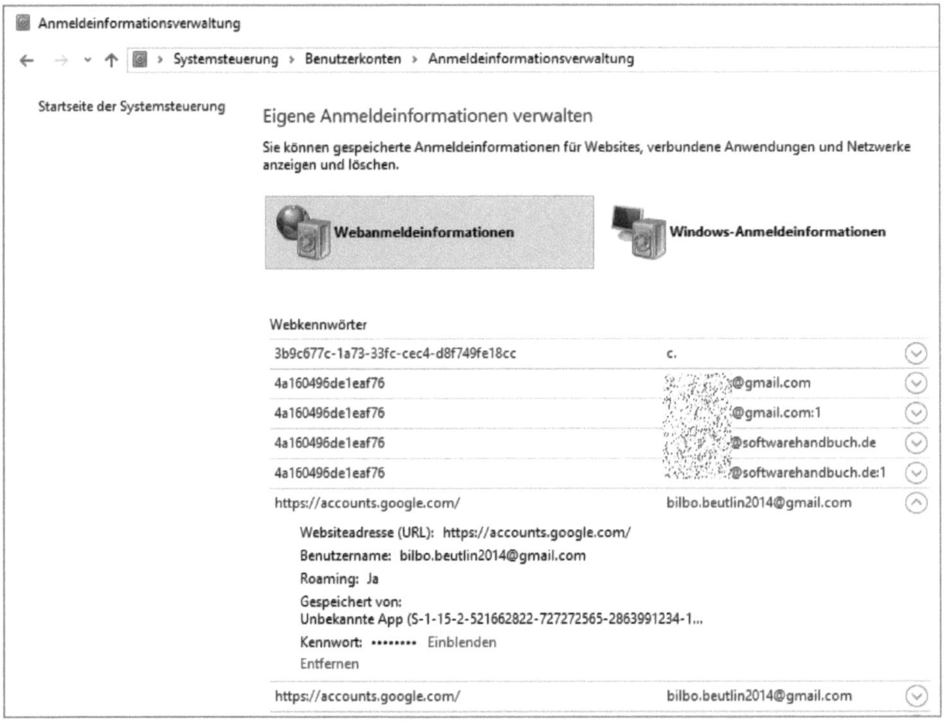

Die Anmeldeinformationsverwaltung in der Systemsteuerung speichert Benutzernamen und Passwörter von Websites und Apps.

152 Anmeldeprobleme in Edge

Immer wieder berichten Nutzer von Anmeldeproblemen auf geschützten Websites wie z. B. Webmail-Diensten oder Onlineshops, wenn sie den Microsoft-Edge-Browser nutzen. Dabei handelt es sich allerdings um kein technisches Problem, sondern meistens sind sie einer der vielen zweifelhaften Anleitungen im Zusammenhang mit der Datenschutzparanoia gefolgt, die von manchen Medien kurz nach dem Start von Windows 10 vorangetrieben wurden. Oder aber sie haben eines der in diesen Anleitungen erwähnten Tools verwendet. Wenn dieses Tool nicht grundsätzliche Einstellungen des Betriebssystems zerstört hat, reicht es oft aus, in den Einstellungen des Edge-Browsers unter *Erweiterte Einstellungen / Cookies* die Option *Nur Cookies von Drittanbietern blockieren* zu wählen. Danach funktionieren die üblichen Website-Anmeldungen wieder.

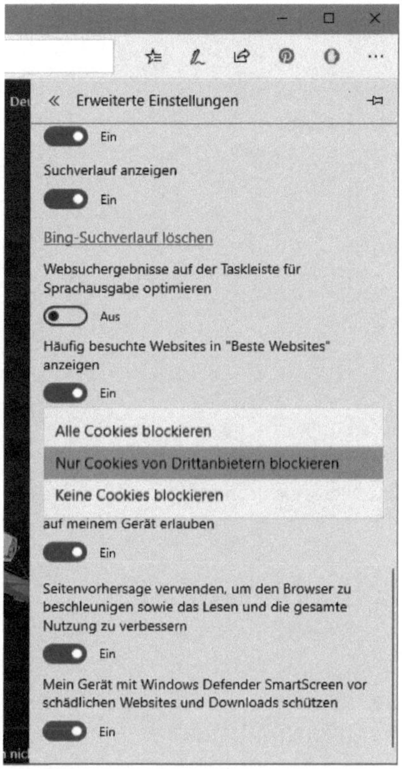

Die richtigen Cookie-Einstellungen im Edge-Browser verhindern die meisten Anmeldeprobleme in Onlineshops und Webmail-Diensten.

153 Andere Standardsuche als Bing in Edge einstellen

Der Microsoft-Edge-Browser sucht standardmäßig über Bing, wenn man in der Adresszeile oder im Suchfeld auf der Startseite einen Suchbegriff eingibt. Diese Suchmaschine lässt sich ändern, allerdings muss man dazu zunächst die Website der gewünschten Suchmaschine besuchen, wie z. B. *www.google.de*, da Edge keine Möglichkeit bietet, beliebige Suchmaschinen einzutragen, sondern diese automatisch finden muss.

Klicken Sie anschließend in den Einstellungen von Edge unter *Erweiterte Einstellungen* auf den Button *Suchmaschine ändern* unterhalb von *In Adressleiste suchen mit*. Wählen Sie hier aus der Liste der erkannten Suchmaschinen die gewünschte aus und klicken Sie auf *Als Standard*.

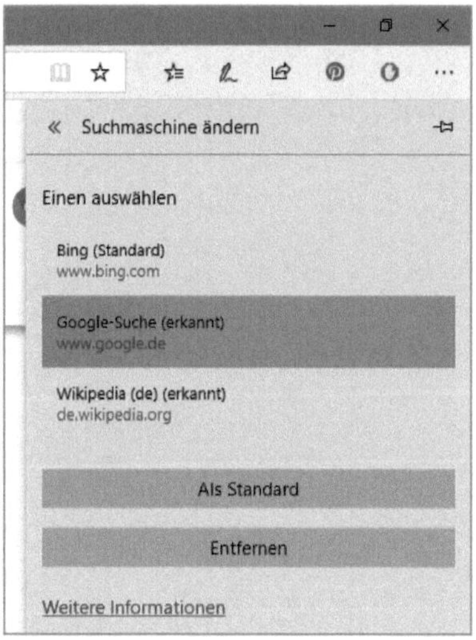

Um eine Suchmaschine in Edge als Standardsuche auszuwählen, muss diese durch einmaligen Besuch der Website zunächst erkannt werden.

154 Auf Deutsch verfügbare Websites werden auf Englisch angezeigt

Viele internationale Websites erkennen anhand der im Browser eingestellten Sprache die Sprache, die der Benutzer bevorzugt, und zeigen ihre Inhalte entsprechend in dieser Sprache an. Im Microsoft-Edge-Browser ist keine Spracheneinstellung zu finden. Sollte also auf einem deutschen Windows eine internationale Website unerwartet in Englisch oder gar Chinesisch angezeigt werden, schalten Sie in den Einstellungen unter *Datenschutz / Allgemein* den Schalter *Websites den Zugriff auf die eigene Sprachliste gestatten...* ein.

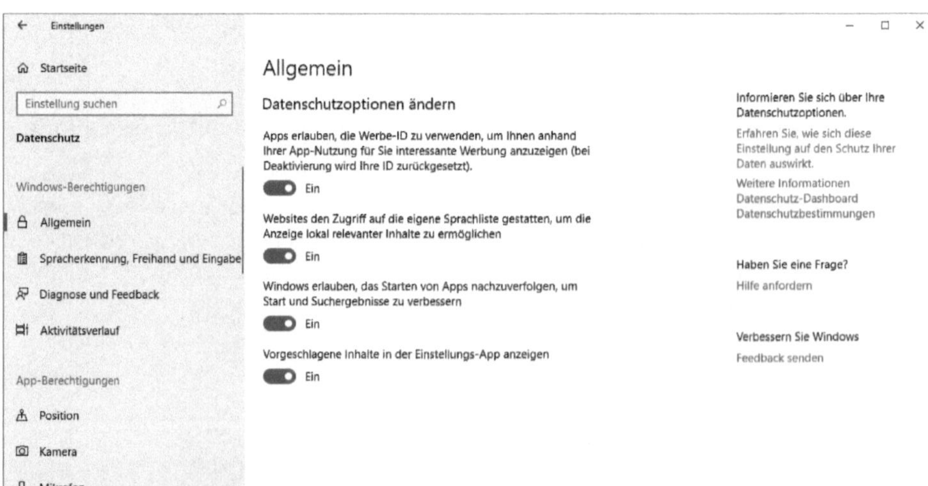

Der Zugriff auf die Sprachenliste ermöglicht die automatische Erkennung der Benutzersprache für eine Website.

155 Edge-Browser öffnet keine Apps

Webseiten können Links enthalten, die standardmäßig in Windows-10-Apps anstatt im Browser geöffnet werden, wenn diese Apps zusätzliche Funktionen bieten. Der Schalter *Websites in Apps öffnen* in den erweiterten Einstellungen des Edge-Browsers legt fest, welche Webadressen statt mit dem Browser mit einer passenden App geöffnet werden. Welche Seiten mit Apps aufgerufen werden, können Sie mit einem Klick auf *In Apps geöffnete Websites auswählen* wählen. Die passenden Apps müssen dazu natürlich installiert sein.

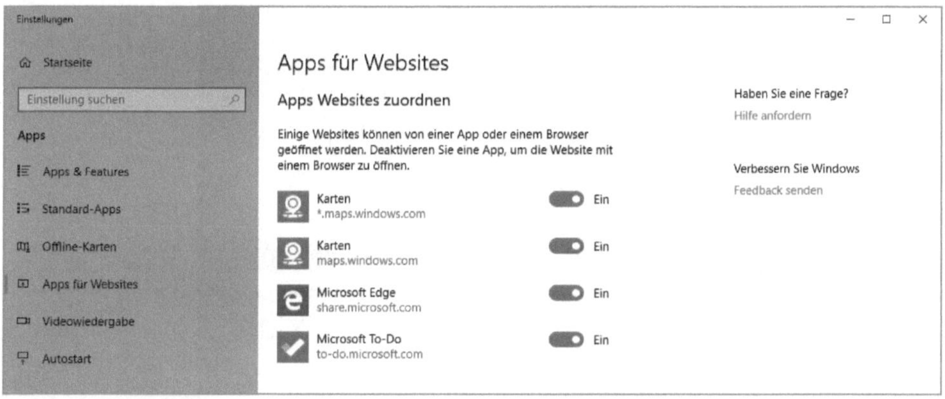

Apps für Websites zuordnen

156 Zurücksetzen der Dateitypzuordnungen für HTML und PDF auf Microsoft Edge verhindern

Ein neuer Mechanismus in Windows 10 setzt die Dateitypzuordnungen auf die von Windows vorgegebenen Standardprogramme zurück, wenn ein Dateityp keinem Programm mehr zugeordnet ist oder ein neu zugeordnetes Programm Probleme bereitet.

Das Info-Center benachrichtigt, wenn eine App-Standardeinstellung zurückgesetzt wurde.

Sind mehrere Browser oder PDF-Betrachter und -Editoren installiert, kann es leicht passieren, dass die Dateitypzuordnung für **.htm*, **.pdf*, **.svg* oder **.xml* auf den Microsoft-Edge-Browser zurückgesetzt wird, obwohl mindestens ein installiertes Programm mit diesen Standard-Webformaten deutlich besser umgehen könnte.

Suchen Sie im Registry-Schlüssel `HKEY_CLASSES_ROOT` den dem gewünschten Dateiformat zugehörigen Unterschlüssel aus der Tabelle und legen Sie dort eine leere Zeichenfolge mit Namen `NoOpenWith` an. Damit verhindern Sie das automatische Zurücksetzen der Dateitypzuordnung auf den Microsoft-Edge-Browser für das entsprechende Dateiformat.

Dateityp	*Schlüssel*
*.htm, *.html	AppX4hxtad77fbk3jkkeerkrm0ze94wjf3s9
*.pdf	AppXd4nrz8ff68srnhf9t5a8sbjyar1cr723
*.svg	AppXde74bfzw9j31bzhcvsrxsyjnhhbq66cs
*.xml	AppXcc58vyzkbjbs4ky0mxrmxf8278rk9b3t-

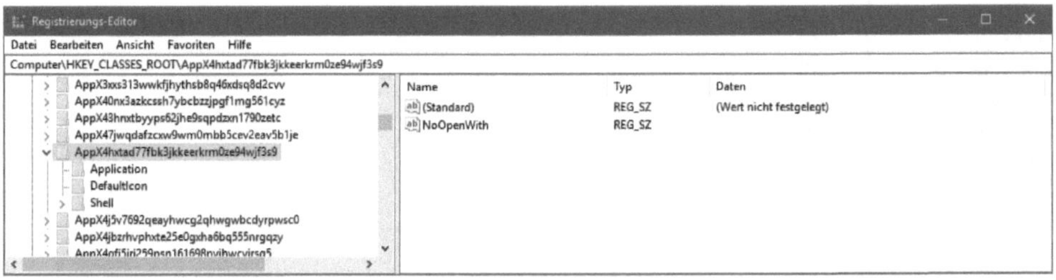

Dieser Registry-Wert verhindert das Zurücksetzen der Standardeinstellung für HTML-Dateien.

Sie brauchen diesen Registry-Tipp nicht manuell einzugeben, Sie finden ihn in den Downloads zu diesem Buch auf *www.buch.cd*. Importieren Sie einfach die Datei *NoOpenWith.reg* per Doppelklick in die Registry.

157 Edge-Browser zurücksetzen

Viele Browserprobleme lassen sich durch Zurücksetzen des Browsers auf die Werkseinstellungen beheben. Leider bietet der Microsoft-Edge-Browser im Gegensatz zu Firefox keine Möglichkeit, den Browser mit einem Klick zurückzusetzen.

1. Klicken Sie oben rechts im Microsoft-Edge-Browser auf das Menüsymbol mit den drei Punkten und wählen Sie im Menü *Einstellungen*.
2. Klicken Sie unter *Browserdaten löschen* auf *Zu löschendes Element auswählen*.
3. Schalten Sie auf dem nächsten Bildschirm alle Kontrollkästchen ein. Klicken Sie dann auf *Löschen*.

❹ Nachdem kurz eine Meldung über das erfolgreiche Löschen der Daten eingeblendet wurde, starten Sie den Computer neu.

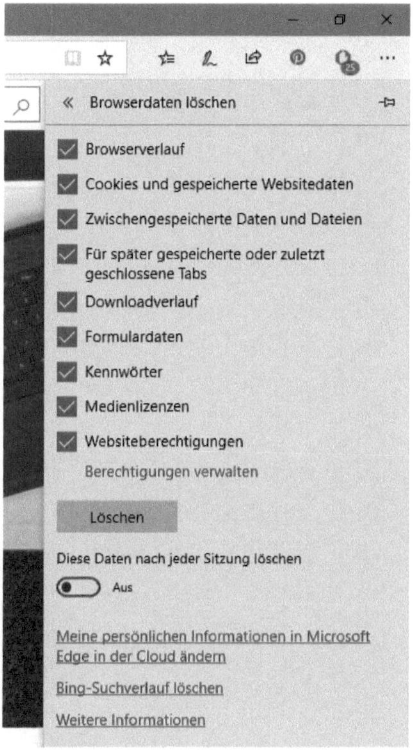

Bei Problemen alle Browserdaten löschen

158 Firefox-Browser zurücksetzen

Firefox bietet einen eingebauten Reparaturmechanismus, um alle installierten Erweiterungen sowie alle persönlichen Einstellungen und Daten auf einmal zu löschen und den Browser auf den Werkszustand zurückzusetzen.

Geben Sie in der Adresszeile `about:support` ein und klicken Sie dann auf den Button *Firefox bereinigen*. Nach einer Sicherheitsabfrage wird Firefox komplett zurückgesetzt.

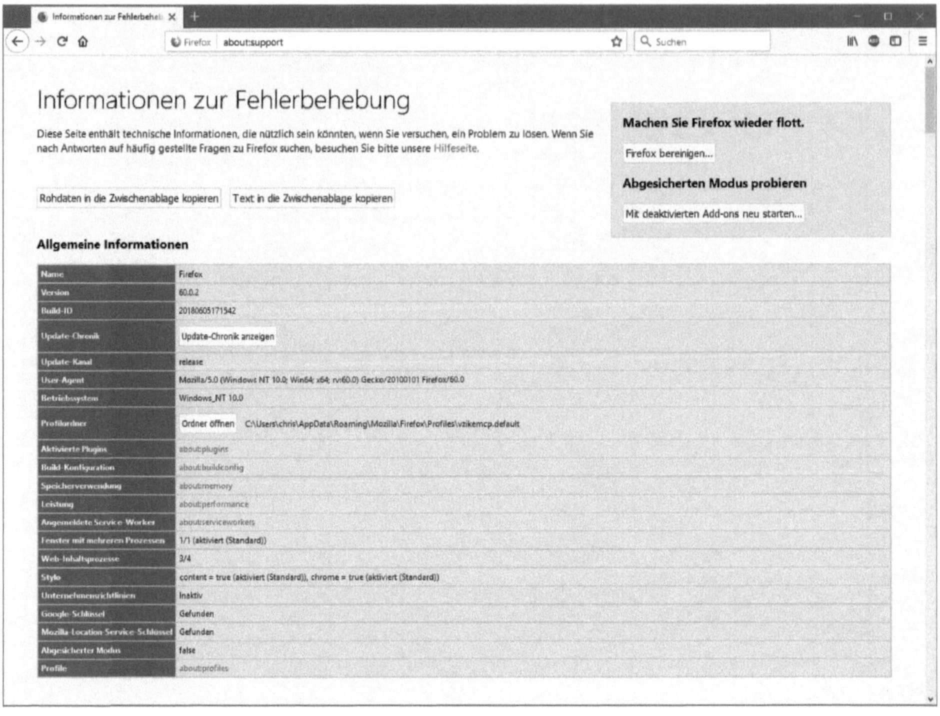

Firefox bei Problemen mit einem Klick zurücksetzen

159 Edge-Browser reparieren

Leider kommt es sehr häufig vor, dass der Microsoft-Edge-Browser beim Klick auf die Startkachel nicht startet. Die zwei häufigsten Ursachen dieses Problems sind eine fehlerhafte Startoption und eine fehlerhafte Registrierung der Edge-App.

Um zu überprüfen, welche dieser Ursachen zutrifft, klicken Sie mit der rechten Maustaste auf das Windows-Logo in der Taskleiste und wählen im Kontextmenü *Ausführen*. Geben Sie hier wie in der Abbildung *microsoft-edge:* (mit Doppelpunkt am Ende) ein.

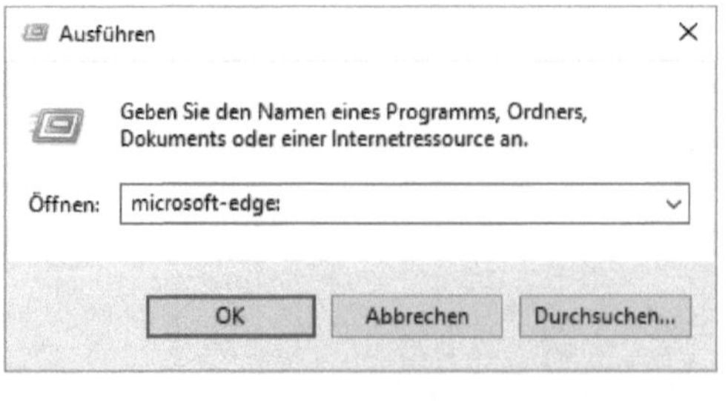

Microsoft-Edge-Browser über eine Kommandozeile starten

Startet der Microsoft-Edge-Browser, wird in den meisten Fällen angezeigt, dass die gewünschte Seite nicht geöffnet werden kann. Löschen Sie in den Einstellungen die eingetragene Startseite und wählen Sie eine andere Startseite. Wenn die Standardseite nicht funktioniert, wählen Sie im Listenfeld *Bestimmte Seite(n)*. Tragen Sie als neue Startseite *about:start* ein. Schließen Sie den Browser und starten Sie ihn neu.

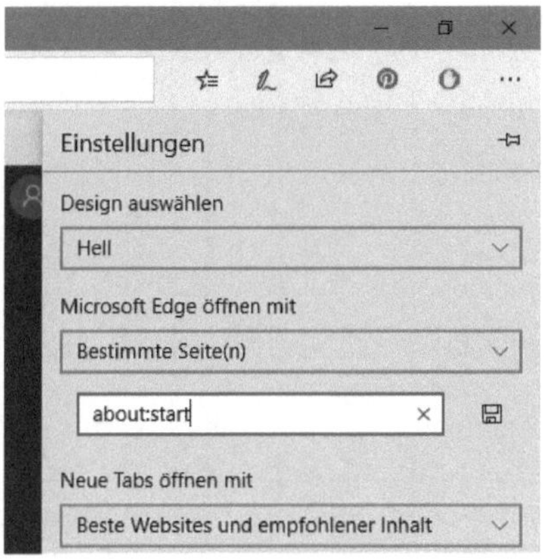

Bei Startfehlern in Edge eine neutrale Startseite auswählen

160 Wenn die einfache Reparatur nicht funktioniert

Lässt sich das Startproblem von Edge durch einen Start per Kommandozeile nicht lösen, muss die App neu im System registriert werden. Klicken Sie dazu im Startmenü unter *Windows PowerShell* mit der rechten Maustaste auf den Eintrag *Windows PowerShell* und wählen Sie im Kontextmenü *Als Administrator ausführen*. Bestätigen Sie die Abfrage der Benutzerkontensteuerung.

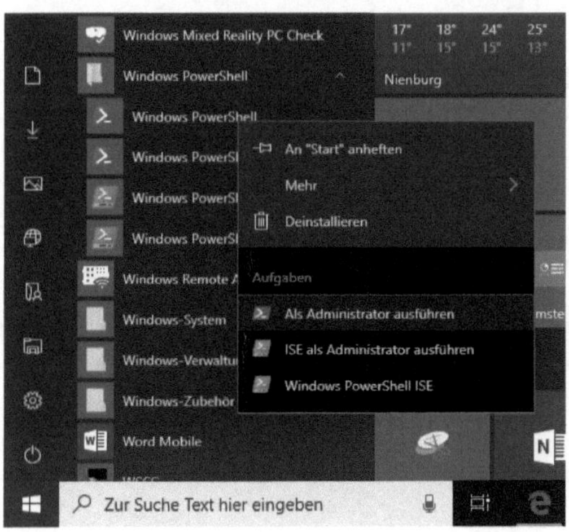

PowerShell mit Administratorberechtigung ausführen

Geben Sie im PowerShell-Fenster folgende Befehlszeile (in einer Zeile) ein und warten Sie, bis sie abgearbeitet ist:

```
Add-AppXPackage -DisableDevelopmentMode -Register "C:\Windows\SystemApps\
Microsoft.MicrosoftEdge_8wekyb3d8bbwe\AppXManifest.xml"
```

Sollte nun eine Fehlermeldung in roter Schrift erscheinen, reicht es in den meisten Fällen aus, alle offenen Programmfenster außer der PowerShell zu schließen und die Befehlszeile noch einmal auszuführen. Mit der [↑]-Taste holen Sie den letzten Befehl wieder an den Cursor, ohne ihn erneut eingeben zu müssen.

Starten Sie nun den Microsoft-Edge-Browser wie gewohnt über die Startkachel oder die Taskleiste.

161 Fehlalarm! Edge-Browser sperrt harmlose Websites

Der im Edge-Browser eingebaute SmartScreen-Filter warnt vor Websites, die als gefährlich eingestuft wurden. Microsoft greift dabei auf eine lange Liste an Seiten zurück, zusätzlich werden auch bestimmte Scripting-Techniken erkannt und lösen eine Warnung im Browser aus.

Sollte der SmartScreen-Filter eine harmlose Website fälschlicherweise sperren, klicken Sie in der Warnung auf *Weitere Informationen* und dann auf *Melden, dass diese Website keine Bedrohungen enthält*. Damit wird Microsoft aufgefordert, die Seite erneut zu testen.

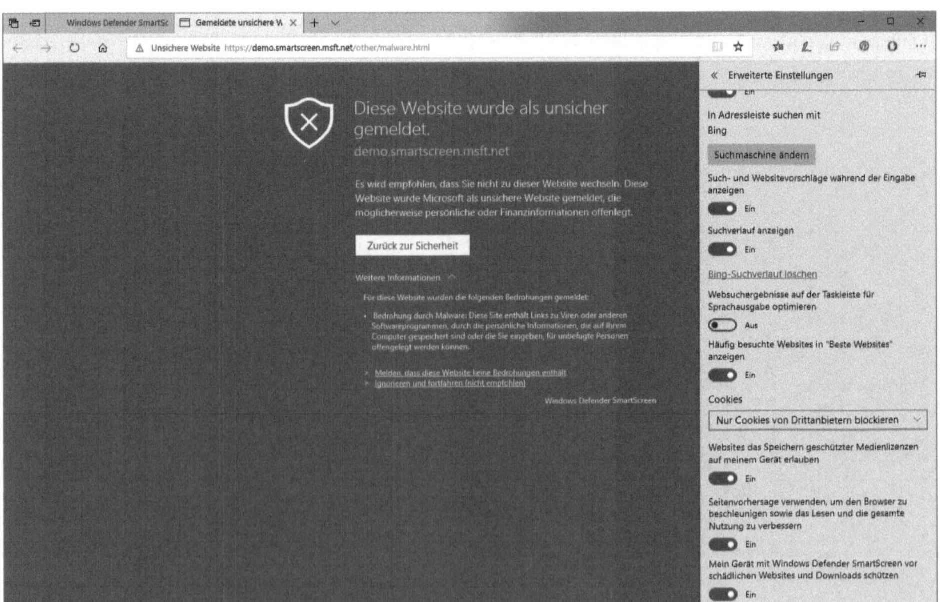

Als gefährlich gemeldete Website

Über den Link *Ignorieren und fortfahren* können Sie die Seite trotzdem besuchen. Sollte sie allerdings tatsächlich gefährliche Elemente enthalten, sind Sie diesen jetzt schutzlos ausgeliefert. Zusätzlich besteht die Möglichkeit, in den erweiterten Einstellungen des Microsoft-Edge-Browsers den SmartScreen-Filter zu deaktivieren, was jedoch nicht zu empfehlen ist.

Auf der Seite *demo.smartscreen.msft.net* können Sie das Verhalten des SmartScreen-Filters testen. Die dort angebotenen Links sind allesamt harmlos, aber zu Demonstrationszwecken in der Malware-Datenbank bei Microsoft eingetragen.

162 Ich bekomme personalisierte Werbung, obwohl der Tracking-Schutz eingeschaltet ist

Erscheint auf einer Website, die man zuvor noch nie besucht hat, Werbung, die in offensichtlichem Zusammenhang mit den letzten Amazon-Käufen steht, löst dies bei manchen Benutzern paranoide Reaktionen aus. Dabei sollte man doch eigentlich froh sein, anstelle der üblichen Spielcasino- oder Erotikanzeigen möglicherweise interessante Produkte angeboten zu bekommen. Stattdessen schalten manche dann gleich den Tracking-Schutz in den erweiterten Einstellungen des Microsoft-Edge-Browsers ein.

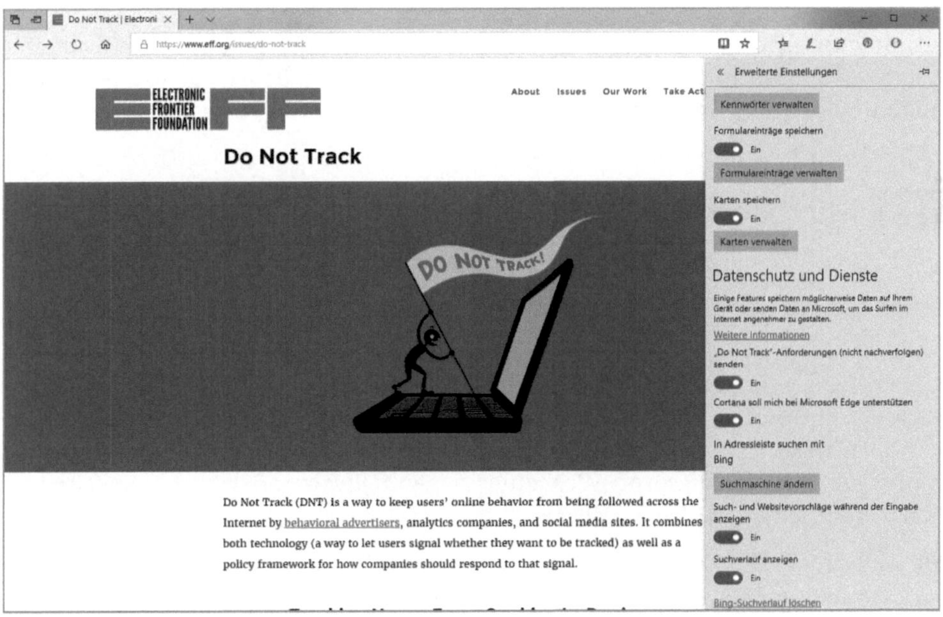

Die Seite *donottrack.us* liefert Informationen über den Tracking-Schutz im Browser.

Hier ein paar Hintergrundinformationen, um zu verstehen, warum der Tracking-Schutz heute fast nichts mehr bringt:

Der »Do Not Track«-Header (DNT) weist den jeweiligen Webserver an, Skripte von Drittanbietern zu blockieren. Dabei werden nur »heimliche« Aufrufe blockiert. Klicken Sie eine der betreffenden Websites direkt an, können Sie sie ganz normal besuchen. Die Technik basiert auf der Kooperation der Werbeanbieter, deren Skripte die vom Browser zurückgemeldeten Benutzerwünsche respektieren müssen. Wenn ein Webserver die DNT-Einstellung des Browsers ignoriert, ist der Tracking-Schutz wirkungslos.

Als Microsoft in Windows 8 den Tracking-Schutz standardmäßig aktivierte, nahm die beim W3C für dieses Thema zuständige Arbeitsgruppe öffentlich Stellung: Ein Nutzer solle selbst entscheiden, ob er Tracking wünsche oder nicht, ein Browser dürfe standardmäßig keinen »Do Not Track«-Header übertragen. Wenn dies aber der Fall ist, werden Werbeanbieter ganz schnell dazu übergehen, DNT nicht mehr zu beachten. Websites mit offensichtlich illegalen Spionageinteressen werden den Tracking-Schutz ohnehin ignorieren.

Da in Windows 8 trotz aller Kritik der Tracking-Schutz im Internet Explorer voreingestellt blieb, solange Benutzer bei der Einrichtung die Express-Einstellungen verwendeten, gaben viele große Werbenetzwerke bekannt, DNT-Anfragen nicht mehr zu beachten. Unter den großen bekannten Websites sind nur noch Pinterest und Twitter bereit, »Do Not Track«-Anforderungen zu beachten.

Damit wurde eine ursprünglich für Ausnahmefälle gut gemeinte Funktion weitgehend wirkungslos. Im Microsoft-Edge-Browser von Windows 10 ist wie in allen anderen Browsern DNT wieder standardmäßig ausgeschaltet.

163 Microsoft-Webseiten funktionieren in Firefox nicht

Bei Verwendung des Firefox-Browsers kann es vorkommen, dass Microsoft-Webseiten, wie z. B. das Downloadcenter oder auch der Supportbereich, auf einmal nur noch eine weiße Seite anzeigen.

Das Problem entsteht durch einen fehlerhaften Anmelde-Cookie, wenn Sie zuvor im Browser mit verschiedenen Microsoft-Konten personifizierte Microsoft-Angebote wie *onedrive.com* oder *outlook.com* genutzt haben. Auch die nicht an ein Microsoft-Konto gebundenen Microsoft-Webseiten zeigen teilweise oben rechts im Titelbalken das gerade angemeldete Microsoft-Konto an.

1. Sollte der Fehler auftreten, melden Sie sich zuerst auf einer beliebigen Microsoft-Seite durch einen Klick auf Ihr Profilbild oben rechts im Firefox-Browser von Ihrem Microsoft-Konto ab.

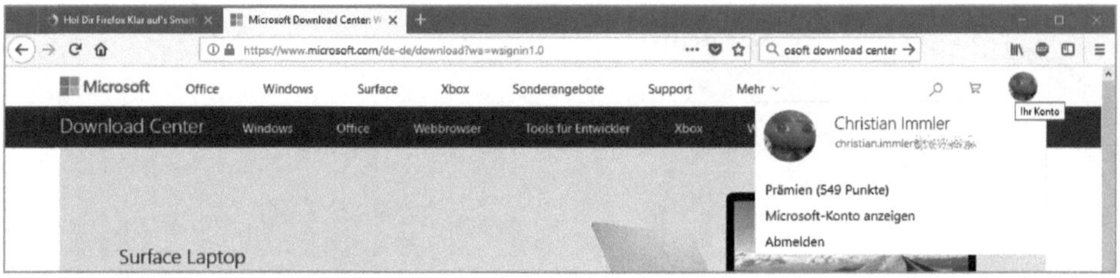

Im Browser vom Microsoft-Konto abmelden

❷ Öffnen Sie jetzt die Einstellungen von Firefox und klicken Sie im Bereich *Datenschutz & Sicherheit* auf den Button *Daten verwalten*.

❸ Geben Sie in das Suchfeld `microsoft` ein, dann werden alle Cookies von Microsoft angezeigt, die im Browser gespeichert sind. Klicken Sie auf *Alle angezeigten löschen*, um alle angezeigten Cookies zu löschen. Cookies anderer Websites bleiben erhalten.

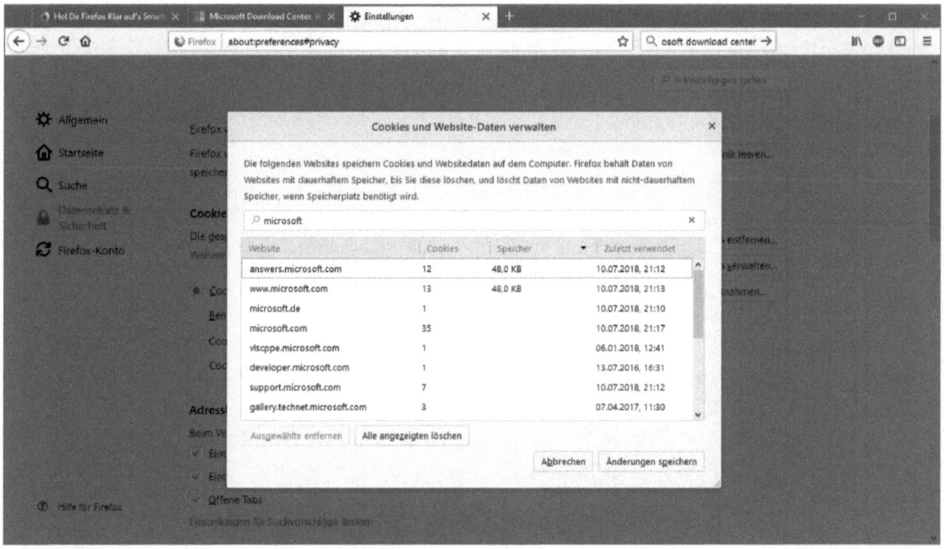

Alle Microsoft-Cookies entfernen

❹ Besuchen Sie jetzt wieder die zuvor fehlerhaft angezeigte Microsoft-Seite.

Probleme mit vorinstallierten Standard-Apps

164 Apps bei Fehlern auf Originalzustand zurücksetzen

Wenn eine App nicht mehr zuverlässig funktioniert, können Sie, anstatt sie neu zu installieren, zunächst versuchen, sie zu reparieren, indem Sie sie auf die Werkseinstellungen zurücksetzen. Dabei gehen dann allerdings alle in der App gespeicherten Daten verloren. Wählen Sie die gewünschte App in den Einstellungen unter *Apps / Apps & Features*, klicken Sie auf *Erweiterte Optionen* und auf dem nächsten Bildschirm auf *Zurücksetzen*.

Bei Problemen kann eine App auf Standardeinstellungen zurückgesetzt werden.

165 Fehler 0x8007054e beim Hinzufügen von Mail-Konten

Die Mail-App zeigt ab und zu diesen Fehler bei dem Versuch, ein neues E-Mail-Konto in der App anzulegen.

Schalten Sie im Menüband des Explorers auf der Registerkarte *Ansicht* den Schalter *Ausgeblendete Elemente* ein. Benennen Sie dann unter *C:\Users\<Benutzername>\AppData\Local* den Ordner *Comms* in *Comms.old* um.

Starten Sie die Mail-App neu. Jetzt können Sie das neue E-Mail-Konto problemlos anlegen. Wenn alles funktioniert, können Sie den Ordner *Comms.old* löschen.

166 Minesweeper ist nach dem Windows-10-Upgrade verschwunden

Beim Upgrade auf Windows 10 wird das beliebte Solitär-Kartenspiel auf eine neue App aktualisiert, das ebenso beliebte Minesweeper geht aber verloren.

In Windows 10 kann Minesweeper kostenlos aus dem Microsoft Store nachinstalliert werden. Bei Minesweeper geht es darum, Minen zu finden, ohne dass sie explodieren. Eine Zahl auf einem aufgedeckten Feld gibt an, wie viele Minen diesem Feld unmittelbar benachbart sind. Je nach gewünschtem Schwierigkeitsgrad kann beim Start ein unterschiedlich großes Spielfeld gewählt werden. Tippt man länger auf ein Feld, wird dieses mit einem Fähnchen markiert, wenn man dort eine Mine vermutet.

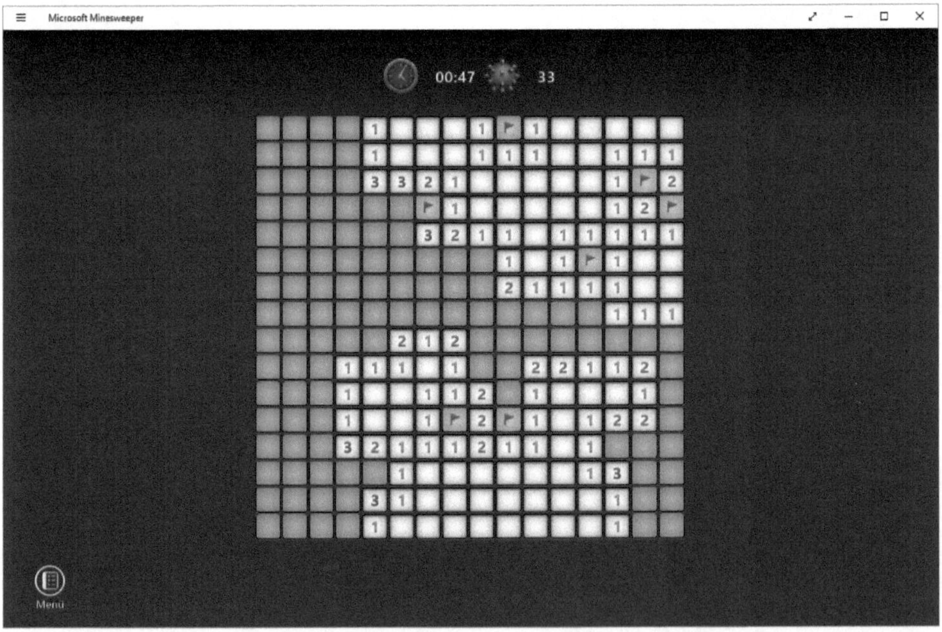

Die neue Minesweeper-App aus dem Microsoft Store

167 Wo ist die Teilen-Funktion geblieben?

Mit dem Wegfall der Charms-Leiste aus Windows 8.1 war in den ersten Windows-10-Versionen auch die systemweite Teilen-Funktion nicht mehr so leicht zu finden. Mit den letzten Funktionsupdates wurde das Teilen wieder deutlich verbessert.

Windows 10 bietet überall, wo dieses Symbol auftaucht, eine neue Funktion zum Teilen von Daten aus Apps an, die ähnlich wie auf Smartphones funktioniert und von immer mehr Apps unterstützt wird. Neben E-Mail werden auch andere Methoden zum Freigeben von Dateien unterstützt, wie zum Beispiel Skype. Seit dem Fall Creators Update verwendet Windows 10 statt »Teilen« an vielen Stellen jetzt den Begriff »Freigeben«.

Die meisten modernen Apps enthalten ein Freigeben-Symbol, mit denen sich Inhalte der App versenden oder auch in andere Apps übertragen lassen. In einigen Apps ist diese Funktion nur über das Menü beim Klick auf den Hamburger-Button in der linken oberen Fensterecke zu finden.

Ein Klick auf das Freigeben-Symbol blendet ein Dialogfeld ein, in dem wichtige Kontakte und alle Apps aufgelistet sind, die sich zum Teilen des gewählten Inhalts eignen.

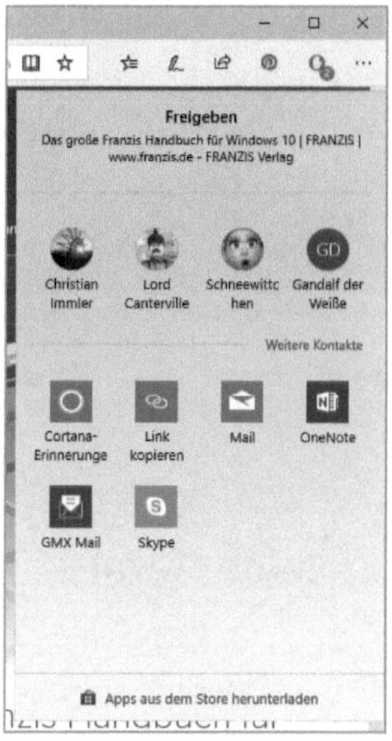

Das Dialogfeld zum Freigeben im Edge-Browser

168 Wir benötigen weitere Informationen — beim Freigeben

Anstatt eine App aufzurufen und dann die Person zu wählen, an die die Daten freigegeben werden sollen, können Sie auch direkt eine Person wählen. Das neue Dialogfeld zum Freigeben zeigt dazu oben wichtige und häufig kontaktierte Personen an. Der Link *weitere Kontakte* öffnet die komplette Kontaktliste.

Erscheint statt Kontaktbildern nur der Link *Wir benötigen weitere Informationen*, wurden noch keine Kontakte aus den verknüpften E-Mail-Konten importiert. Klicken Sie auf den Link, um die Kontakte-App zu starten und Kontakte zu importieren.

Klicken Sie dann auf eine der angezeigten Kontaktpersonen, öffnet sich die bevorzugte App und sie enthält bereits die freizugebenden Informationen. Bei Kontakten aus E-Mail-Konten ist dies üblicherweise die Mail-App, bei Kontakten aus Skype die Skype-App. Haben Sie bei einer Person mehrere E-Mail-Adressen gespeichert, müssen Sie zunächst eine auswählen. Anschließend wählen Sie ein eigenes E-Mail-Konto, das für den Versand verwendet werden soll.

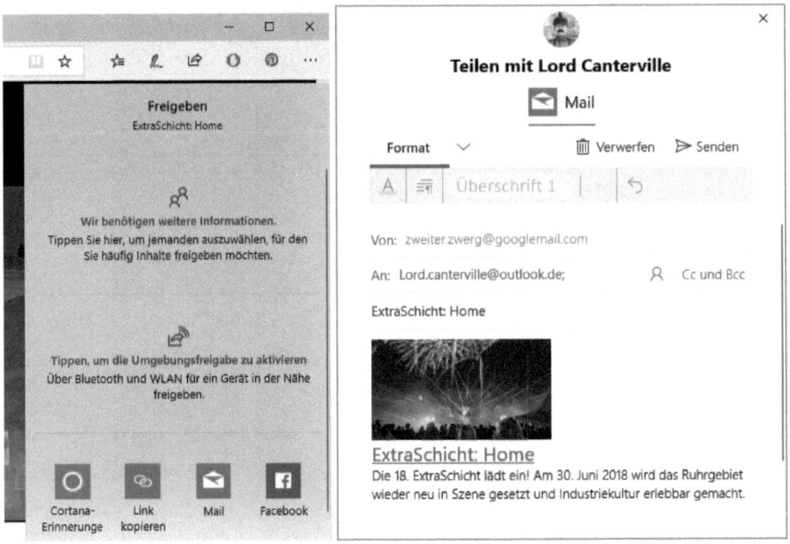

Kontakte im Freigeben-Dialog (links) und einen Link per E-Mail an eine Kontaktperson senden

169 Bluetooth-Umgebungsfreigabe findet keine Geräte

Steht unterwegs kein Netzwerk zur Verfügung, konnte man immer schon Dateien per Bluetooth von einem PC auf einen anderen übertragen. Diese Methode ist aber so umständlich und entspricht ganz und gar nicht dem bekannten Look-and-feel von Windows, dass sie kaum benutzt wurde und viele Anwender sie nicht einmal kennen. Das April-Update 2018 integriert Freigeben per Bluetooth in den neuen Freigabedialog, den viele Windows-Apps mittlerweile anbieten.

Damit dies funktioniert, müssen auf beiden beteiligten Geräten im Info-Center die Schalter *Bluetooth* und *Umgebungsfreigabe* eingeschaltet sein. Klicken Sie jetzt in einer App oder im Explorer im Kontextmenü der freizugebenden Datei auf das Symbol *Freigabe*. Automatisch werden Geräte in der Nähe gesucht. Klicken Sie auf das gefundene Gerät, um die Datei zu übertragen. Auf dem empfangenden Gerät erscheint eine Benachrichtigung, in der Sie den Empfang der Datei bestätigen müssen.

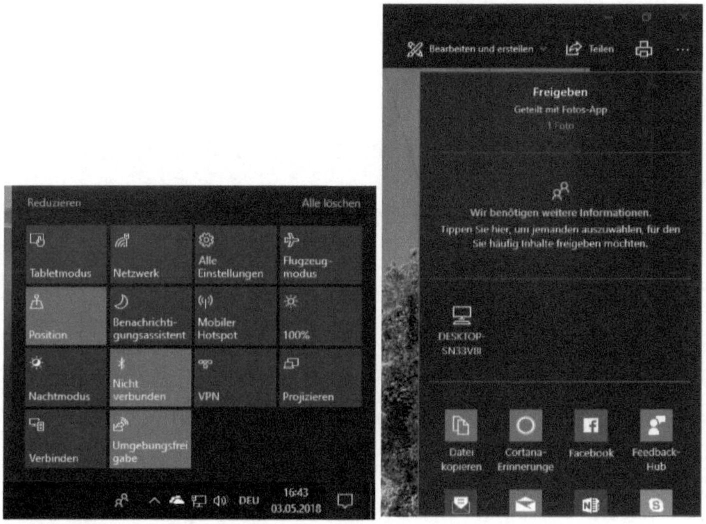

Dateien per Bluetooth an Geräte in der Nähe freigeben

Sollte kein Gerät gefunden werden, prüfen Sie, dass in den Einstellungen unter *System / Gemeinsame Nutzung* der Schalter *In der Nähe freigeben* eingeschaltet ist. Wählen Sie im Listenfeld darunter aus, ob Sie mit allen Personen in der Nähe kommunizieren möchten oder nur mit eigenen Geräten, die dasselbe Microsoft-Konto verwenden. Außerdem legen Sie noch ein Verzeichnis fest, in dem die empfangenen Dateien gespeichert werden sollen. Standardmäßig ist das Downloadverzeichnis im eigenen Benutzerprofil eingetragen.

Einstellungen zur Bluetooth-Umgebungsfreigabe

Die Umgebungsfreigabe benötigt spezielle Unterstützung durch die Bluetooth-Gerätetreiber. Das April-Update liefert für die meisten eingebauten Bluetooth-Module in Laptops und Tablets geeignete Treiber mit. Bluetooth-Sticks sind dagegen meist auf Treiberupdates der Hersteller angewiesen und funktionieren daher in der Regel nicht.

170 HEIF- und HEIC-Dateien werden in der Fotos-App nicht angezeigt

Mit dem April-Update 2018 kündigte Microsoft an, Bilddateien in den neuen Dateiformaten **.heic* und **.heif*, die besonders von Apple-Geräten verwendet werden, anzuzeigen. Beim Versuch, eine solche Datei in der Fotos-App zu öffnen, erscheint oft nur eine Fehlermeldung, da zur Darstellung ein zusätzlicher Codec erforderlich ist.

In den Einstellungen der Fotos-App finden Sie bei *Codec herunterladen, um HEIC-Dateien anzuzeigen* einen Link auf die HEIF-Bilderweiterungen im Microsoft Store. Installieren Sie diese, um HEIC- und HEIF-Bilder in der Fotos-App anzuzeigen.

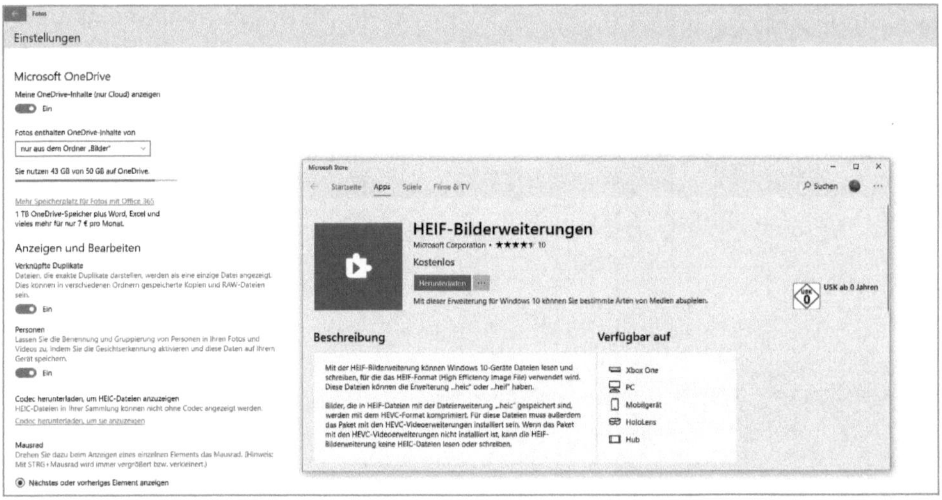

HEIF-Bilderweiterungen über die Einstellungen der Fotos-App aus dem Microsoft Store herunterladen

Die Windows-10-Fotos-App zeigt HEIF-Dateien an, bietet aber keine Möglichkeit, sie zu bearbeiten. Das Open-Source-Grafikprogramm GIMP (siehe Download-Tipps, Seite 6) kann HEIF-Dateien bearbeiten und auch exportieren.

171 Karten-App zeigt falschen Standort

Die Karten-App von Windows 10 startet normalerweise mit einem Kartenausschnitt, der auf die aktuelle Position zentriert ist. Mit dem kreisförmigen Standortsymbol rechts in der Symbolleiste können Sie die Karte auf die aktuelle Position zentrieren.

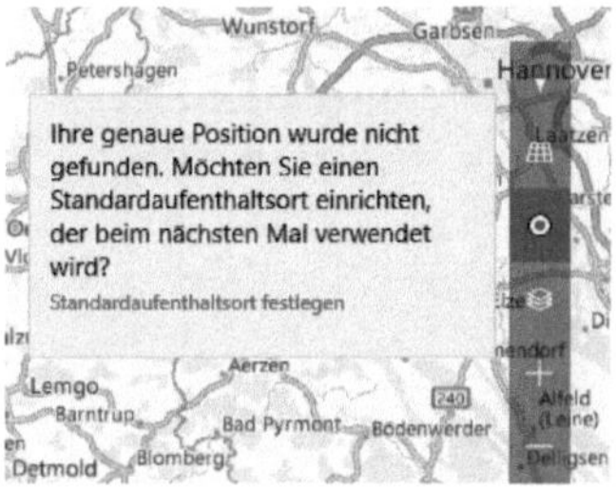

Karte auf Standort zentrieren

PCs ohne GPS greifen zur Lokalisierung auf die IP-Adresse zurück, die sich aber auf den Einwahlknoten des Internetproviders bezieht, der sich oft viele Kilometer entfernt in der nächsten Großstadt befindet. Ist es nicht möglich, einen Standort zu ermitteln, kann die Karten-App einen bestimmten Standardaufenthaltsort verwenden, um zumindest die Routenplanung nach Hause und ähnliche Funktionen zu ermöglichen.

Klicken Sie auf *Standardaufenthaltsort festlegen* und wählen Sie einen Punkt auf der Karte oder geben Sie in das Suchfeld eine Adresse ein, die als Standardaufenthaltsort verwendet werden soll.

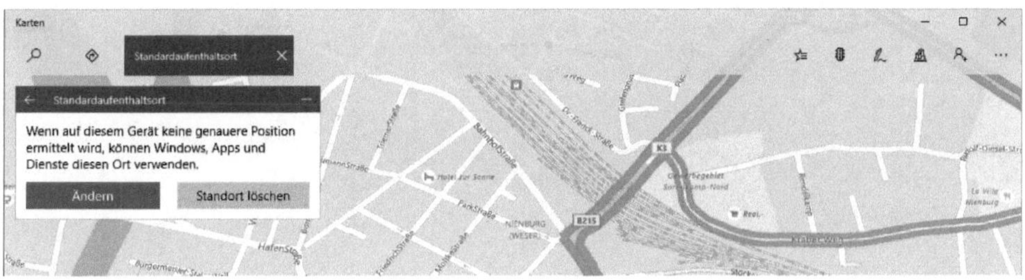

Standardaufenthaltsort festlegen

Überprüfen Sie auch, ob die Karten-App den aktuellen Standort nutzen kann. Ohne den genauen Standort funktionieren Routenplanung und Navigation nicht zuverlässig. Klicken Sie dazu oben rechts auf das Menüsymbol mit den drei Punkten und wählen Sie *Einstellungen*. Unter *Berechtigungen* wird angezeigt, ob die Karten-App den Standort nutzen kann.

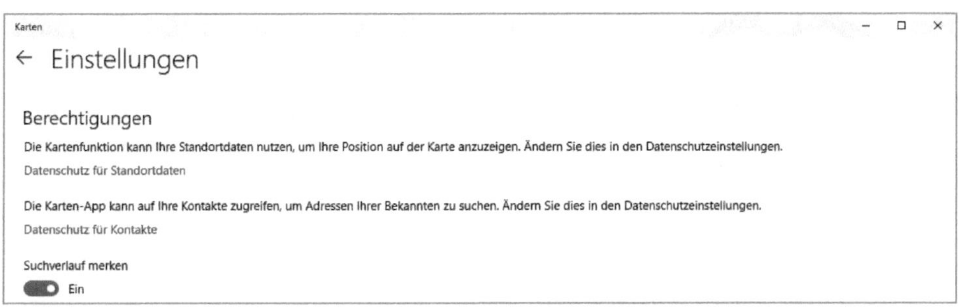

Einstellungen der Karten-App

Sollten diese Berechtigung fehlen, klicken Sie auf den Link *Datenschutz für Standortdaten* und schalten Sie den Positionsdienst ein. Achten Sie außerdem darauf, dass in der Liste der Apps die App *Karten* die genaue Position verwenden darf.

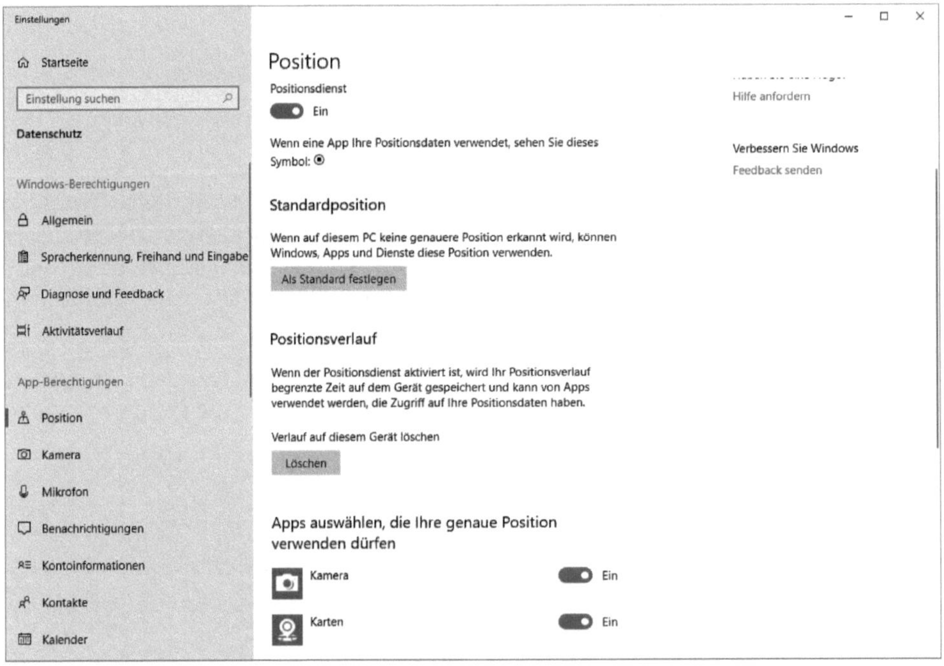

Positionseinstellungen in den Einstellungen

172 Eigene Musik taucht in der Groove-Musik-App nicht auf

Die Groove-Musik-App vereinte bis vor Kurzem ähnlich wie Google Play Music oder Apple iTunes einen Online-Musikshop und einen Medienplayer für lokale Musik. Mittlerweile hat Microsoft seinen Online-Musikdienst eingestellt und den Nutzern empfohlen, zum ehemaligen Konkurrenten Spotify zu wechseln.

Die *Groove Musik*-App blieb in Windows 10 erhalten, spielt jetzt aber nur noch eigene Musik auf dem PC ab, der ehemalige Shop fehlt. Allerdings wird nach größeren Windows-10-Funktionsupdates die eigene auf dem PC gespeicherte Musik nicht immer automatisch in der App angezeigt.

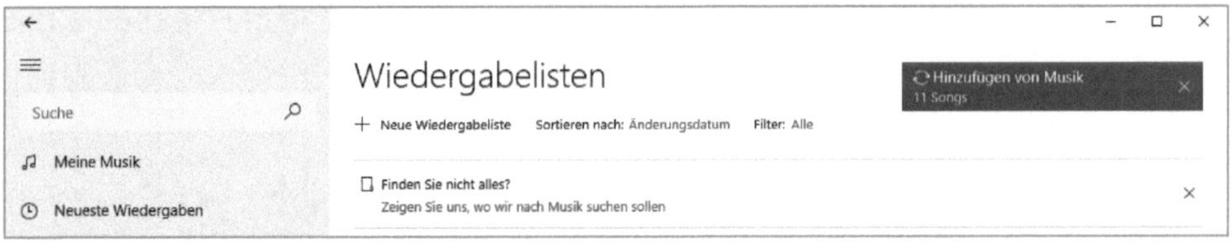

Groove spielt lokal gespeicherte Musik aus der Medienbibliothek ab.

Die Groove-Musik-App durchsucht den Computer nach gespeicherter Musik und zeigt die eigene Musik aus den Verzeichnissen der *Musik*-Bibliothek an. Wen Sie Ihre Musik nicht finden, klicken Sie auf den Link *Zeigen Sie uns, wo wir nach Musik suchen sollen*. Jetzt können Sie weitere Ordner hinzufügen, die automatisch nach Musik durchsucht werden. Die gefundenen Titel werden in der Groove-Musik-App angezeigt.

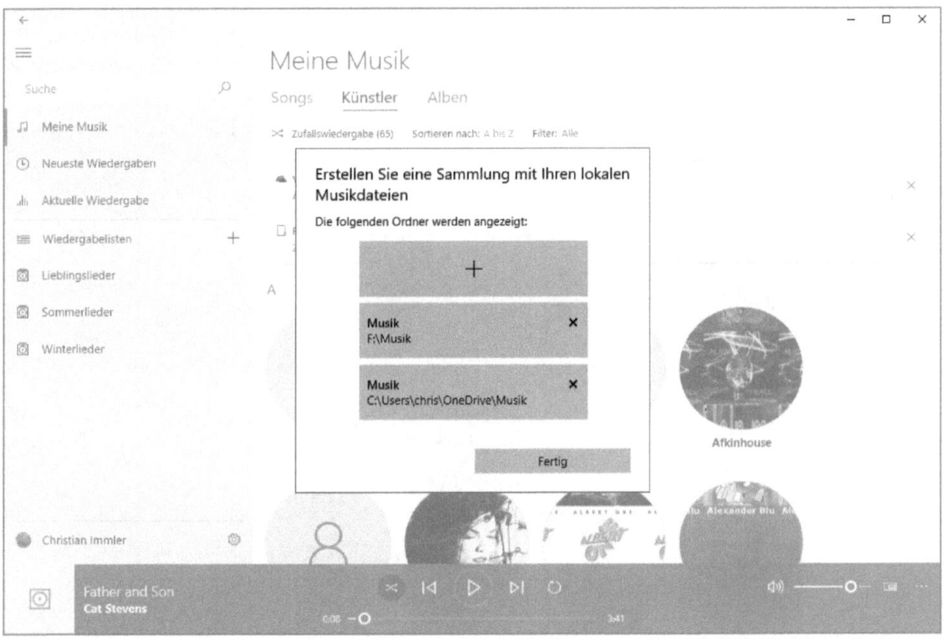

Neue Ordner zu Groove hinzufügen

173 Angezeigte Lieder können nicht abgespielt werden

Die Groove-Musik-App zeigt neben den lokal auf dem PC gespeicherten Liedern auch Stücke an, die auf dem eigenen OneDrive in den Ordnern *Musik* und *Music* gespeichert sind. Diese Stücke werden auch dann angezeigt, wenn die Musikordner von OneDrive nicht mit dem PC synchronisiert werden, um Speicherplatz auf der Festplatte zu sparen. Die Musik wird dann beim Abspielen direkt von OneDrive gestreamt, was natürlich nur funktioniert, wenn eine Internetverbindung besteht.

Über den Link *Filter* ganz oben können Sie die angezeigte Liste filtern, sodass nur offline verfügbare Lieder angezeigt werden.

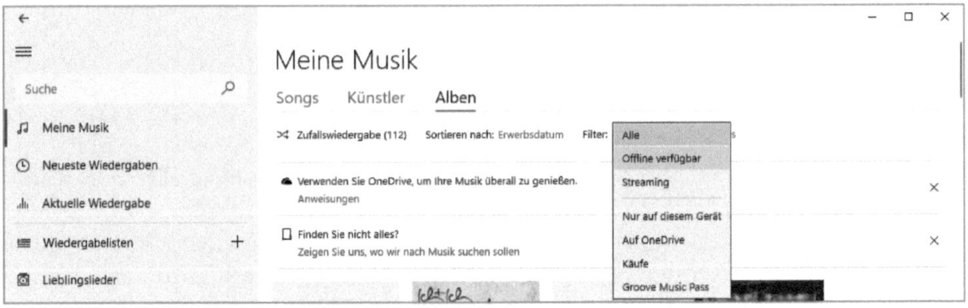

Albenansicht in der Groove-Musik-App filtern

Die Filteroption *Nur auf diesem Gerät* zeigt ausschließlich Stücke, die als MP3- oder WMA-Datei lokal auf der Festplatte gespeichert sind. *Offline verfügbar* sind die Lieder, die von OneDrive zum Offline-Abspielen in den Cache der Groove-Musik-App heruntergeladen wurden. Klicken Sie dazu mit der rechten Maustaste auf ein Album oder ein Stück und wählen Sie *Herunterladen*. Diese Lieder können dann auch ohne Internetverbindung abgespielt werden.

Album zum Offline-Abspielen herunterladen

174 Kann man keine Audio-CDs mehr brennen?

In der Groove-Musik-App sucht man vergebens nach einer Funktion, gespeicherte Musik als Audio-CD zu brennen. Dazu muss der klassische Windows Media Player verwendet werden. Hier gibt es wie in früheren Versionen des Windows Media Players oben rechts die Registerkarte *Brennen*. Ziehen Sie die Stücke, die Sie auf die Audio-CD brennen möchten, hierhin und klicken Sie dann auf *Brennen starten*.

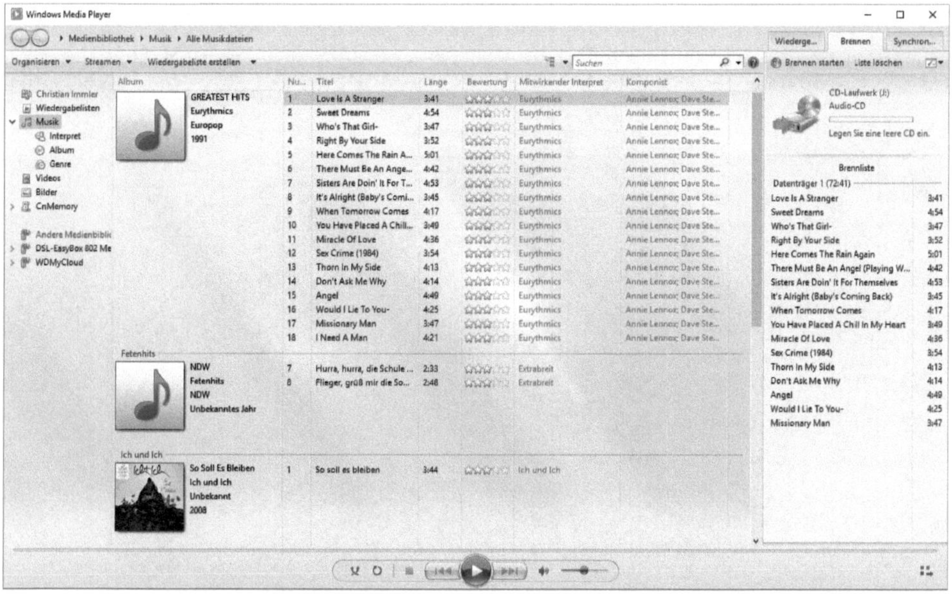

Audio-CD im Windows Media Player brennen

175 Windows Media Player ist mit einem Update verschwunden

Vermutlich um die Groove-App zu bewerben, hat Microsoft mit einem Funktionsupdate den Windows Media Player in Windows 10 bei vielen Nutzern abgeschaltet. Er ist weiterhin auf dem System vorhanden, nur nicht verfügbar. So bekommen Sie ihn zurück:

1. Klicken Sie in den Einstellungen unter *Apps / Apps und Features* auf *Optionale Features verwalten.*
2. Klicken Sie im nächsten Fenster auf *Feature hinzufügen*, wählen Sie den Windows Media Player in der Liste und klicken Sie auf *Installieren.*

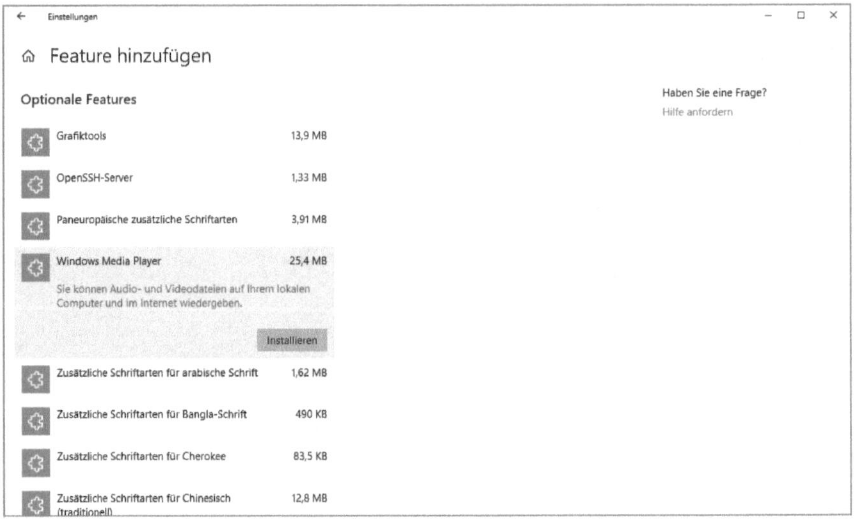

Windows Media Player nachinstallieren

176 Windows Media Player fehlt in der Taskleiste

Der Windows Media Player ist unter *Windows-Zubehör* gut im Startmenü versteckt.

Klicken Sie mit der rechten Maustaste auf das *Windows Media Player*-Symbol im Startmenü und wählen Sie im Kontextmenü *Mehr / An Taskleiste anheften*, um den Windows Media Player wie unter Windows 7 in der Taskleiste zu verankern.

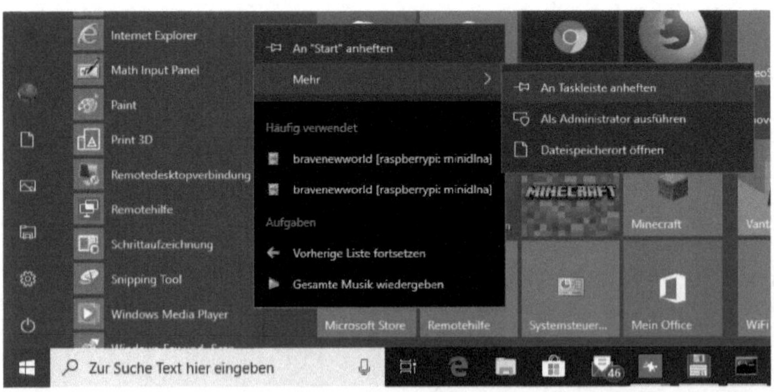

Der Windows Media Player im Startmenü

Anschließend können Sie das Symbol an die gewünschte Position auf der Taskleiste verschieben.

Windows Media Player als Symbol auf der Taskleiste

177 Windows Media Player fehlt in Kontextmenüs

Der Explorer von Windows 10 zeigt in den Ordnern *Musik* und *Video* im Kontextmenü standardmäßig Menüpunkte zum Abspielen mit dem Windows Media Player an.

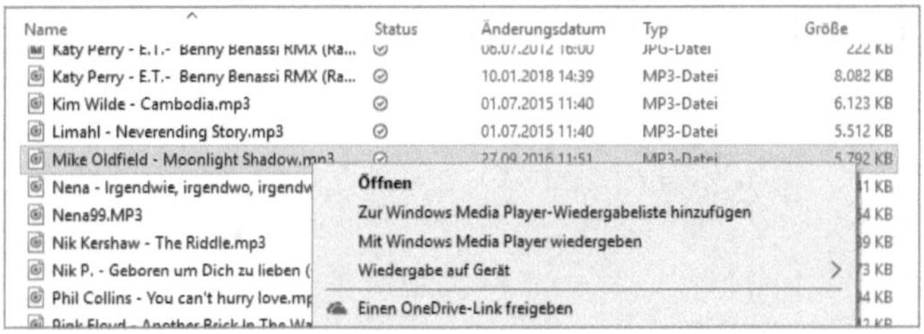

Kontextmenüeinträge des Windows Media Players

Durch Umstrukturierung der Ordnerstruktur und vor allem auch durch falschen Einsatz von Tuningtools können diese Einträge verloren gehen. Die abgebildete *.reg*-Datei trägt den Windows Media Player wieder in die Kontextmenüs ein.

```
Windows Registry Editor Version 5.00

[HKEY_CLASSES_ROOT\SystemFileAssociations\Directory.Audio]

[HKEY_CLASSES_ROOT\SystemFileAssociations\Directory.Audio\shell]

[HKEY_CLASSES_ROOT\SystemFileAssociations\Directory.Audio\shell\Enqueue]
@="&Add to Windows Media Player list"
"MUIVerb"=hex(2):40,00,25,00,53,00,79,00,73,00,74,00,65,00,6d,00,52,00,6f,00,\
  6f,00,74,00,25,00,5c,00,73,00,79,00,73,00,74,00,65,00,6d,00,33,00,32,00,5c,\
  00,75,00,6e,00,72,00,65,00,67,00,6d,00,70,00,32,00,2e,00,65,00,78,00,65,00,\
  2c,00,2d,00,39,00,38,00,30,00,30,00,00,00
"NeverDefault"=""

[HKEY_CLASSES_ROOT\SystemFileAssociations\Directory.Audio\shell\Enqueue\command]
"DelegateExecute"="{45597c98-80f6-4549-84ff-752cf55e2d29}"

[HKEY_CLASSES_ROOT\SystemFileAssociations\Directory.Audio\shell\Play]
@="&Play with Windows Media Player"
"MUIVerb"=hex(2):40,00,25,00,53,00,79,00,73,00,74,00,65,00,6d,00,52,00,6f,00,\
  6f,00,74,00,25,00,5c,00,73,00,79,00,73,00,74,00,65,00,6d,00,33,00,32,00,5c,\
  00,75,00,6e,00,72,00,65,00,67,00,6d,00,70,00,32,00,2e,00,65,00,78,00,65,00,\
  2c,00,2d,00,39,00,38,00,30,00,31,00,00,00
"NeverDefault"=""

[HKEY_CLASSES_ROOT\SystemFileAssociations\Directory.Audio\shell\Play\command]
"DelegateExecute"="{ed1d0fdf-4414-470a-a56d-cfb68623fc58}"

[HKEY_CLASSES_ROOT\SystemFileAssociations\Directory.Audio\shellex]

[HKEY_CLASSES_ROOT\SystemFileAssociations\Directory.Audio\shellex\
ContextMenuHandlers]

[HKEY_CLASSES_ROOT\SystemFileAssociations\Directory.Audio\shellex\
ContextMenuHandlers\PlayTo]
```

```
@="{7AD84985-87B4-4a16-BE58-8B72A5B390F7}"

[HKEY_CLASSES_ROOT\SystemFileAssociations\Directory.Video]

[HKEY_CLASSES_ROOT\SystemFileAssociations\Directory.Video\shellex]

[HKEY_CLASSES_ROOT\SystemFileAssociations\Directory.Video\shellex\
ContextMenuHandlers]

[HKEY_CLASSES_ROOT\SystemFileAssociations\Directory.Video\shellex\
ContextMenuHandlers\PlayTo]
@="{7AD84985-87B4-4a16-BE58-8B72A5B390F7}"

[HKEY_CLASSES_ROOT\SystemFileAssociations\audio]

[HKEY_CLASSES_ROOT\SystemFileAssociations\audio\DefaultIcon]
@=hex(2):25,00,53,00,79,00,73,00,74,00,65,00,6d,00,52,00,6f,00,6f,00,74,00,25,\
  00,5c,00,73,00,79,00,73,00,74,00,65,00,6d,00,33,00,32,00,5c,00,73,00,68,00,\
  65,00,6c,00,6c,00,33,00,32,00,2e,00,64,00,6c,00,6c,00,2c,00,2d,00,31,00,36,\
  00,38,00,32,00,34,00,00,00

[HKEY_CLASSES_ROOT\SystemFileAssociations\audio\OpenWithList]

[HKEY_CLASSES_ROOT\SystemFileAssociations\audio\OpenWithList\wmplayer.exe]
@=""

[HKEY_CLASSES_ROOT\SystemFileAssociations\audio\shell]

[HKEY_CLASSES_ROOT\SystemFileAssociations\audio\shell\Enqueue]
@="&Add to Windows Media Player list"
"MUIVerb"=hex(2):40,00,25,00,53,00,79,00,73,00,74,00,65,00,6d,00,52,00,6f,00,\
  6f,00,74,00,25,00,5c,00,73,00,79,00,73,00,74,00,65,00,6d,00,33,00,32,00,5c,\
  00,75,00,6e,00,72,00,65,00,67,00,6d,00,70,00,32,00,2e,00,65,00,78,00,65,00,\
  2c,00,2d,00,39,00,38,00,30,00,30,00,00,00
"NeverDefault"=""

[HKEY_CLASSES_ROOT\SystemFileAssociations\audio\shell\Enqueue\command]
"DelegateExecute"="{45597c98-80f6-4549-84ff-752cf55e2d29}"

[HKEY_CLASSES_ROOT\SystemFileAssociations\audio\shell\Play]
@="&Play with Windows Media Player"
"MUIVerb"=hex(2):40,00,25,00,53,00,79,00,73,00,74,00,65,00,6d,00,52,00,6f,00,\
  6f,00,74,00,25,00,5c,00,73,00,79,00,73,00,74,00,65,00,6d,00,33,00,32,00,5c,\
  00,75,00,6e,00,72,00,65,00,67,00,6d,00,70,00,32,00,2e,00,65,00,78,00,65,00,\
  2c,00,2d,00,39,00,38,00,30,00,31,00,00,00
"NeverDefault"=""

[HKEY_CLASSES_ROOT\SystemFileAssociations\audio\shell\Play\command]
"DelegateExecute"="{ed1d0fdf-4414-470a-a56d-cfb68623fc58}"

[HKEY_CLASSES_ROOT\SystemFileAssociations\audio\shellex]

[HKEY_CLASSES_ROOT\SystemFileAssociations\audio\shellex\ContextMenuHandlers]

[HKEY_CLASSES_ROOT\SystemFileAssociations\audio\shellex\ContextMenuHandlers\
PlayTo]
@="{7AD84985-87B4-4a16-BE58-8B72A5B390F7}"
```

```
[HKEY_CLASSES_ROOT\SystemFileAssociations\video]
"ThumbnailCutoff"=dword:00000001
"Treatment"=dword:00000003

[HKEY_CLASSES_ROOT\SystemFileAssociations\video\DefaultIcon]
@=hex(2):25,00,53,00,79,00,73,00,74,00,65,00,6d,00,52,00,6f,00,6f,00,74,00,25,\
  00,5c,00,73,00,79,00,73,00,74,00,65,00,6d,00,33,00,32,00,5c,00,73,00,68,00,\
  65,00,6c,00,6c,00,33,00,32,00,2e,00,64,00,6c,00,6c,00,2c,00,2d,00,31,00,36,\
  00,38,00,32,00,35,00,00,00

[HKEY_CLASSES_ROOT\SystemFileAssociations\video\OpenWithList]

[HKEY_CLASSES_ROOT\SystemFileAssociations\video\OpenWithList\wmplayer.exe]
"OpenWithExclude"="QT:MOV"

[HKEY_CLASSES_ROOT\SystemFileAssociations\video\shellex]

[HKEY_CLASSES_ROOT\SystemFileAssociations\video\shellex\ContextMenuHandlers]

[HKEY_CLASSES_ROOT\SystemFileAssociations\video\shellex\ContextMenuHandlers\
PlayTo]
@="{7AD84985-87B4-4a16-BE58-8B72A5B390F7}"
```

Sie brauchen diesen Registry-Tipp nicht manuell einzugeben, Sie finden ihn in den Downloads zu diesem Buch auf *www.buch.cd*. Importieren Sie einfach die Datei *WMPaudiovideo.reg* per Doppelklick in die Registry.

178 Windows 10 spielt keine DVDs ab

Windows 10 enthält keine Möglichkeit, DVDs, SVCDs oder andere Videodatenträger abzuspielen. Da auch das früher hierfür verwendete Windows Media Center nicht mehr nachinstalliert werden kann, wird eine externe App benötigt. Manche PC-Hersteller liefern die sonst kostenpflichtige App *Windows DVD Player* oder ein Programm eines Drittherstellers, wie z. B. *PowerDVD*, mit.

Die Freeware *VLC Media Player* war schon in früheren Windows-Versionen dafür bekannt, nahezu jedes Video- oder Audioformat abspielen zu können, auch DVDs und SVCDs. Der VLC Media Player ist für Windows 10 als App im Microsoft Store verfügbar – verwenden Sie diese App jedoch nicht! Zum Abspielen von DVDs kann nur die klassische Version des VLC Media Player von *www.videolan.org* genutzt werden.

Ist der VLC Media Player installiert, erscheint er automatisch im Auswahlfeld *Automatische Wiedergabe* beim Einlegen einer DVD. Diese kann dann damit abgespielt werden. Die VLC-App aus dem Microsoft Store spielt keine DVDs ab.

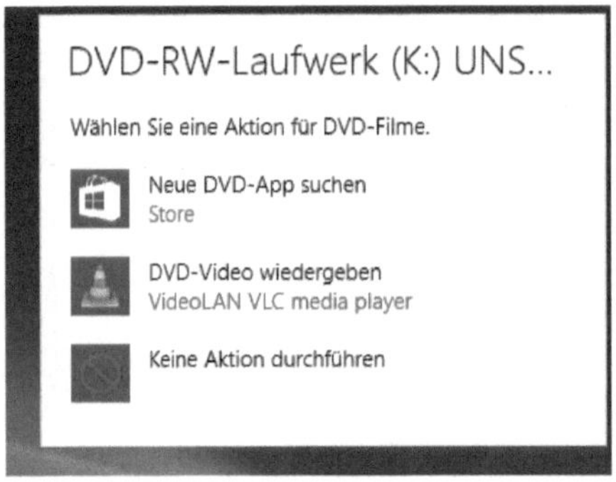

Automatische Wiedergabe beim Einlegen einer DVD

Alternativ können Sie auch über den Menüpunkt *Medien / Medium öffnen* die DVD auswählen und abspielen.

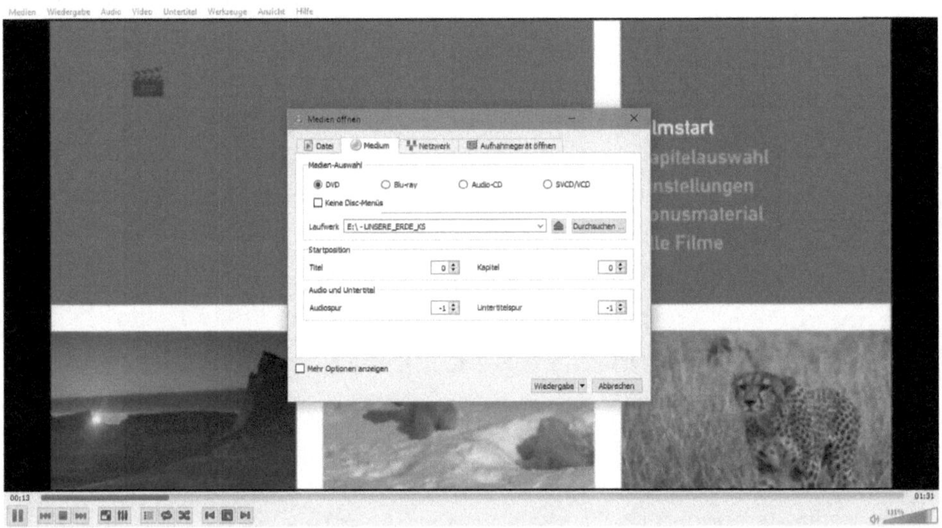

DVD im VLC Media Player

179 Eingabeaufforderung erscheint nicht transparent

Bei der Vorstellung von Windows 10 wurde angekündigt, das Eingabeaufforderungsfenster sei jetzt transparent, wie man es von Linux schon lange kennt.

Erscheint das Eingabeaufforderungsfenster aber weiterhin schwarz und verändern auch die Tastenkombinationen `Strg` + `Umschalt` + `+` und `Strg` + `Umschalt` + `-` die Transparenz nicht, schalten Sie in den Eigenschaften des Eingabeaufforderungsfensters auf der Registerkarte *Optionen* den Schalter *Legacykonsole verwenden* aus. Die Eigenschaften erreichen Sie mit einem Rechtsklick auf die Titelleiste des Eingabeaufforderungsfensters. Auf der Registerkarte *Farben* können Sie dann die Deckkraft des Fensters einstellen.

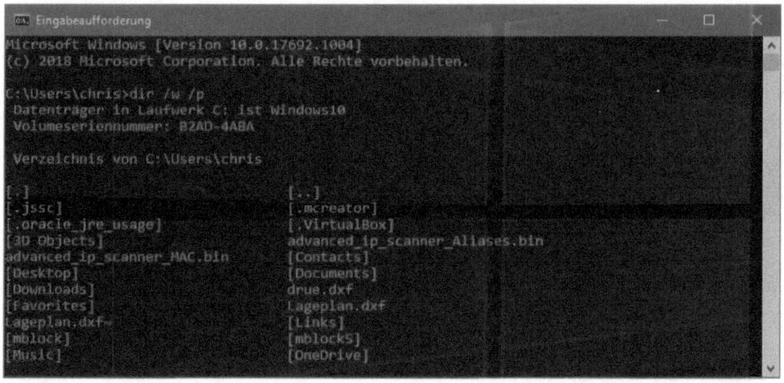

Transparentes Eingabeaufforderungsfenster

180 Zwischenablage funktioniert in der Eingabeaufforderung nicht

Die Eingabeaufforderungsfenster in Windows 10 unterstützen jetzt auch die Tastenkombinationen Strg + C, Strg + X und Strg + V, um Texte über die Zwischenablage zwischen verschiedenen Fenstern zu kopieren.

Sollte dies nicht funktionieren, sind die entsprechenden Bearbeitungsoptionen ausgeschaltet. Schalten Sie in den Eigenschaften des Eingabeaufforderungsfensters auf der Registerkarte *Optionen* die oberen vier Schalter im Bereich *Bearbeitungsoptionen* ein. Der Schalter *Inhalt der Zwischenablage beim Einfügen filtern* ermöglicht auch das Einfügen formatierter Texte, z. B. aus Word-Dokumenten.

Der Schalter *Verwenden Sie STRG+UMSCHALT+C/V zum Kopieren/Einfügen* legt fest, dass Sie im Eingabeaufforderungsfenster zusätzlich die Umschalt-Taste drücken müssen. Damit verhindern Sie Kompatibilitätsprobleme mit älteren DOS-Programmen, die die Tastenkombination Strg + C für Abbruch verwenden.

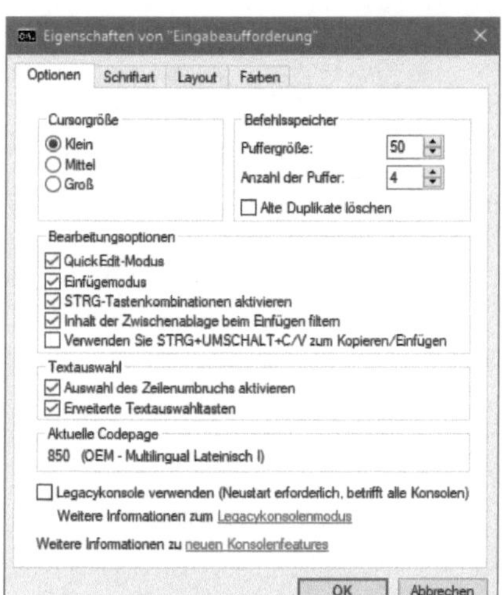

Bearbeitungsoptionen für Funktionen der Zwischenablage in Eingabeaufforderungsfenstern

Programme installieren, Apps und Microsoft Store

181 Programme lassen sich wegen einer Sicherheitsüberprüfung nicht installieren

Seit dem Creators Update ist es möglich, nur noch Apps aus dem Microsoft Store zuzulassen und keine Installation klassischer Programme und damit ein Desktop-Windows ähnlich wie Windows Phone oder Android zu einem geschlossenen System zu machen, wenn Sie auf Microsofts Überprüfung der Microsoft-Store-Apps vertrauen. Dies soll die Sicherheit vor bösartiger Software erhöhen. Allerdings funktionierte in verschiedenen Tests diese Sperre nicht hundertprozentig.

Meldung beim Versuch, ein Programm, nicht aus dem Mirosoft Store, zu installieren

Sollte sich ein klassisches Programm nicht installieren lassen, prüfen Sie in den Einstellungen unter *Apps / Apps & Features*, ob Apps aus beliebigen Quellen oder nur aus dem Store zugelassen sind. Sie können sich auch vor der Installation warnen lassen. Einige Installer zeigen nicht einmal einen Fehler an, sondern funktionieren einfach nicht, wenn die Installation von Apps aus beliebigen Quellen abgeschaltet ist.

Festlegen, ob nur Apps aus dem Microsoft Store installiert werden dürfen

182 Programminstallation scheitert auf verschlüsseltem Laufwerk

Die Installation neuer Software kann bei eingeschalteter BitLocker-Echtzeitverschlüsselung sehr lange dauern. Einige ältere Programme lassen sich auf BitLocker-Laufwerken zwar nutzen, aber nicht installieren. Aus diesen Gründen empfiehlt es sich, vor der Installation klassischer Desktopprogramme BitLocker vorübergehend anzuhalten und danach wieder fortzusetzen.

1. Klicken Sie im Explorer mit der rechten Maustaste auf das verschlüsselte Laufwerk und wählen Sie im Kontextmenü *BitLocker verwalten*.
2. Jetzt öffnet sich die BitLocker-Laufwerksverschlüsselung in der Systemsteuerung. Klicken Sie hier auf *Schutz anhalten*. Nach der Installation der Software können Sie die Verschlüsselung wieder fortsetzen.

183 PDF-Generator fehlt nach dem Upgrade

Beim Upgrade von einer früheren Windows-Version auf Windows 10 werden bestimmte ältere, bereits installierte Programme oft kommentarlos entfernt. Darunter fallen in vielen Fällen Programme, die eigene virtuelle Gerätetreiber installieren, wie z. B. PDF-Generatoren.

Windows 10 beinhaltet erstmals einen eigenen Druckertreiber zum Erstellen von PDF-Dokumenten. Man braucht also keinen externen PDF-Generator mehr zu installieren. Wer viele PDF-Dokumente erstellt oder gar keinen »echten« Drucker angeschlossen hat, kann die PDF-Ausgabe wie jeden anderen Drucker als Standarddrucker einrichten und so aus jedem Programm heraus über die Schnelldruckfunktion ein PDF-Dokument erstellen, ohne einen Drucker auswählen zu müssen.

Wählen Sie in den Einstellungen unter *Geräte / Drucker und Scanner* den Drucker *Microsoft Print to PDF* aus, klicken Sie auf *Verwalten* und im nächsten Fenster auf *Als Standard*. Dieser Druckertreiber ist in Zukunft in den Druckdialogen aller Programme vorausgewählt und wird auch für die Schnelldruckfunktionen z. B. in Word oder WordPad verwendet.

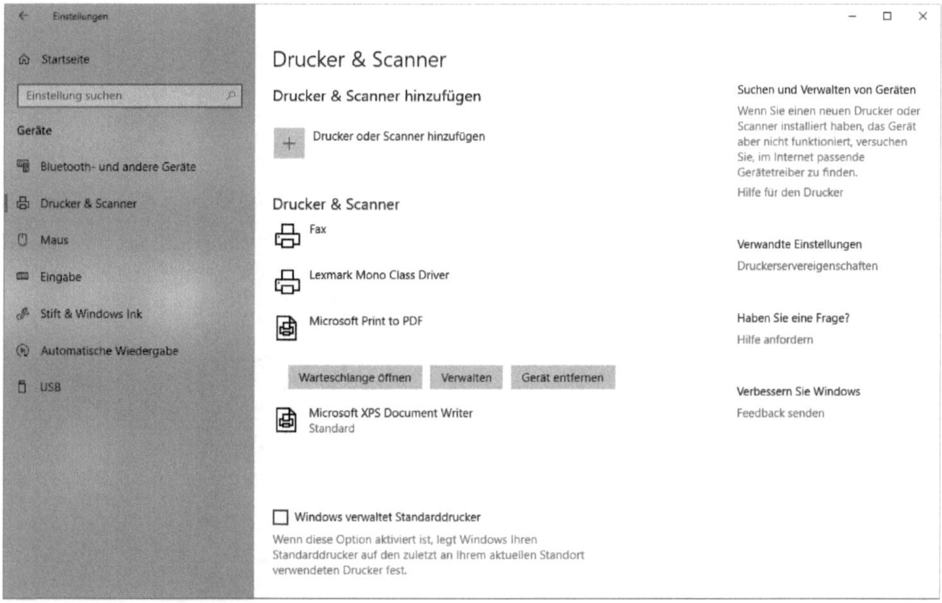

PDF-Ausgabe als Standarddrucker einrichten

184 App-Werbung auf der Microsoft-Store-Kachel abschalten

Die Kachel des Microsoft Stores im Startmenü zeigt standardmäßig wechselnde Werbung für verschiedene Apps an, sodass sie als Store oft nur schwer zu erkennen ist.

Klicken Sie mit der rechten Maustaste darauf und wählen Sie im Kontextmenü *Mehr / Live-Kachel deaktivieren*. Danach erscheint auf der Kachel wieder das Microsoft-Store-Logo.

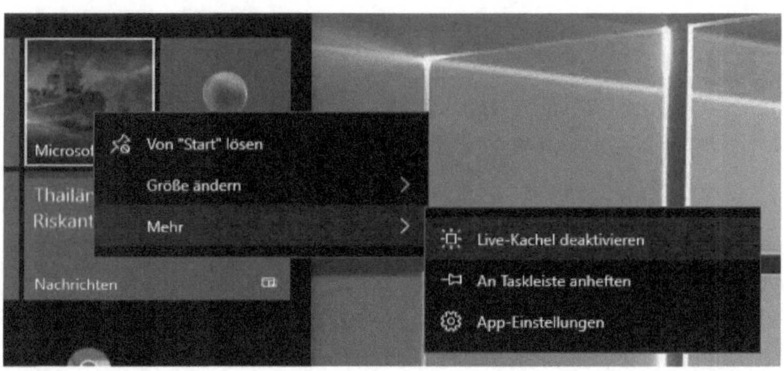

Live-Kachel des Microsoft Stores deaktivieren

185 Eine kostenlose Microsoft-Store-App hat Geld abgebucht

Selbst wenn Sie ausschließlich kostenlose Apps verwenden, können einige von ihnen In-App-Käufe für Zusatzkomponenten enthalten. Achten Sie darauf, dass in den Einstellungen des Stores – erreichbar über einen Klick auf das Menüsymbol mit den drei Punkten rechts oben im Store – der Schalter *Anmeldung für den Einkauf* ausgeschaltet ist. Nur dann müssen Sie vor jedem Kauf, auch bei In-App-Käufen, das Kennwort Ihres Microsoft-Kontos zur Sicherheit noch mal eingeben.

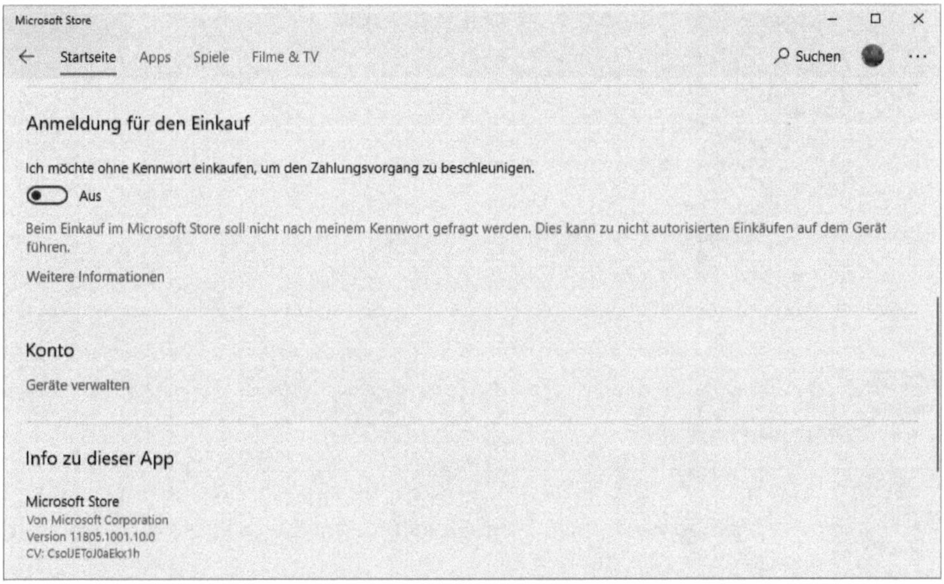

Der Schalter *Anmeldung für den Einkauf* verhindert versehentliche In-App-Käufe im Microsoft Store.

186 Zahlungsinformationen im Microsoft Store löschen

Möchten Sie ganz sichergehen, dass Sie im Microsoft Store nichts bezahlen müssen, entfernen Sie Ihre gespeicherten Zahlungsoptionen aus dem Microsoft-Konto.

Klicken Sie im Menü des Microsoft Stores auf *Zahlungsoptionen*.

- Jetzt öffnet sich ein Browserfenster, das Ihre gespeicherten Kreditkarten und PayPal-Konten anzeigt. Über die Links *Entfernen* können Sie die jeweiligen Daten löschen. Dies gilt für alle Microsoft Stores, auch für die auf dem Windows Phone und der Xbox.

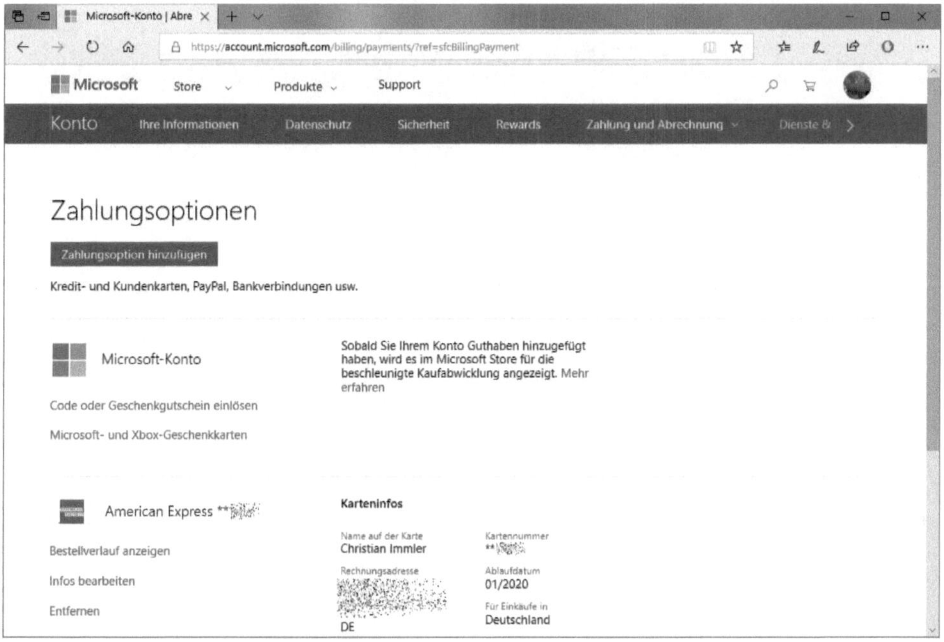

Zahlungsinformationen im Microsoft-Konto

187 Apps lassen sich nicht installieren — zu viele Geräte

Store-Apps können unter Windows 10 auf bis zu zehn PCs oder Tablets gleichzeitig verwendet werden, solange diese mit dem gleichen Microsoft-Konto angemeldet sind. Sie können zwar mehr Geräte mit dem gleichen Microsoft-Konto betreiben, aber nur auf zehn Geräten neue Apps aus dem Microsoft Store installieren. Sollten Sie einmal eine kostenpflichtige App aus dem Microsoft Store nutzen wollen, brauchen Sie diese ebenfalls nicht für jeden PC einzeln zu erwerben. Dies gilt nicht für alle Spiele.

Auf der Seite *account.microsoft.com/devices/content* sehen Sie alle Ihre Geräte. Hier können Sie alte, nicht mehr genutzte Geräte entfernen, um wieder unter zehn zu kommen.

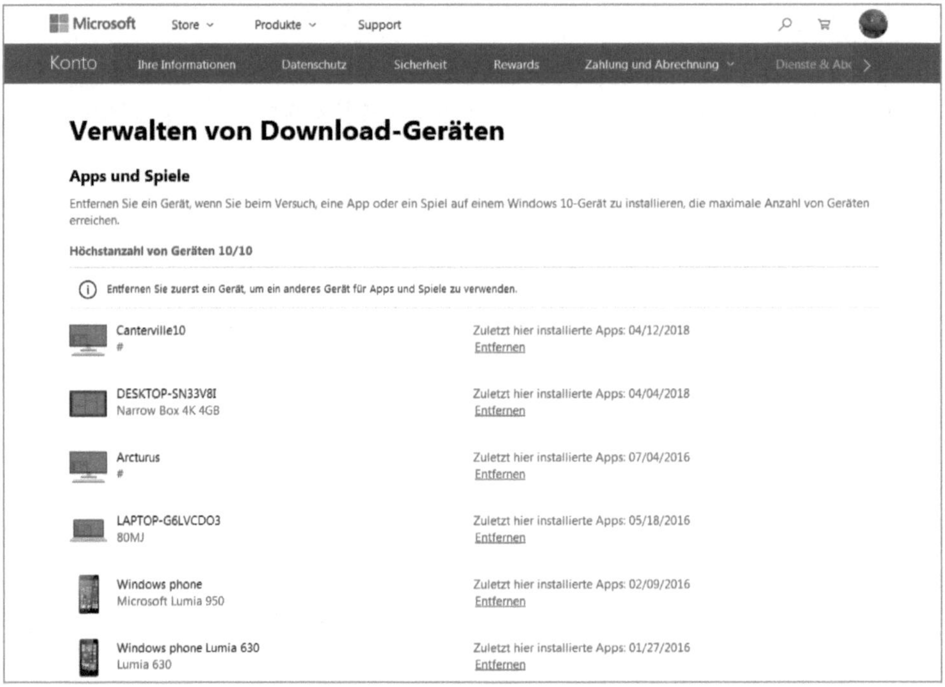

Liste der mit einem Microsoft-Konto angemeldeten Geräte

188 Microsoft-Store-Cache löschen

Wie alle Webbrowser verfügt auch der Microsoft Store über einen lokalen Cache, in dem Grafiken und andere Daten besuchter Seiten abgelegt werden, um diese beim nächsten Besuch nicht erneut herunterladen zu müssen.

Lässt sich der Microsoft Store nicht starten oder werden Fehler beim Seitenaufbau angezeigt, empfiehlt es sich, diesen Cache manuell zu löschen. Der Microsoft Store bietet dafür leider keine Funktion in der Benutzeroberfläche an.

1. Schließen Sie zuerst den Microsoft Store, falls dieser geöffnet ist.
2. Schalten Sie im Menüband des Windows Explorers auf der Registerkarte *Ansicht* den Schalter *Ausgeblendete Elemente* ein, um auch versteckte Ordner zu sehen.
3. Wechseln Sie in das Verzeichnis *C:\users\<Benutzername>\AppData\Local\Packages*. Dort gibt es ein Unterverzeichnis, dessen Name mit *Microsoft.WindowsStore* beginnt und dann noch eine Zahlen-Buchstaben-Kombination enthält.
4. Wechseln Sie in dieses Verzeichnis und dort ins Verzeichnis *LocalCache*. Löschen Sie das Unterverzeichnis, dessen Name mit *perUserCache* beginnt.
5. Starten Sie danach den Microsoft Store neu.

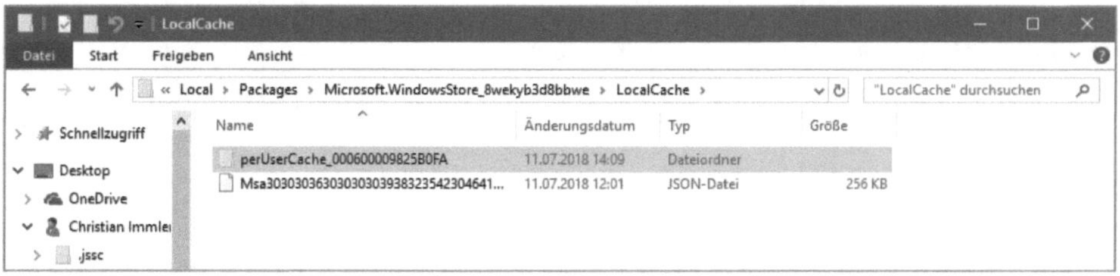

In diesem Verzeichnis verbirgt sich der Cache des Microsoft Stores.

189 Microsoft Store bei Problemen zurücksetzen

Dass der Microsoft Store manchmal nicht startet oder sofort wieder beendet wird, ist ein bekanntes Problem. Deshalb liefert Microsoft ein eigenes Reparaturtool für solche Fälle mit.

1. Starten Sie per Doppelklick im Explorer im Verzeichnis *C:\Windows\System32* die Datei *WSReset.exe*.
2. Es öffnet sich ein weißes Fenster ohne erkennbaren Inhalt. Warten Sie einfach, bis sich dieses Fenster wieder automatisch schließt. Dies kann einige Sekunden bis Minuten dauern.
3. Danach startet der Microsoft Store automatisch wieder.

190 Der Microsoft Store ist verschwunden

Für den Fall, dass der Microsoft Store nicht mehr funktioniert oder durch fehlerhaften Einsatz eines Tuningtools im System deaktiviert wurde, liefert Microsoft ein PowerShell-Skript, das alle in Windows 10 vorinstallierten Apps einschließlich des Microsoft Stores wieder neu installiert.

Meldung beim Versuch, bei deaktiviertem Microsoft Store eine App über den Link auf einer Website zu installieren

1. Laden Sie bei Microsoft das Skript *reinstall-preinstalledApps* herunter (siehe Download-Tipps, Seite 6) und entpacken Sie das ZIP-Archiv auf der Festplatte.
2. Klicken Sie im Startmenü mit der rechten Maustaste auf *Windows PowerShell / Windows PowerShell* und wählen Sie im Kontextmenü *Als Administrator ausführen*.

❸ Geben Sie danach im PowerShell-Fenster diese Befehlsfolge ein, um die Ausführung unsignierter Skripte zu ermöglichen:

```
Set-ExecutionPolicy Unrestricted
```

❹ Drücken Sie bei der Abfrage die Taste J für *Ja*.

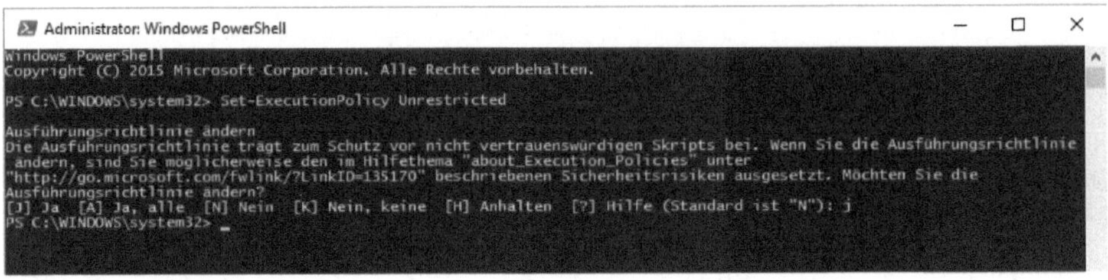

Ausführung unsignierter Skripte zulassen

❺ Klicken Sie jetzt mit der rechten Maustaste im Explorer auf die entpackte Datei *reinstall-preinstalledApps.ps1* und wählen Sie im Kontextmenü *Mit PowerShell ausführen*. Ein neues PowerShell-Fenster öffnet sich und installiert die vorinstallierten Apps einschließlich des Microsoft Stores neu, was einige Minuten dauert. Das PowerShell-Fenster schließt sich am Ende automatisch. Danach können Sie den Store wieder verwenden.

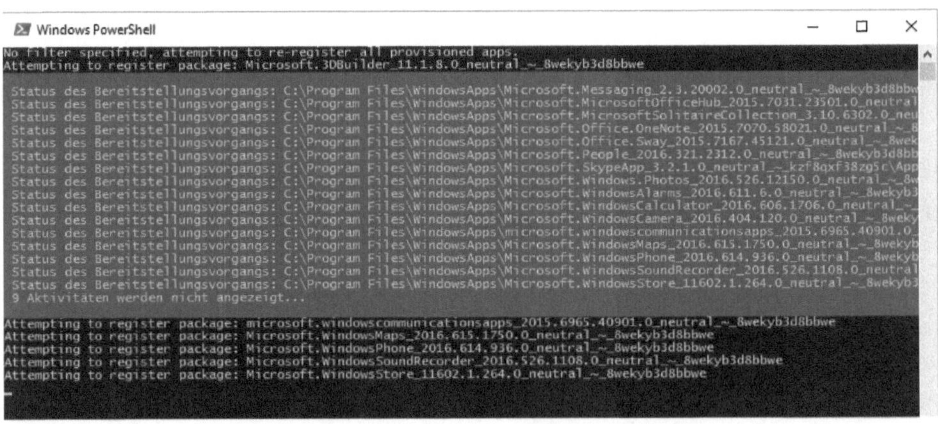

Vorinstallierte Apps neu installieren

❻ Um auch das Taskleistensymbol wiederherzustellen, klicken Sie mit der rechten Maustaste auf den Eintrag *Microsoft Store* im Startmenü und wählen im Kontextmenü *Mehr / An Taskleiste anheften*.

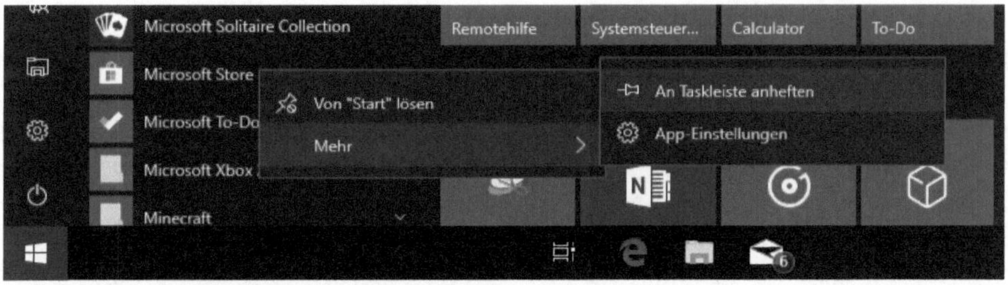

Taskleistensymbol für den Microsoft Store wiederherstellen

7. Starten Sie jetzt den Microsoft Store und wählen Sie im Menü *Downloads und Updates* aus, da in den meisten Fällen bereits Updates gegenüber der über das Skript installierten Version des Microsoft Stores vorliegen.

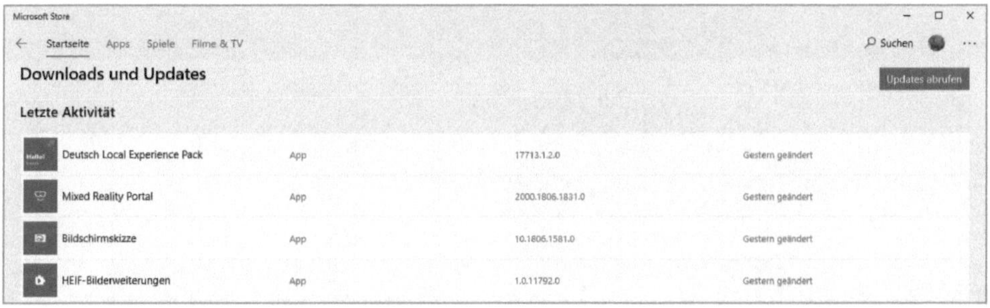

Updates der Microsoft-Store-App installieren

191 Microsoft Store komplett abschalten (Windows 10 Enterprise)

Im betrieblichen Umfeld verhindern Administratoren zwar die Installation von Programmen auf klassischem Weg, aber der Microsoft Store steht den Benutzern weiterhin zur freien Verfügung.

Mit einer Gruppenrichtlinie lässt sich der Microsoft Store in der Enterprise Edition von Windows 10 komplett deaktivieren. Diese Richtlinie ist auch in der Pro-Edition von Windows 10 enthalten, hat dort aber keine Wirkung.

1. Starten Sie den Gruppenrichtlinieneditor `gpedit.msc` über den Menüpunkt *Ausführen* im Systemmenü und navigieren Sie dort zu *Benutzerkonfiguration / Administrative Vorlagen / Windows-Komponenten / Store*.
2. Klicken Sie doppelt auf die Richtlinie *Store-Anwendung deaktivieren* und setzen Sie diese auf *Aktiviert*.
3. Bestätigen Sie mit *OK* und verlassen Sie den Gruppenrichtlinieneditor.

Bei der nächsten Anmeldung eines Benutzers kann der Microsoft Store nicht mehr genutzt werden.

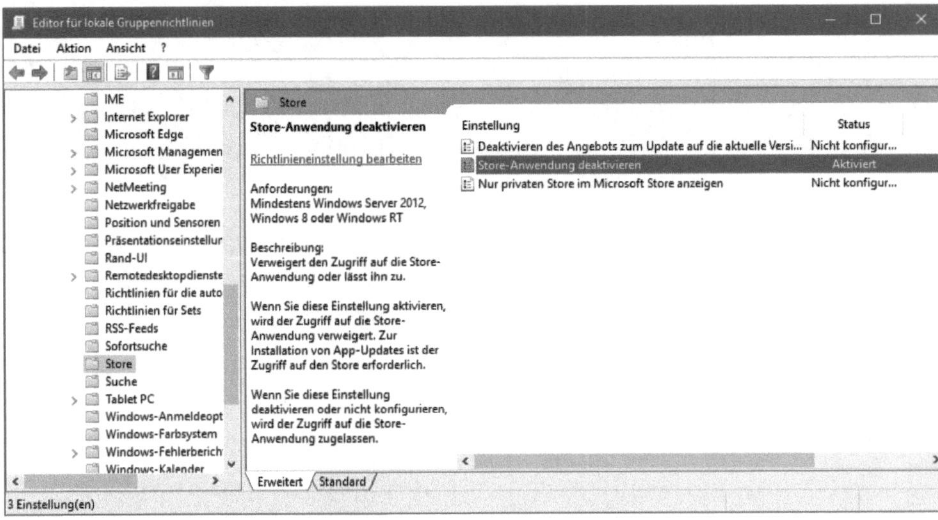

Microsoft Store in Windows 10 Enterprise deaktivieren

192 Microsoft Store komplett abschalten (Windows 10 Home und Pro)

In der Windows-10-Home-Version können keine Gruppenrichtlinien verwendet werden, in der Pro-Version ist die Gruppenrichtlinie zwar vorhanden, funktioniert aber nicht. Die im Internet kursierenden Registry-Tipps zum Abschalten des Microsoft Stores wurden von Microsoft mittlerweile alle deaktiviert. Um in diesen Versionen den Microsoft Store abzuschalten, bleibt nur die radikale Methode, die Store-App zu löschen, was auf klassischem Weg ebenfalls unmöglich ist. So aber geht es:

1. Klicken Sie im Startmenü mit der rechten Maustaste auf *Windows PowerShell / Windows PowerShell* und wählen Sie im Kontextmenü *Als Administrator ausführen*.

2. Geben Sie danach im PowerShell-Fenster diese Befehlsfolge ein:

```
Remove-AppxPackage (Get-AppxPackage -Name Microsoft.WindowsStore)
```

Kurz danach verschwindet der Microsoft Store von der Taskleiste und kann auch aus Apps heraus nicht mehr aufgerufen werden.

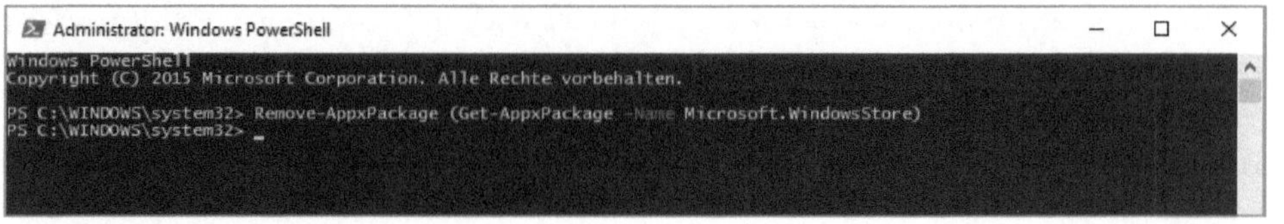

Microsoft Store per PowerShell löschen

193 Speicherfresser finden und deinstallieren

Irgendwann ist auch die größte Festplatte voll – spätestens dann sollte man darüber nachdenken, nicht benötigte Programme zu deinstallieren.

Die Liste *Apps & Features* in den Einstellungen unter *Apps* zeigt den Speicherbedarf aller installierten Apps an. Wenn der Speicherplatz auf Ihrer Festplatte knapp wird, können Sie hier die größten Speicherfresser finden und deinstallieren. In Windows 10 werden hier sowohl die modernen Store-Apps wie auch die meisten Anwendungen auf dem klassischen Desktop angezeigt. Die Systemsteuerung zeigt unter *Programme* hingegen nur klassische Programme an.

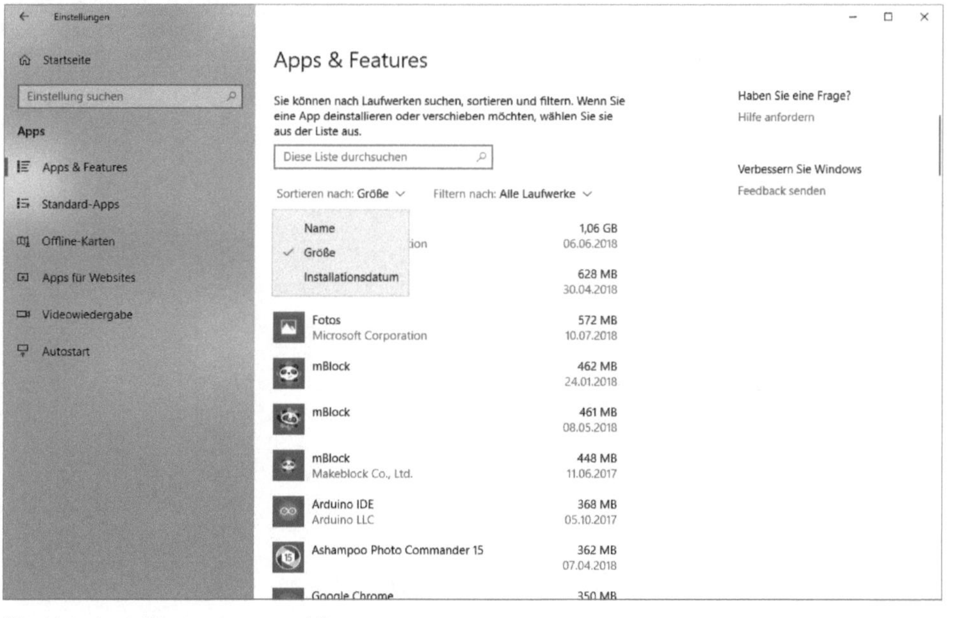

Die Liste installierter Apps und Programme

Wenn Sie diese Liste nach Größe sortieren, lassen sich die Speicherfresser leicht finden. Klicken Sie auf ein Programm, um es zu deinstallieren. Einige Store-Apps unterstützen die neue Option *Verschieben*. Damit können sie auf ein anderes Laufwerk, wie z. B. eine zweite Festplattenpartition, verschoben werden, auf der noch genügend Speicherplatz vorhanden ist. Bei klassischen Desktop-Programmen und vorinstallierten System-Apps ist das Verschieben nicht möglich.

194 Apps aus dem Microsoft Store auf einem anderen Laufwerk installieren

Wenn der Speicherplatz auf Laufwerk *C:* knapp wird, können Sie festlegen, dass künftig installierte Apps aus dem Microsoft Store auf einem anderen Laufwerk installiert werden. Wählen Sie dazu das gewünschte Laufwerk für neue Apps in den Einstellungen unter *System / Speicher* aus. Klicken Sie dort auf den Link *Speicherort für neuen Inhalt ändern*. Dies gilt nicht für Programme, die auf klassischem Weg installiert werden. Hier bietet das Installationsprogramm üblicherweise die Möglichkeit, Laufwerk und Verzeichnis für die Installation zu wählen.

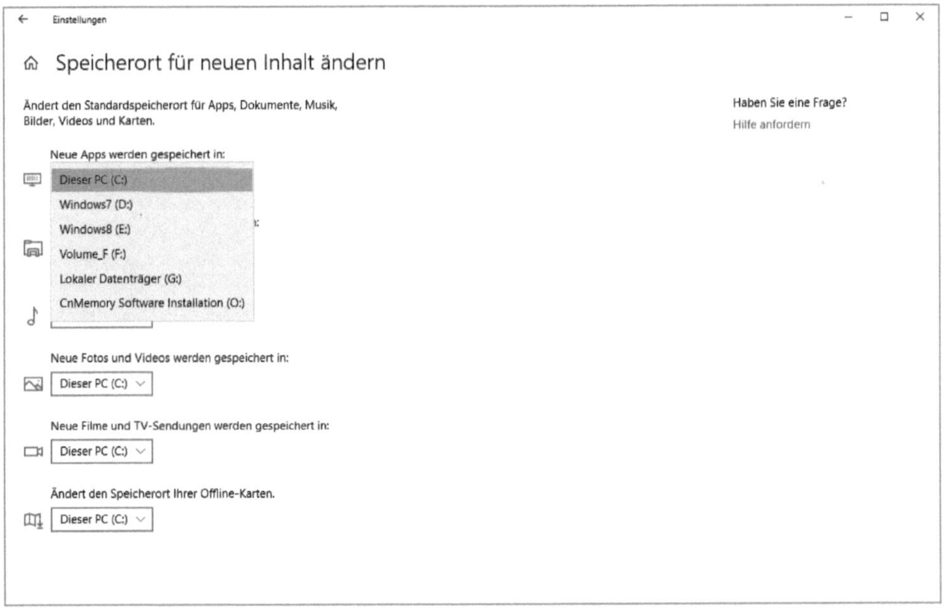

Laufwerk zur Installation von Apps wählen

195 Java, Flash und Silverlight entfernen

Noch bis vor wenigen Jahren waren auf jedem PC die Softwarekomponenten Java und Flash installiert, da sie die Basis für zahlreiche Programme waren. Mittlerweile sind diese Technologien für ihre sicherheitskritischen Schwachstellen berühmt und werden von nur noch wenigen Programmen genutzt, aber sie laufen im Hintergrund auf den meisten PCs weiter und werden auch beim Upgrade auf Windows 10 übernommen. Flash wie auch Microsofts Konkurrenzprodukt Silverlight wurden früher zur Darstellung von Animationen und Videos auf Websites und innerhalb von Programmen verwendet, inzwischen aber weitgehend durch HTML5 ersetzt.

Prüfen Sie also genau, ob eines ihrer installierten Programme heute noch Java, Flash oder Silverlight benötigt. Ist dies nicht der Fall, deinstallieren Sie die jeweilige Software über das Systemsteuerungsmodul *Programme*. In den Einstellungen unter *Apps / Apps & Features* werden diese Softwarekomponenten nicht angezeigt.

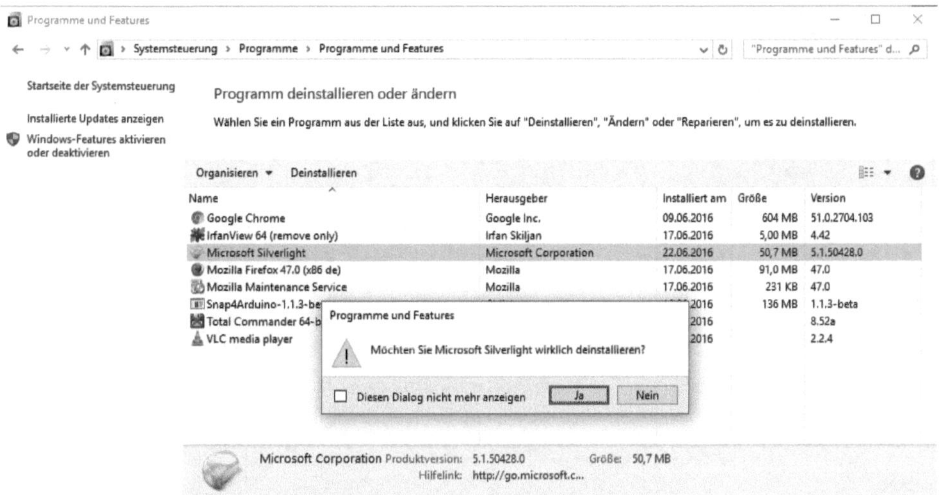

Silverlight und andere überflüssige Komponenten deinstallieren

196 Vorinstallierte Werbeversionen von Virenscannern entfernen

Auf vielen neuen PCs sind Werbeversionen von Virenscannern vorinstalliert, die oftmals einen eigenen Deinstallationsschutz enthalten, damit bösartige Software sie nicht entfernen kann. Deshalb lassen sich solche Programme auch nicht über die Systemsteuerung deinstallieren. Außerdem sollen sie die Nutzer so von einem Upgrade auf kostenpflichtige Versionen überzeugen.

ESET, ein bekannter Hersteller von Sicherheitssoftware, stellt ein sogenanntes *AV Removal Tool* zur Verfügung (siehe Download-Tipps, Seite 6), das auf dem PC installierte Virenscanner und andere Sicherheitstools erkennen und entweder direkt beseitigen kann oder Links zu speziellen Entfernungstools der jeweiligen Hersteller anbietet.

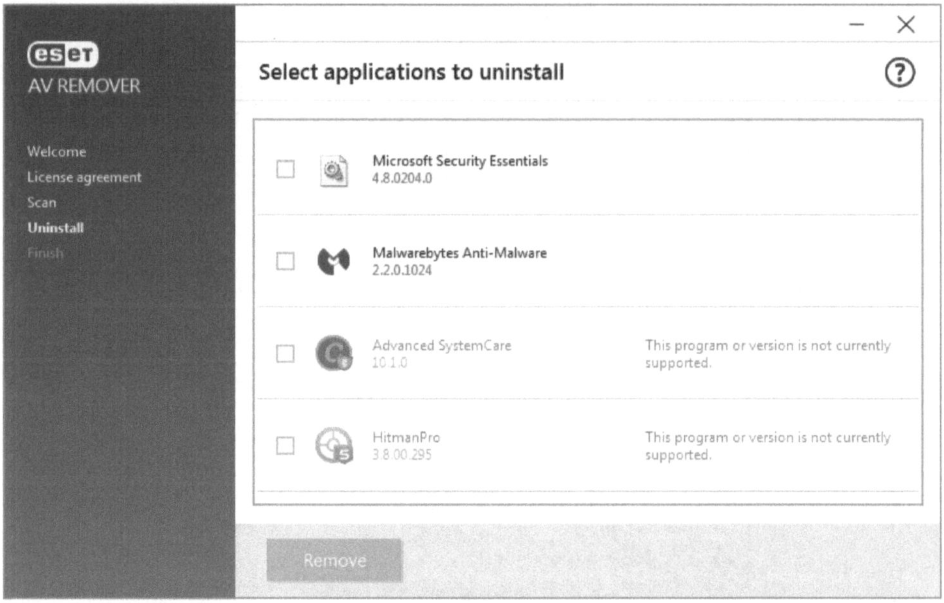

Das *ESET AV Removal Tool* hilft beim Entfernen vorinstallierter Virenscanner.

197 Bloatware durch Zurücksetzen auf das original Windows komplett beseitigen

Kauft man heute einen neuen Computer, sind jede Menge Programme vorinstalliert, die niemand wirklich haben will, wie z. B. angebliche Tuningtools, Browser-Toolbars, Apps für mehr oder weniger bekannte Onlineshops, Lieferdienste, Hotelbuchungssysteme und – besonders lästig – zeitlich beschränkte Testversionen von Virenscannern und Sicherheitssuiten, die sich so tief ins System eingraben, dass sie sich über die Systemsteuerung nicht restlos beseitigen lassen.

Microsoft hat das Problem der sogenannten Bloatware (zu Deutsch etwa »Blähware«) schon länger erkannt und bietet im eigenen Microsoft Store Laptops und Tablets in der sogenannten Signature Edition an, die frei von solchen Softwarezugaben sind. Seit dem Anniversary-Update geht man jetzt noch einen Schritt weiter und bietet Nutzern die Möglichkeit, auf einem neuen PC ein sauberes Windows 10 zu installieren.

Wenn Sie einen neu gekauften PC zum ersten Mal starten, richten Sie als Erstes das Microsoft-Konto und die Internetverbindung ein. Nachdem die Ersteinrichtung durchlaufen ist, erscheinen im Startmenü und auf der Taskleiste jede Menge bunte Symbole und teilweise sogar Pop-up-Meldungen, die nicht zu Windows gehören.

Klicken Sie jetzt in den Einstellungen unter *Update und Sicherheit / Wiederherstellung* unter der Überschrift *Diesen PC zurücksetzen* auf den Button *Los geht's*. Hier können Sie auswählen, ob Sie persönliche Dateien, die möglicherweise schon auf dem PC sind, behalten möchten, oder wirklich alles löschen. Zum Zurücksetzen ist der originale Installationsdatenträger oder ein Image auf einer zweiten Partition erforderlich. Windows wird danach neu lizenziert und aktiviert, was durch die neue Methode, die Lizenz im Microsoft-Konto zu speichern, aber keine Schwierigkeit mehr darstellt. Sollten dabei ehemals vorinstallierte Gerätetreiber verloren gehen, können diese über Windows Update nachgeladen werden – vorausgesetzt, die Hardwarehersteller haben sich an Microsofts Entwicklerrichtlinien gehalten.

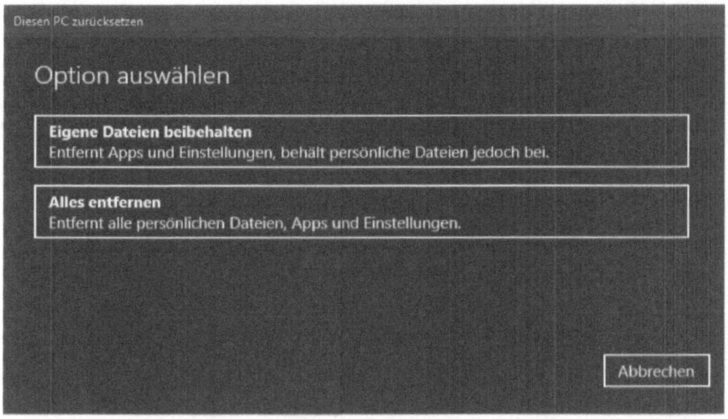

Optionen vor dem Zurücksetzen

Wichtig: Setzen Sie einen neuen PC gleich nach dem ersten Start zurück, da diese Funktion alle Apps und Programme entfernt, die nicht zum Standardlieferumfang von Windows 10 gehören, also auch selbst installierte Desktop-Programme, Microsoft Office und Microsoft-Store-Apps.

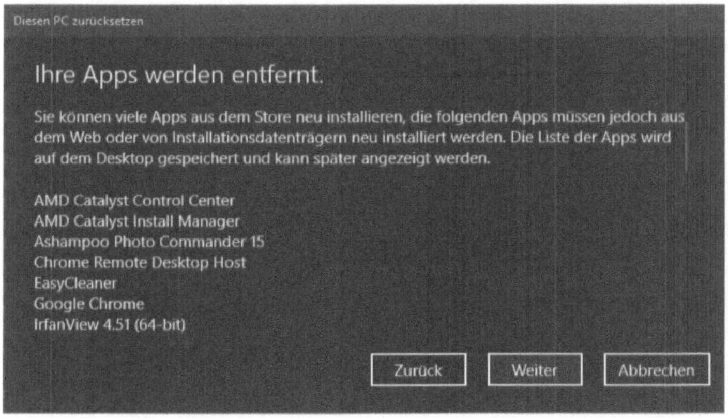

Das Zurücksetzen beseitigt vorinstallierte Bloatware wie auch selbst installierte Programme.

198 Systemtools lassen sich nicht aufrufen

Lassen sich Kommandozeilentools nicht aufrufen, liegt dies in den meisten Fällen an fehlenden Angaben in der Systemvariablen `Path`. Windows 10 bietet eine komfortable Möglichkeit, die Systemvariablen zu bearbeiten.

1. Wählen Sie in der Systemsteuerung *System und Sicherheit / System* oder drücken Sie die Tastenkombination `Win` + `Pause`.
2. Klicken Sie links auf *Erweiterte Systemeinstellungen* und im nächsten Dialogfeld auf der Registerkarte *Erweitert* auf den Button *Umgebungsvariablen*.
3. Im unteren Bereich des nächsten Fensters sind alle Systemvariablen aufgelistet. Wählen Sie die Variable `Path` und klicken Sie auf *Bearbeiten*.

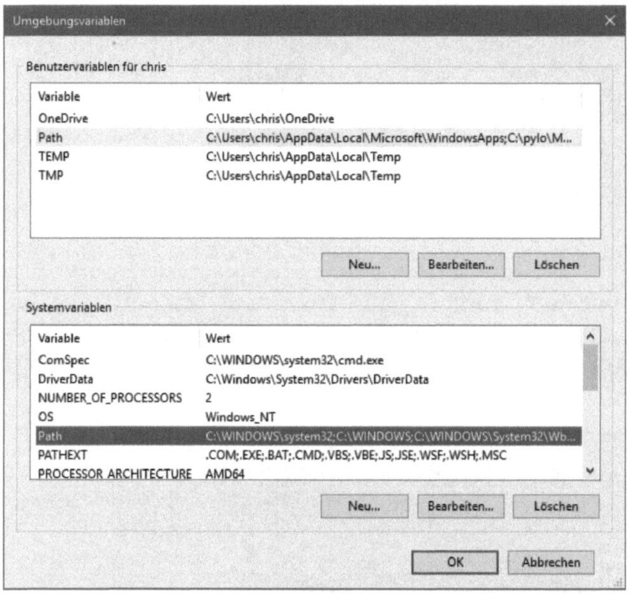

Umgebungsvariablen anzeigen und bearbeiten

4. Im nächsten Fenster sind alle Verzeichnisse aufgelistet, aus denen Kommandozeilentools direkt aufgerufen werden können. Die ersten vier in der Abbildung gezeigten Pfade, die mit `%SystemRoot%` beginnen, müssen auf jeden Fall eingetragen sein. Sollte hier einer fehlen, tragen Sie ihn anhand der Abbildung nach. Fügen Sie zusätzliche Ordner hinzu, in denen Kommandozeilentools nachträglich installiert wurden.

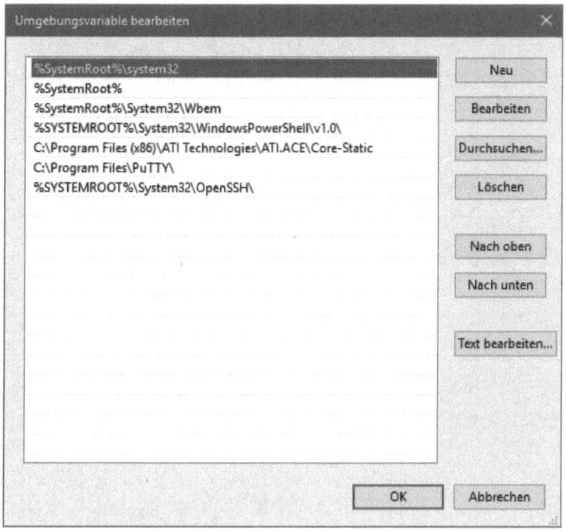

Pfadangaben bearbeiten

199 Ältere Systemtools funktionieren nicht

Ältere Tools, die systemnahe Funktionen verwenden oder einfach nur ältere Methoden einsetzen, um Dateien in Verzeichnissen abzulegen, die unter Windows dem Administrator vorbehalten sind, scheitern beim normalen Start oft an den in Windows 10 eingeschränkten Rechten des angemeldeten Benutzers.

Programme, die über das Startmenü bzw. über die Taskleiste oder eine Desktopverknüpfung aufgerufen werden, haben normalerweise keine Möglichkeit, systemkritische Änderungen vorzunehmen. Möchten Sie ein Programm mit vollen Administratorrechten starten, sodass Sie damit jede (auch noch so gefährliche) Änderung am System durchführen können, klicken Sie mit der rechten Maustaste auf das Programmsymbol und wählen dann im Kontextmenü die Option *Mehr / Als Administrator ausführen*.

Über das Kontextmenü lässt sich (fast) jedes Programm als Administrator ausführen.

Noch einfacher geht es mit einem Tastenkürzel. Wenn Sie die Tasten `Strg` + `Umschalt` gedrückt halten, während Sie auf das Programmsymbol auf dem Desktop klicken, starten Sie das Programm ebenfalls als Administrator.

Dabei verdunkelt sich der Bildschirm und eine Abfrage der Benutzerkontensteuerung erscheint. Sogar wenn Sie selbst als Administrator auf dem Computer angemeldet sind, müssen Sie diese Anfrage bestätigen. Als eingeschränkter Benutzer müssen Sie ein Administratorkennwort eingeben, um das Programm in diesem Modus starten zu können.

200 Programm wird vom SmartScreen-Filter blockiert

Erscheint beim Versuch, ein Programm im Browser herunterzuladen oder ein heruntergeladenes Programm zu starten, eine Sicherheitsmeldung, hat der SmartScreen-Filter dieses Programm als gefährlich eingestuft und blockiert vorerst die Ausführung. Ob Sie das Programm dann dennoch starten, bleibt Ihnen überlassen.

SmartScreen unterscheidet dabei zwischen zwei Warnstufen: unbekannte Programme, die möglicherweise unsicher sind, sowie Programme, die bekannte Malware enthalten.

Wenn Sie versuchen, ein möglicherweise gefährliches Programm auszuführen, erscheint eine weitere Warnung. Mit einem Klick auf *Trotzdem ausführen* wird das Programm gestartet.

Warnung beim Ausführen eines unbekannten Programms

Ist ein Programm bei Microsoft als gefährlich bekannt, erscheint bereits beim Download eine Meldung im Browser. Hier haben Sie keine Möglichkeit, das Programm direkt zu starten.

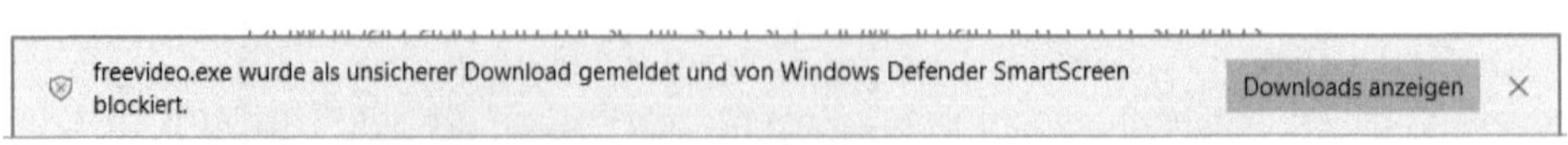

Warnung beim Download eines als gefährlich bekannten Programms

Das heruntergeladene Programm wird auf der Festplatte gespeichert und in der Downloadliste im Browser angezeigt. Mit einem Rechtsklick auf den Eintrag können Sie das Programm als sicher melden oder auch versuchen, es trotz der bekannten Gefahr auszuführen.

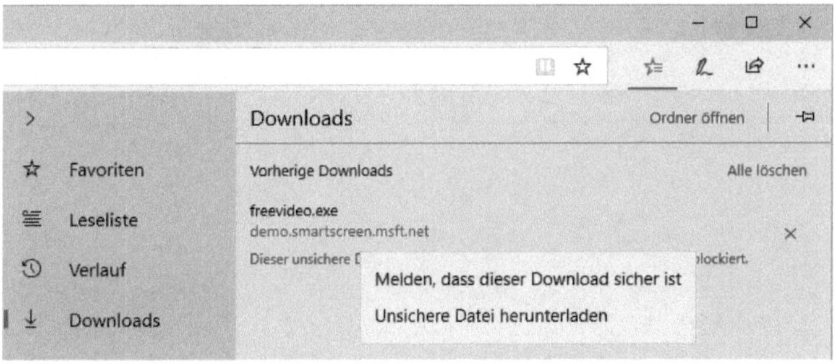

Downloadliste mit einem als gefährlich bekannten Download

Wenn Sie dieses Programm trotzdem ausführen, erscheint noch eine auffällige, rote Meldung, die auf die Gefahr hinweist. *Trotzdem ausführen* ist hier immer noch möglich, aber der Link ist deutlich unauffälliger gestaltet.

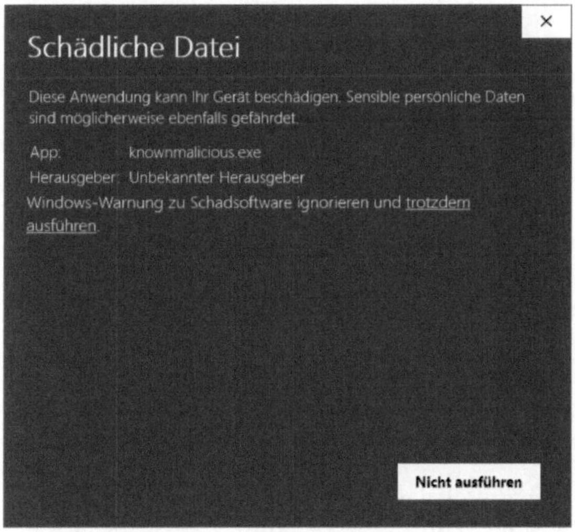

Warnung beim Ausführen eines als gefährlich bekannten Programms

In vielen Fällen werden Sie das Programm gar nicht ausführen können, da es, bis Sie an dieser Stelle angelangt sind, bereits vom Virenscanner erkannt und unter Quarantäne gestellt wurde.

Wer selbst Programme entwickelt oder viel mit Betaversionen zu tun hat, wird häufige Fehlalarme des SmartScreen-Filters wegen unbekannter Programme erleben.

Auf der Seite *App- und Browsersteuerung* im Windows Defender Security Center legen Sie fest, wie sich der SmartScreen-Filter bei unbekannten Downloads und als gefährlich identifizierten Webseiten verhalten soll. In der Grundeinstellung wird bei gefährlichen Apps und Downloads nur gewarnt. Sie können diese aber auch generell blockieren oder zulassen.

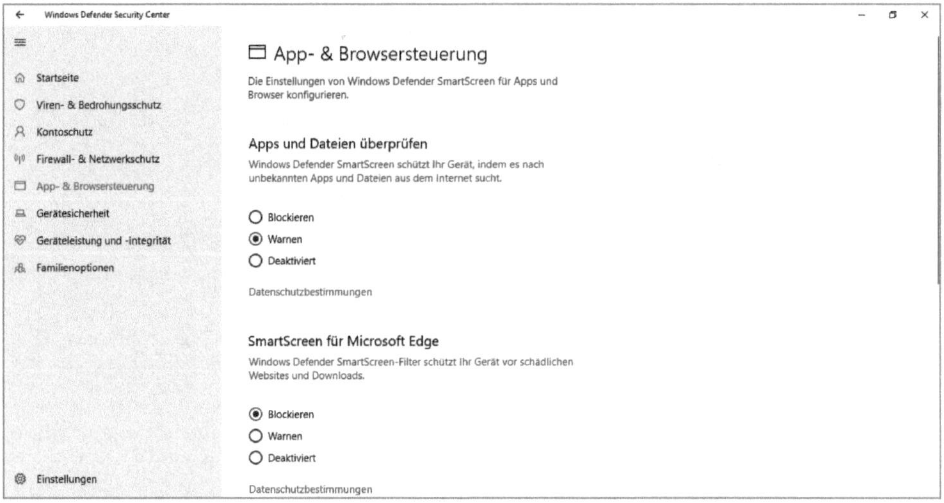

Einstellungen für SmartScreen unter *App- und Browsersteuerung* im Windows Defender Security Center

201 Ältere Programme werden aus Sicherheitsgründen blockiert

Besonders bei älteren Programmen oder bestimmten 64-Bit-Installern kommt es vor, dass sich die Programme nicht installieren lassen. Die Benutzerkontensteuerung meldet dann: *Diese App wurde aus Sicherheitsgründen blockiert.* Die Meldung erscheint auch, wenn der SmartScreen-Filter deaktiviert ist und man das Installationsprogramm als Administrator ausführt. Es handelt sich dabei um ein Problem mit den NTFS-Zugriffsrechten unter Windows 10. Ist das betreffende Programm einmal installiert, läuft es danach problemlos.

Die *NTFS Permissions Tools* (siehe Download-Tipps, Seite 6), ursprünglich dafür entwickelt, eine übersichtlichere Oberfläche für die Einstellung von NTFS-Berechtigungen zu liefern, bieten hier die Lösung. Da die Tools Fehler in NTFS-Berechtigungen umgehen können, lassen sich nahezu alle Programme – auch Installer für andere Programme – aus diesem Fenster heraus per Doppelklick starten.

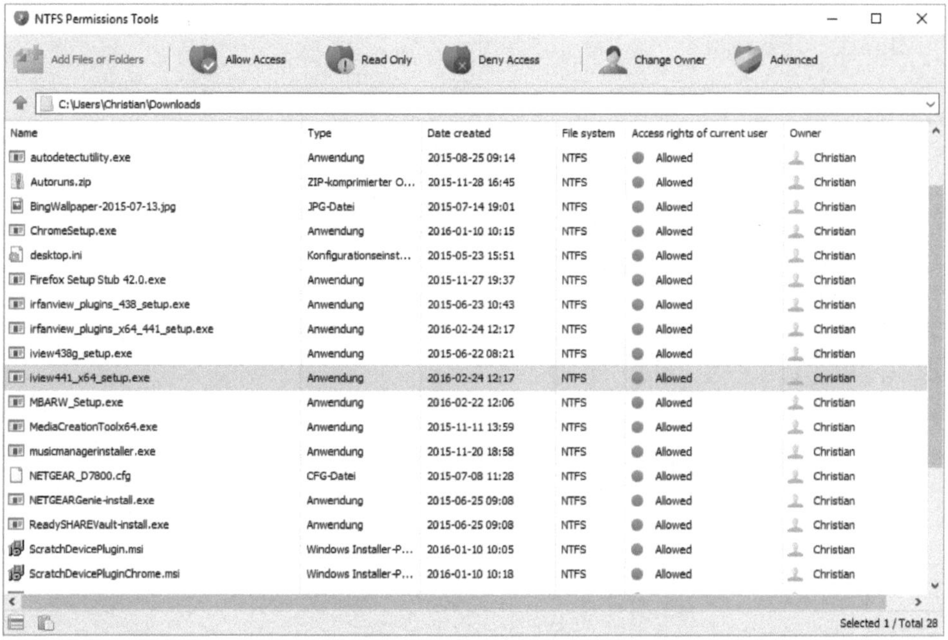

NTFS Permission Tools helfen bei Startproblemen der meisten Installationsprogramme.

202 Probleme mit der Datenausführungsverhinderung beheben

Die Datenausführungsverhinderung von Windows soll verhindern, dass Programme auf unzulässige Weise auf gemeinsam genutzte Speicherbereiche zugreifen und so andere Programme oder Systemfunktionen stören. Sollte ein Programm nicht laufen, kann es daran liegen, dass es durch die Datenausführungsverhinderung blockiert wird.

Einzelne Programme können in der Datenausführungsverhinderung als Ausnahme hinzugefügt werden. Allerdings birgt das die Gefahr, dass ein solches Programm tatsächlich Windows-Systemprozesse stört.

1. Wählen Sie in der Systemsteuerung *System und Sicherheit / System* oder drücken Sie die Tastenkombination `Win` + `Pause`.

2. Klicken Sie links auf *Erweiterte Systemeinstellungen* und im nächsten Dialogfeld auf der Registerkarte *Erweitert* im Bereich *Leistung* auf den Button *Einstellungen*.

3. Wählen Sie im nächsten Fenster auf der Registerkarte *Datenausführungsverhinderung* die Option *Datenausführungsverhinderung für alle Prozesse und Dienste mit Ausnahme der ausgewählten einschalten*.

4. Fügen Sie über den Button *Hinzufügen* das problematische Programm hinzu und verlassen Sie beide Dialogfelder mit *OK*.

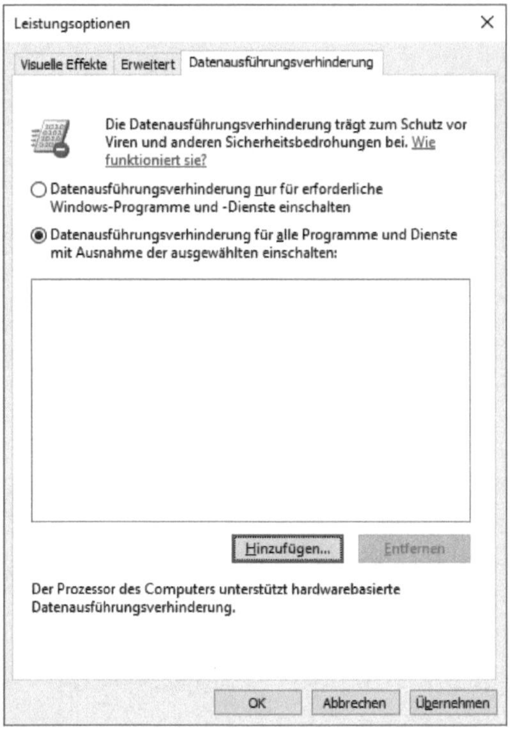

Programm als Ausnahme in der Datenausführungsverhinderung hinzufügen

203 Ältere Programme lassen sich nicht installieren

Startet eine Installationsroutine für ein älteres Programm nicht oder bleibt sie während der Installation einfach hängen, probieren Sie, dieses Programm im Kompatibilitätsmodus zu starten.

1. Klicken Sie dazu mit der rechten Maustaste auf die Installationsdatei und wählen Sie *Behandeln von Kompatibilitätsproblemen*.
2. Wählen Sie im nächsten Dialogfeld *Empfohlene Einstellungen testen*.

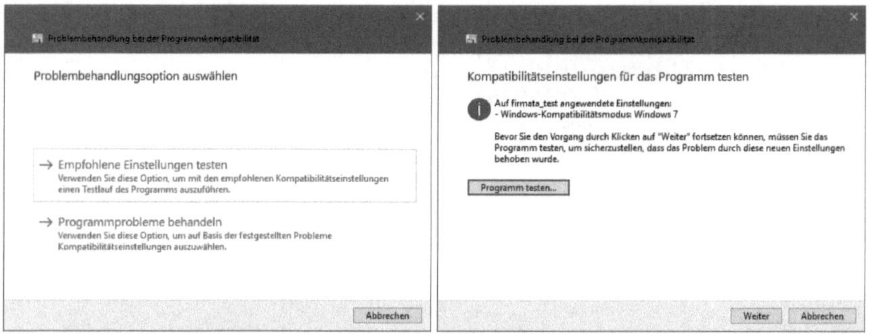

Die Problembehandlung testet die Kompatibilitätsoptionen.

❸ Klicken Sie jetzt auf *Programm testen*, um das Programm mit diesen Einstellungen zu installieren. In vielen Fällen müssen Sie noch eine Anfrage der Benutzerkontensteuerung bestätigen.

❹ Ließ sich das Programm installieren, wählen Sie im nächsten Dialogfeld *Ja, diese Einstellungen für dieses Programm speichern*. Funktionierte die Installation nicht, wählen Sie *Nein, mit anderen Einstellungen wiederholen* und markieren Sie dann die Probleme, die aufgefallen sind. Die Problembehandlung startet dann neu mit angepassten Einstellungen.

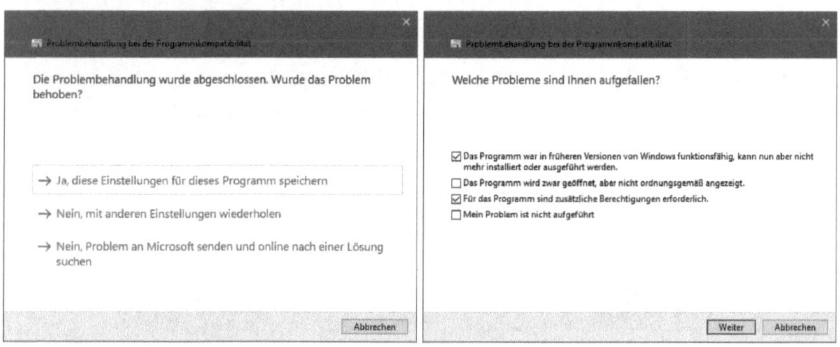

Bei Problemen hilft ein neuer Versuch mit anderen Einstellungen.

204 Ältere Programme laufen nach Installation nicht

Ließ sich ein Programm installieren und läuft es dann aber wegen Kompatibilitätsproblemen nicht, hilft die Problembehandlung in den Einstellungen unter *Update und Sicherheit / Problembehandlung*.

❶ Klicken Sie hier auf *Problembehandlung bei der Programmkompatibilität* und dann auf *Problembehandlung ausführen*.

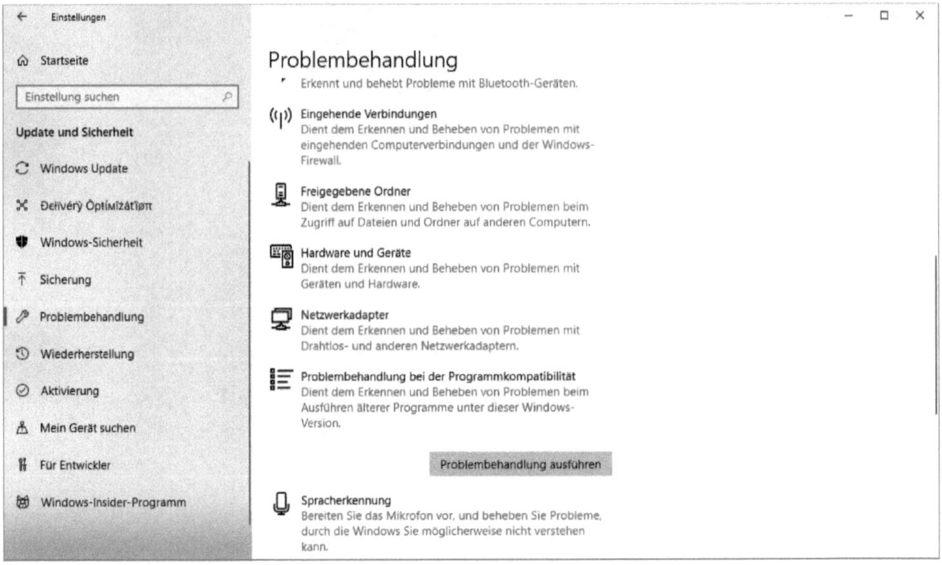

Die Problembehandlung für Kompatibilitätsprobleme

❷ Klicken Sie im nächsten Fenster auf *Erweitert*, schalten Sie den Schalter *Reparaturen automatisch anwenden* ein und klicken Sie dann noch auf *Als Administrator ausführen*.

❸ Wählen Sie im nächsten Fenster das installierte Programm aus. Ist es in der Liste nicht aufgeführt, klicken Sie oben auf *Nicht aufgeführt* und suchen die *.exe*-Datei und markieren diese.

❹ Danach startet erneut die Problembehandlung und testet verschiedene Kompatibilitätsoptionen.

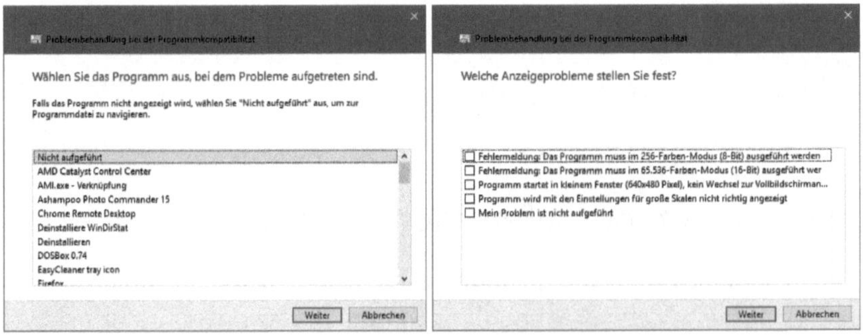

Problembehandlung bei Kompatibilitätsproblemen installierter Programme

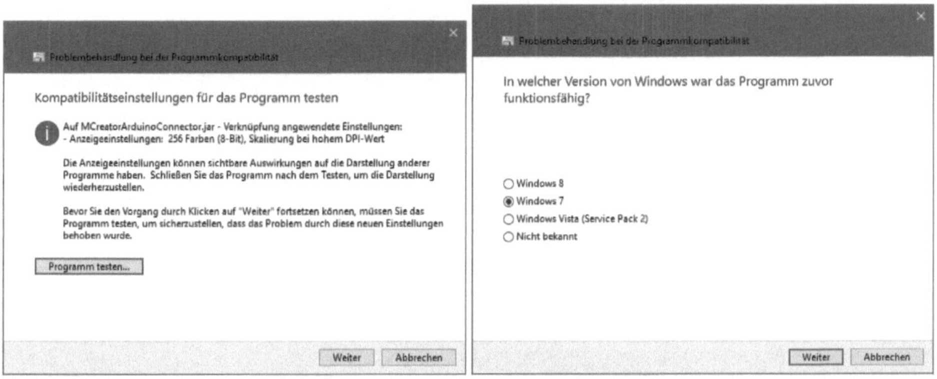

Verschiedene Kompatibilitätsoptionen versuchen, ein Programm zum Laufen zu bringen.

205 Kompatibilitätseinstellungen manuell anpassen

Sollte ein installiertes Programm nicht laufen und auch die automatische Problembehandlung zu keinem Erfolg führen, nehmen Sie die Kompatibilitätseinstellungen manuell vor.

1. Klicken Sie mit der rechten Maustaste auf die Kachel des Programms oder auf das Programmsymbol im Startmenü und wählen Sie im Kontextmenü *Mehr / Dateispeicherort öffnen*.

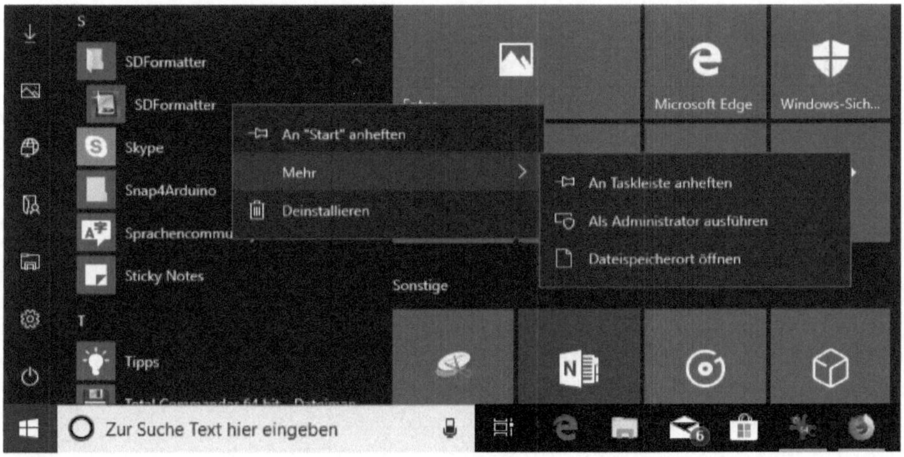

Kontextmenü eines neu installierten Programms

2. Jetzt öffnet sich ein Explorer-Fenster mit der Verknüpfung, die dieses Programm startet. Klicken Sie mit der rechten Maustaste darauf und wählen Sie im Kontextmenü *Eigenschaften*.

❸ Auf der Registerkarte *Kompatibilität* finden Sie die verschiedenen Kompatibilitätsmodi. Hier können Sie eine ältere Windows-Version simulieren oder einen Grafikmodus festlegen, unter dem das Programm laufen soll. Viele Kompatibilitätsprobleme lassen sich lösen, indem Sie im oberen Teil des Dialogfelds eine ältere Windows-Version auswählen, von der Sie wissen, dass das Programm darunter läuft. Im Modus *Windows XP (Service Pack 3)* sollte so ziemlich jedes Programm unter Windows 10 noch laufen.

❹ Bestätigen Sie die Einstellung in diesem Dialogfeld mit *OK* und starten Sie danach das Programm neu.

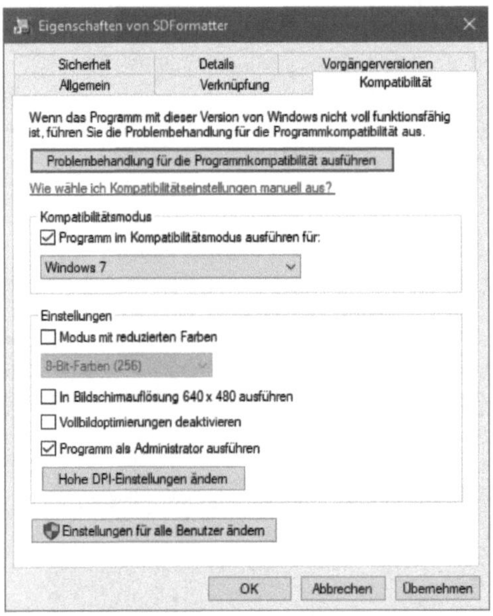

Kompatibilitätseinstellungen für ältere Programme

206 Alte Spiele verstehen moderne Grafikkarten nicht

Vor allem alte Windows-Spiele haben häufig Probleme mit der heutigen TrueColor-Darstellung. Unter Windows 9x konnte ein Programm selbstständig die Farbtiefe des Monitors herabsetzen, was unter Windows 10 nicht mehr möglich ist. Die Kompatibilitätsoption *Modus mit reduzierten Farben* schaltet beim Start des Programms das Programmfenster auf 256 oder 65.536 Farben um. Die Einstellung gilt nur für das jeweilige Programmfenster, das auch im Stil der Basisoberfläche von Windows 7 dargestellt wird, nicht für die gesamte Windows-Oberfläche.

Alte interaktive Multimedia-Programme, wie auch manche Spiele, laufen nur in der Auflösung 640 x 480 px. In höheren Auflösungen kommt es zu Problemen, sodass einzelne Elemente der interaktiven Oberfläche nicht mehr an ihrem richtigen Platz sitzen oder Texte nicht mehr zu den Grafiken passen. Die Kompatibilitätsoption *In Bildschirmauflösung 640x480 ausführen* schaltet beim Start des Programms den

Monitor auf die Auflösung 640 x 480 px um – eine Auflösung, die normalerweise von Windows 10 nicht mehr unterstützt wird. Die Einstellung gilt dann für die gesamte Windows-Oberfläche. Beim Beenden des Programms wird die Auflösung wieder auf den ursprünglichen Wert zurückgesetzt. Dabei kann es passieren, dass sich beim Zurückschalten die Größen und Positionen der anderen geöffneten Fenster verändern.

Windows 10 kann Desktopelemente abhängig vom DPI-Wert des Monitors skalieren. Auf diese Weise werden bei sehr hohen Bildschirmauflösungen wichtige Texte oder Bedienelemente größer dargestellt, sodass sie weiterhin erkennbar bleiben. Diese Technik ist mit vielen älteren Programmen nicht kompatibel, das heißt, hier kann es passieren, dass bestimmte Programmelemente nicht mehr zu erkennen sind. In solchen Fällen deaktivieren Sie die automatische Skalierung in den Kompatibilitätseinstellungen mit einem Klick auf *Hohe DPI-Einstellungen ändern.*

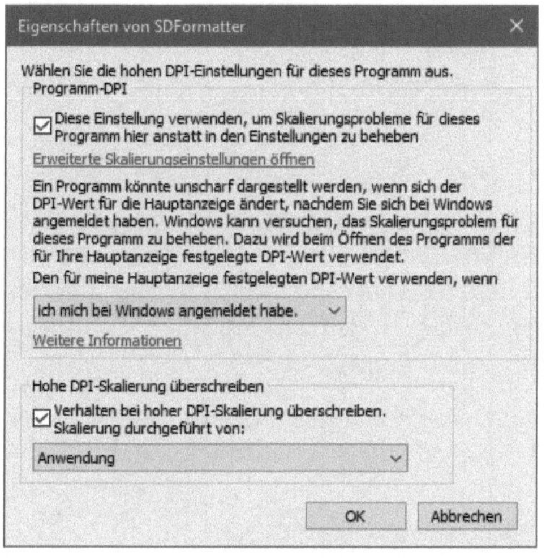

Hohe DPI-Einstellungen in den Kompatibilitätseinstellungen für ältere Programme ändern

207 DOS-Programme funktionieren nicht

Läuft ein DOS-Programm im Eingabeaufforderungsfenster von Windows 10 nicht oder hat es Probleme beim Öffnen und Speichern von Dateien, kann dies an den im betreffenden Verzeichnis verwendeten Dateinamen liegen.

Die DOS-Emulation von Windows 10 arbeitet generell mit allen Windows-Dateinamen. Allerdings konnte DOS ursprünglich nur Dateinamen verarbeiten, die folgende Konventionen nach ISO-Standard erfüllen:

- Es werden maximal 8 Zeichen verwendet, danach folgen ein Punkt und eine Erweiterung von maximal 3 Zeichen.
- Die folgenden logischen Gerätenamen dürfen nicht als Dateinamen verwendet werden: *AUX, COM1, COM2, ..., CON, LPT1, LPT2, ..., NUL, PRN.* Das Gleiche gilt für alle Namen von DOS-Befehlen.

- Folgende Zeichen dürfen im Namen nicht vorkommen: `<>=,;:*?&![]()/\$"+~` sowie ein Punkt, sofern er nicht als Trennzeichen zwischen Dateiname und Erweiterung verwendet wird.

Wegen der Länge und des Formats der Dateinamen wird dieses Format auch als 8+3-Format oder 8dot3-Format bezeichnet. Nutzen Sie für Dateien und Verzeichnisse, die in der DOS-Emulation verwendet werden, nur solche ISO-Dateinamen, damit alle alten DOS-Programme damit umgehen können.

Windows 10 generiert standardmäßig aus Gründen der Kompatibilität aus langen Dateinamen automatisch kurze Dateinamen, die von DOS-Anwendungen verwendet werden können. Dabei wird folgendermaßen vorgegangen:

- Die ersten sechs Zeichen des langen Namens werden übernommen, danach folgt die Zeichenkombination `~1`. Deutsche Umlaute und andere Sonderzeichen werden automatisch weggelassen. Die Endung wird automatisch auf drei Stellen abgeschnitten.
- Ergibt sich daraus ein kurzer Dateiname, der in diesem Verzeichnis schon existiert, wird die 1 am Ende durch eine 2 ersetzt. Die Ziffer wird bis zur 4 erhöht, wenn nötig.
- Ergibt sich dann immer noch ein vorhandener Dateiname, werden für alle weiteren Dateien, deren lange Namen mindestens in den ersten sechs Zeichen gleich sind, nur noch die ersten beiden Zeichen zur Bildung des Kurznamens herangezogen. Danach folgt eine vierstellige Hex-Zahl, die aus dem Dateinamen berechnet wird, und dahinter die Zeichenfolge `~1` zur eindeutigen Kenntlichmachung eines automatisch gekürzten Dateinamens.

Ob diese Namen tatsächlich generiert wurden und wie diese aussehen, können Sie mit dem Befehl `dir /x /p` in einem Eingabeaufforderungsfenster feststellen.

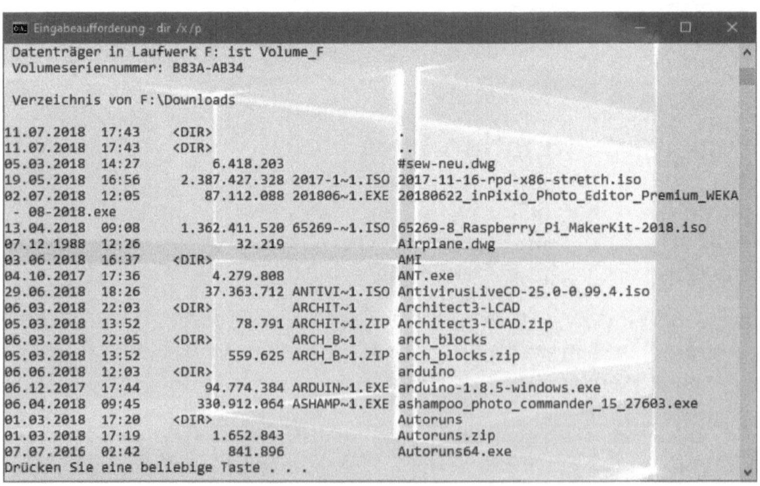

Automatisch generierte kurze Dateinamen

Mit dem folgenden Befehl können Sie die Einstellung zum Erstellen kurzer Dateinamen in der Eingabeaufforderung überprüfen:

```
fsutil 8dot3name query
```

In den meisten Fällen wird die Standardeinstellung `2` angezeigt, die die Erstellung von 8+3-Namen für jedes Laufwerk einzeln festlegen lässt. Sollten die 8+3-Namen fehlen und DOS-Programme deshalb Probleme bereiten, können Sie mit folgendem Befehl das Erstellen kurzer Dateinamen für alle Laufwerke einschalten:

```
fsutil 8dot3name set 0
```

208 Wenn alles nicht hilft: DOSBox startet alte DOS-Spiele

Einige alte DOS-Programme, vor allem Spiele, lassen sich mit den Kompatibilitätseinstellungen nicht zum Laufen bringen. Einen Ausweg bietet das kostenlose Programm DOSBox (*www.dosbox.com*).

1. Laden Sie sich im Downloadbereich die Installationsdatei für Windows (siehe Download-Tipps, Seite 6) sowie das deutsche Sprachpaket herunter und installieren Sie DOSBox. Dabei ist kein Kompatibilitätsmodus erforderlich.
2. Starten Sie DOSBox über das Startmenü und beenden Sie das Programm gleich wieder. Dies dient nur dazu, dass die Verzeichnisstruktur angelegt wird.
3. Kopieren Sie jetzt alle Dateien aus dem ZIP-Archiv des deutschen Sprachpakets in das Verzeichnis:

```
C:\Users\<Benutzername>\AppData\Local\DOSBox
```

4. Starten Sie jetzt DOSBox erneut.

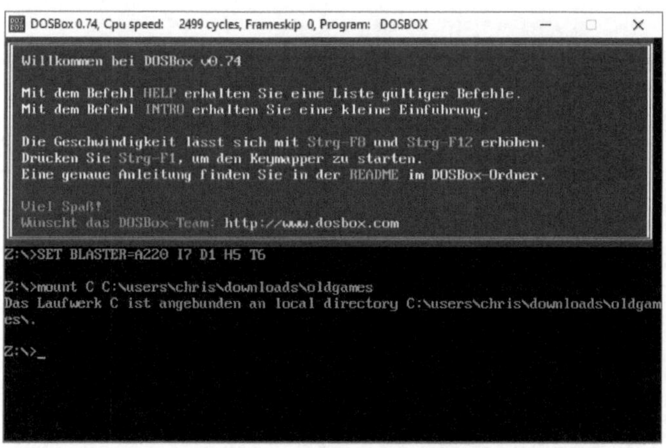

DOSBox mit deutschem Sprachpaket

5. Als Erstes müssen Sie das Verzeichnis, in dem Ihre DOS-Programme auf der Festplatte liegen, als Laufwerk *C:* des virtuellen DOS-PCs mounten, z. B. folgendermaßen:

```
mount C C:\Users\<Benutzername>\Downloads\oldgames
```

6. Wechseln Sie jetzt auf das Laufwerk *C:* und dort mit dem DOS-Befehl `cd` in das Unterverzeichnis, in dem Sie ein DOS-Programm starten möchten. Geben Sie hier den entsprechenden Startbefehl ein.

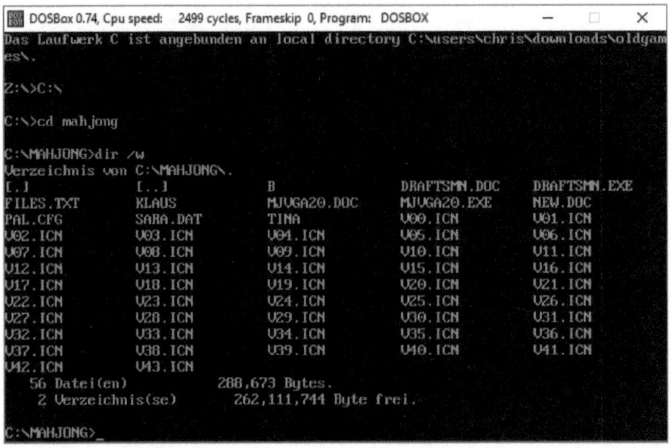

Ordner mit einem DOS-Spiel im virtuellen Laufwerk *C:*

Bei grafischen Programmen wie Spielen ändert das DOSBox-Fenster automatisch seine Größe entsprechend der Auflösung des Programms. Verwendet ein Programm eine Maus, wird der Mauszeiger im DOSBox-Fenster gefangen, es kann also nicht mehr über das *Schließen*-Symbol oben rechts geschlossen werden. Geben Sie zum Beenden von DOSBox den Befehl `exit` ein.

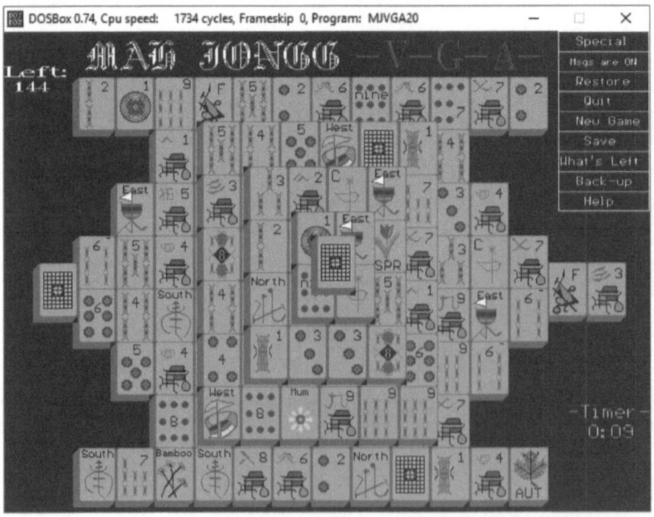

Grafisches DOS-Spiel in DOSBox

209 Kopiergeschützte Programme lassen sich nach dem Upgrade auf Windows 10 nicht mehr installieren

Einige ältere kopiergeschützte Programme verwenden die Volume-Seriennummer zur Identifikation des Laufwerks. Sollten Sie aus irgendeinem Grund die Festplatte formatieren und danach solche Programme wieder installieren wollen, speichern Sie vorher die alte Volume-Seriennummer der Festplatte ab. Beim Formatieren wird eine neue vergeben. Volume-Seriennummern sind immer Hexadezimalzahlen aus zwei vierstelligen Blöcken.

Die Volume-Seriennummer wird mit dem Befehl `dir /p` im Eingabeaufforderungsfenster angezeigt und kann mit Windows-Bordmitteln nicht verändert werden.

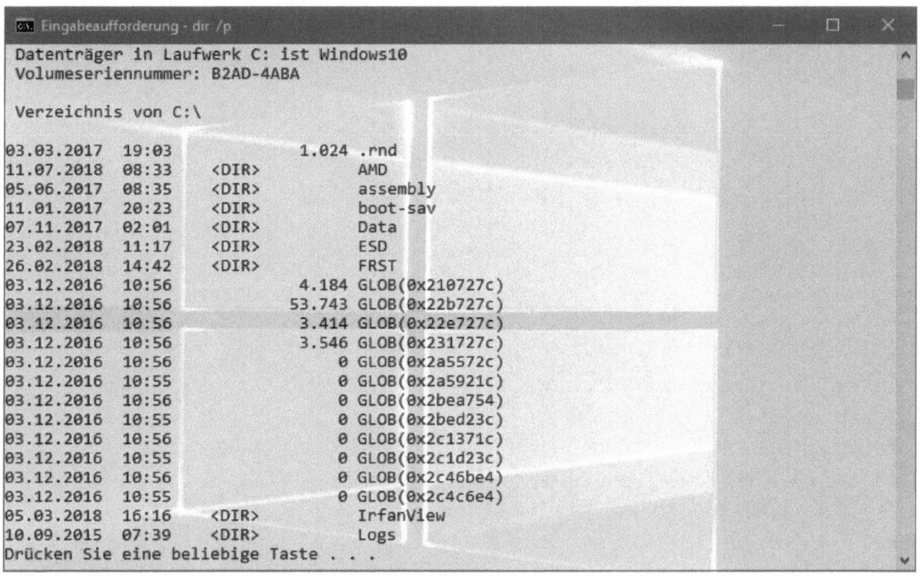

Der Befehl `dir` zeigt die VolumeID der Festplatte

Microsoft bietet das kostenlose Werkzeug *VolumeID* an (siehe Download-Tipps, Seite 6), das diese Funktion in Windows nachliefert.

Setzen Sie nach dem Formatieren oder Neu-Partitionieren die Volume-Seriennummer mit *VolumeID* wieder auf die alte Volume-Seriennummer zurück. Die Änderungen sind erst nach einem Neustart sichtbar.

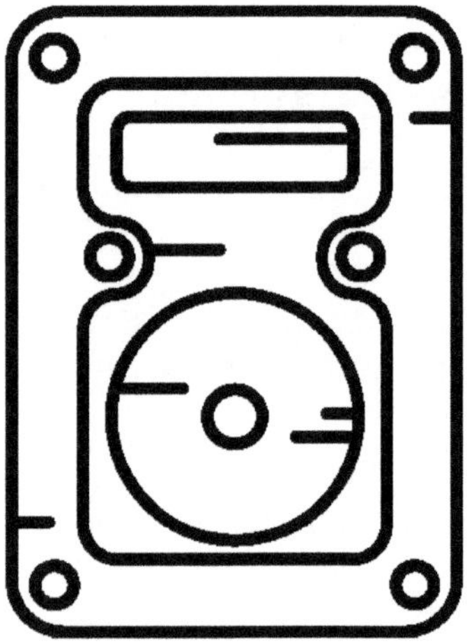

Festplattenprobleme und Datensicherung

210 Früheren Bearbeitungsstand einer Datei wiederherstellen

Die in Windows 10 eingebaute Funktion *Dateiversionsverlauf* sichert automatisch bearbeitete Dateien, um bei Fehlern frühere Bearbeitungsstände wiederherzustellen. Bei Dateien auf OneDrive funktioniert dies nur, wenn die Datei nicht nur online verfügbar, sondern auch eine lokale Kopie vorhanden ist.

1. Markieren Sie im Explorer die Datei, von der Sie ältere Versionen suchen möchten, und klicken Sie im Menüband unter *Start* auf das Symbol *Verlauf*.

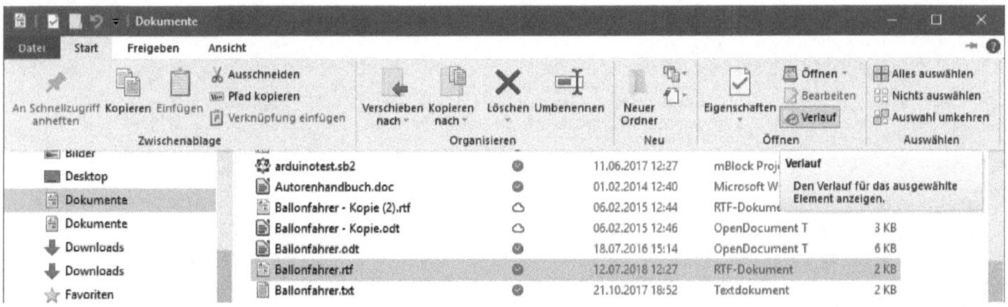

Hinter diesem Symbol im Menüband versteckt sich der Dateiversionsverlauf.

2. Es öffnet sich ein neues Fenster, das die zuletzt gesicherte Version dieser Datei anzeigt. Mit den Pfeilsymbolen nach links und rechts am unteren Fensterrand können Sie zwischen älteren Dateiversionen hin und her blättern. Auf diese Weise finden Sie leicht den gewünschten Änderungsstand der Datei.

3. Ein Klick auf das Symbol mit dem runden Pfeil in der Mitte unten stellt diese Version der Datei wieder her. Dabei wird die aktuell vorhandene Dateiversion überschrieben.

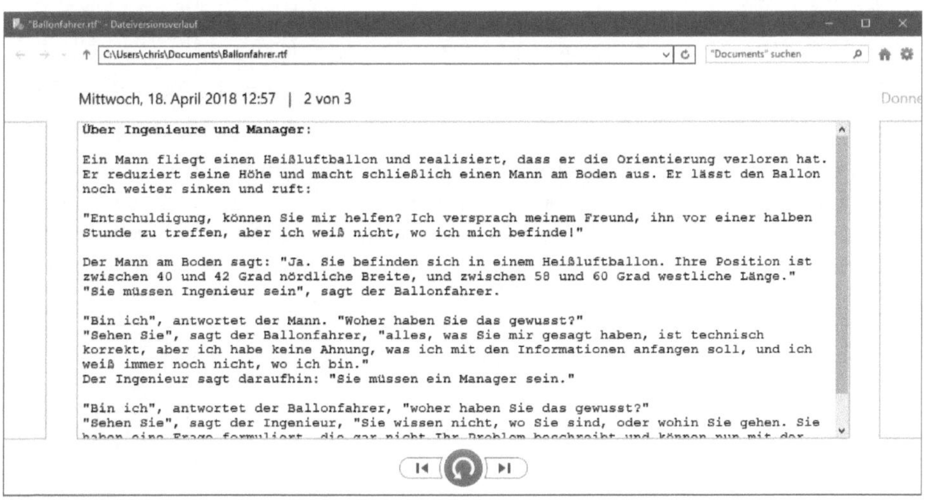

Ältere Versionen einer Datei suchen und wiederherstellen

211 Keine früheren Versionen einer Datei vorhanden

Damit der Dateiversionsverlauf funktioniert, muss er einmal aktiviert werden. Schalten Sie den Dateiversionsverlauf in den Einstellungen unter *Update und Sicherheit / Sicherung* ein. Klicken Sie dort auf *Laufwerk hinzufügen* und wählen Sie das gewünschte Sicherungslaufwerk aus. Ist eine externe Festplatte oder ein Netzwerklaufwerk verfügbar, das für den Dateiversionsverlauf geeignet ist, wird dieses Laufwerk automatisch angeboten. Eine Sicherung auf der lokalen Festplatte ist nicht möglich und wäre auch bei einem Hardwareausfall sinnlos.

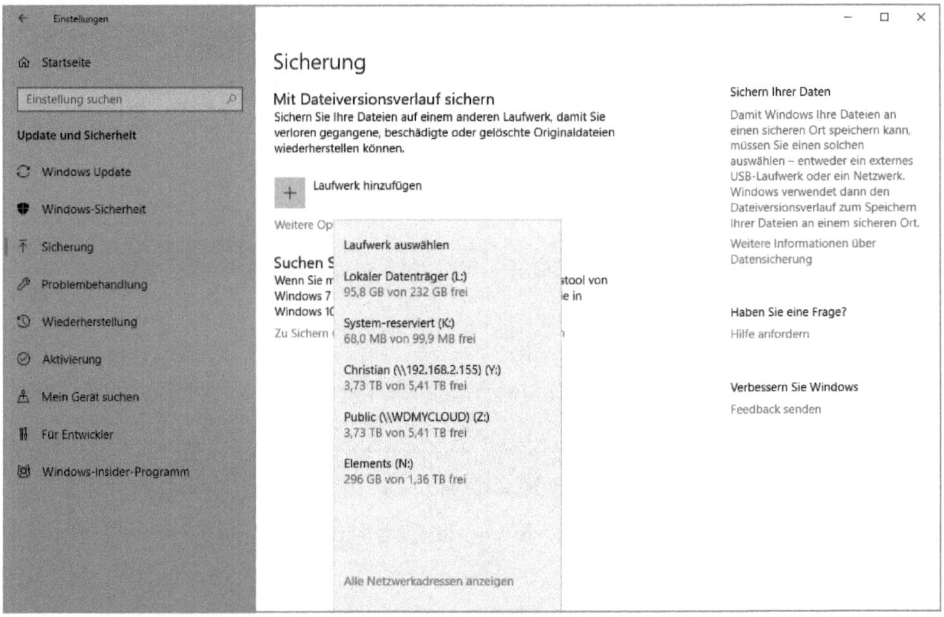

Dateiversionsverlauf auf einer externen Festplatte einschalten

Möchten Sie das angebotene Laufwerk als Sicherungslaufwerk für den Dateiversionsverlauf nutzen, brauchen Sie nur noch den Schalter *Meine Daten automatisch sichern* einzuschalten.

Nach dem Einschalten wird der Dateiversionsverlauf im Hintergrund aktiviert. Klicken Sie auf *Weitere Optionen* und dann auf *Jetzt sichern*, um sofort mit dem Kopieren vorhandener Daten auf das Sicherungslaufwerk zu beginnen. Andernfalls würden Daten erst bei der ersten Änderung kopiert. Um die Sicherung der Daten in persönlichen Benutzerverzeichnissen, Kontakten, Favoriten und auf dem Desktop brauchen Sie sich nun nicht weiter zu kümmern.

212 Ohne Papierkorb gelöschte Datei wiederherstellen

So lange eine gelöschte Datei noch im Papierkorb liegt, ist sie leicht wiederherzustellen. Der Dateiversionsverlauf speichert aber auch Dateien, deren Originale längst gelöscht wurden. Allerdings können Sie auf diese Dateien nicht ganz so leicht zugreifen, da Sie nicht – wie bei einer vorhandenen Datei – im Explorer einfach auf *Verlauf* klicken können.

Wechseln Sie im Explorer in den Ordner, in dem die gesuchte Datei lag, bevor sie gelöscht wurde. Wählen Sie hier keine Datei aus, sondern klicken Sie im Menüband *Start* auf *Verlauf*. Das Fenster *Dateiversionsverlauf* zeigt alle gesicherten Unterordner. Wenn Sie hier in der Zeit zurückgehen, tauchen auch Ordner auf, die früher gesichert wurden, jetzt aber schon nicht mehr vorhanden sind.

Gelöschte Dateien und Unterordner im Dateiversionsverlauf

Wechseln Sie in den gewünschten Ordner und suchen Sie die Datei. Stellen Sie diese mithilfe des Symbols mit dem runden Pfeil wieder her. Der entsprechende Ordner wird, falls er nicht mehr vorhanden ist, an der Originalposition im Dateisystem der Festplatte erneut angelegt und in Zukunft auch weiterhin über den Dateiversionsverlauf gesichert.

213 Bestimmte Dateien fehlen im Dateiversionsverlauf

Vermissen Sie bei einer Datei alte Versionen, liegt diese Datei höchstwahrscheinlich in einem Ordner, der vom Dateiversionsverlauf nicht automatisch erfasst wurde. Standardmäßig sichert der Dateiversionsverlauf Dateien aus den persönlichen Bibliotheken und Favoriten. Da beide im Gegensatz zu Windows 8.1 nicht mehr so prominent im Explorer angezeigt werden, fehlt die Übersicht.

Klicken Sie in den Einstellungen unter *Update und Sicherheit / Sicherung* auf *Weitere Optionen*. Hier werden alle Ordner angezeigt, die automatisch über den Dateiversionsverlauf gesichert werden. Sie können nun einzelne Ordner anklicken und aus dem Dateiversionsverlauf herausnehmen. Klicken Sie auf *Ordner hinzufügen* und wählen Sie die gewünschten Ordner aus, die zusätzlich gesichert werden sollen.

Über *Diese Ordner ausschließen* weiter unten schließen Sie einzelne Ordner aus, die nicht gesichert werden sollen, wenn diese Unterordner eines zu sichernden Ordners sind und daher nicht einfach in der Liste der Ordner abgeschaltet werden können.

Zu sichernde Ordner auswählen

Im Fenster *Sicherungsoptionen* legen Sie auch fest, wie oft veränderte Dateien gesichert und wie lange diese Sicherungskopien gespeichert werden sollen.

214 Dateiversionsverlauf belegt zu viel Speicherplatz

Die Sicherungen des Dateiversionsverlaufs belegen mit der Zeit einiges an Speicherplatz auf dem Sicherungslaufwerk. Üblicherweise brauchen Sie alte Dateiversionen aber nicht ewig. Deshalb sollten Sie von Zeit zu Zeit aufräumen – entweder automatisch oder manuell. Dazu können Sie in den Einstellungen unter *Update und Sicherheit / Sicherung / Weitere Optionen* festlegen, wie lange die Dateikopien des Dateiversionsverlaufs aufbewahrt werden sollen. In der Grundeinstellung bleiben sie für immer auf dem Sicherungslaufwerk, was aber meistens nicht nötig ist. In der Regel braucht man alte Datensicherungen spätestens nach ein paar Monaten nicht mehr, insbesondere wenn es neuere Sicherungen gibt.

Um Platz zu sparen, können Sie manuell Dateiversionen, die ein bestimmtes Alter überschritten haben, aus dem Dateiversionsverlauf entfernen. Die betreffenden Dateien und Ordner werden auf dem Sicherungslaufwerk gelöscht.

Klicken Sie dazu im Fenster *Sicherungsoptionen* ganz unten auf *Siehe erweiterte Einstellungen*. Jetzt öffnet sich ein Fenster der klassischen Systemsteuerung. Klicken Sie hier auf *Erweiterte Einstellungen* und dann auf *Versionen bereinigen*.

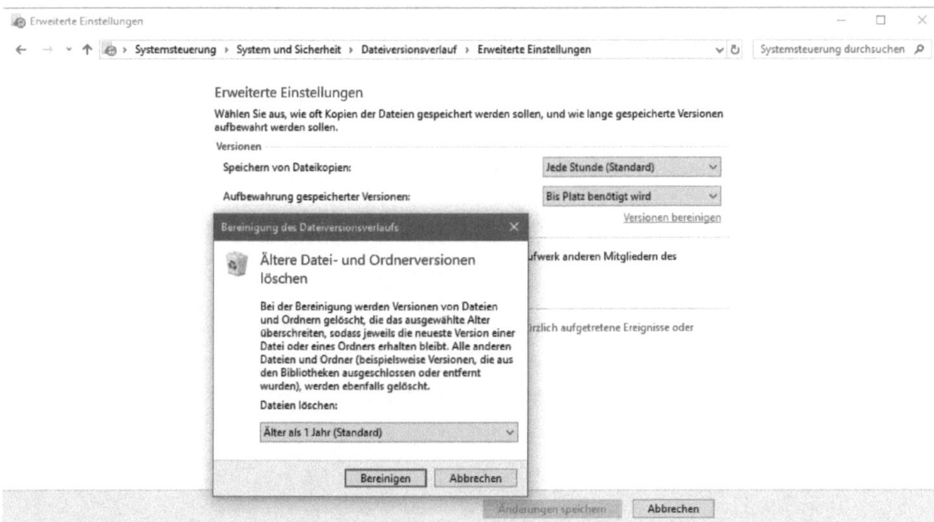

Ältere Dateiversionen bereinigen

Beim Bereinigen älterer Dateiversionen ist nur zu bedenken, dass im Dateiversionsverlauf auch Dateien enthalten sein können, deren Originale mittlerweile von der Festplatte gelöscht wurden. Diese gehen beim Bereinigen natürlich ebenfalls verloren.

215 Gesicherte Dateien aus Windows 7 retten

Haben Sie schon unter Windows 7 Ihre persönlichen Daten regelmäßig auf einem externen Laufwerk gesichert, können Sie auch nach dem Upgrade auf Windows 10 auf diese Daten zugreifen. Windows 10 enthält neben dem neuen Dateiversionsverlauf auch noch ein Windows-7-kompatibles Datensicherungsprogramm.

1. Klicken Sie in den Einstellungen unter *Update und Sicherheit / Sicherung* auf den Link *Zu Sichern und Wiederherstellen (Windows 7) wechseln*.
2. Klicken Sie im nächsten Fenster auf den Link *Andere Sicherung zum Wiederherstellen von Dateien auswählen*, um auf eine ältere Datensicherung zuzugreifen.

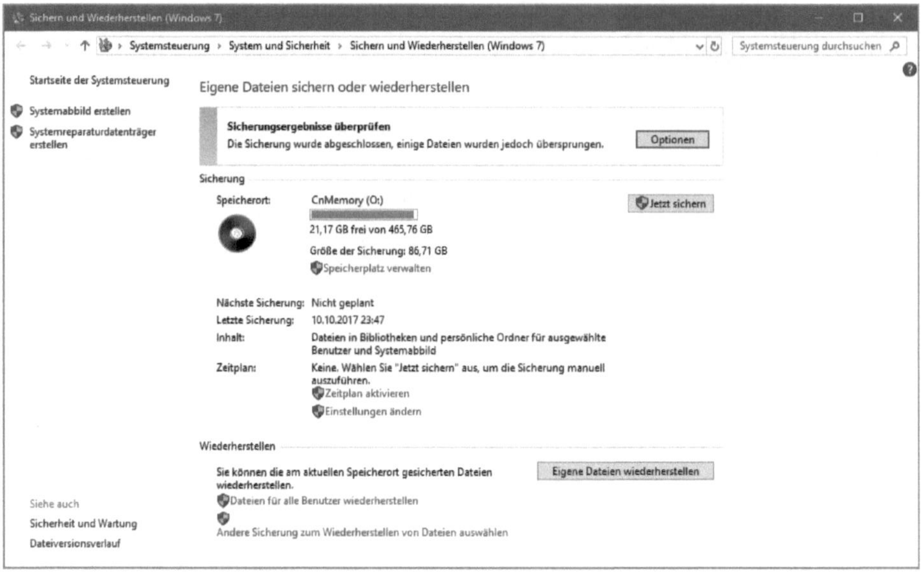

Das ältere Datensicherungsprogramm aus Windows 7 ist in Windows 10 immer noch vorhanden.

3. Im nächsten Dialogfeld werden die verfügbaren Sicherungsgeräte nach kompatiblen Datensicherungen durchsucht. Wählen Sie hier eine Datensicherung aus. Über den Button *Netzwerkadresse durchsuchen* können Sie Datensicherungen auf Netzwerklaufwerken suchen, um daraus Daten wiederherzustellen.
4. Im nächsten Schritt können Sie aus dieser Sicherung einzelne Dateien oder Ordner auswählen, die wiederhergestellt werden sollen.

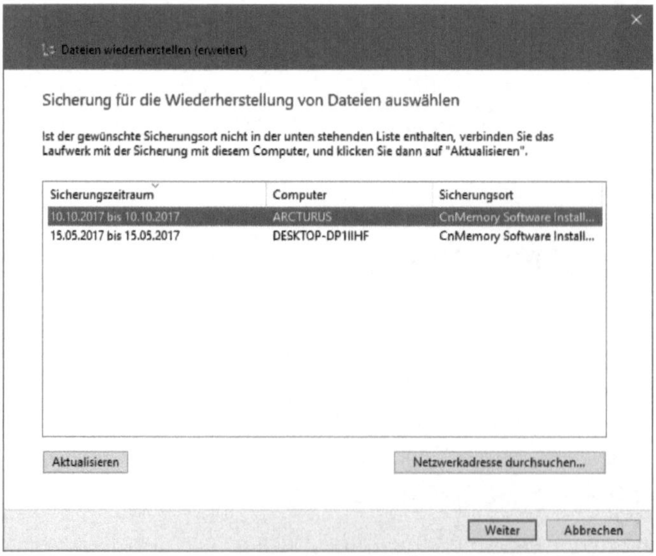

Datensicherung aus Windows 7 auswählen

216 Festplatte arbeitet ständig

Läuft die Festplatte ständig und möchten Sie herausfinden, welches Programm dafür verantwortlich ist, starten Sie mit einem Rechtsklick auf die Taskleiste den Task-Manager und klicken Sie auf *Mehr Details*. Dieser zeigt auf der Registerkarte *Leistung* die tatsächliche Datenträgeraktivität an, die sich von der gefühlten Aktivität deutlich unterscheiden kann.

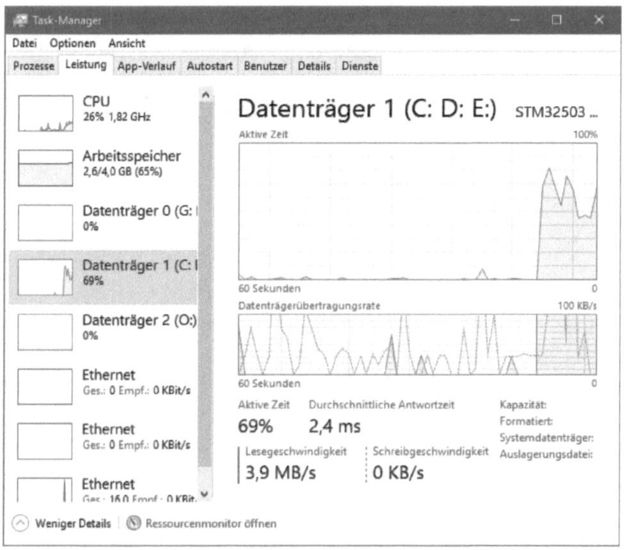

Die Leistungsanzeige im Task-Manager

Die Anzeige ist nach physikalischen Datenträgern aufgeteilt. Festplatten, auf denen sich mehrere Partitionen befinden, werden nur als ein Datenträger angezeigt.

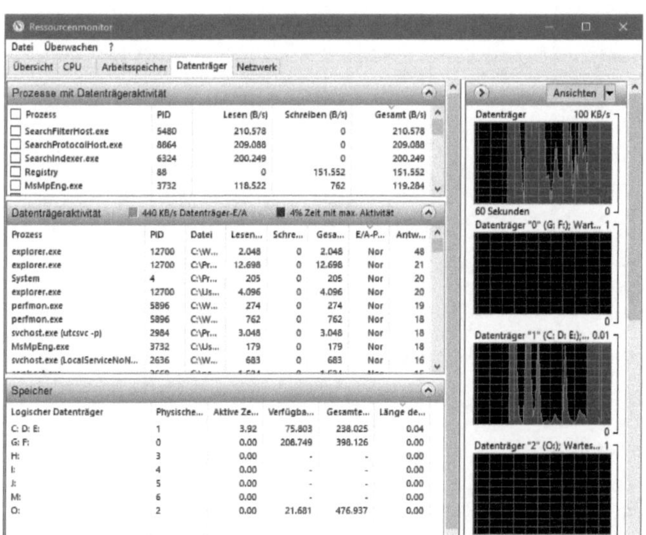

Datenträgeraktivität im Ressourcenmonitor

Klicken Sie unten auf den Link *Ressourcenmonitor öffnen*. Hier sehen Sie auf der Registerkarte *Datenträger* detailliert, welcher Prozess gerade wie viele Daten auf der Festplatte liest oder schreibt. Alternativ können Sie den Ressourcenmonitor auch im Startmenü unter *Windows-Verwaltungsprogramme* direkt starten.

217 ISO- und IMG-Dateien lassen sich nicht als Laufwerke einbinden

Bootfähige CDs, wie z. B. Windows-Installationsmedien, Linux-Distributionen oder Notfall-DVDs, können nicht einfach als Ansammlung von Dateien gebrannt werden, da dann der Bootsektor nicht korrekt geschrieben würde. Solche CDs oder DVDs werden im Internet als ISO-Datei zum Download angeboten. Diese Dateien enthalten die komplette Struktur der CD bzw. DVD einschließlich aller Ordner, Dateien sowie des Bootblocks in einer einzigen Datei.

Windows 10 ist in der Lage, ISO-Abbilder direkt als Laufwerke einzubinden, auch ohne sie auf einen Datenträger zu brennen. Wenn Sie dazu doppelt auf eine ISO-Datei klicken, erscheint deren Inhalt im Explorer-Fenster. Das neue virtuelle Laufwerk bekommt sogar einen Laufwerkbuchstaben zugeordnet. Möchten Sie das virtuelle Laufwerk wieder abmelden und nicht weiter nutzen, klicken Sie mit der rechten Maustaste darauf und wählen im Kontextmenü *Auswerfen*. Das ist auch notwendig, bevor die ISO-Datei selbst auf ein anderes Laufwerk verschoben wird.

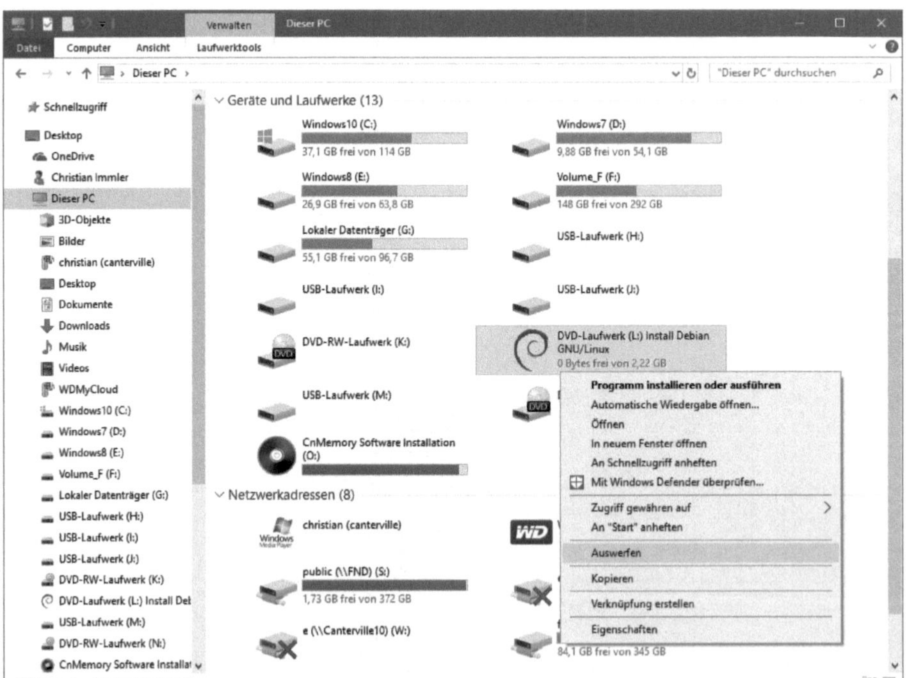

ISO-Datei als Laufwerk im Explorer

IMG-Dateien sind ein anderes Format solcher CD- bzw. DVD-Abbilder, können aber auf die gleiche Weise genutzt werden.

Sollte das Einbinden einer Abbilddatei nicht funktionieren, ist in Windows die Dateitypzuordnung verloren gegangen. Das passiert besonders bei IMG-Dateien häufig, da diese Endung außer für Dateisystemabbilder auch für ein exotisches Bildformat genutzt wird, das von zahlreichen Programmen zur Bildbetrachtung unterstützt wird.

1. Klicken Sie im Explorer mit der rechten Maustaste auf eine ISO- oder IMG-Datei und wählen Sie im Kontextmenü *Öffnen mit*.

2. Wählen Sie im nächsten Dialogfeld den Windows-Explorer und schalten Sie den Schalter *Immer diese App zum Öffnen von .iso-Dateien verwenden* ein. Gehen Sie bei einer IMG-Datei gleichermaßen vor. Danach können Sie ISO- und IMG-Dateien wieder per Doppelklick als Laufwerk einbinden.

Standardeinstellungen für das Einbinden von Dateisystemabbildern festlegen

Um eine ISO-Datei auf eine DVD zu brennen, klicken Sie mit der rechten Maustaste auf die Datei und wählen im Kontextmenü *Datenträgerabbild brennen*.

218 Gebrannte CD ist unter Linux, Mac OS und älteren Windows-Versionen nicht lesbar

Windows 10 unterstützt zwei verschiedene Formate, in denen CDs und DVDs beschrieben werden können: das klassische Mastered-Dateisystem und das moderne Livedateisystem.

Im Livedateisystem, auch als UDF bezeichnet, werden die Daten nicht auf der Festplatte zwischengelagert, sondern direkt auf die CD oder DVD gebrannt. Das Format bietet sich an, wenn eine CD ständig im Laufwerk liegt. Diese kann wie ein USB-Stick oder eine Speicherkarte als Datenspeicher verwendet werden, ohne dass ein spezieller Brennvorgang gestartet werden muss.

Mit dem Livedateisystem erstellte CDs und DVDs können mit Windows ab Version XP genutzt werden. Sie sind weder kompatibel zu CD- und DVD-Playern noch zu Macintosh- und Linux-Rechnern. Eine Auswahl älterer UDF-Versionen zur Unterstützung von Windows 2000 wird in Windows 10 nicht mehr angeboten. Wenn Sie selbst gebrannte CDs mit älteren Windows-Versionen vor XP verwenden wollen, müssen Sie also auf das Mastered-Dateisystem zurückgreifen.

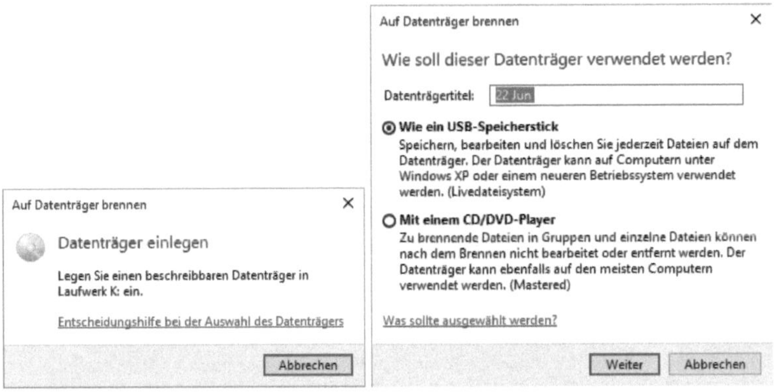

Vorbereitung zum Brennen einer CD bzw. DVD mit dem Livedateisystem

219 Speicherplatz wird beim Löschen von Daten einer CD nicht freigegeben

Beim Brennen von CDs und DVDs mit dem Livedateisystem können Sie auch Daten vom Laufwerk löschen und überschreiben. Allerdings werden diese auf einfachen CD-R-Medien nicht physikalisch gelöscht und daher auch kein Speicherplatz freigegeben. Es wird lediglich ein neues Inhaltsverzeichnis geschrieben. Die scheinbar gelöschten Dateien sind nicht mehr zu sehen. Durch häufiges Ändern und erneutes Speichern einer Datei ist die CD irgendwann voll, ohne dass tatsächlich große Datenmengen vorhanden sein müssen. Wenn Sie ein wiederbeschreibbares CD-RW-Medium im Brenner verwenden, können Sie Dateien tatsächlich löschen und überschreiben.

220 Nicht ausreichend freier Festplattenplatz zum Brennen einer DVD

Beim Brennen mit dem Mastered-Dateisystem ist besonders bei DVDs sehr viel Festplattenplatz für die temporären Kopien der Dateien erforderlich. Diese müssen aber nicht unbedingt auf Laufwerk *C:* abgelegt werden. Wenn Sie auf einem anderen Laufwerk mehr Speicherplatz frei haben, können Sie auch das für die temporären Dateien nutzen.

Klicken Sie dazu im Explorer mit der rechten Maustaste auf das CD/DVD-Laufwerk und wählen Sie im Kontextmenü *Eigenschaften*. Auf der Registerkarte *Aufnahme* können Sie in der unteren Liste das Laufwerk auswählen, auf dem die Daten vor dem Brennen zwischengespeichert werden sollen.

Laufwerk für temporäre Dateien beim Brennen auswählen

221 Festplattenplatz freigeben

Die Datenträgerbereinigung in Windows hat nichts mit Fehlern auf der Festplatte zu tun, sondern soll dafür sorgen, überflüssige Dateien zu beseitigen und damit freien Speicherplatz zu schaffen.

Die Datenträgerbereinigung wird über die Schaltfläche *Bereinigen* auf der Registerkarte *Allgemein* in den Eigenschaften eines Laufwerks aufgerufen. Klicken Sie dazu im Windows-Explorer mit der rechten Maustaste auf ein Laufwerk und wählen Sie im Kontextmenü *Eigenschaften*.

Die Datenträgerbereinigung sucht überflüssige Dateien und bietet an, diese zu löschen. Dabei wird auch gleich angezeigt, wie viel Speicherplatz beim Löschen frei wird. Die Suche erfolgt in verschiedenen Verzeichnissen, die bei normaler Verwendung von Windows häufig überflüssige Dateien enthalten.

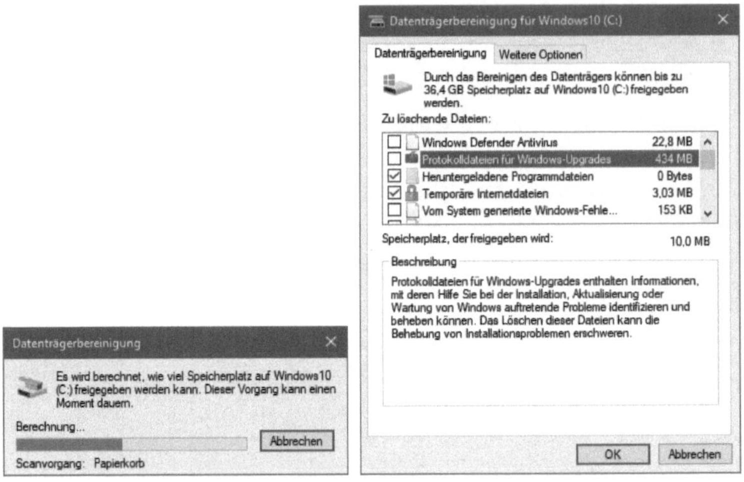

Die Datenträgerbereinigung berechnet den Speicherplatz und gibt durch überflüssige Dateien belegten Platz frei.

Darunter sind keine Dateien, die zum Betrieb des Systems nötig sind. Die Datenträgerbereinigung schlägt auch nur Verzeichnisse vor, in denen Benutzer keine eigenen Dateien ablegen sollten. Sicherheitshalber sollten Sie aber trotzdem vor dem Bereinigen überprüfen, was gelöscht wird, und Windows hier nicht blind vertrauen. Markieren Sie dazu in der Liste die anzuzeigende Kategorie und klicken Sie dann auf *Dateien anzeigen*. Leider steht diese Schaltfläche nicht in allen Kategorien der Datenträgerbereinigung zur Verfügung.

Die Datenträgerbereinigung löscht die Dateien unwiderruflich und legt sie nicht in den Papierkorb.

Dateityp	*Beschreibung*
Setup-Protokolldateien	Installationsprotokolle, die Hinweise auf Installationsfehler geben können, im normalen Betrieb aber nicht mehr benötigt werden.
Windows Defender	Temporäre Dateien des Windows Defender; können gefahrlos gelöscht werden.
Protokolldateien für Windows-Upgrades	Protokolle bei größeren Windows Upgrades. Auch diese werden bei fehlerfreien Upgrades nicht mehr benötigt.
Heruntergeladene Programmdateien	ActiveX-Steuerelemente und Java-Applets, die von Websites heruntergeladen wurden. Diese Dateien befinden sich im Ordner *C:\Windows\Downloaded Program Files*. Werden diese Dateien gelöscht und besucht man die entsprechende Seite später wieder, müssen die Dateien erneut heruntergeladen werden, was zu längeren Ladezeiten führen kann.

Dateityp	*Beschreibung*
Temporäre Internetdateien	Der Cache des Microsoft-Edge-Browsers und auch des Internet Explorers im versteckten Ordner *C:\Users\<Benutzername>\AppData\Local\Microsoft\Windows\InetCache\IE* und der Unterordner dieses Ordners. Der Verlaufsordner und die als Offline-Webseiten gespeicherten Inhalte sind davon nicht betroffen. Die Datenträgerbereinigung berücksichtigt nur den Cache des vorinstallierten Microsoft-Browsers, nicht die Cacheverzeichnisse anderer installierter Browser. Da der Cache aus sehr vielen sehr kleinen Dateien besteht, ist der effektiv frei werdende Speicherplatz meistens sehr groß.
Vom System generierte Windows-Fehlerberichte	Diese sehr großen Dateien werden von Windows bei Bluescreen-Fehlern angelegt, enthalten aber in den meisten Fällen kaum verwertbare Informationen.
Alte CHKDSK-Dateien	Dateien, die bei der Prüfung mit CHKDSK im Hauptverzeichnis entstehen. Diese Dateien können gelöscht werden, sie enthalten keine sinnvoll nutzbaren Inhalte.
Dateien für die Übermittlungsoptimierung	Können problemlos gelöscht werden, sofern der Dienst für Übermittlungsoptimierung nicht gerade läuft.
Gerätetreiberpakete	Ältere heruntergeladene Gerätetreiber. Werden diese gelöscht, können fehlerhafte Treiber nicht mehr auf die zuletzt installierte Version zurückgesetzt werden.
Downloads	Der Ordner *Downloads* im eigenen Benutzerprofil.
Vorherige Windows-Installation(en)	Wurde Windows 10 auf einer Partition installiert, die bereits eine frühere Windows-Version enthielt, werden deren Systemdateien im Ordner *Windows.old* abgelegt. Diesen zu löschen, bringt meist einen erheblichen Gewinn an freiem Speicherplatz auf der Festplatte. Dieser Ordner kann auf dem üblichen Weg nicht entfernt werden, da kein Zugriff darauf besteht.
Papierkorb	Diese Option entspricht dem Leeren des Papierkorbs.
Temporäre Dateien	Temporärdateien im Temporärordner des aktuellen Benutzers. Die Position dieses Ordners ist durch die Umgebungsvariable `TEMP` festgelegt. Der allgemeine Temporärordner von Windows wird dabei nicht berücksichtigt. Es werden auch nur Dateien gelöscht, die Windows selbst angelegt hat. Sie sollten diese Ordner also lieber regelmäßig manuell löschen.
Miniaturansichten	Die Minibilder aus den Bilderordnern, die zur Darstellung im Explorer verwendet werden. Diese Bilder werden beim Löschen von Fotos nicht immer mit gelöscht. Wenn Sie die Miniaturansichten bereinigt haben und anschließend ein Bilderverzeichnis öffnen, werden sie automatisch neu generiert.
Windows-Fehlerberichterstattungsdatei	Automatisch generierte Fehlerberichte, die nicht an Microsoft gesendet wurden, weil die Funktion zur Fehlerberichterstattung deaktiviert war. Diese Dateien können Sie bedenkenlos löschen.
Dateiversionsverlauf für Benutzer	Vom Dateiversionsverlauf vorübergehend auf der Festplatte abgelegte Kopien, bevor diese auf das externe Sicherungslaufwerk gesichert werden.

Einige der Kategorien werden nur dann angezeigt, wenn in diesem Bereich auch Dateien vorliegen, und einige Kategorien werden erst dann angezeigt, wenn Sie auf die Schaltfläche *Systemdateien bereinigen* geklickt und eine Anfrage der Benutzerkontensteuerung bestätigt haben.

Klicken Sie in der Datenträgerbereinigung auf die Schaltfläche *Systemdateien bereinigen*, wird auch die Registerkarte *Weitere Optionen* angezeigt.

222 Festplatte mit der Speicheroptimierung automatisch aufräumen

Da die Datenträgerbereinigung nicht gerade anwenderfreundlich ist, hat Windows 10 in den Einstellungen unter *System / Speicher* die neue Speicheroptimierung eingeführt, mit der sich häufig auftretende Typen überflüssiger Dateien einfach oder sogar automatisch löschen lassen.

Die Speicheroptimierung löscht mit einem Klick oder automatisch temporäre Dateien von Apps sowie Dateien, die seit mehr als 14, 30 oder 60 Tagen im Papierkorb liegen. Auf Wunsch können auch Dateien im Ordner *Downloads* nach diesem Zeitraum automatisch gelöscht werden.

Dateien auf OneDrive können, nachdem sie über einen bestimmten Zeitraum nicht verwendet wurden, automatisch auf *Nur online* gesetzt werden, um Speicherplatz auf der Festplatte freizugeben. Sie lassen sich weiterhin im Explorer öffnen und werden dazu automatisch von OneDrive heruntergeladen.

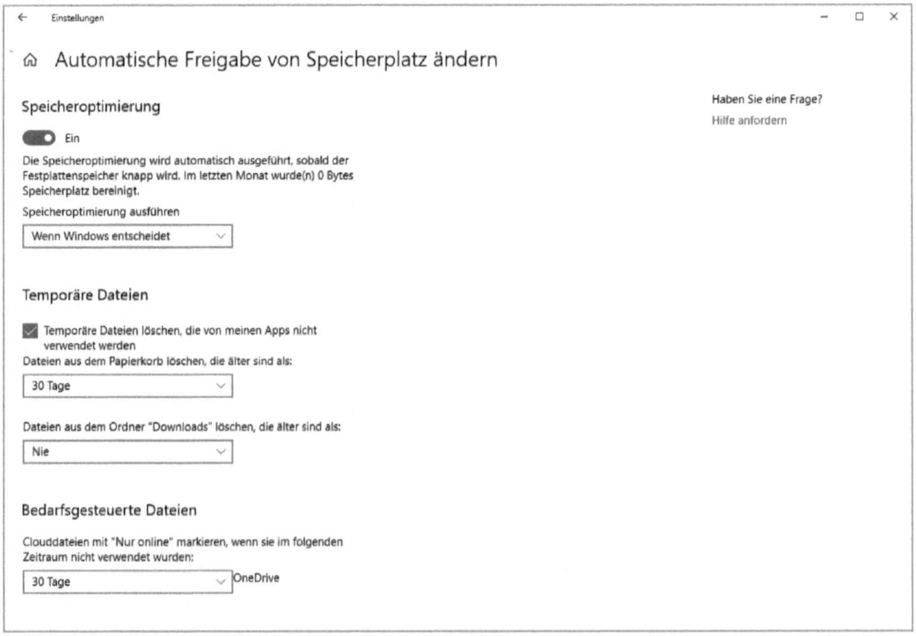

Die Speicheroptimierung gibt automatisch Speicherplatz auf der Festplatte frei.

Noch mehr Platz lässt sich sparen, wenn Sie die vorherige Windows-Version, die nach großen Updates vorsichtshalber noch auf der Festplatte bleibt, von der Speicheroptimierung löschen lassen.

223 Offline-Karten belegen zu viel Speicherplatz

Die Offline-Karten der Karten-App sind durchaus nützlich, wenn man die App ohne Internetverbindung nutzen möchte. Sie können aber auch schnell sehr viel Speicherplatz auf der Festplatte belegen. Um Speicherplatz frei zu bekommen, können Sie entweder Offline-Karten löschen oder aber den Speicherort auf eine andere Festplattenpartition verlegen, auf der mehr Speicherplatz frei ist.

Klicken Sie dazu in den Einstellungen unter *Apps / Offline-Karten* auf die Liste *Speicherort* und wählen Sie dort das gewünschte Laufwerk aus.

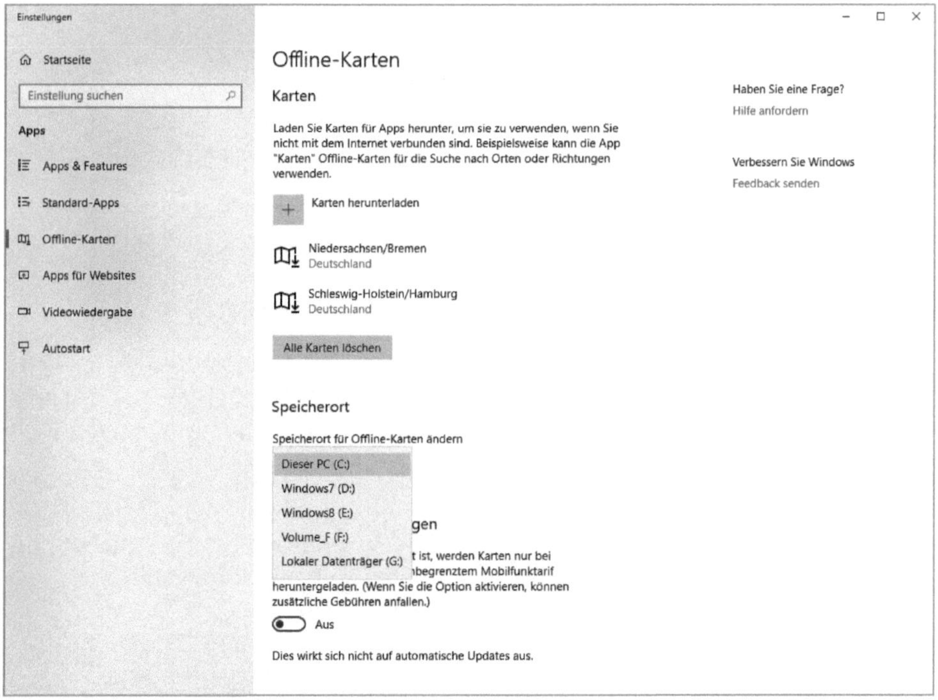

Speicherort für Offline-Karten auswählen

224 Festplattenplatz alter Systemwiederherstellungspunkte freigeben

Klicken Sie in der Datenträgerbereinigung auf die Schaltfläche *Systemdateien bereinigen*, wird auch die Registerkarte *Weitere Optionen* angezeigt.

Hier löschen Sie ältere Systemwiederherstellungspunkte. Der jeweils neueste Systemwiederherstellungspunkt wird nicht gelöscht. Durch das Löschen dieser Daten kann sehr viel Speicherplatz freigegeben werden. Allerdings lässt sich der PC dann nicht mehr auf einen älteren Zustand als den des letzten Systemwiederherstellungspunkts zurücksetzen.

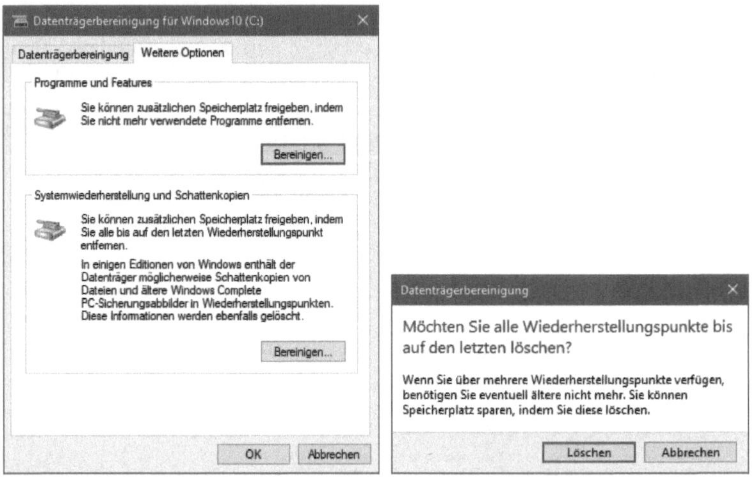

Systemwiederherstellungspunkte in der Datenträgerbereinigung löschen

225 Festplattenplatz des Papierkorbs begrenzen

Wenn der freie Platz auf der Festplatte knapp wird, können Sie den Speicherplatz begrenzen, den der Papierkorb belegen darf. Klicken Sie dazu mit der rechten Maustaste auf das Papierkorbsymbol auf dem Desktop und wählen Sie im Kontextmenü *Eigenschaften*.

Hier können Sie für jedes Festplattenlaufwerk getrennt festlegen, wie viel Speicherplatz der Papierkorb maximal belegen darf. Wird dieser Speicherplatz überschritten, werden automatisch die ältesten Dateien im Papierkorb gelöscht.

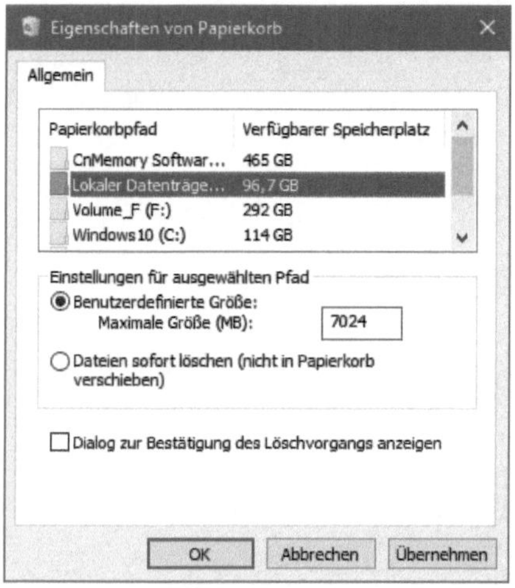

Maximalen Speicherplatz für den Papierkorb begrenzen

226 Gelöschte Dateien liegen nicht im Papierkorb

Sollten Dateien beim Löschen nicht im Papierkorb landen, ist der Schalter *Dateien sofort löschen* in den Einstellungen des Papierkorbs ausgewählt. Schalten Sie auf *Benutzerdefinierte Größe* um, damit gelöschte Dateien wieder in den Papierkorb gelegt werden.

227 Auslagerungsdatei, Ruhezustand und andere Dateien sind im Explorer nicht zu sehen

Einige besonders systemkritische Dateien, wie unter anderem der Bootmanager *bootmgr*, die Auslagerungsdatei *pagefile.sys* oder die Datei für den Ruhezustand *hiberfil.sys* werden im Explorer auch dann nicht angezeigt, wenn im Menüband unter *Ansicht* der Schalter *Ausgeblendete Elemente* eingeschaltet ist.

Um diese Dateien im Explorer zu sehen, klicken Sie im Menüband unter *Ansicht* auf *Optionen* und schalten im nächsten Dialogfeld auf der Registerkarte *Ansicht* den Schalter *Geschützte Systemdateien ausblenden (empfohlen)* aus. Dabei muss eine zusätzliche Sicherheitsmeldung bestätigt werden.

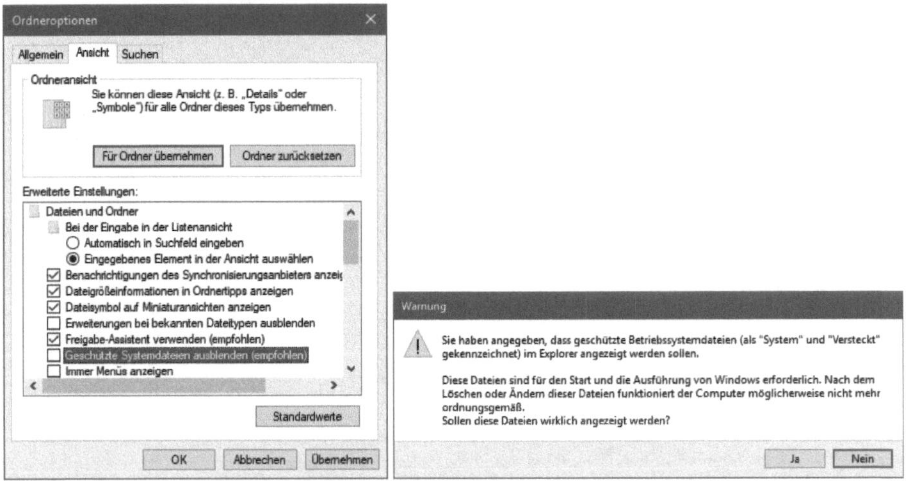

Geschützte Systemdateien im Explorer einblenden

Diese Dateien dürfen auf keinen Fall mit dem Explorer verschoben, gelöscht oder anderweitig verändert werden. Nach solchen Veränderungen startet Windows meistens nicht mehr. Deshalb sind diese Dateien standardmäßig ausgeblendet.

228 Ruhezustand fehlt im Ausschaltmenü

Über das Ausschaltsymbol im Startmenü können Sie den Computer in den Ruhezustand versetzen. Allerdings fehlt dieser Menüpunkt oft.

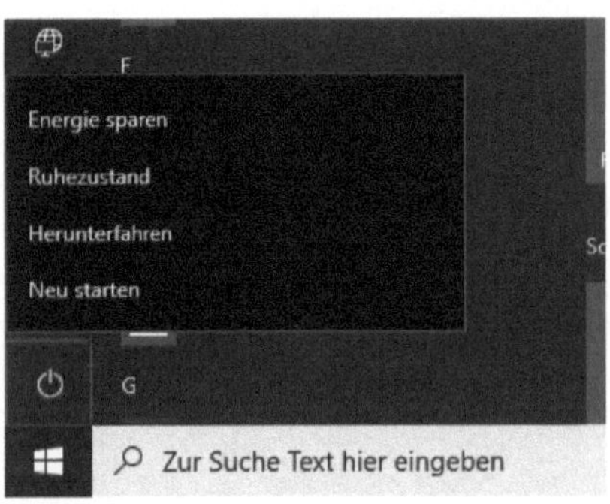

Ruhezustand im Ausschaltmenü

1. Klicken Sie in der Systemsteuerung unter *Hardware und Sound / Energieoptionen* links auf den Link *Auswählen, was beim Drücken des Netzschalters geschehen soll.*
2. Klicken Sie im nächsten Fenster auf *Einige Einstellungen sind momentan nicht verfügbar.*
3. Schalten Sie den Schalter *Ruhezustand im Energiemenü anzeigen* ein. Klicken Sie danach auf *Änderungen speichern.*

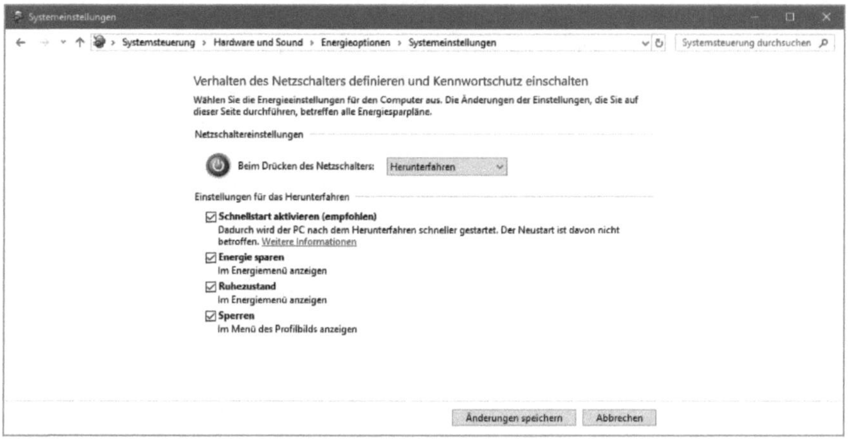

Einstellungen für das Herunterfahren in der Systemsteuerung

229 Ruhezustand funktioniert nicht

Wenn der Ruhezustand nicht funktioniert, liegt dies in vielen Fällen daran, dass die Datei für den Ruhezustand *hiberfil.sys* zu klein bemessen ist.

Diese Datei kann zwischen 50 % und 100 % der Größe des installierten Arbeitsspeichers haben, wird aber vom System nicht dynamisch in der Größe angepasst. Eine große Ruhezustandsdatei belegt viel Platz auf der Festplatte, obwohl dieser möglicherweise gar nicht gebraucht wird. Bei einer zu kleinen Datei kann es passieren, dass der Ruhezustand bei hoher Arbeitsspeicherauslastung nicht funktioniert, da nicht der gesamte Inhalt des Arbeitsspeichers in die Datei geschrieben werden kann. Um die Größe der Ruhezustandsdatei festzulegen, klicken Sie mit der rechten Maustaste auf das Windows-Logo und wählen im Systemmenü *Eingabeaufforderung (Administrator)*.

Geben Sie hier ein:

```
powercfg /hibernate /size 75
```

Dies setzt die Ruhezustandsdatei auf 75 % der Speichergröße. Auf Computern, deren Arbeitsspeicher stark ausgelastet ist, können Sie die Ruhezustandsdatei noch weiter vergrößern:

```
powercfg /hibernate /size 100
```

230 Daten gehen beim Schreiben auf externe Laufwerke verloren

Enthält eine externe Festplatte oder ein USB-Stick nach dem vermeintlichen Speichern einer Datei nicht immer wirklich deren aktuelle Version, liegt das am Schreibcache, der dafür sorgen soll, die Leistung von Festplatten zu erhöhen. Dabei werden Daten beim Schreiben nicht direkt auf der Festplatte abgelegt, sondern in einem deutlich schnelleren Cachespeicher. Das Betriebssystem kopiert die Daten dann »nebenbei« in den Speicher, signalisiert den Anwendungen und dem Benutzer aber, dass sie bereits geschrieben sind.

Diese Option birgt ein leichtes Datenverlustrisiko, da der Cachespeicher seine Daten verliert, wenn der Strom abgeschaltet wird. Man sollte den Schreibcache also nicht verwenden, wenn das Risiko eines Stromausfalls besteht, wie dies beispielsweise bei externen Festplatten immer der Fall ist. Windows 10 schaltet den Schreibcache nur bei internen Festplatten automatisch ein.

❶ Klicken Sie mit der rechten Maustaste auf das Windows-Logo und wählen Sie im Systemmenü *Geräte-Manager*.

❷ Klicken Sie hier auf das kleine Dreieck vor *Laufwerke*. Es werden alle Festplatten und USB-Speicherlaufwerke angezeigt. Klicken Sie doppelt auf die Festplatte, deren Schreibcache Sie abschalten wollen, um Datenverluste zu vermeiden.

❸ Wählen Sie im nächsten Dialogfeld auf der Registerkarte *Richtlinien* die Option *Schnelles Entfernen (Standard)*, um den Schreibcache für dieses Laufwerk zu deaktivieren.

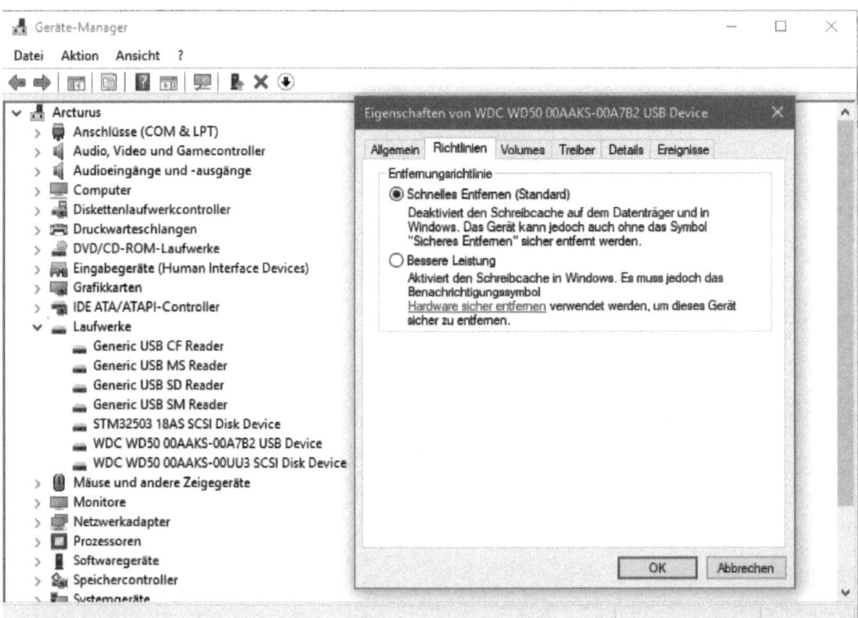

Schreibcache für schnelles Entfernen abschalten

Wenn Sie den Schreibcache für ein externes Laufwerk aktiviert haben, dürfen Sie dieses Laufwerk nicht mehr im laufenden Betrieb trennen, also nicht einfach das USB-Kabel abziehen. Klicken Sie stattdessen auf das Symbol *Hardware sicher entfernen* im Infobereich der Taskleiste. Hier wird eine Liste der externen Geräte angezeigt. Wählen Sie aus, welches davon Sie entfernen wollen.

Hardware sicher entfernen in der Taskleiste

Jetzt schreibt Windows die Daten aus dem Schreibcache, die noch nicht geschrieben wurden, auf das Laufwerk. Danach erscheint die Meldung, dass das Gerät sicher entfernt werden kann. Bei USB-Laufwerken mit LED wird diese ausgeschaltet.

231 Defragmentierung zeigt immer 0 %

Die Möglichkeit, Festplatten zu defragmentieren, ist in Windows 10 in den Eigenschaften eines Laufwerks auf der Registerkarte *Tools* nur noch aus historischen Gründen enthalten. Moderne Dateisysteme müssen nicht mehr manuell defragmentiert werden, bei Netzwerklaufwerken und SSDs verursacht der Versuch der Defragmentierung sogar mehr Schaden als Nutzen.

Die neue Laufwerksoptimierung optimiert die Laufwerke passend zu ihren Dateisystemen automatisch im Hintergrund. Sparen Sie sich daher den Versuch, Laufwerke manuell zu defragmentieren.

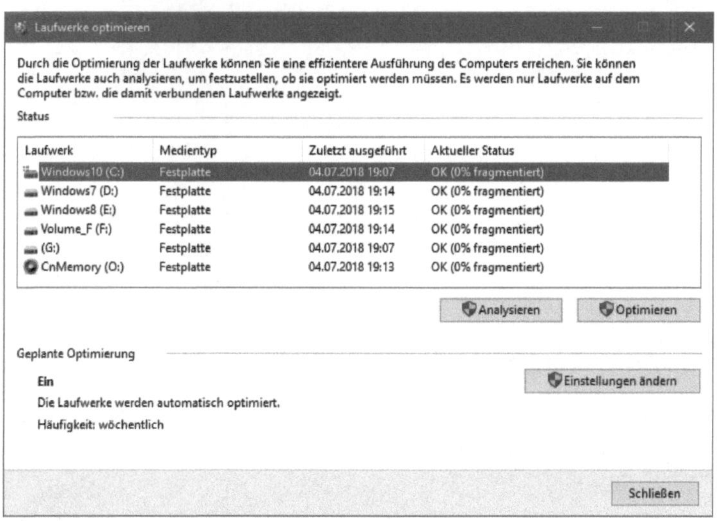

Dank automatischer Optimierung werden die Laufwerke fast immer als 0 % defragmentiert angezeigt.

232 Persönliche Dateien unwiderruflich beseitigen

Windows 10 bietet leider immer noch kein komfortables Tool, um eine Datei so zu löschen, dass sie sich selbst mit Datenrettungstools nicht wiederherstellen lässt.

Microsoft bietet aber ein kostenloses Werkzeug an, das diese Funktion in Windows nachliefert (siehe Download-Tipps, Seite 6).

Das Befehlszeilentool `SDelete` löscht beliebige Dateien so, dass sie sich nicht wiederherstellen lassen. Die Dateien werden dazu mit einem Zufallsmuster überschrieben, das dem äußerst strengen Standard DOD 5220.22-M des US-amerikanischen Verteidigungsministeriums zur Datenbereinigung entspricht.

Kopieren Sie die Datei *sdelete.exe* oder *sdelete64.exe* für 64-Bit-Windows aus dem Download in das Verzeichnis *C:\Windows*. Dann können Sie sie in einem Eingabeaufforderungsfenster aus jedem Ordner starten.

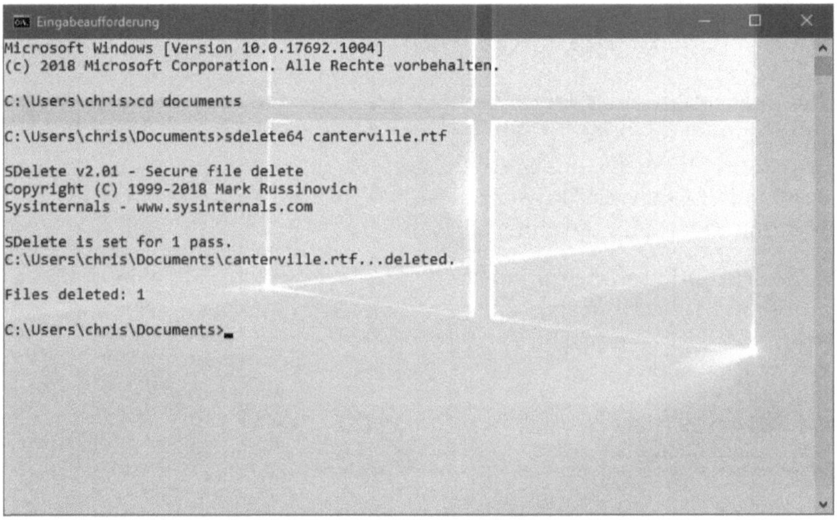

Das Kommandozeilentool SDelete löscht Dateien unwiderruflich.

Mit dem Parameter `-z` überschreibt `SDelete` den freien Platz auf der Festplatte auf die gleiche Weise, was bei großen Festplatten einige Stunden dauern kann.

233 Persönliche Dateien schnell unauffindbar löschen

In vielen Fällen müssen die Dateien, die verschwinden sollen, gar nicht aufwendig überschrieben werden, sondern es reicht aus, wenn die üblichen Datenwiederherstellungstools sie nicht auffinden können.

Um ein Dokument *Geheim.doc* unauffindbar zu löschen, geben Sie in einem Eingabeaufforderungsfenster ein:

```
type nul > Geheim.doc
del Geheim.doc
```

Bei dieser Methode wird die vorhandene Datei durch eine null Byte große Datei überschrieben und diese anschließend gelöscht. Damit wird die sogenannte File

Allocation Chain unterbrochen. Ein Datenwiederherstellungsprogramm kann einen alten Verzeichniseintrag zu dem geheimen Dokument finden, dieser aber führt ins Leere. Der ursprüngliche Inhalt des überschriebenen Dokuments ist zwar noch auf der Festplatte vorhanden, kann aber keiner Datei mehr zugeordnet werden. Man müsste also mit einem Datenrettungstool Byte für Byte nach bestimmten möglichen Dateiinhalten suchen, um Fragmente wiederzufinden, die dann aber in keinem Zusammenhang mehr mit dem ursprünglichen Dateinamen stehen.

234 Alle persönlichen Dateien vor dem Verkauf eines PCs unwiderruflich beseitigen

Soll ein PC verkauft oder für einen ganz anderen Zweck als zuvor benutzt werden, setzt man ihn am besten auf den Originalzustand zurück. Dabei werden alle persönlichen Daten und Einstellungen entfernt. Dieser Vorgang entspricht dem Formatieren der Festplatte und einer anschließenden Neuinstallation des Betriebssystems. In Windows 10 wurden diese Schritte zu einem Schritt zusammengefasst, den Sie in den Einstellungen unter *Update und Sicherheit / Wiederherstellung* unter der Überschrift *Diesen PC zurücksetzen* finden.

Wenn der PC danach in fremde Hände kommt, sollten Sie Ihre Daten so beseitigen, dass sie sich auch mit speziellen Wiederherstellungstools nicht restaurieren lassen. Wählen Sie dazu die Option *Alles entfernen* und im nächsten Schritt *Alle Laufwerke*. Danach wählen Sie *Daten entfernen und Laufwerk bereinigen*. Dabei wird die Festplatte zusätzlich mit Zufallswerten überschrieben, was viele Stunden dauern kann.

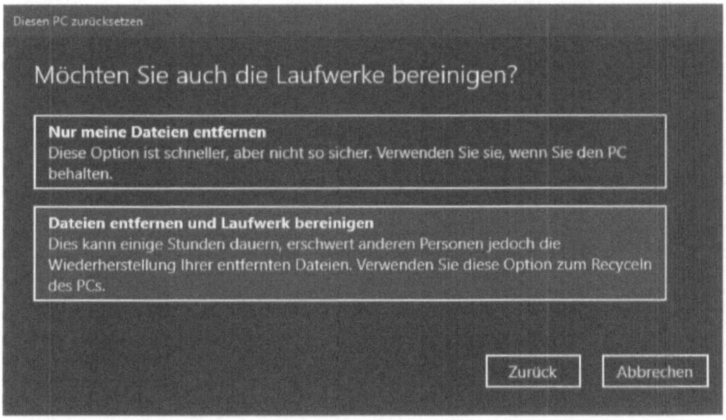

PC zurücksetzen und Daten unwiderruflich löschen

Sicherheitssperren und Passwörter

235 Automatische Anmeldung ohne Passwort funktioniert nicht mehr

Wenn Sie früher die automatische Anmeldung mithilfe eines Tuningtools aktiviert hatten, um Ihr Passwort nicht eingeben zu müssen, obwohl es ein Benutzerpasswort gab, geht dieser Komfort beim Upgrade auf Windows 10 verloren und Sie müssen das Passwort wieder eingeben.

Windows 10 bietet aber weiterhin die Möglichkeit, das Passwort auf dem PC zu speichern und sich so ohne Passworteingabe beim Windows-Start anzumelden. Das funktioniert gleichermaßen mit Microsoft-Konten wie auch mit lokalen Benutzerkonten. Übrigens können auch Microsoft-Konten zur Windows-Anmeldung auf Notebooks unterwegs ohne Internetverbindung genutzt werden.

Geben Sie im Feld *Ausführen* (`Win` + `R`) oder im Cortana-Suchfeld `netplwiz` ein. Schalten Sie hier den Schalter *Benutzer müssen Benutzernamen und Kennwort eingeben* aus. Nach einem Klick auf *OK* müssen Sie das aktuelle Kennwort zur Sicherheit noch einmal eingeben und bestätigen. Starten Sie danach den Computer neu.

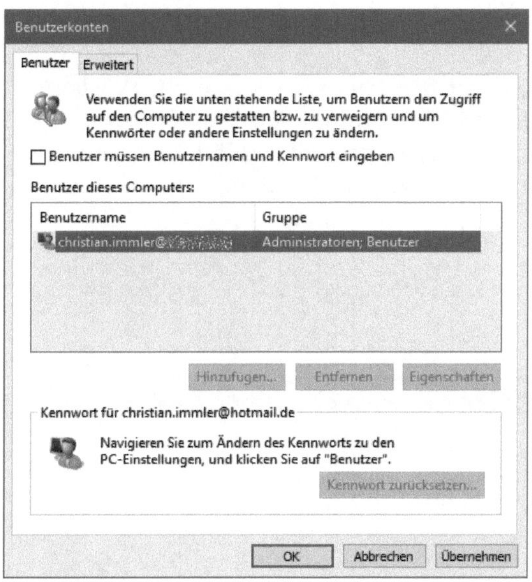

Ein verstecktes Windows-Tool ermöglicht die automatische Benutzeranmeldung ohne Passworteingabe.

236 Kennwort für das Microsoft-Konto vergessen

Ein nicht zu unterschätzender Vorteil eines Microsoft-Kontos gegenüber einem lokalen Benutzerkonto ist die unkomplizierte Lösung, ein vergessenes Kennwort zurückzusetzen – vorausgesetzt, Sie haben vorgesorgt und Sicherheitsinfos hinterlegt.

1. Klicken Sie in den Einstellungen unter *Konten* auf *Mein Microsoft-Konto verwalten*. Nun öffnet sich der Webbrowser.

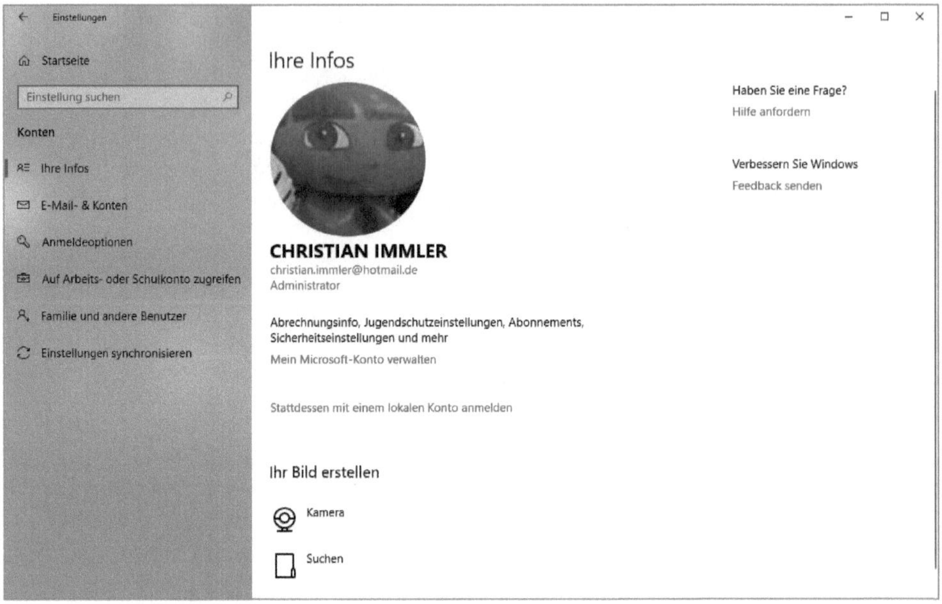

Kontenverwaltung in den Einstellungen von Windows 10

❷ Wählen Sie auf der Verwaltungsseite für das Microsoft-Konto oben *Sicherheit* und dann *Aktualisieren Sie Ihre Sicherheitsinformationen*. Legen Sie hier eine alternative E-Mail-Adresse oder eine Handynummer fest, auf die Sie auch dann Zugriff haben, wenn Sie das Kennwort des Microsoft-Kontos vergessen haben sollten.

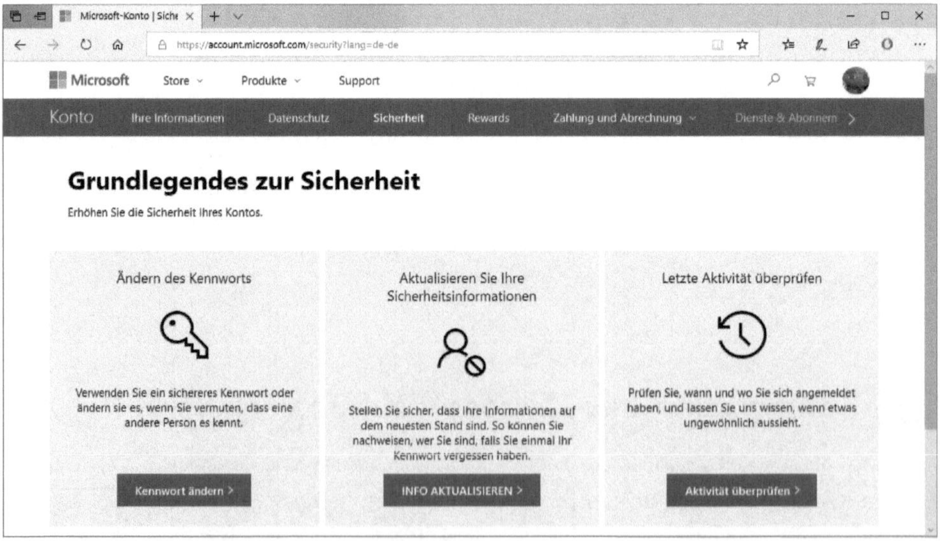

Im Microsoft-Konto hinterlegte Sicherheitsinformationen helfen, ein vergessenes Kennwort zurückzusetzen.

❸ Sollte dieser Fall wirklich einmal eintreten, besuchen Sie auf einem beliebigen PC oder Smartphone die Seite *account.microsoft.com* und klicken dort auf *Ich habe mein Kennwort vergessen*. Hier können Sie sich einen Link zum Zurücksetzen des Kennworts an die zuvor gespeicherte E-Mail-Adresse oder Handynummer schicken lassen und dann ein neues Kennwort vergeben, mit dem Sie sich auch wieder an Ihrem eigenen PC anmelden können.

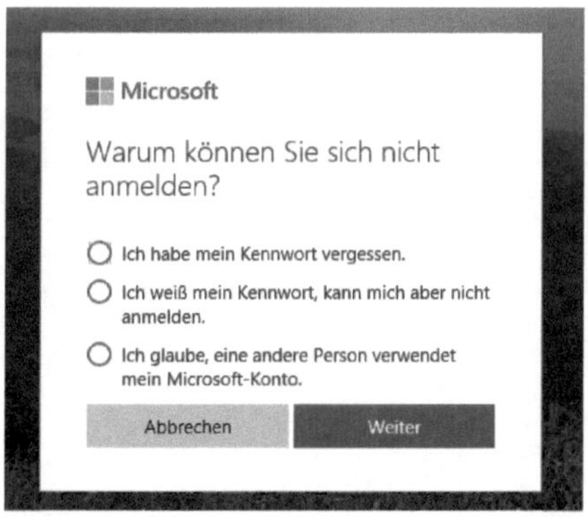

Kennwort für das Microsoft-Konto zurücksetzen

237 Kennwort für ein lokales Benutzerkonto vergessen

Seit dem April-Update 2018 können Benutzer lokaler Konten in den Einstellungen unter *Konten / Anmeldeoptionen* Sicherheitsfragen und passende Antworten festlegen, mit denen ein vergessenes Anmeldepasswort wiederhergestellt werden kann. Diese Fragen müssen auf jeden Fall festgelegt worden sein, bevor man das Passwort vergisst. Legen Sie sie am besten jetzt gleich fest. Lokale Benutzerkonten können nicht von einem anderen PC wiederhergestellt werden.

Sicherheitsfragen für lokale Benutzerkonten festlegen

238 Kennwortrücksetzdatenträger als Schutz vor vergessenen Passwörtern

Windows 10 bietet eine Möglichkeit, mit dem Kennwortrücksetzdatenträger einen Nachschlüssel anzulegen, mit dem man sich im Fall eines verlorenen Passworts wieder am System anmelden kann.

Wählen Sie in der Systemsteuerung unter *Benutzerkonten* Ihr eigenes Benutzerkonto aus und klicken Sie dann auf *Kennwortrücksetzdiskette erstellen*. Die Kennwortrücksetzdatei belegt nur wenige KByte und der USB-Stick braucht auch nicht bootfähig zu sein. Sie können einen kleinen Werbestick löschen und dafür verwenden.

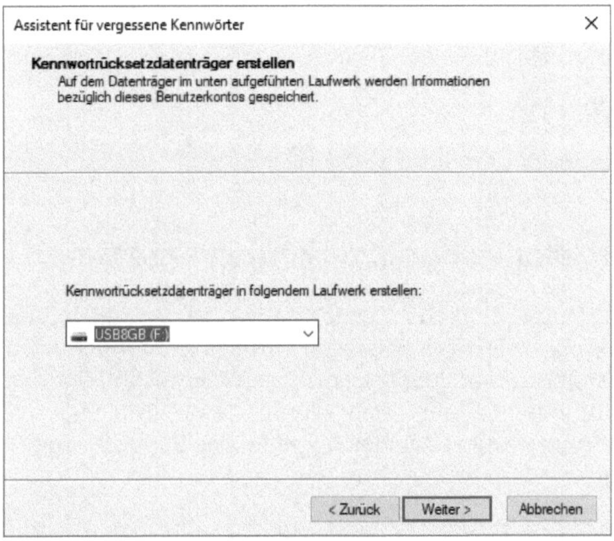

Die »Kennwortrücksetzdiskette« kann heute auch ein USB-Stick sein.

Im Falle eines Falles – wenn Sie sich nicht mehr anmelden können – erscheint bei Eingabe eines falschen Passworts ein Link: *Kennwort zurücksetzen*. An dieser Stelle starten Sie den Kennwortrücksetzassistenten, stecken den USB-Stick ein und erstellen sich selbst ein neues Kennwort.

239 Passwort ändern, ohne das alte Passwort zu kennen

Haben Sie das Passwort für Ihr Windows-Benutzerkonto vergessen, können sich aber noch anmelden – z. B. über eine PIN oder ein Bildschirmsperrmuster –, haben Sie die Möglichkeit, das Passwort zurückzusetzen. Das verwendete Benutzerkonto muss dazu Administratorrechte haben und ein lokales Konto sein.

1. Klicken Sie mit der rechten Maustaste auf das Windows-Logo und wählen Sie im Systemmenü *Computerverwaltung*.

❷ Springen Sie im Navigationsbereich links auf den Bereich *System / Lokale Benutzer und Gruppen / Benutzer.*

❸ Klicken Sie jetzt mit der rechten Maustaste auf den gewünschten Benutzer und wählen Sie im Kontextmenü *Kennwort festlegen*.

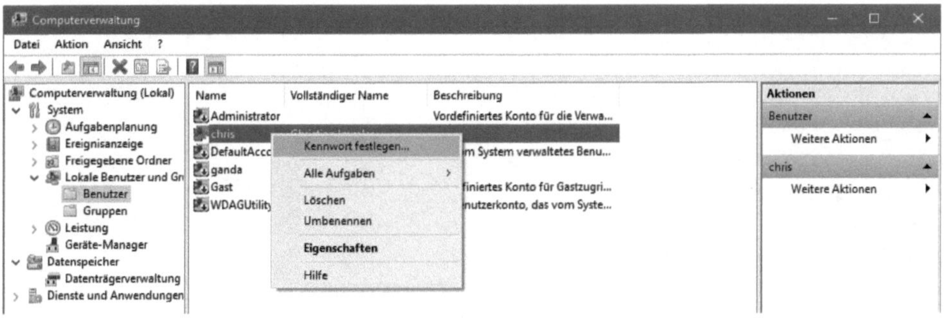

Benutzerkennwort in der Computerverwaltung ändern

❹ Jetzt müssen Sie noch eine Warnung bestätigen. Verwenden Sie diese Methode nicht, wenn Sie BitLocker-verschlüsselte Daten verwenden, da die Entschlüsselung nach einer Veränderung des Kennworts nicht mehr funktioniert. Außerdem gehen die im Microsoft-Edge-Browser gespeicherten Website-Passwörter verloren. In anderen Browsern gespeicherte Zugangsdaten bleiben erhalten.

❺ Zum Schluss legen Sie ein neues Kennwort fest und bestätigen dieses noch einmal. Danach kann das alte Kennwort nicht mehr zur Anmeldung verwendet werden.

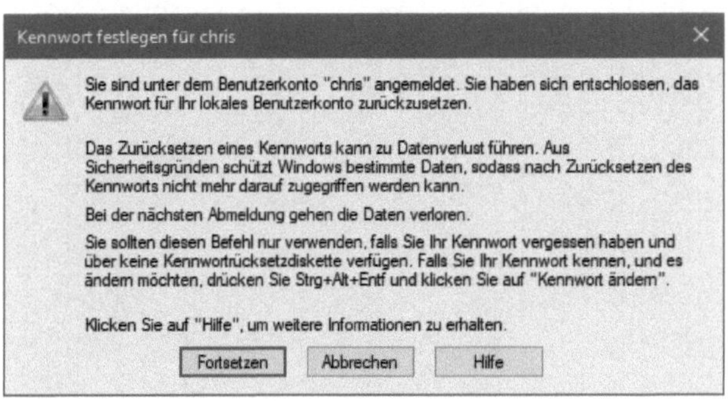

Warnung vor dem Zurücksetzen des Benutzerkennworts

240 Anmeldeinformationen und Passwörter werden nicht synchronisiert

In den Einstellungen unter *Konten / Einstellungen synchronisieren* können Sie festlegen, dass verschiedene Windows-Einstellungen automatisch zwischen mehreren PCs synchronisiert werden sollen.

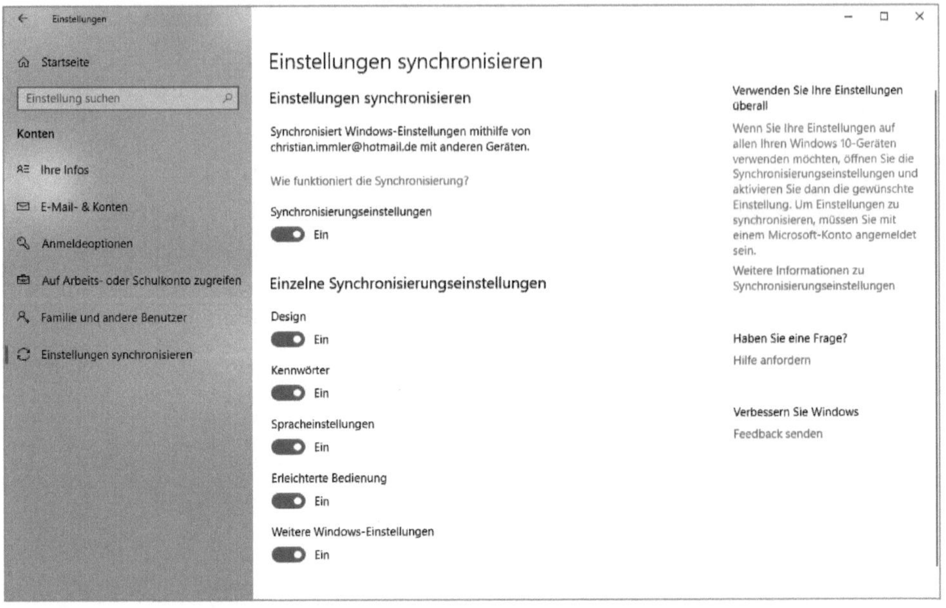

Einstellungen synchronisieren

Ist der Schalter *Synchronisierungseinstellungen* eingeschaltet und wird trotzdem nichts synchronisiert, muss das Microsoft-Konto auf diesem PC noch bestätigt werden. Klicken Sie dazu in den Einstellungen unter *Konten / Ihre Infos* auf *Konto bestätigen*. Jetzt müssen Sie die zweite E-Mail-Adresse oder die Handynummer wählen, die bei der Einrichtung des Microsoft-Kontos angegeben wurde. Aus Sicherheitsgründen wird nur ein Hinweis angezeigt, Sie müssen die tatsächliche E-Mail-Adresse noch einmal eingeben. An diese Adresse wird ein Bestätigungscode versendet, den Sie dann zur Bestätigung Ihrer Identität eingeben müssen. Danach steht die Synchronisation wieder zur Verfügung.

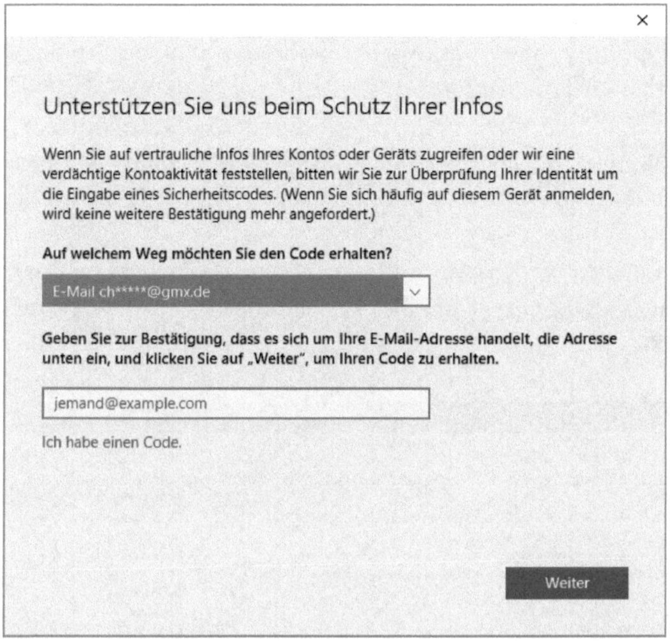

Identität des Microsoft-Kontos bestätigen

Sollte die Synchronisation immer noch nicht funktionieren, ist Windows 10 wahrscheinlich noch nicht aktiviert. Eine der Einschränkungen nicht aktivierter Windows-Versionen ist, dass diesen PCs nicht »vertraut« werden kann, man also sein Konto dort nicht bestätigen kann und demnach die erwähnten Synchronisationsfunktionen nicht verfügbar sind.

241 Benutzeranmeldung über das Netzwerk ohne Passwort funktioniert nicht

Wenn Sie auf dem PC einen Benutzernamen ohne Passwort verwenden, können Sie sich mit diesem Namen normalerweise nur lokal und nicht von einem anderen Computer aus im Netzwerk anmelden. Windows 10 regelt – wie schon Windows 8 und Windows 7 – die Anmeldung im lokalen Netzwerk automatisch. Bei dem Versuch, mit einer früheren Windows-Version oder mit Linux als Benutzer ohne Passwort über das Netzwerk auf ein freigegebenes Verzeichnis eines Windows-10-PCs zuzugreifen, erscheint eine Meldung.

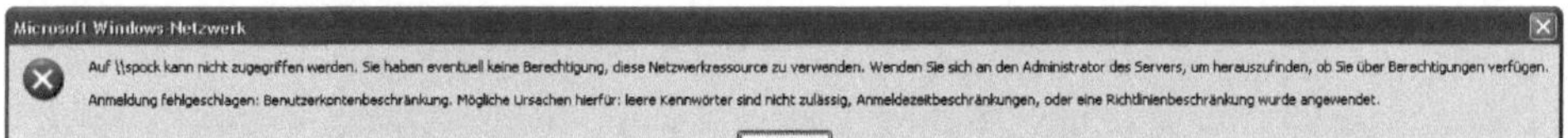

Meldung beim Versuch, mit Windows XP ohne Passwort auf eine Freigabe eines Windows-10-PCs zuzugreifen

- Um dem Benutzer nicht extra ein Passwort zuweisen zu müssen, können Sie die Netzwerkanmeldung auch ohne Passwort freischalten. Wählen Sie dazu im Startmenü unter *Windows Verwaltungsprogramme* das Programm *Lokale Sicherheitsrichtlinie*.
- Suchen Sie in der Liste unter *Lokale Richtlinien / Sicherheitsoptionen* die Richtlinie *Konten: Lokale Kontenverwendung von leeren Kennwörtern auf Konsolenanmeldung beschränken*.
- Klicken Sie doppelt auf diese Richtlinie und setzen Sie sie auf *Deaktiviert*. Danach können Sie auch als Benutzer ohne Passwort über das Netzwerk auf eine Freigabe zugreifen.

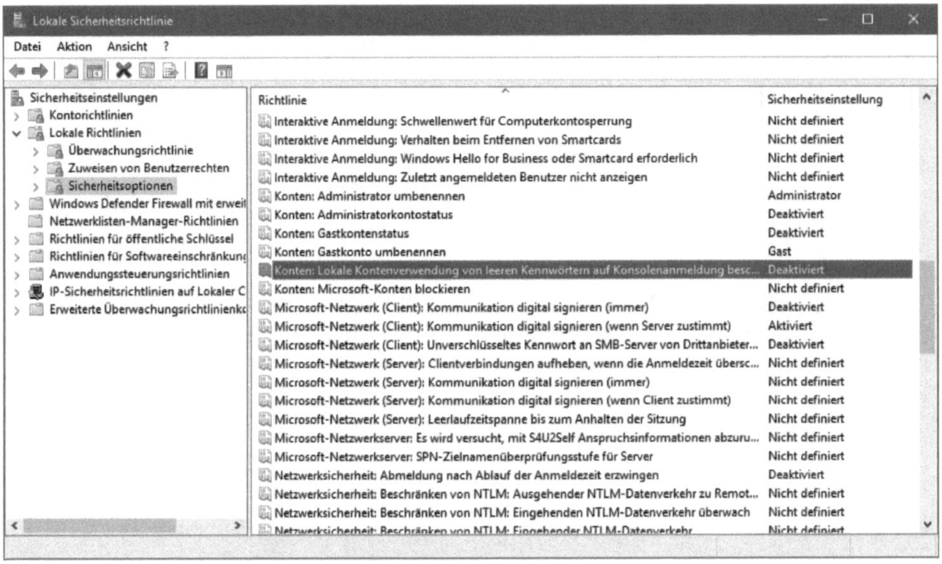

Lokale Sicherheitseinstellungen für Benutzer ohne Passwort

242 Angemeldete und unbekannte Benutzer auf dem eigenen PC finden

In privaten Netzwerken aus mehreren Computern verliert man oft die Übersicht über die Freigaben auf dem Computer, oder man möchte einfach nur wissen, wer gerade noch auf dem eigenen PC angemeldet ist.

Das Kommandozeilentool *net user* zeigt ohne weitere Parameter eine Liste aller Benutzer. Geben Sie als zusätzlichen Parameter einen Benutzernamen an, sehen Sie unter anderem, wann dieser Benutzer sich zum letzten Mal angemeldet hat, und in welchen Benutzergruppen er Mitglied ist, woraus sich Zugriffsrechte ergeben. Benutzernamen mit Leer- oder Sonderzeichen müssen in Anführungszeichen eingegeben werden. Um Benutzer zu bearbeiten, muss dieser Befehl in einer Eingabeaufforderung mit Administratorrechten ausgeführt werden.

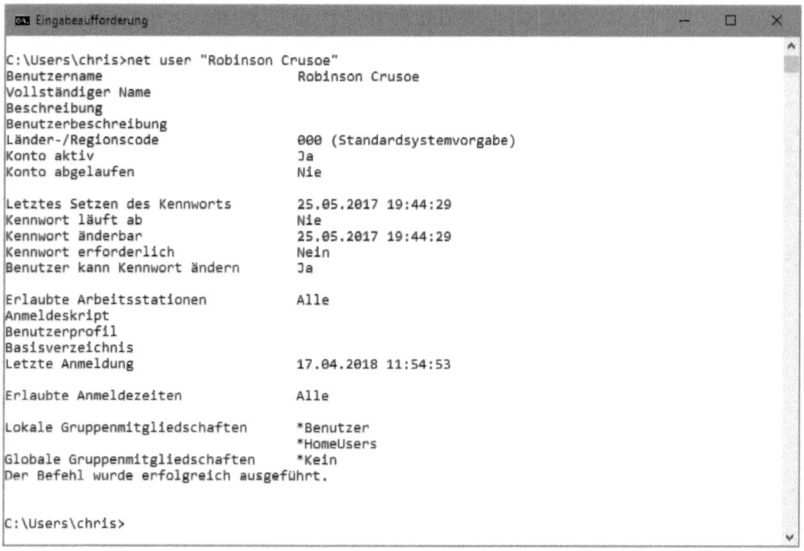

net user informiert über Benutzer auf dem PC.

Setzen Sie Benutzer, über deren Sinn Sie sich unklar sind, erst einmal mit dem Parameter */active:no* auf inaktiv, bevor Sie sie später löschen, da sie möglicherweise doch für bestimmte Systemaufgaben gebraucht werden. Deaktivieren Sie nie Ihren eigenen Benutzernamen.

Die Benutzer *Administrator*, *DefaultAccount*, *Gast* und *WDAGUtilityAccount* sind auf dem System vorinstalliert und standardmäßig alle inaktiv. Letzterer kann durch den Windows Defender Application Guard automatisch aktiviert werden. Löschen Sie diese Benutzer nicht, da sie vom System benötigt werden.

243 Benutzerkontensteuerung meldet sich zu oft

Für alle systemkritischen Vorgänge fragt Windows explizit nach Ihrer Zustimmung. Alle Funktionen in der Windows-Benutzeroberfläche, die eine solche Zustimmung erfordern können, sind mit einem farbigen Schildsymbol gekennzeichnet. Nerven Sie die ewigen Nachfragen der Benutzerkontensteuerung zu sehr, können Sie die Benutzerkontensteuerung entweder ganz deaktivieren oder sich zumindest seltener warnen lassen.

Die Einstellungen dazu finden Sie in der Systemsteuerung unter *System und Sicherheit / Sicherheit und Wartung / Einstellungen der Benutzerkontensteuerung ändern*. Jede Änderung muss mit Administratorrechten bestätigt werden.

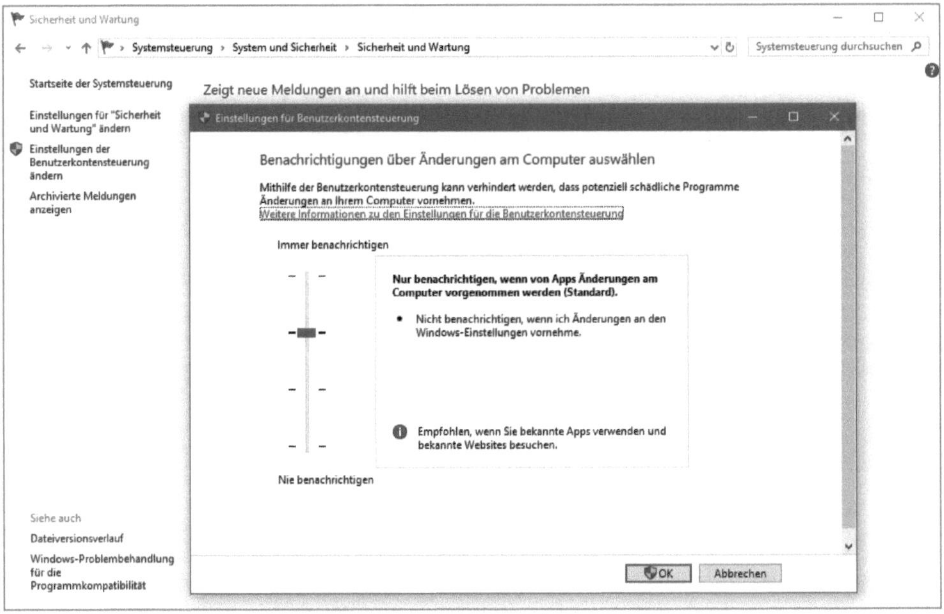

Die Benutzerkontensteuerung bietet vier verschiedene Stufen an - von Meldungen bei jeglicher Änderung bis hin zu der Einstellung, nie benachrichtigt zu werden.

244 Ich habe nie einen BitLocker-Schlüssel vergeben

Beim Versuch, einen PC zurückzusetzen, kann eine Anfrage nach dem BitLocker-Schlüssel erscheinen, obwohl Sie selbst nie einen solchen Schlüssel festgelegt haben.

Auf neuen PCs mit vorinstalliertem Windows 10 ist BitLocker oft bereits eingerichtet, ohne dass die Benutzer explizit davon erfahren, solange sie nicht in der Systemsteuerung nachsehen.

In diesen Fällen finden Sie Ihren Wiederherstellungsschlüssel für den Notfall im Microsoft-Konto über einen Webbrowser auf der Seite *onedrive.live.com/recoverykey*. Dort können Sie ihn auch von einem anderen Computer aus einsehen, sollte Ihr Windows-10-PC durch die Verschlüsselung nicht mehr zugänglich sein.

Dazu ist es besonders auf PCs mit vorinstalliertem Windows 10 wichtig, sich gleich bei der Ersteinrichtung mit einem Microsoft-Konto anzumelden.

245 BitLocker lässt sich nicht aktivieren

Die in Windows 10 Pro und Enterprise mitgelieferte Verschlüsselungstechnik BitLocker benötigt standardmäßig einen TPM-Chip (Trusted Platform Module) auf dem Motherboard, um zu überprüfen, ob die Hardware unbefugt verändert und beispielsweise die Festplatte in einen anderen PC eingebaut wurde. Verfügt der PC über keinen TPM-Chip, kann BitLocker nicht aktiviert werden. Eine Gruppenrichtlinie macht es trotzdem möglich.

1. Starten Sie den Gruppenrichtlinieneditor `gpedit.msc` und navigieren Sie dort zu *Computerkonfiguration / Administrative Vorlagen / Windows-Komponenten / BitLocker-Laufwerkverschlüsselung / Betriebssystemlaufwerke.*
2. Klicken Sie doppelt auf die Richtlinie *Zusätzliche Authentifizierung beim Start anfordern* und setzen Sie diese auf *Aktiviert.* Der Schalter *BitLocker ohne kompatibles TPM zulassen* muss eingeschaltet sein.
3. Bestätigen Sie mit *OK* und verlassen Sie den Gruppenrichtlinieneditor.

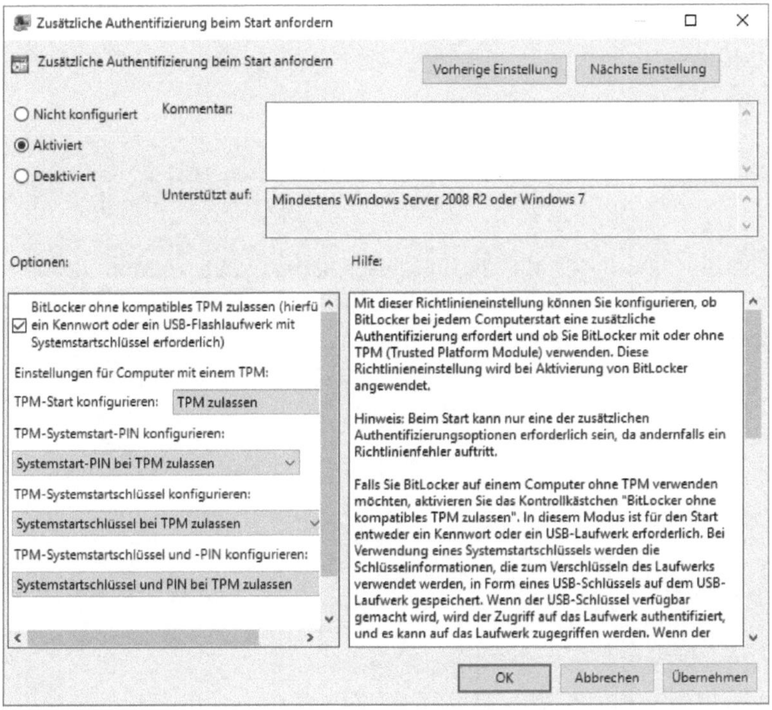

Ohne TPM-Chip muss eine Gruppenrichtlinie für BitLocker aktiviert werden.

246 BitLocker vom USB-Stick entfernen

Möchten Sie einen mit BitLocker geschützten USB-Stick in Zukunft wieder ohne Kennworteingabe unverschlüsselt verwenden, müssen Sie die Daten zuerst entschlüsseln. Dazu müssen Sie das BitLocker-Kennwort kennen.

1. Klicken Sie im Explorer mit der rechten Maustaste auf den angeschlossenen USB-Stick und wählen Sie im Kontextmenü *BitLocker verwalten.*

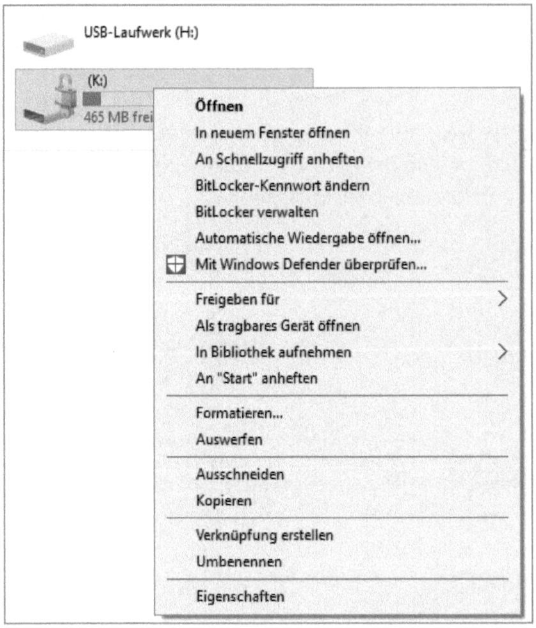

BitLocker-Verschlüsselung im Kontextmenü eines USB-Sticks

❷ Nun öffnet sich ein Modul der klassischen Systemsteuerung. Wählen Sie hier unterhalb des USB-Sticks die Option *BitLocker deaktivieren*.

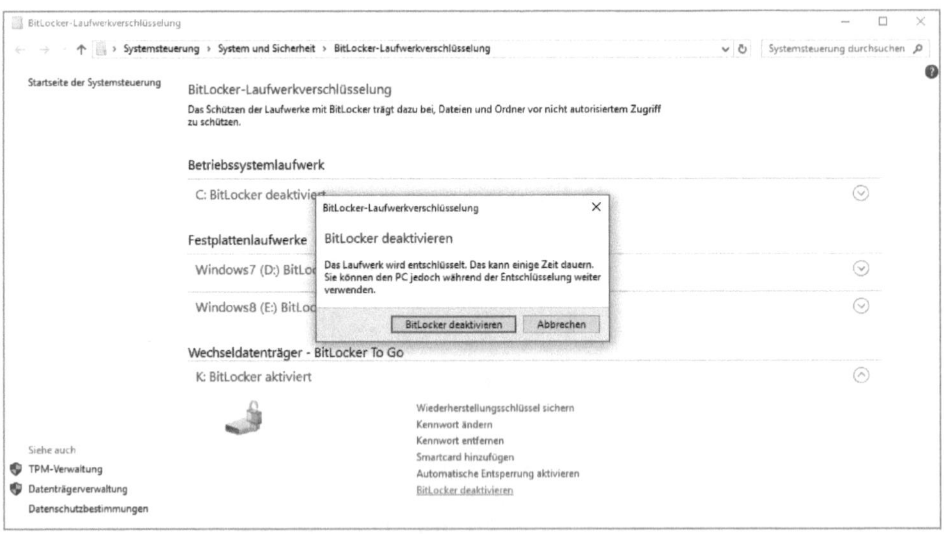

BitLocker für einen USB-Stick deaktivieren

❸ Die Option *Kennwort entfernen* funktioniert nicht. In diesem Fall bleibt die Verschlüsselung aktiv und es muss eine alternative Entsperrmethode, z. B. eine Smartcard, eingerichtet werden.

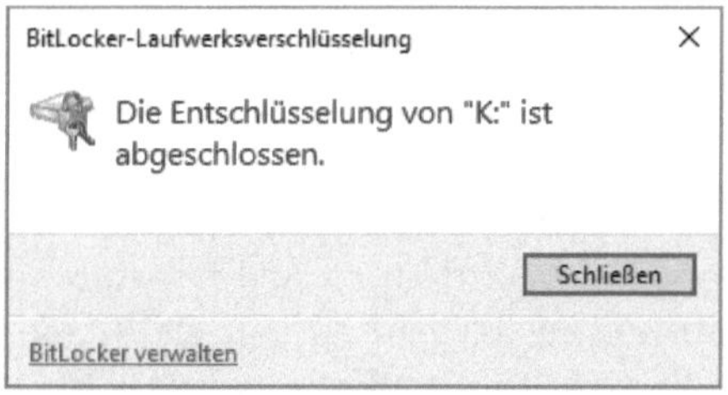

Nach Abschluss der Entschlüsselung kann der USB-Stick wieder ohne Kennworteingabe genutzt werden.

247 Ein mit BitLocker geschützter USB-Stick kann auf Windows 7 und 8 nicht gelesen werden

Sollte ein mit Windows 10 verschlüsselter USB-Stick auf Windows-7-, Windows-8.1- oder sogar bestimmten Windows-10-PCs nicht lesbar sein, liegt dies am Verschlüsselungsmodus. Windows 10 verwendet seit der Version 1511 den XTS-AES-Algorithmus zur Verschlüsselung, der zur älteren Methode nicht kompatibel ist.

1. Stecken Sie den USB-Stick an einen PC mit Windows 10, Version 1511 oder neuer, und deaktivieren Sie BitLocker dort in der BitLocker-Verwaltung.
2. Aktivieren Sie danach BitLocker wieder und vergeben Sie ein Kennwort. Dies kann das alte oder auch ein neues sein.
3. Wählen Sie im nächsten Dialogfeld die Option *Kompatibler Modus*.

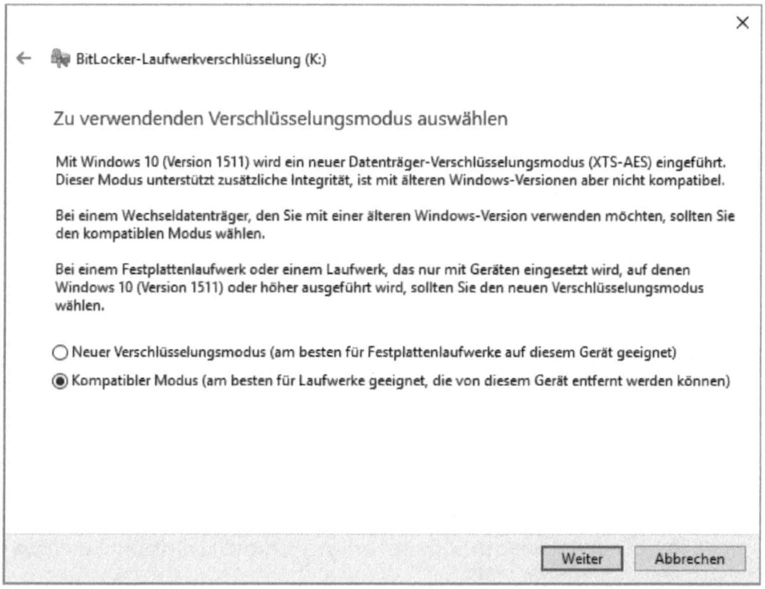

Im kompatiblen Modus können verschlüsselte USB-Sticks auch mit Windows 7 und 8.1 verwendet werden.

248 Ein mit BitLocker geschützter USB-Stick kann auf Windows XP nicht gelesen werden

Windows XP und Windows Vista bieten keine Unterstützung für BitLocker. Mit dem kostenlosen *BitLocker To Go Lesetool* (siehe Download-Tipps, Seite 6) können Sie sich auf diesen Windows-Versionen immerhin Lesezugriff auf verschlüsselte USB-Sticks verschaffen. Es gibt aber keine Möglichkeit, Daten auf diesen USB-Sticks zu speichern.

249 BitLocker-Kennwort für USB-Stick vergessen

Wenn Sie das Kennwort eines mit BitLocker geschützten USB-Sticks vergessen haben, bietet der Wiederherstellungsschlüssel noch eine Möglichkeit, an die Daten zu gelangen.

Haben Sie bei der Verschlüsselung den Wiederherstellungsschlüssel im Microsoft-Konto gespeichert, können Sie diesen über einen Webbrowser auf der Seite *onedrive.live.com/recoverykey* einsehen. Haben Sie ihn in eine Datei gespeichert, öffnen Sie diese.

❶ Klicken Sie im Eingabefeld zur Kennworteingabe auf *Weitere Optionen* und danach auf *Wiederherstellungsschlüssel eingeben.*

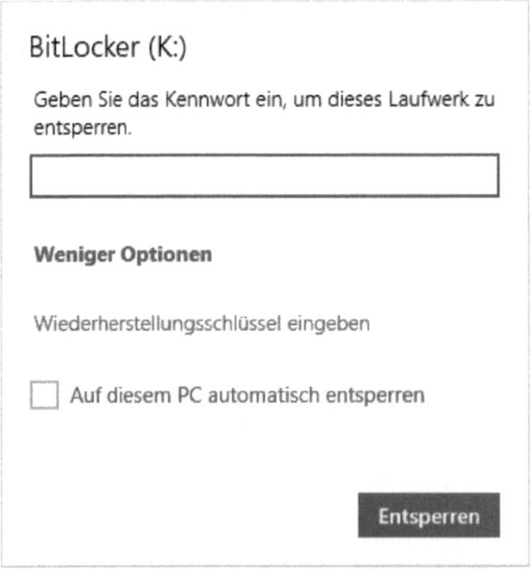

Kennwort eingeben, um Laufwerk zu entsperren

❷ Kopieren Sie den Wiederherstellungsschlüssel aus dem Browser oder der Datei in das Eingabefeld. Zur Übersicht wird eine Schlüssel-ID angezeigt, anhand derer Sie den zum jeweiligen USB-Stick passenden Wiederherstellungsschlüssel zuordnen können.

Wiederherstellungsschlüssel eingeben, um Laufwerk zu entsperren

3. Jetzt haben Sie bereits vollen Zugriff auf die Daten. Um den USB-Stick in Zukunft wieder wie gewohnt verwenden zu können, legen Sie ein neues Kennwort fest. Klicken Sie dazu im Explorer mit der rechten Maustaste auf den USB-Stick und wählen Sie im Kontextmenü *BitLocker-Kennwort ändern*.

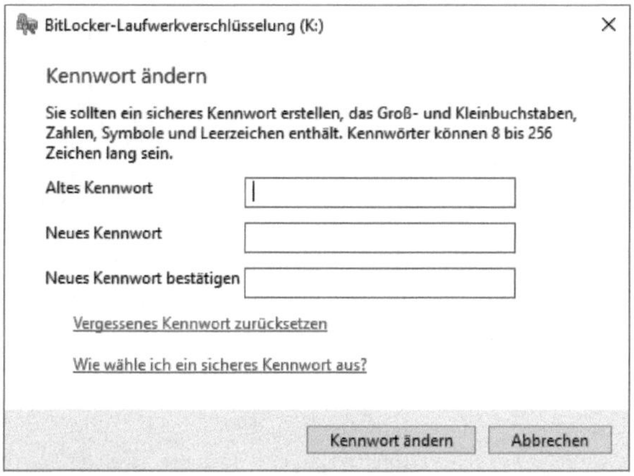

BitLocker-Kennwort ändern

4. Über den Link *Vergessenes Kennwort zurücksetzen* haben Sie die Möglichkeit, auch ohne das aktuelle Kennwort zu kennen, ein neues Kennwort festzulegen.

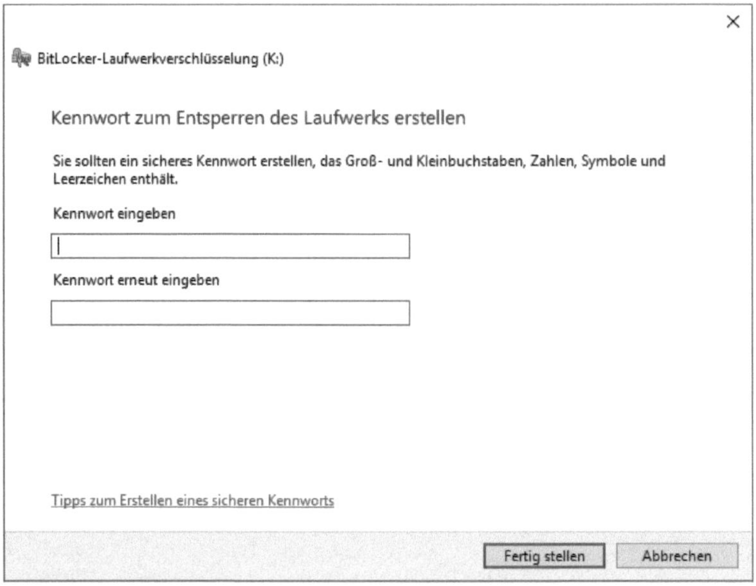

Neues BitLocker-Kennwort erstellen

250 Kein Wiederherstellungsschlüssel verfügbar

Haben Sie es versäumt, den Wiederherstellungsschlüssel bei der Verschlüsselung des USB-Sticks im Microsoft-Konto zu speichern, und haben Sie auch keinen Zugriff auf die Datei mit dem gespeicherten Wiederherstellungsschlüssel, gibt es noch einen Ausweg.

Wenn Sie auf einem vertrauenswürdigen PC in der BitLocker-Verwaltung die automatische Entsperrung aktiviert haben, stecken Sie den USB-Stick an diesen PC und Sie können ohne Kennworteingabe auf die Daten zugreifen.

Klicken Sie jetzt im Explorer mit der rechten Maustaste auf den USB-Stick und wählen Sie im Kontextmenü *BitLocker-Kennwort ändern*. Auch hier können Sie das vergessene Kennwort zurücksetzen, ohne das alte zu kennen, und damit den verschlüsselten USB-Stick auch wieder an anderen PCs per Kennworteingabe nutzen.

Sichern Sie bei dieser Gelegenheit über die BitLocker-Verwaltung den Wiederherstellungsschlüssel für den USB-Stick im Microsoft-Konto oder in einer Datei, auf die Sie beim nächsten Problem jederzeit zugreifen können.

251 BitLocker-Laufwerksvorbereitung bei Fehlern rückgängig machen

Möchte man nicht nur einen USB-Stick, sondern auch die Festplatte des PCs mit BitLocker schützen, kann es bei der sogenannten Laufwerksvorbereitung immer wieder zu Problemen kommen.

Hat BitLocker das Systemlaufwerk bereits vorbereitet, also den Bootblock auf eine andere Partition verschoben, und konnte dann aber die Verschlüsselung nicht durchführen, bleibt der Bootblock auf der zweiten Partition und der Start von Windows kann deutlich verlangsamt werden. Außerdem ist diese Partition nicht mehr frei für ein beliebiges anderes Betriebssystem nutzbar. Die BitLocker-Verwaltung sieht es standardmäßig nicht vor, den Bootblock wieder auf *C:* zurückzuschreiben, die sogenannte Vorbereitung also rückgängig zu machen. Mit einem Systemreparaturdatenträger oder einer Original-Windows-DVD funktioniert es aber:

1. Öffnen Sie über einen Rechtsklick auf das Windows-Startlogo die Datenträgerverwaltung. Wählen Sie dort die Systempartition *C:* und markieren Sie sie mit einem Rechtsklick als aktiv.

2. Starten Sie den PC neu, diesmal mit dem Systemreparaturdatenträger, und wählen Sie dort im Menü *Problembehandlung / Erweiterte Optionen / Eingabeaufforderung*.

3. Geben Sie im Eingabeaufforderungsfenster `bootrec /rebuildbcd` ein. Dieser Befehl schreibt den Bootmanager neu. Jetzt müssen Sie noch wählen, welche der auf den Festplatten gefundenen Betriebssysteme wieder in den Bootmanager eingetragen werden sollen. Wichtig ist natürlich das Windows auf Laufwerk *C:*.

4. Verlassen Sie die Eingabeaufforderung mit `exit` und wählen Sie im Menü *Problembehandlung / Erweiterte Optionen / Starthilfe*, um den Bootblock von Windows 10 ebenfalls neu auf die Festplatte zu schreiben.

5. Jetzt können Sie Windows 10 ohne Systemreparaturdatenträger von der Festplatte neu starten.

Systembremsen, Einstellungen, Konfiguration und Tricks

252 Windows-Zuverlässigkeitsprüfung deckt Fehler auf

Dank automatischer Wartung und automatischer Updates brauchen Sie sich um die Stabilität und Zuverlässigkeit Ihres Systems kaum noch zu kümmern. Wer trotzdem genau informiert sein möchte, was im Hintergrund auf dem Computer passiert, musste bisher einen Blick in die Ereignisanzeige werfen. Den meisten Anwendern ist diese Anzeige jedoch zu unübersichtlich, da sie viel zu viele Einzelinformationen liefert, mit denen die meisten Nutzer nichts anzufangen wissen.

Der Zuverlässigkeitsverlauf in der Systemsteuerung unter *System und Sicherheit / Sicherheit und Wartung* zeigt sehr übersichtlich eine Art »Fieberkurve« für den Zustand des Systems.

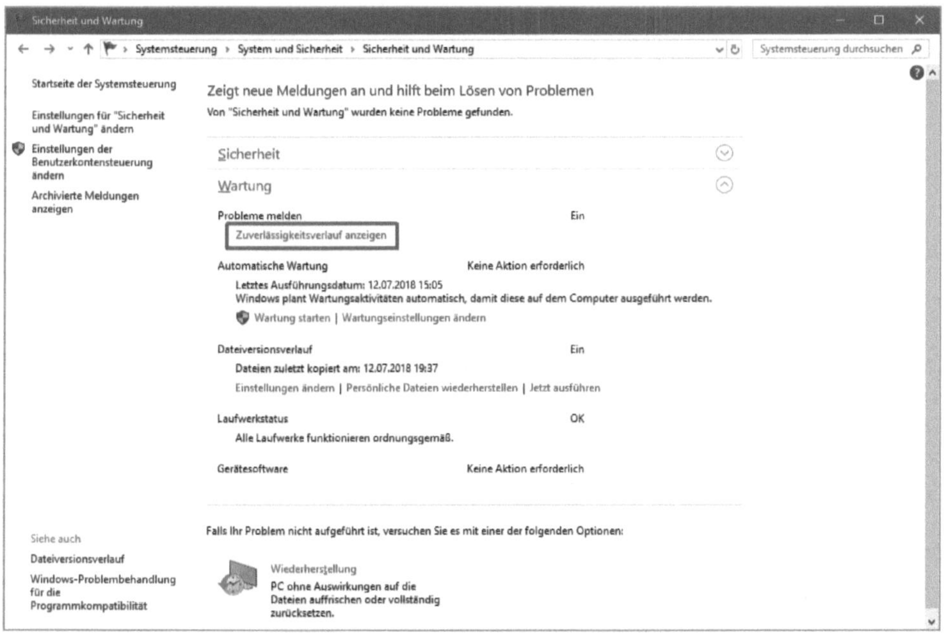

Hier finden Sie den Zuverlässigkeitsverlauf in der Systemsteuerung.

Sollte das System oder eine Komponente abstürzen oder einfach nicht mehr reagieren, bricht die Kurve ein und erholt sich mit jedem Tag, an dem das System stabil läuft. Tage, an denen automatische Updates oder neue Software installiert wurden, werden mit einem blauen Symbol gekennzeichnet. Rote Symbole stehen für kritische Ereignisse, Anwendungsfehler, Hardwarefehler oder Windows-Fehler.

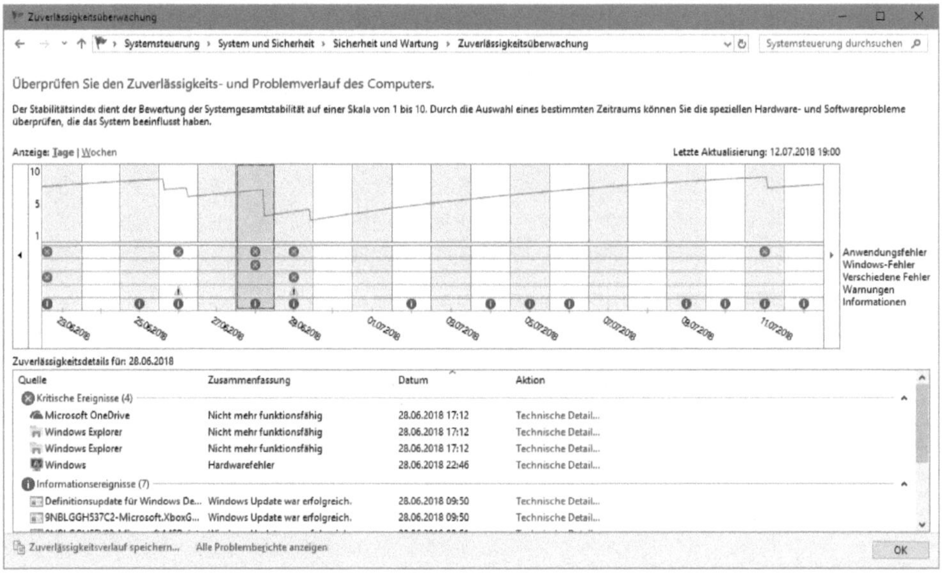

Die »Fieberkurve« von Windows

253 Windows-Systemfehler entschlüsseln

Windows-Systemfunktionen und Programme, die auf solche Systemfunktionen zugreifen, zeigen bei Fehlern standardisierte Fehlercodes als Dezimalzahl zwischen 0 und 15999 oder als Hex-Zahl zwischen 0x0 und 0x3e7f an. Die Bedeutung dieser Fehlercodes können Sie auf *msdn.microsoft.com/de-de/library/ms681381(v=vs.85).aspx* (*goo.gl/ycOJii*) nachlesen, allerdings nur auf Englisch.

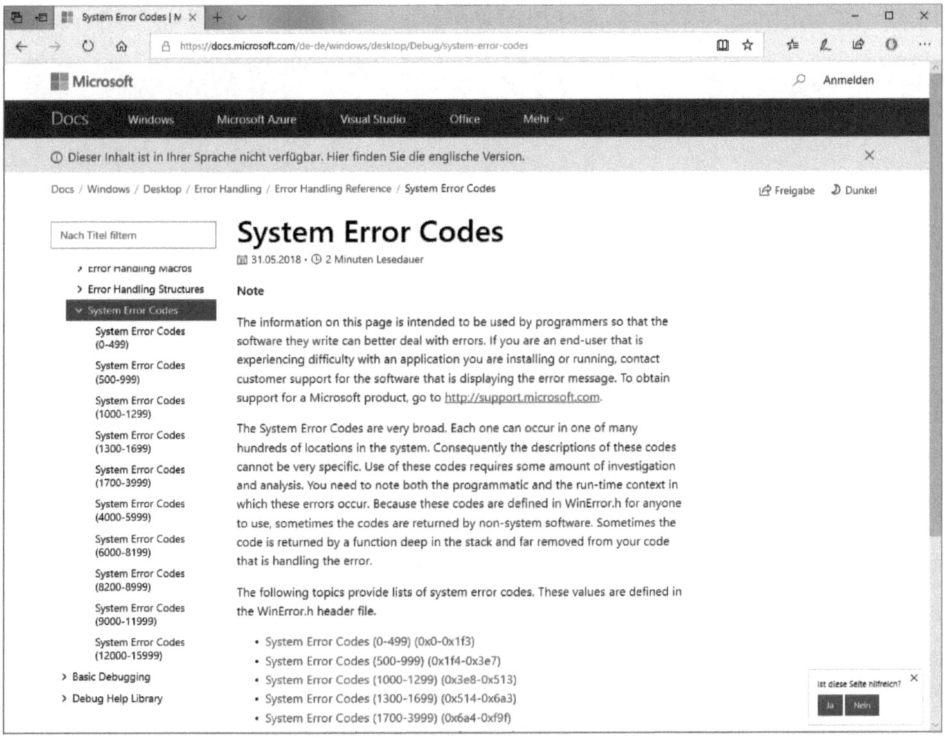

Microsoft erklärt Systemfehlercodes.

Einfacher und vor allem auf Deutsch liefert der Befehl `net helpmsg <Fehlernummer>` Informationen zum Fehler.

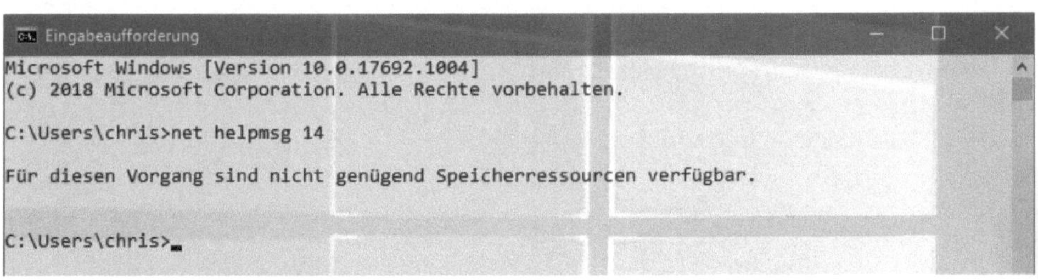

Fehlernummern per Kommandozeilenbefehl entschlüsseln

254 Win32-Fehlercodes entschlüsseln

Win32-Fehlercodes sind vierstellige Hex-Zahlen im Bereich von 0x0000 bis 0xFFFF. Diese können auch achtstellig angezeigt werden, und zwar im Bereich von 0x00000000 bis 0x0000FFFF. Die Seite *msdn.microsoft.com/de-de/library/cc231199.aspx* (*goo.gl/SEl9wV*) liefert Erklärungen zu diesen Fehlern – allerdings nur auf Englisch.

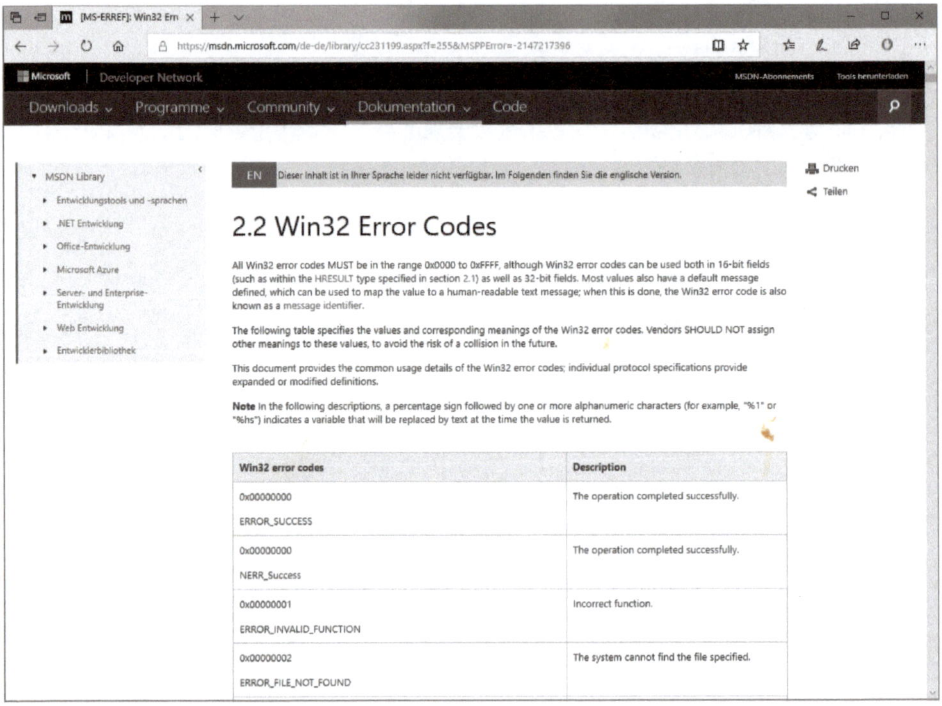

Microsoft erklärt Win32 Error Codes.

255 HRESULT-Fehlercodes entschlüsseln

HRESULT ist ein spezieller Datentyp zur Darstellung von Fehler- und Statusmeldungen in Windows-Programmen. Dabei handelt es sich um 32-Bit-Zahlen, die üblicherweise als achtstellige Hex-Zahlen angegeben werden. Microsoft liefert auf *msdn.microsoft.com/de-de/library/cc704587.aspx* (*goo.gl/AG6XKO*) Erklärungen zu den HRESULT-Codes – leider nur auf Englisch.

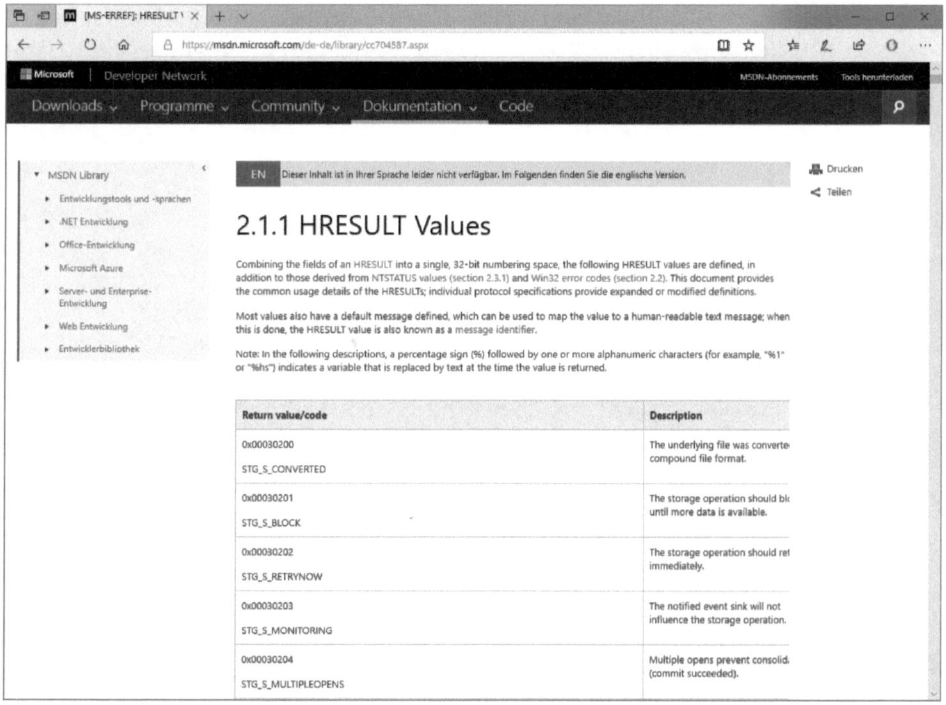

Microsoft erklärt HRESULT-Codes.

256 Die Uhr geht falsch

Wenn die Uhr des PCs falsch geht, ist das mehr als nur eine lästige Kleinigkeit. Bei größeren Abweichungen kann es zu Zertifikatsfehlern bei sicheren Internetverbindungen, zu Anmeldefehlern in Shops und auf anderen Websites sowie beim Abruf von E-Mails kommen.

Windows synchronisiert die Uhrzeit des PCs standardmäßig mit dem Zeitserver *time.windows.com*. So brauchen Sie sich theoretisch um die korrekte Uhrzeit nicht zu kümmern. Das Aktualisierungsintervall ist aber standardmäßig auf eine Woche festgelegt, was bei einer durch eine schwache CMOS-Batterie notorisch falsch gehenden PC-Uhr nicht weiterhilft.

Der Parameter `SpecialPollInterval1` im Registry-Schlüssel

```
HKEY_LOCAL_MACHINE\System\CurrentControlSet\Services\W32Time\TimeProviders\NtpClient
```

enthält das Aktualisierungsintervall der Uhr in Sekunden. In der Grundeinstellung steht hier `604800`, was genau sieben Tagen entspricht. Geben Sie im Modus `Dezimal` einen kleineren Wert ein, wenn die PC-Uhr oft falsch geht. Dann wird die Uhrzeit entsprechend öfter mit dem Zeitserver abgeglichen.

Sie brauchen diesen Registry-Tipp nicht manuell einzugeben, Sie finden ihn in den Downloads zu diesem Buch auf *www.buch.cd*. Importieren Sie einfach die Datei *SpecialPollIntervall.reg* per Doppelklick in die Registry. Diese Datei setzt das Aktualisierungsintervall auf 3600 Sekunden, was einer Stunde entspricht.

257 Der geheimnisumwobene God-Mode

Computerspiele bieten oft einen versteckten sogenannten God-Mode bzw. Gottmodus an, in dem der Spieler unsterblich ist, was auch immer passieren mag. In Windows gibt es ebenfalls einen undokumentierten God-Mode, der Windows zwar nicht unsterblich macht, dem Benutzer aber einen schnellen Zugriff auf diverse Einstellungen bietet, die sonst nur über zahlreiche Klicks in der Systemsteuerung erreichbar sind. Gerade bei Problemen will man schließlich nicht ewig suchen.

Legen Sie auf dem Desktop über das Kontextmenü *Neu / Ordner* einen neuen Ordner mit dem Namen *God-Mode.{ED7BA470-8E54-465E-825C-99712043E01C}* an. Nach dem Anlegen des Ordners ändert sich automatisch dessen Symbol und die lange Zahlenkombination verschwindet aus dem sichtbaren Namen.

Ein Doppelklick auf diesen Ordner zeigt diverse Systemeinstellungen. Bei den meisten handelt es sich um Module der Systemsteuerung, die man auf diesem Weg übersichtlich und mit weniger Klicks erreicht.

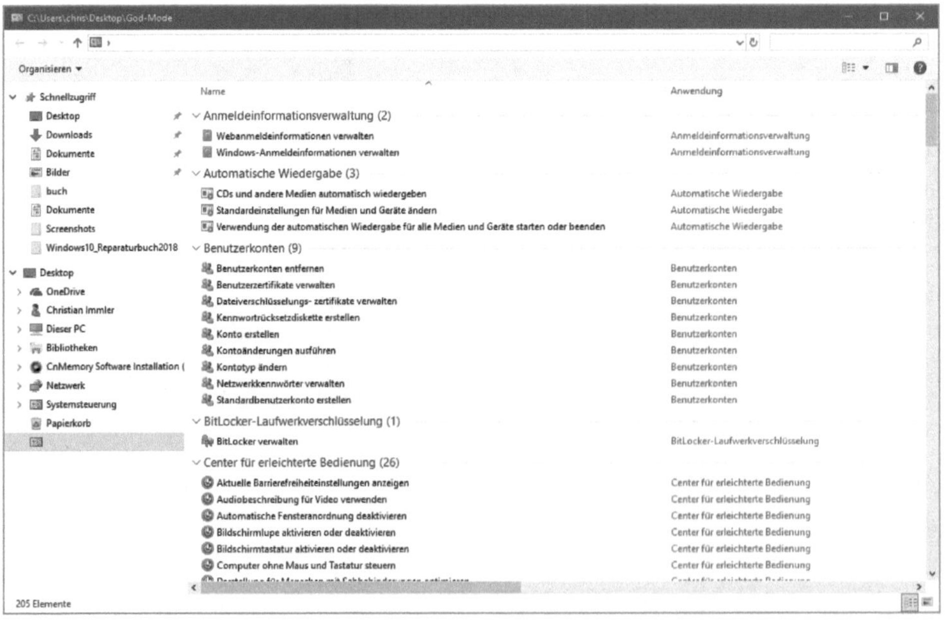

Der God-Mode zeigt diverse Systemeinstellungen übersichtlich geordnet an.

258 Was tun bei einem Virusfund?

Wenn Sie eine Datei, die einen Virus enthält, herunterladen, öffnen oder kopieren wollen, versucht der in Windows 10 integrierte Windows Defender, dieses Problem selbstständig zu beheben. Sollte das nicht funktionieren, schlägt er sofort Alarm. In den meisten Fällen ist nur eine kurze Meldung zu sehen und der Windows Defender verschiebt die gefährliche Datei in Quarantäne. Danach wird gemeldet, dass die Bedrohung erfolgreich beseitigt wurde.

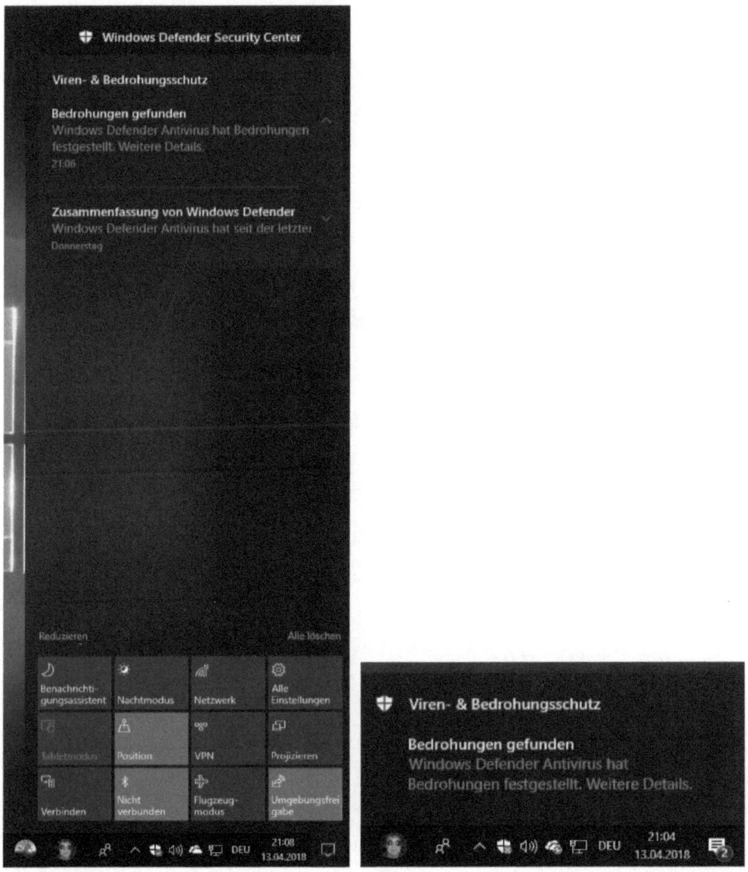

Meldungen bei erkannter Malware

Kann eine Bedrohung nicht automatisch bereinigt werden, klicken Sie auf die Benachrichtigung und öffnen damit den Windows Defender. Hier finden Sie Hinweise, wie Sie die Bedrohung beseitigen können.

Der Versuch, die gefährliche Datei auf der Festplatte zu speichern, schlägt fehl, da der Windows Defender den Zugriff auf diese Datei verweigert.

Zwischendurch sollten Sie immer mal wieder in das Protokoll des Windows Defender sehen, um den Überblick darüber zu behalten, was auf Ihrem Computer an gefährlichen Dateien gefunden wurde. Klicken Sie dazu im Windows Defender Security Center unter *Viren- & Bedrohungsschutz* auf *Bedrohungsverlauf*. Die Liste zeigt alle Aktionen des Windows Defender.

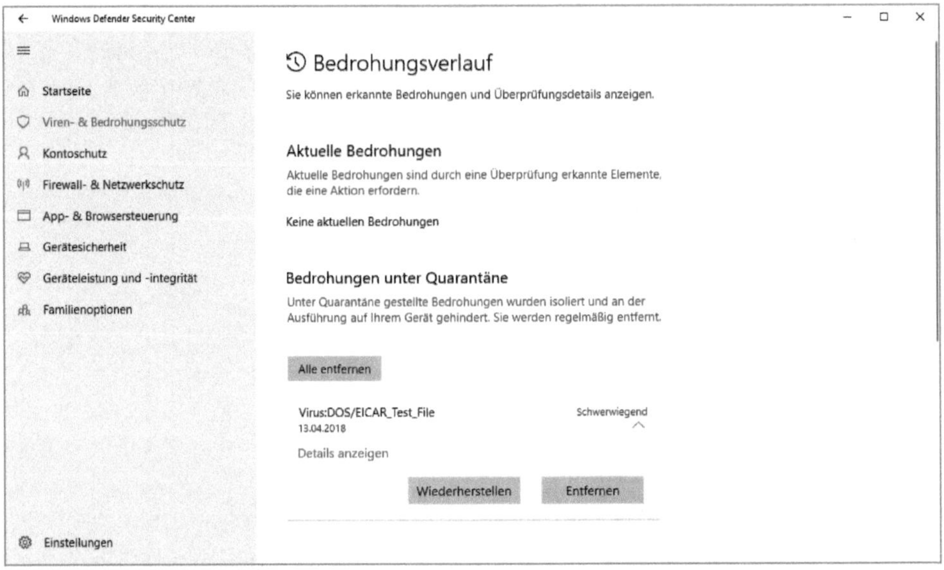

Der Bedrohungsverlauf zeigt gefundene Bedrohungen.

- Klicken Sie auf *Details anzeigen*, um zu sehen, in welcher Datei sich die Malware versteckt.

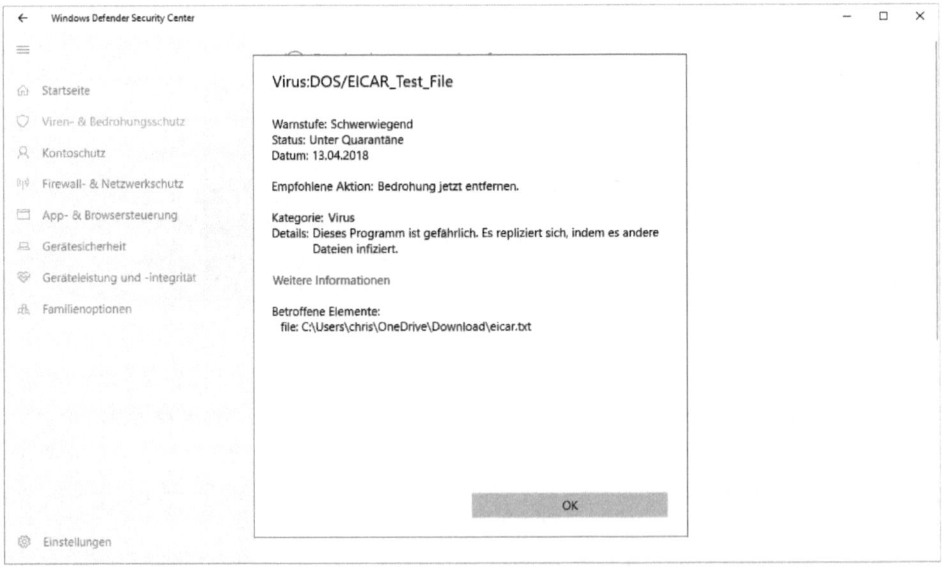

Erkannte Bedrohung im Windows Defender bereinigen

259 Harmlose Datei stellt sich später als gefährlich heraus

Sollte der Windows Defender einen Fehlalarm melden, können Sie das betreffende Programm in der Verlaufsliste im Windows Defender Security Center unter *Viren- und Bedrohungsschutz / Bedrohungsverlauf / Bedrohungen unter Quarantäne* markieren, mit dem Button *Zulassen* als zulässig markieren und dann ganz normal benutzen. Der Windows Defender meldet in diesem Fall die gleiche Datei in Zukunft nie wieder als gefährlich.

Fehlerhaft als Bedrohung erkannte Datei im Windows Defender Security Center zulassen

Sollte sich die Datei später doch als gefährlich erweisen, markieren Sie sie im Bedrohungsverlauf des Windows Defender unter *Zulässige Bedrohungen*. Klicken Sie auf *Nicht zulassen*, um sie vom PC zu entfernen. Bei erneutem Download wird sie dann auch wieder geprüft und voraussichtlich als gefährlich eingestuft.

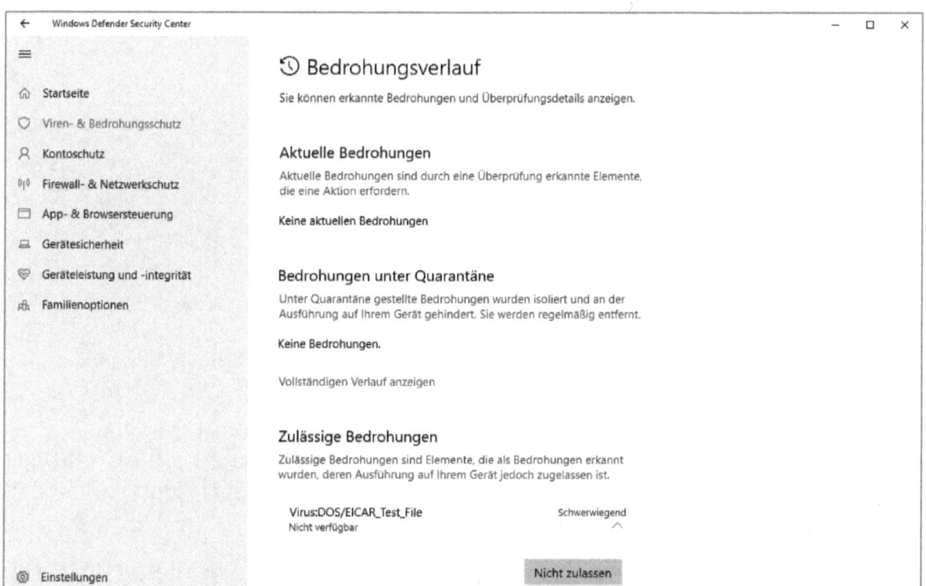

Zulässige Datei entfernen und wieder als gefährlich einstufen

260 Funktioniert der Virenscanner überhaupt?

Wenn Sie einen Virenscanner installiert haben, wollen Sie natürlich wie bei jedem anderen Programm wissen, ob er zuverlässig funktioniert. Besonders wichtig ist, ob die im Hintergrund laufenden Funktionen beim Öffnen oder Kopieren einer infizierten Datei sofort Alarm schlagen. Um das nicht mit einem wirklichen Virus ausprobieren zu müssen, hat das European Institute for Computer Antivirus Research, EICAR (*www.eicar.org*), einen Test-String veröffentlicht, der sich gegenüber Antivirenprogrammen wie ein Virus verhält, aber keinerlei Wirkung hat.

Der darin enthaltene Virus vervielfältigt sich nicht und hat auch sonst keine nachteilige Wirkung auf Ihr System. Sie können die Datei nach dem Test einfach wieder löschen oder von Ihrem Virenscanner automatisch löschen lassen.

Ist der Virenscanner richtig installiert, muss er die Datei als infiziert erkennen, was auch bedeutet, dass Sie schon Schwierigkeiten haben sollten, diese überhaupt herunterzuladen oder zu kopieren. In den meisten Fällen verhindert schon der SmartScreen-Filter den Download.

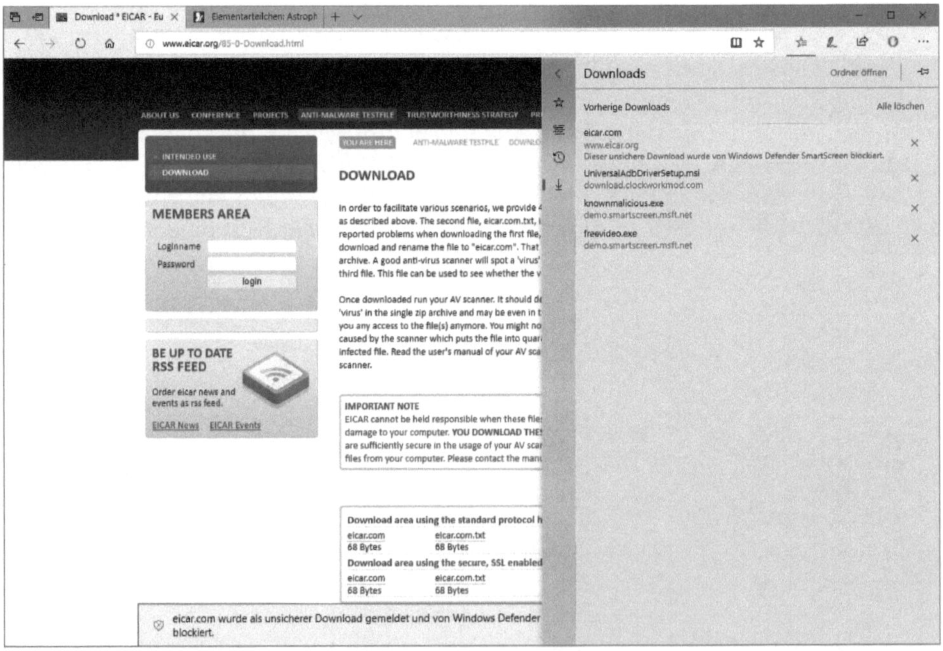

Meldungen beim Versuch, die Anti-Malware-Testdatei herunterzuladen

Sollte der Windows Defender keinen Alarm schlagen, ist er nicht richtig konfiguriert. Starten Sie in diesem Fall das Windows Defender Security Center über das Symbol im Infobereich der Taskleiste.

Solange das Symbol in der Taskleiste ein grünes Häkchen zeigt, ist alles in Ordnung, und Sie brauchen sich um nichts zu kümmern. Sicherheitsprobleme werden durch auffällige gelbe oder rote Symbole auf dem Taskleisten-Icon angezeigt. Sollten der Echtzeitschutz oder die automatischen Updates deaktiviert sein oder ein anderweitiges Problem vorliegen, färben sich die grünen Elemente der Benutzeroberfläche in ein auffälliges Rot. Aktivieren Sie in diesem Fall den Echtzeitschutz und die automatischen Updates mit einem Klick. Danach werden sowohl die Anti-Malware-Testdatei wie auch echte Malware sofort erkannt.

Warnung bei deaktiviertem Echtzeitschutz

261 Adware-Schutz im Windows Defender nachrüsten

In der Enterprise Edition von Windows 10 schützt der Windows Defender zusätzlich auch vor Software, die Werbekomponenten enthält. Private Nutzer sind dieser Adware standardmäßig schutzlos ausgeliefert. Der Adware-Schutz kann aber mit einem Registry-Parameter auch in den Editionen Home und Pro von Windows 10 eingeschaltet werden.

- Legen Sie in der Registry unter `HKEY_LOCAL_MACHINE\SOFTWARE\Policies\Microsoft\Windows Defender` einen neuen Schlüssel `MpEngine` an.
- Legen Sie hier einen neuen 32-Bit-DWORD-Wert namens `MpEnablePus` an und geben Sie ihm den Wert `1`.

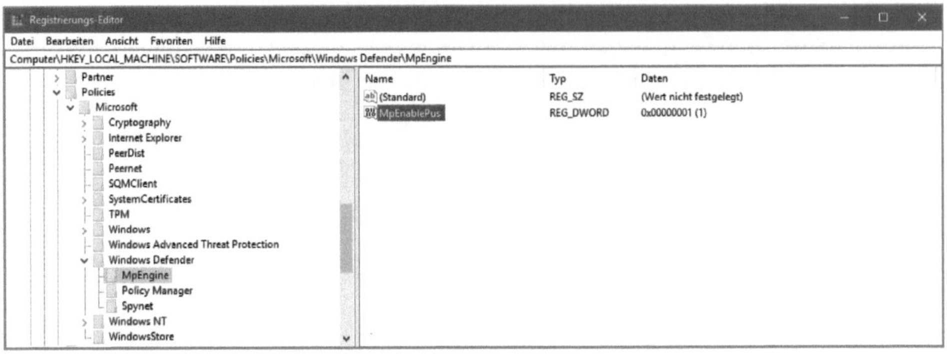

Ein Registry-Parameter aktiviert den Adware-Schutz im Windows Defender.

Nach einem Neustart des PCs erkennt der Windows Defender Adware in heruntergeladenen Programmen und schlägt Alarm.

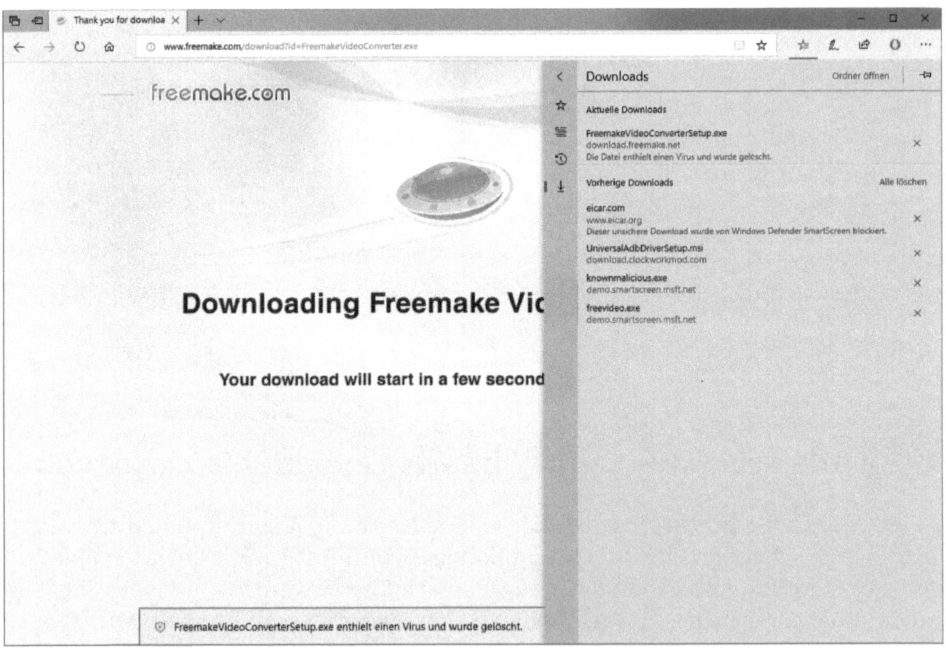

Adware wird als Virus erkannt und gelöscht.

Sie brauchen diesen Registry-Tipp nicht manuell einzugeben, Sie finden ihn in den Downloads zu diesem Buch auf *www.buch.cd*. Importieren Sie einfach die Datei *MpEnablePus.reg* per Doppelklick in die Registry.

262 Ein Virus lässt sich nicht beseitigen

Besonders hartnäckige Malware setzt sich so im System fest, dass sie im laufenden Betrieb von Windows nicht beseitigt werden kann. Der Windows Defender bietet zusätzlich eine sogenannte Offline-Überprüfung an.

Starten Sie diese *Überprüfung durch Windows Defender Offline* über die *Erweiterte Überprüfung* im Windows Defender Security Center. Dazu wird der Computer neu gestartet und vor dem eigentlichen Windows-Start eine Schnellprüfung aller Systemdateien durchgeführt.

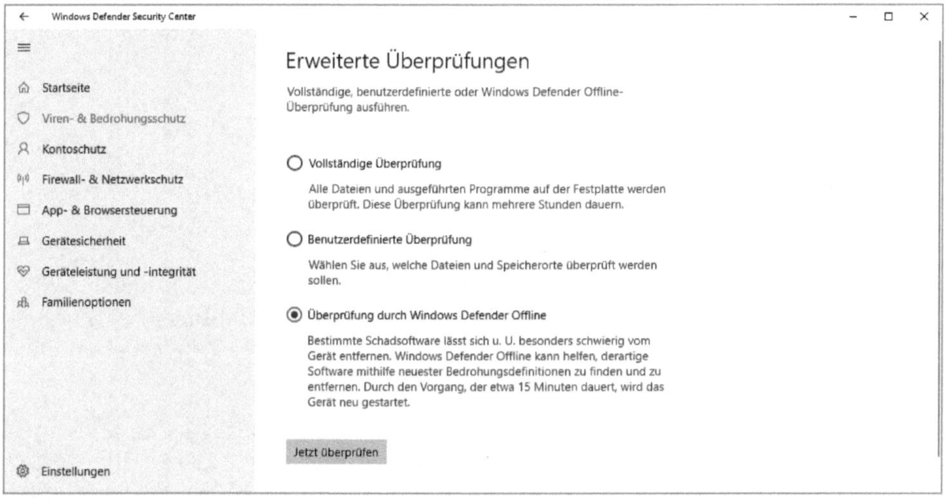

Offline-Prüfung im Windows Defender Security Center

263 Welches Programm greift auf Dateien und Registry zu?

Wurden Dateien oder die Registry unerwartet verändert, bleibt der Benutzer oft im Unklaren, welches Programm oder welche Windows-Komponente dafür verantwortlich waren.

Microsoft bietet ein kostenloses Werkzeug *Process Explorer* an (siehe Download-Tipps, Seite 6). Dieses äußerst leistungsfähige Dienstprogramm zeigt die Dateien, Registrierungsschlüssel und andere Objekte, die in Prozessen geöffnet sind, die geladenen DLLs und vieles mehr. Ganz oben werden die CPU- und Systemauslastung in Echtzeit grafisch dargestellt. Diese Anzeige lässt sich mit der Tastenkombination `Strg` + `I` in ein eigenes Fenster vergrößern.

Das Symbol *Show Lower Pane* in der Symbolleiste blendet unten ein Teilfenster ein, in dem zu jedem Prozess geöffnete Dateien und Registry-Schlüssel angezeigt werden.

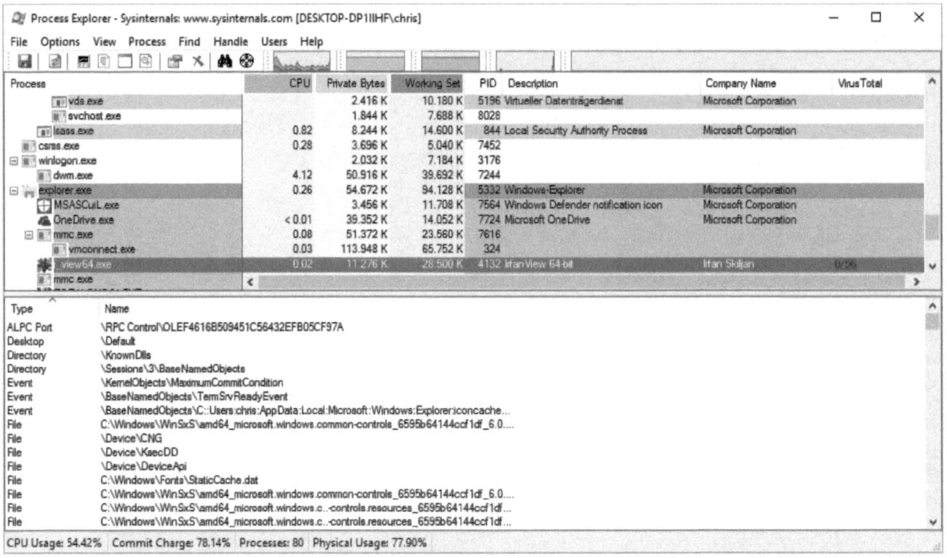

Der Process Explorer

Mit dem Radar-Symbol in der Symbolleiste können Sie herausfinden, welches Windows-Fenster welche Prozesse startet. Ziehen Sie dieses Symbol aus der Symbolleiste auf das zu untersuchende Fenster. Die zugehörigen Prozesse werden im Process Explorer hervorgehoben.

Über den Menüpunkt *Process / Check Virustotal.com* können Sie jeden laufenden Prozess durch den Onlinedienst *www.virustotal.com* überprüfen lassen. Hier testen die Anti-Malware-Engines von derzeit 67 Virenscannern unabhängig voneinander die Datei, sodass Fehlalarme weitgehend auszuschließen sind.

264 Befehlszeilentools für Spezialaufgaben

Obwohl sich die meisten Windows-10-Anwender nur noch schwach an MS-DOS erinnern werden, funktioniert ein Großteil der alten Befehlszeilentools tatsächlich heute noch. Eine Übersicht aller gültigen Befehlszeilentools in Windows 10 erhalten Sie im Eingabeaufforderungsfenster über `help`.

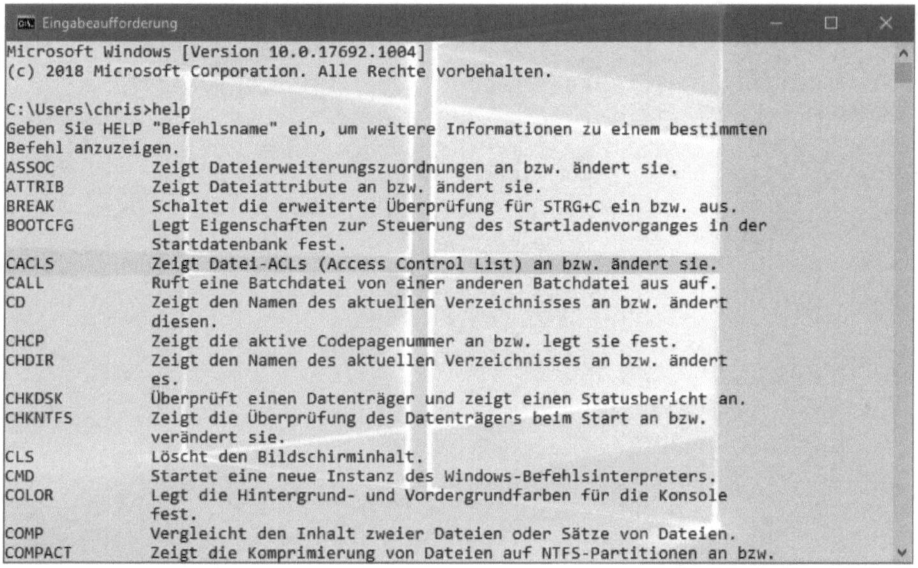

Übersicht aller MS-DOS-Befehlszeilentools unter Windows 10

265 Systemdateien reparieren

Bei Abstürzen und insbesondere bei Fehlern während der Installation von Windows Updates können Systemdateien beschädigt werden. Windows verfügt über eine integrierte Systemdateiprüfung, die eventuell vorhandene falsche Systemdateien durch die Originalversionen von Microsoft ersetzen kann. Bei Fehlern startet die Systemdateiprüfung automatisch. Man kann sie aber auch aus einem Eingabeaufforderungsfenster mit Administratorberechtigung mithilfe des Befehls `sfc` und den entsprechenden Parametern aufrufen, um Systemdateien jederzeit zu prüfen. Der Befehl

```
sfc /scannow
```

überprüft alle geschützten Systemdateien und repariert sie bei Problemen.

Findet `sfc` beschädigte Dateien, die nicht repariert werden können, wird das Ergebnis zumindest in der Datei *C:\Windows\Logs\CBS\CBS.log* protokolliert. Diese kann nur in einem Editor mit Administratorberechtigung geöffnet werden.

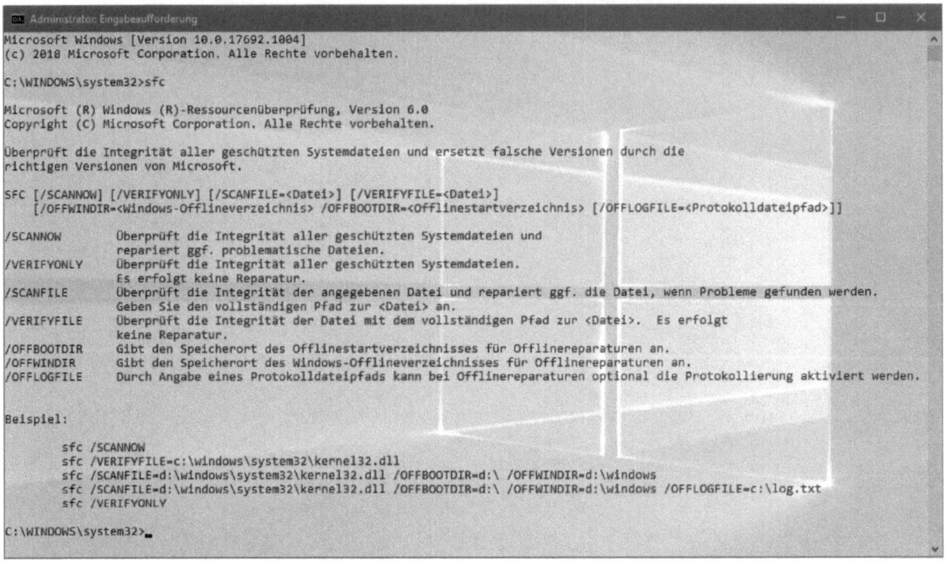

Das Windows-Ressourcenüberprüfungsprogramm in Aktion

266 Die eingebaute Windows-Überprüfung

Funktioniert Windows nicht mehr richtig, weil die Registry oder Systemdateien beschädigt sind, kann die eingebaute Reparaturfunktion `dism` Windows überprüfen und mithilfe von Windows Update auch wieder reparieren.

1. Öffnen Sie mit einem Rechtsklick auf das Windows-Logo eine Eingabeaufforderung mit Administratorrechten. Geben Sie hier ein:

```
dism /Online /Cleanup-Image /CheckHealth
```

2. Damit wird die Registry auf logische Fehler überprüft. Ob alle Einträge dort auch sinnvoll sind, kann eine solche Schnellprüfung natürlich nicht feststellen.

3. Vermuten Sie den Fehler eher im Dateisystem von Windows, geben Sie ein:

```
dism /Online /Cleanup-Image /ScanHealth
```

4. Hier dauert die Suche allerdings deutlich länger. Sollten Fehler auftreten, können die fehlerhaften Dateien über Windows Update durch die korrekten Versionen ersetzt werden. Geben Sie dazu ein:

```
dism /Online /Cleanup-Image /RestoreHealth
```

5. Nach dem Austausch der Dateien sollten Sie das System noch einmal überprüfen:

```
dism /Online /Cleanup-Image /ScanHealth
```

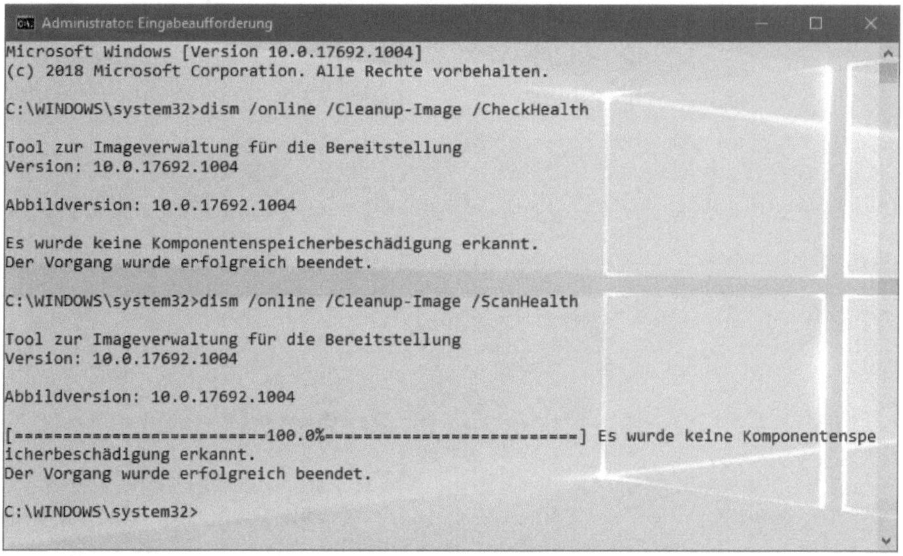

Die Windows-Reparaturfunktion `dism`

267 Fehler 0x800F081F beim Versuch, Windows zu reparieren

Bei dieser Fehlermeldung können die fehlerhaften Dateien bei Windows Update nicht gefunden werden. In diesem Fall ist eine Original-Windows-DVD oder ein ISO-Image erforderlich.

- Haben Sie ein ISO-Image einer Windows-DVD zur Verfügung, klicken Sie im Explorer doppelt darauf und das Image wird als Laufwerk mit eigenem Laufwerkbuchstaben im Explorer bereitgestellt.

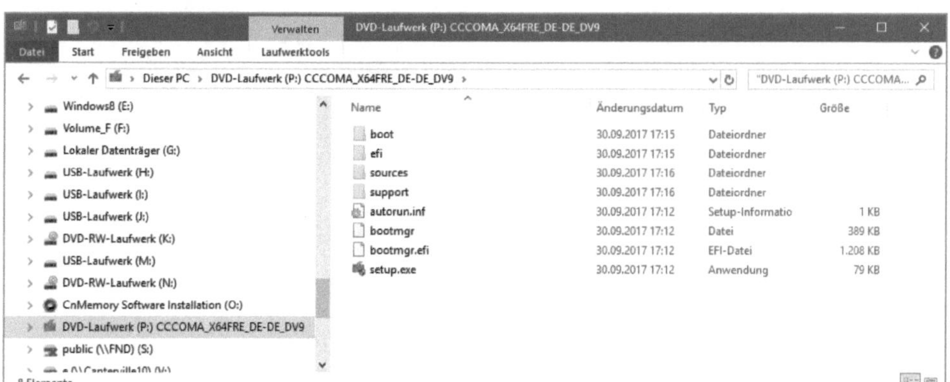

ISO-Image einer Windows-DVD im Explorer als Laufwerk bereitgestellt

- Alternativ können Sie auch eine Windows-10-DVD einlegen.
- Öffnen Sie mit einem Rechtsklick auf das Windows-Logo eine Eingabeaufforderung mit Administratorrechten. Geben Sie hier Folgendes ein (alles in einer Zeile):

```
dism /Online /Cleanup-Image /RestoreHealth /source:wim:X:\install.wim:1
/limitaccess
```

Ersetzen Sie dabei den Laufwerkbuchstaben `X:` durch den Laufwerkbuchstaben des bereitgestellten ISO-Images oder der DVD. Anschließend erfolgt eine automatische Reparatur, die einige Zeit dauern kann.

268 Hohe CPU-Auslastung durch Runtime Broker

Es kommt immer wieder vor, dass sich Windows 10 kaum noch bedienen lässt, da die CPU-Auslastung nahezu bei 100 % liegt, ohne dass ein Programm läuft. In den meisten Fällen ist dafür der Prozess *Runtime Broker* verantwortlich, der im Hintergrund läuft und von mehreren der neuen vorinstallierten Apps benutzt wird.

Starten Sie den Task-Manager in der Detailansicht, um festzustellen, welcher Prozess für die hohe CPU-Auslastung sorgt.

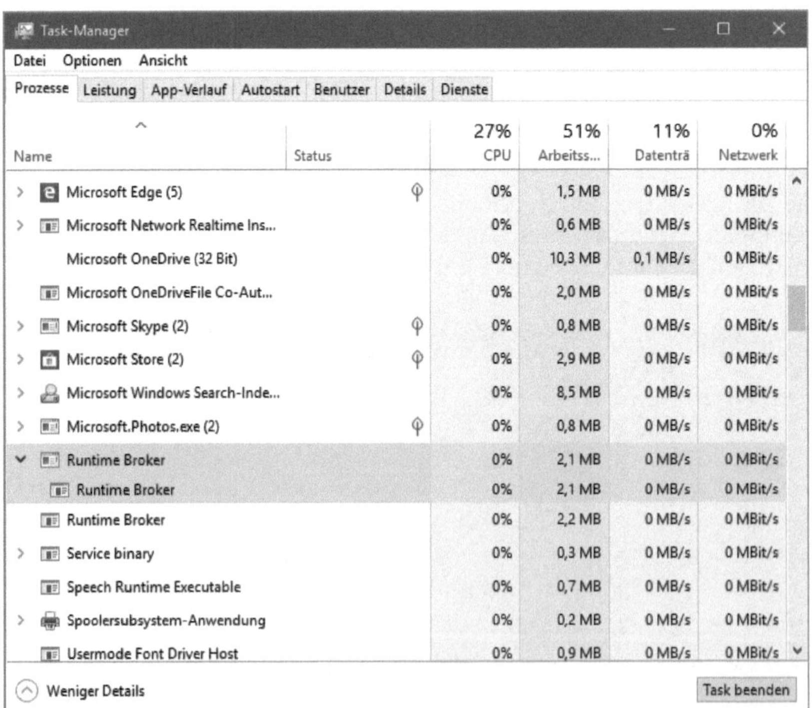

So lange die CPU-Aktivität des Runtime Brokers höchstens im einstelligen Prozentbereich liegt, sind keine weiteren Aktionen nötig.

In vielen Fällen sorgen die in unregelmäßigen Abständen eingeblendeten *Tipps zu Windows* für die hohe CPU-Aktivität des Runtime-Broker-Prozesses. Da man auf diese Tipps sehr gut verzichten kann, schalten Sie sie in den Einstellungen unter *System / Benachrichtigungen und Aktionen* aus. Starten Sie danach den Computer neu. Vorher wird der Runtime-Broker-Prozess nicht stoppen.

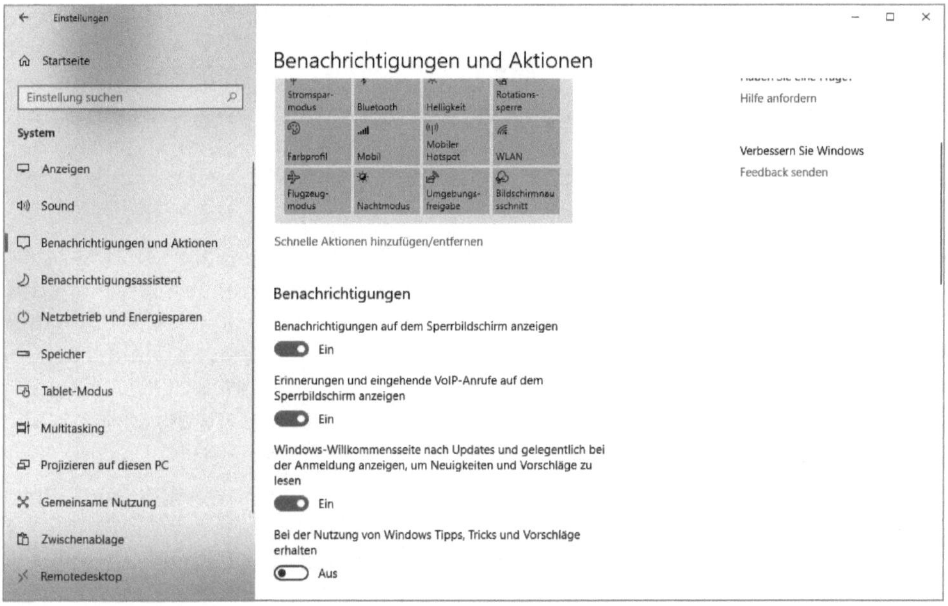

Tipps zu Windows ausschalten, um CPU-Aktivität durch Runtime Broker zu verringern

Sollte das Deaktivieren der Tipps zu Windows die Aktivität des Runtime-Broker-Prozesses nicht herabsetzen, kann eine weitere Lösung sein, die Live-Kacheln zu deaktivieren. Klicken Sie dazu nacheinander mit der rechten Maustaste auf die Kacheln im Startmenü und wählen Sie bei jeder Kachel im Kontextmenü *Mehr / Live-Kachel deaktivieren*. Ein Entfernen der Kacheln aus dem Startmenü ist nicht nötig, diese können weiter zum schnellen Start der Apps genutzt werden.

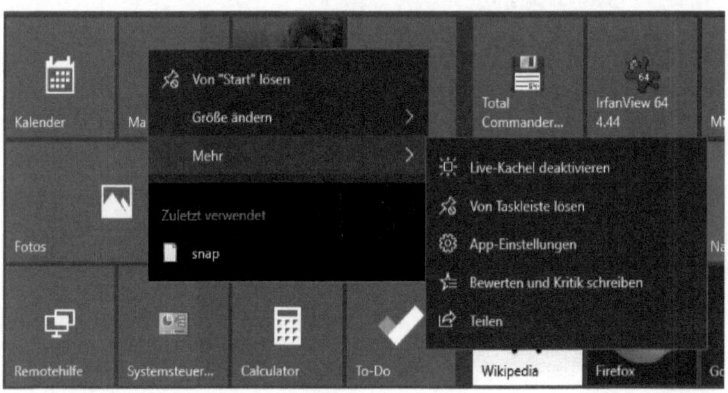

Live-Kacheln deaktivieren, um CPU-Aktivität durch Runtime Broker zu verringern

Auch nach dieser Aktion muss der PC neu gestartet werden, um den Erfolg bei der Reduzierung der CPU-Last zu sehen.

269 Fehlende Sonderzeichen in Schriften nachrüsten

Seit der Einführung von Unicode kann ein Zeichensatz 65.535 verschiedene Zeichen enthalten, was für alle Sprachen mit einer auf Buchstaben basierenden Schrift ausreicht. In wissenschaftlichen Texten kommen hin und wieder Zeichen vor, die im Unicode nicht enthalten sind. Auch wird von Zeit zu Zeit ein Zeichen einfach neu erfunden, wie z. B. das €-Zeichen zur Einführung des Euros. Auch Firmen- oder Produktlogos können mithilfe von Unicode direkt in einen Text eingebunden werden.

Der Unicode enthält noch freie Bereiche, die derzeit von keinem Windows-Zeichensatz genutzt werden und so für eigene Zeichen zur Verfügung stehen. Jedes Unicode-Zeichen lässt sich durch eine vierstellige Hexadezimalzahl eindeutig beschreiben. Der Bereich von `E000` bis `F8FF` ist frei für eine benutzerdefinierte Verwendung. Microsoft hat in diesem Bereich die Zeichen `E801` bis `E805`, `F001` bis `F00F` und `F700` bis `F71D` für hochgestellte Ziffern, Cursorsymbole und spezielle Sonderzeichen reserviert. Die übrigen Zeichen können frei definiert werden.

- Windows 10 verfügt zu diesem Zweck über einen eigenen Schriftarten-Editor, *Eudcedit.exe*, mit dem eigene Zeichen erstellt werden können. Starten Sie dieses Programm über das Cortana-Suchfeld oder im Explorer aus dem Verzeichnis *C:\Windows\system32*. Es gibt standardmäßig keinen Menüpunkt dafür.

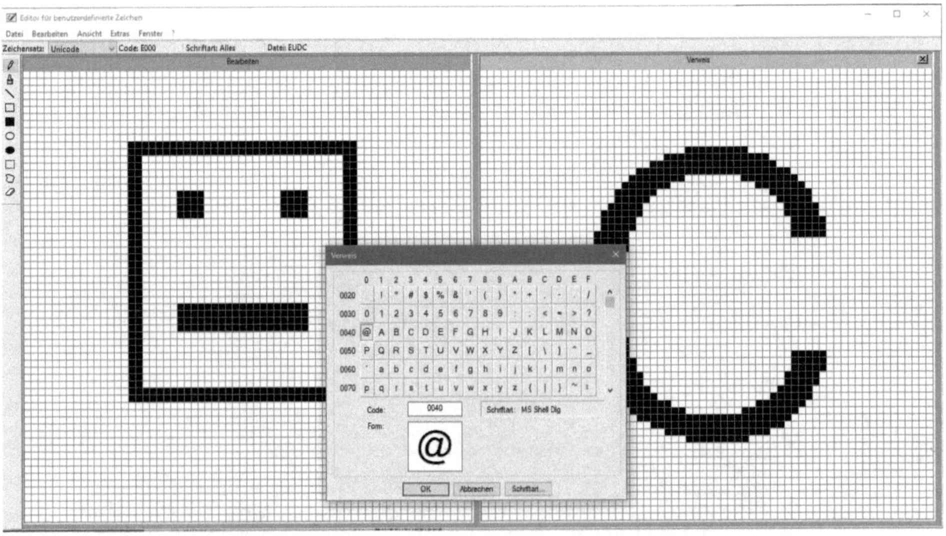

Eudcedit ist ein Editor für benutzerdefinierte Zeichen.

- Beim Programmstart erscheint ein Raster aller benutzerdefinierten Zeichen. Dieses ist am Anfang noch ganz leer. Wählen Sie hier einen Platz für das neu zu definierende Zeichen. Es erscheint ein leeres Bearbeitungsfeld. Da in den meisten Fällen ein neues Zeichen in Größe und Erscheinungsbild zu den vorhandenen Zeichen passen soll, empfiehlt es sich, über den Menüpunkt *Fenster / Verweis* ein vorhandenes Zeichen in einem zweiten Fenster zu öffnen.
- Im linken Fenster können Sie jetzt mit den verschiedenen Malwerkzeugen das neue Zeichen erstellen. Dabei besteht auch die Möglichkeit, rechteckige oder beliebig geformte Bereiche aus dem Referenzzeichen zu kopieren. Verwendet man ein Malwerkzeug mit der rechten Maustaste, löscht es, anstatt zu malen. Achten Sie darauf, dass das neue Zeichen in Größe und Strichstärke zu den vorhandenen Zeichen passt.
- Nach dem Speichern steht das neue Zeichen zur Verfügung. Mit dem Menüpunkt *Datei / Schriftartverknüpfungen* müssen Sie nur noch festlegen, ob neue Zeichen nur in ausgewählten oder in allen Schriftarten zur Verfügung stehen sollen. Das Programm *Zeichentabelle* muss während der Verwendung des Editors für benutzerdefinierte Zeichen geschlossen sein, da es sonst zu Problemen beim Speichern neuer Zeichen kommt.

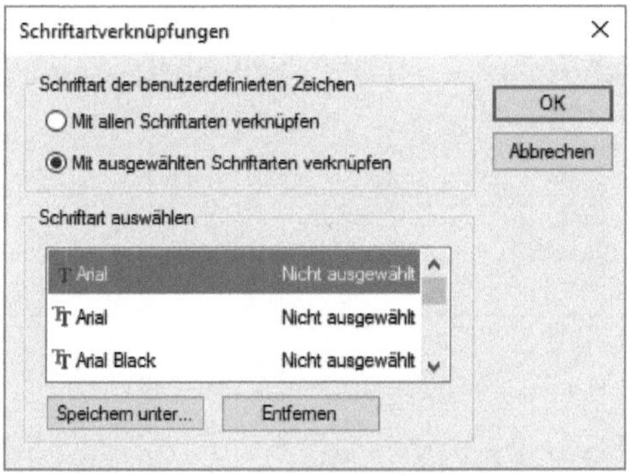

Benutzerdefiniertes Zeichen mit einer Schriftart verknüpfen

- Um solch ein neues Zeichen in einem Windows-Programm verwenden zu können, öffnen Sie die *Zeichentabelle* im Startmenü unter *Windows-Zubehör*. Wählen Sie hier im Listenfeld oben die Schriftart aus. Schriftarten mit benutzerdefinierten Zeichen sind durch einen Zusatz *(Benutzerdefinierte Zeichen)* gekennzeichnet. Neue Zeichen, die allen Schriftarten zugeordnet sind, erscheinen unter *Alle Schriftarten (Benutzerdefinierte Zeichen)*.

Das neue Zeichen wird in der Zeichentabelle dargestellt.

- Wählen Sie in der Zeichentabelle das neue Zeichen aus, klicken Sie auf *Auswählen* und danach auf *Kopieren*. Nun können Sie das Zeichen mit der Tastenkombination Strg + V in Ihre Textverarbeitung einfügen.

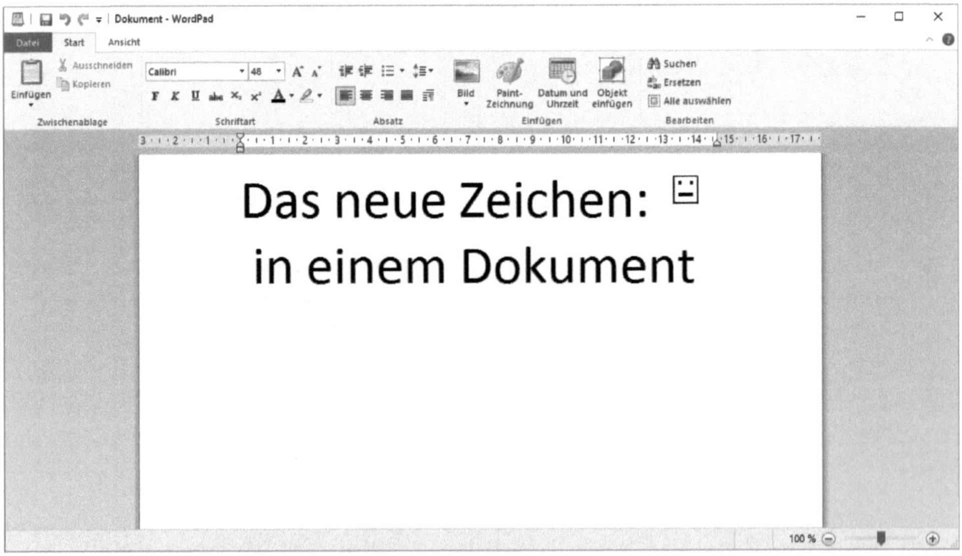

Das neue Zeichen in der Textverarbeitung

- Die benutzerdefinierten Zeichen werden in **.TTE*-Dateien im Verzeichnis *\Users\<Benutzer>\AppData\Local\Microsoft\Windows\EUDC* abgelegt. Zeichen, die für alle Schriftarten zur Verfügung stehen, liegen in der Datei *EUDC.TTE*. Zur

Weitergabe eigener Zeichen an einen anderen Computer brauchen Sie nur diese Datei zu kopieren.

- Viele Zeichen müssen gar nicht neu definiert werden, sondern sind in Windows unbemerkt bereits enthalten. Wenn Sie im Programm *Zeichentabelle* die Schriftart *Microsoft Sans Serif* wählen, finden Sie dort die kompletten Alphabete für Kyrillisch, Griechisch, Hebräisch, Arabisch und Thailändisch sowie alle Sonderzeichen europäischer Sprachen. Die Schriftart *Symbol* enthält alle wichtigen mathematischen Sonderzeichen und die Schriftart *Terminal* beinhaltet die grafischen Linien des DOS-Zeichensatzes.

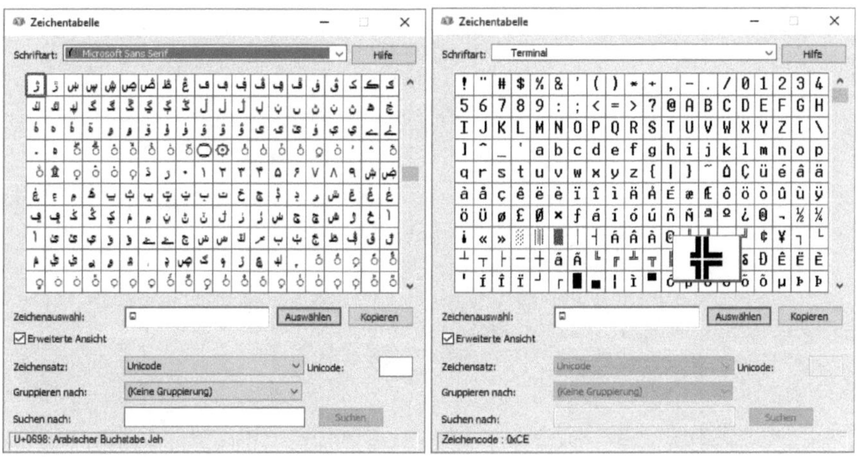

Internationale Alphabete und der DOS-Zeichensatz in der Zeichentabelle

Reparatur in ganz harten Fällen

270 Registry-Sperre knacken

Einträge in die Registry müssen selbst im normalen Betrieb ständig geändert werden. Manche Stellen der Registry sollten aber für Veränderungen gesperrt sein. Möchten Sie verhindern, dass ein Benutzer in der Registry herumspielt, können Sie *Regedit* und auch alle anderen Tools sperren, die direkt auf die Registry zugreifen. Sie müssen hierzu als Administrator angemeldet sein und es muss mindestens ein weiterer Benutzer auf dem PC existieren – sonst sperren Sie sich selbst aus.

- Windows schreibt die Benutzernamen nicht im Klartext in die Registry, deshalb müssen Sie den Benutzer, für den der Registry-Zugriff gesperrt werden soll, erst suchen. In diesem Registry-Schlüssel finden Sie verschiedene Unterschlüssel mit Namen wie `S-1-5...` und einer längeren Zahlenkombination. Wenn Sie diese im linken Fenster durchblättern, finden Sie rechts unter `ProfileImagePath` relativ einfach den Benutzernamen:

```
HKEY_LOCAL_MACHINE\Software\Microsoft\Windows NT\CurrentVersion\ProfileList
```

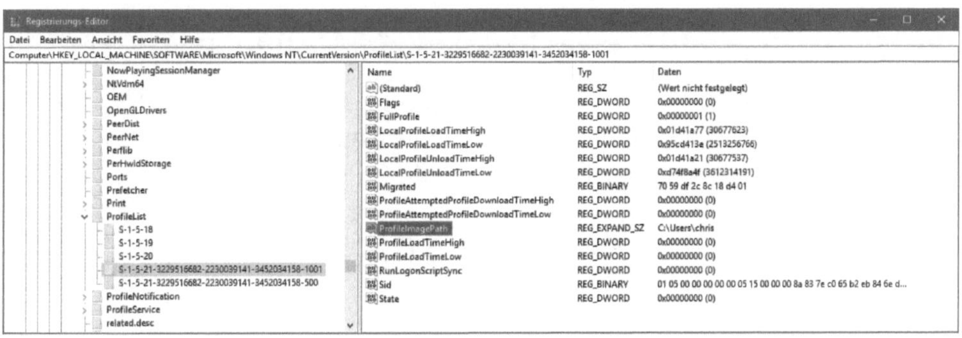

Benutzer-ID in der Registry finden

- Merken Sie sich die so gefundene Benutzer-ID des gesuchten Benutzers. Im Normalfall unterscheiden sich die Benutzer-IDs nur in den letzten Ziffern. Wechseln Sie jetzt in den Registry-Schlüssel:

```
HKEY_USERS\<Benutzer-ID>\Software\Microsoft\Windows\CurrentVersion\
Policies\System
```

- Legen Sie in diesem Schlüssel den DWORD-Wert `DisableRegistryTools` an und geben Sie ihm den Wert `1`.
- Wenn sich der Benutzer jetzt wieder anmeldet, hat er keine Möglichkeit, *regedit* oder einen anderen Registry-Editor aufzurufen. Erst wenn der Administrator den Parameter `DisableRegistryTools` zurück auf `0` setzt oder löscht, sind Registry-Tools wieder erlaubt.

Aber auch dieser Schutz wirkt nicht hundertprozentig, da ein auf diese Weise gesperrter Benutzer immer noch die Möglichkeit hat, eine *.reg*-Datei zu importieren und damit den entscheidenden Parameter zurückzusetzen. Dies ist auch die Notlösung für den Fall, dass man sich selbst den Zugriff auf die Registrierung sperrt. Speichern Sie diese beiden Textzeilen in eine Textdatei mit der Endung *.reg*:

```
Windows Registry Editor Version 5.00
[HKEY_CURRENT_USER\Software\Microsoft\Windows\CurrentVersion\Policies\
System] "DisableRegistryTools"=dword:00000000
```

Diese Datei kann per Doppelklick im Explorer ausgeführt und in die Registry importiert werden. Sie setzt die Sperre zurück. Die *.reg*-Datei ist durch die Verwendung von `HKEY_CURRENT_USER` allgemein gehalten, sodass man sie für sich selbst jederzeit unabhängig von der Benutzer-ID einsetzen kann. Nach dem Importieren dieser *.reg*-Datei muss man sich als Benutzer abmelden und wieder neu anmelden, um Zugriff auf die Registry zu erhalten.

Sie brauchen diesen Registry-Tipp nicht manuell einzugeben, Sie finden ihn in den Downloads zu diesem Buch auf *www.buch.cd*. Importieren Sie einfach die Datei *DisableRegistryTools.reg* per Doppelklick in die Registry.

271 Verschwundene Partitionen wiederfinden

Findet das Betriebssystem eine Festplattenpartition nicht mehr, sind noch lange nicht alle Daten für immer verloren. In den meisten Fällen liegen sie noch physisch auf der Festplatte, nur durch einen Fehler in der Partitionstabelle besteht kein Zugriff mehr darauf.

Das Freeware-Tool *Partition Find and Mount* (siehe Download-Tipps, Seite 6) durchsucht eine Festplatte nach typischen Signaturen, die üblicherweise den Anfang einer Partition bezeichnen. Von dort an versucht das Tool, eine virtuelle Datenpartition zu erstellen und im System zu mounten. Dies erfolgt immer schreibgeschützt, so besteht keine Gefahr, die verloren geglaubten Daten tatsächlich zu beschädigen. Anschließend lassen sich diese auf ein anderes Laufwerk kopieren oder man generiert eine Image-Datei der Partition, um sie auf anderen PCs zu bearbeiten. Verschiedene Scanmethoden versuchen, Partitionen innerhalb von Sekunden zu finden oder durch gründliche Suche nach Stunden noch letzte Spuren zu entdecken.

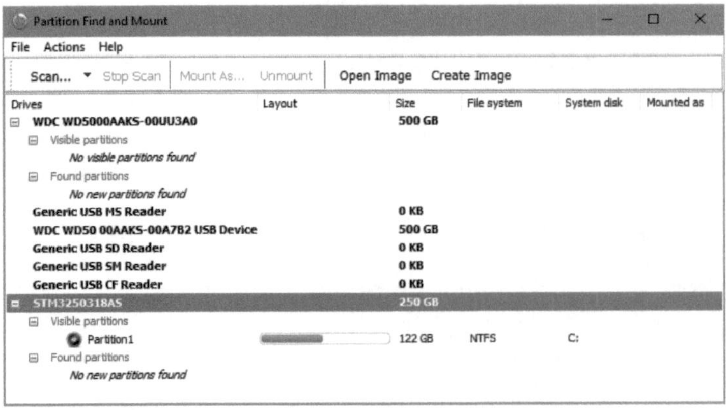

Partition Find and Mount versucht, verlorene Festplattenpartitionen zu finden, um Daten zu retten.

272 Master Boot Record mit Linux neu generieren

Erscheint beim Einschalten des PCs nur noch ein schwarzer Bildschirm mit einer Meldung, dass kein Betriebssystem gefunden wurde, liegt dies in den meisten Fällen an einem beschädigten Master Boot Record, kurz: MBR. Dieser Eintrag im ersten Sektor einer Festplatte enthält ein kleines Startprogramm sowie eine Partitionstabelle der Festplatte. Bei Neuinstallation von Betriebssystemen kommt es leider allzu oft zu Beschädigungen des MBR.

Mit der bootfähigen Linux-CD *Rescatux* (siehe Download-Tipps, Seite 6) lassen sich schwerwiegende und nicht gerade seltene Probleme mit Windows-Boot, Systempartition oder Benutzeranmeldung lösen.

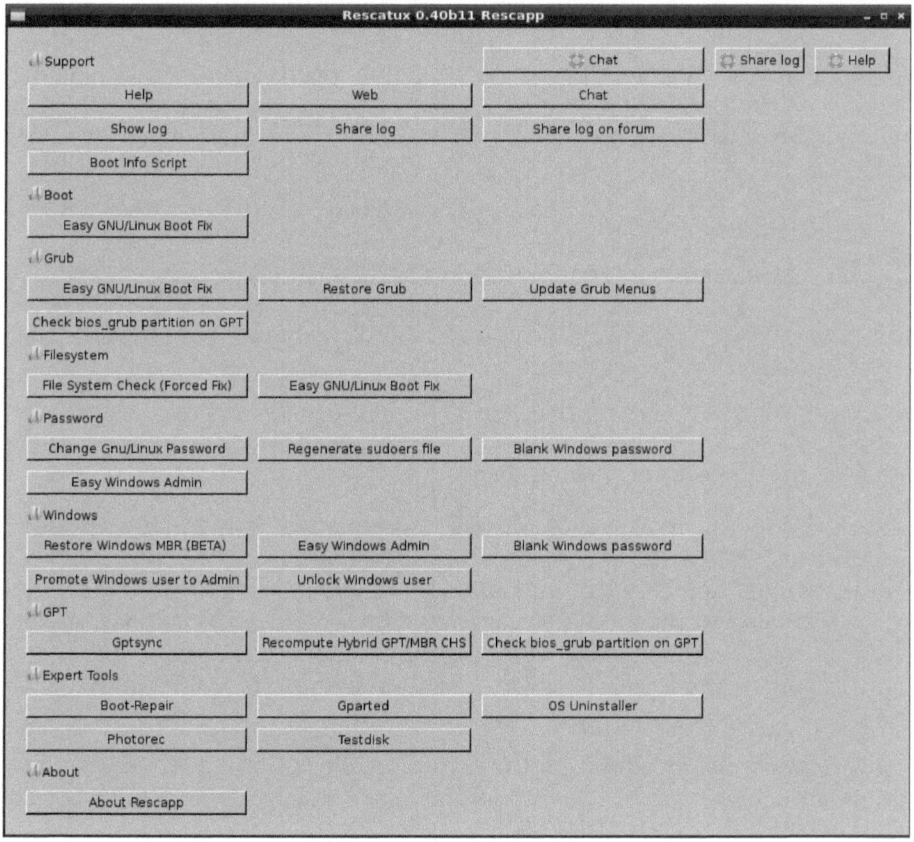

Rescatux bietet diverse Tools zur Reparatur von Windows-Problemen.

Booten Sie den PC mit der Rescatux-CD und wählen Sie die verwendete Hardwareplattform (64 Bit oder 32 Bit). Klicken Sie in der Mitte auf *Anmelden*, um den Rescatux-Desktop zu starten. Jetzt startet eine eigene Oberfläche *Rescapp*. Diese bietet gezielte Lösungen für typische Windows-Probleme an.

Das Tool *Restore Windows MBR* in Rescatux befindet sich zwar noch in der Betaphase, schreibt aber in den meisten Fällen schon sehr zuverlässig einen neuen MBR auf die Festplatte, damit Windows wieder booten kann.

Dazu durchsucht das Programm alle angeschlossenen Festplatten nach primären Partitionen und listet diese auf. Wählen Sie hier die Windows-Partition. Meistens gibt es nur eine davon. Sind mehrere Windows-Installationen auf dem PC vorhanden, wählen Sie am besten die, die Sie zuerst installiert haben. Danach erscheint die Frage, auf welcher Festplatte der neue MBR installiert werden soll. Wählen Sie hier die Festplatte, die in der Bootreihenfolge im BIOS an erster Stelle steht. Da die Festplatten nur mit ihren Linux-Gerätenamen und nicht mit ihrer Hardwarebezeichnung angezeigt werden, müssen Sie anhand der Größe die richtige Festplatte herausfinden. Danach muss noch einmal die Position der Festplatte angegeben werden. Wählen Sie auch hier auf Position 1 die soeben ausgewählte Boot-Festplatte.

Das Schreiben des MBR kann einige Zeit dauern. Warten Sie, bis die Meldung *Windows mbr was installed OK* erscheint, auch wenn zwischenzeitlich kein Wartehinweis zu sehen ist. Danach verlassen Sie Rescatux und starten den PC von der Festplatte neu.

273 Vergessenes Admin-Passwort zurücksetzen

Rescatux bietet die Möglichkeit, Windows-Benutzerkonten zu bearbeiten, auch ohne die Passwörter zurückzusetzen.

1. Klicken Sie auf der Rescapp-Oberfläche auf *Blank Windows Password*. Wie bei allen Tools dieser CD wird zunächst eine ausführliche Hilfe angezeigt. Erst ein Klick auf *Run* startet das Tool wirklich.

2. Rescatux durchsucht alle angeschlossenen Festplatten nach Windows-Systempartitionen. Wählen Sie die gewünschte Partition aus. Linux bezeichnet die Festplatten der Reihe nach als *sda*, *sdb*, *sdc*, ..., seltener auch als *hda*, *hdb*, ... Auf jeder Festplatte werden die Partitionen durchnummeriert (zum Beispiel *sda1*, *sda2*, ...). In den meisten Fällen heißt die Windows-Partition *sda2*; wenn es nur eine Festplatte gibt, ist es die zweite Partition hinter einer kleinen Bootpartition.

3. Nach Auswahl der Windows-Partition werden alle in diesem Windows eingerichteten Benutzer angezeigt. Wählen Sie einen aus, mit einem Klick auf *OK* wird dessen Passwort zurückgesetzt.

4. Beenden Sie das Passwort-Reset-Tool mit *OK*. Jetzt brauchen Sie nur noch das Rescatux-Linux mit einem Klick auf den Ausschaltbutton rechts unten herunterzufahren und Windows normal von der Festplatte zu booten. Der gewählte Benutzer kann sich ohne Passworteingabe anmelden.

5. In Windows sollte der Benutzer sich dann selbst wieder ein neues Passwort geben.

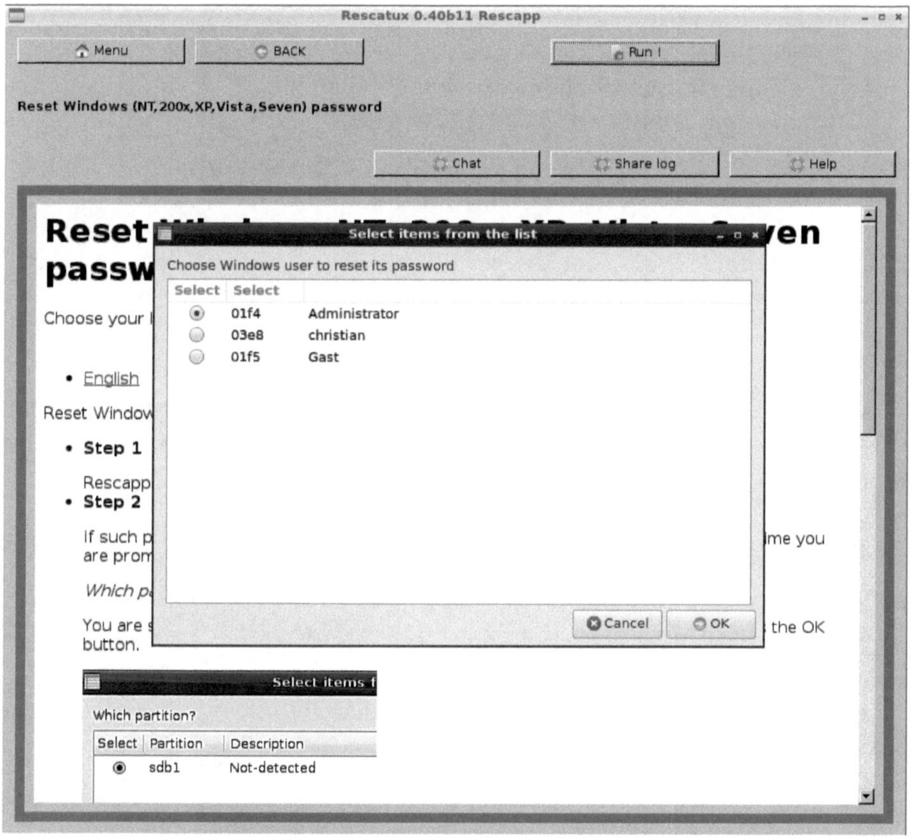

Rescatux setzt das Passwort eines beliebigen Windows-Benutzers zurück.

Das Tool *Promote Windows user to Admin* funktioniert ähnlich und macht den ausgewählten Benutzer zum Administrator. *Easy Windows Admin* löscht zusätzlich das Passwort des gewählten Benutzers. *Unlock Windows User* gibt einen gesperrten Benutzer wieder frei, sodass dieser sich unter Windows wieder ganz normal anmelden kann.

274 Das eigene Windows hacken

Auch Administratoren vergessen ihre Passwörter, auch wenn sie es nie zugeben würden. Aber sie wissen sich zu helfen. Die Bildschirmtastatur zur Anmeldung auf PCs ohne physische Tastatur kann bereits vor der Anmeldung genutzt werden und verfügt über umfassende Zugriffsrechte auf das System. Da Windows bei der Anmeldung über die erleichterte Bedienung immer die Datei *osk.exe* (OnScreen Keyboard) startet, ohne zu prüfen, um welche Datei es sich dabei wirklich handelt, kann man dem System hier eine Eingabeaufforderung unterschieben, die mit vollen Zugriffsrechten läuft, und damit einen neuen Administrator anlegen.

Booten Sie den PC mit einer Windows-10-Original-DVD. Ob Home- oder Pro-Version spielt keine Rolle. Wichtig ist nur, dass die Hardware-Plattform (64 Bit oder 32 Bit) mit der installierten Windows-Version übereinstimmen muss. Dazu muss das BIOS des PCs zum Booten von DVD eingestellt sein.

Nach dem Booten mit der Windows-DVD wählen Sie die Systemsprache Deutsch aus und klicken auf dem nächsten Bildschirm auf *Computerreparaturoptionen*. Über *Problembehandlung / Erweiterte Optionen* kommen Sie zur Eingabeaufforderung, die standardmäßig auf dem Laufwerk `x:\Sources>` startet. Wechseln Sie auf das Laufwerk, auf dem Windows installiert ist. Bei den meisten Windows-10-Installationen heißt dieses an dieser Stelle `D:`, da `C:` auf die Recovery-Partition verweist, wie sich mit dem `dir`-Befehl leicht feststellen lässt.

Benennen Sie jetzt die Datei *osk.exe* um und kopieren Sie die Eingabeaufforderung *cmd.exe* als *osk.exe*.

```
D:> cd \windows\system32
D:\windows\system32> copy osk.exe osk.ex
D:\windows\system32> copy cmd.exe osk.exe
```

Schließen Sie das Eingabeaufforderungsfenster und klicken Sie auf *Fortsetzen*, um den PC neu zu starten.

Klicken Sie auf dem Anmeldebildschirm auf das Symbol für die erleichterte Bedienung rechts unten. Wählen Sie hier die Option *Bildschirmtastatur*. Anstelle der Bildschirmtastatur öffnet sich ein Eingabeaufforderungsfenster.

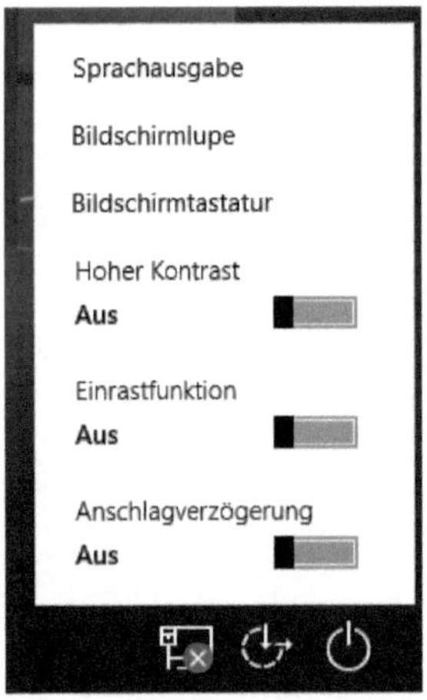

Die Optionen für erleichterte Bedienung auf dem Anmeldebildschirm

Legen Sie einen neuen Benutzer mit einem unauffälligen Namen an, im Beispiel `sysupgrade`

```
net user sysupgrade pwxxx /add
```

Der Parameter `pwxxx` bezeichnet das Passwort des neuen Benutzers. Nehmen Sie diesen Benutzer in die Gruppe der Administratoren auf, um ihm Vollzugriff auf den PC zu gewähren.

```
net localgroup administratoren sysupgrade /add
```

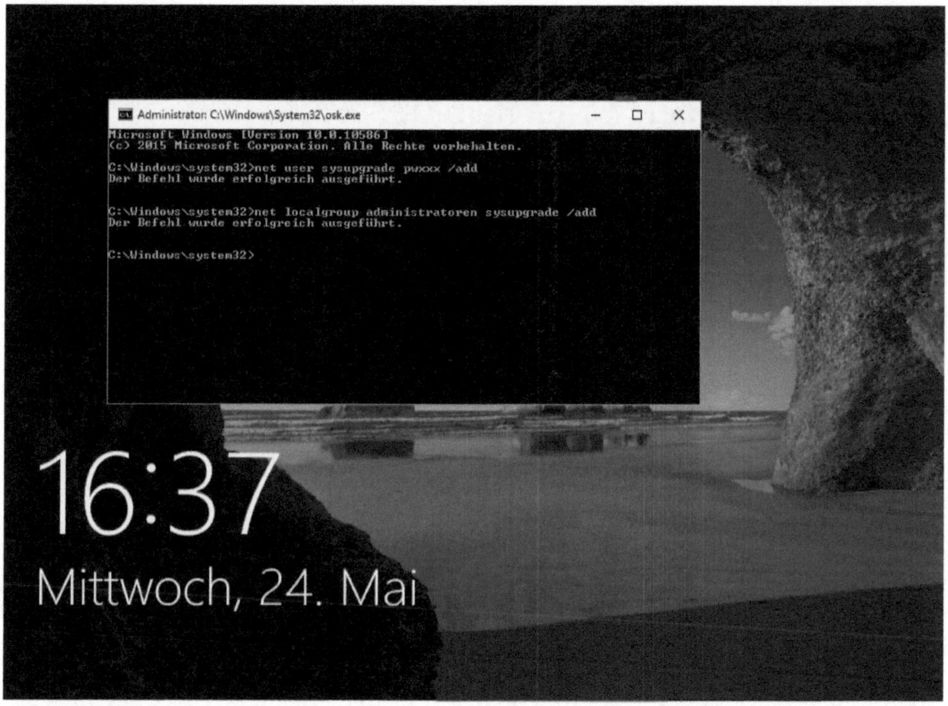

Eingabeaufforderung auf dem Anmeldebildschirm

Sollte auf dem gehackten PC jemand tatsächlich bei der Anmeldung die Bildschirmtastatur nutzen wollen, erscheint stattdessen die Eingabeaufforderung. Um die Spuren zu verwischen, stellen Sie die Originaldatei `osk.exe` wieder her.

```
D:\windows\system32> copy osk.ex osk.exe
D:\windows\system32> del osk.ex
```

Schließen Sie das Eingabeaufforderungsfenster und drücken Sie die `Enter`-Taste, um vom Sperrbildschirm auf den Anmeldebildschirm zu kommen. Hier erscheint unten links der neue Benutzer, mit dem Sie sich mit dem selbstgewählten Passwort anmelden können. Jetzt verfügen Sie über Administratorrechte und können unter anderem auch über den Befehl `control userpasswords2` das Passwort des Originalbenutzers ändern oder zurücksetzen.

Mit einem Registry-Hack können Sie den Benutzer auf dem Anmeldebildschirm verstecken. Eine Anmeldung über eine Remote-Desktop-Verbindung oder Zugriff auf die Freigaben des PCs ist mit dem neuen Administrator weiterhin möglich.

Gehen Sie im Registry-Editor in den Registry-Zweig:

`HKEY_LOCAL_MACHINE\Software\Microsoft\WindowsNT\CurrentVersion\Winlogon`

Legen sie dort einen Unterschlüssel `SpecialAccounts` an und darin einen weiteren Schlüssel `UserList`. Legen Sie dort einen neuen DWORD32-Wert mit dem Namen des zu versteckenden Benutzers an und lassen Sie dessen Inhalt auf 0 stehen.

275 Notfall-Windows auf dem USB-Stick

Mit *WinToUSB* (siehe Download-Tipps, Seite 6) kann man sein eigenes Windows auf einem fremden PC nutzen, ohne das dort installierte Betriebssystem in irgendeiner Weise verändern zu müssen.

Die Software WindowsToUSB installiert Windows bootfähig auf einem USB-Stick. Dazu benötigen Sie eine Windows-Original-DVD oder eine ISO-Datei zur Installation. Diese können Sie sich mit dem Media Creation Tool von Microsoft (siehe Download-Tipps, Seite 6) erstellen.

Da die originalen Installationsmedien mehrere Windows-Editionen enthalten, müssen Sie vor der Installation die gewünschte auswählen, zu der Sie auch einen Lizenzschlüssel parat haben müssen. Der USB-Stick wird automatisch partitioniert, Sie sollten auf jeden Fall einen USB-3.0-Stick und auch einen solchen Anschluss am PC nutzen, da sonst die Übertragung der Dateien und auch die spätere Installation von Windows mehrere Stunden dauern.

Booten Sie nach Fertigstellung des USB-Sticks davon. Dann startet die bekannte Installationsroutine, in der sie den Lizenzschlüssel eintragen und ein Benutzerkonto anlegen. Verwenden Sie am besten das Microsoft-Konto, das Sie auch auf Ihrem PC nutzen, um Einstellungen und Cloud-Daten bei OneDrive zu synchronisieren.

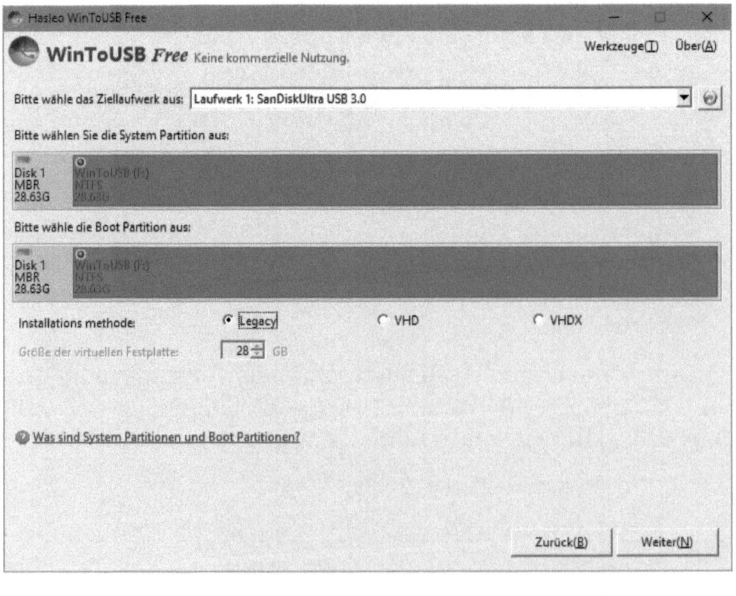

WinToUSB installiert ein vom USB-Stick bootfähiges Windows.

Stichwortverzeichnis